数值计算方法

罗贤兵　主编

科学出版社

北　京

内 容 简 介

本书主要内容包括线性方程组的数值解法、非线性方程求根、多项式插值、最佳逼近、数值积分与微分、常微分方程初边值问题的数值方法、矩阵特征值问题的数值方法. 除了以上基本内容, 本书还介绍了当前广泛应用于实际问题的快速傅里叶变换、神经网络方法和随机模拟方法. 读者通过对本书的学习和讨论, 可以掌握设计数值算法的基本方法, 为在计算机上解决科学问题打好基础.

本书可以作为数学类(数学与应用数学、信息与计算科学)、统计学类、物理学类、计算机类专业以及通信工程专业等理工科类本科生和研究生的教材, 也可供从事科学计算研究的相关工作人员参考使用.

图书在版编目(CIP)数据

数值计算方法/罗贤兵主编. —北京：科学出版社，2023.7

ISBN 978-7-03-075867-5

Ⅰ. ①数… Ⅱ. ①罗… Ⅲ. ①数值计算-计算方法 Ⅳ. ①O241

中国国家版本馆 CIP 数据核字(2023)第 108967 号

责任编辑：王 静 范培培 / 责任校对：彭珍珍
责任印制：赵 博 / 封面设计：陈 敬

科学出版社 出版
北京东黄城根北街 16 号
邮政编码：100717
http://www.sciencep.com
涿州市般润文化传播有限公司印刷
科学出版社发行 各地新华书店经销
*
2023 年 7 月第 一 版 开本: 720 × 1000 1/16
2024 年 7 月第四次印刷 印张: 19 1/2
字数：393 000

定价: 79.00 元

(如有印装质量问题, 我社负责调换)

前　言

数值计算方法 (也称数值分析或计算方法) 是介绍借助计算机编程解决数学问题的方法的一门课程. 随着社会的不断进步, 数学在科学技术、社会生活、经济金融等领域的作用越来越突出, 来自这些实际的数学问题不可能像数学书本上那样典型, 没有办法用我们传统的数学分析手段来求解, 只能借助数值方法, 用计算机编程来求解. 因此随着计算机高级语言的普及, 数值计算方法这门课程越来越受到重视, 大部分学校的数学类、统计类、物理类、计算机类、土木类、测绘类等专业都开设了这门课程. 现在它已成为用优化设计、大型数值模拟试验来代替耗资巨大的真实实验的一种重要手段的基础.

本书是在 "三全育人" 和 "课程思政" 的大背景下为本科生或工科类研究生编写的教材. 在内容的介绍过程中, 我们插入了所涉及的一些数学历史人物的简介; 在每章的开头, 我们也介绍了所对应数学问题的一些实际案例. 本书向读者介绍了用计算机编程解决数学问题的相关知识: 线性和非线性方程的数值解法、多项式插值与最佳逼近、数值积分与微分、常微分方程初边值问题的数值方法、矩阵特征值问题的数值方法、随机模拟方法等基本方法. 书中带 $*$ 部分的内容较难, 可作为选学内容. 为更好地体验书中所介绍的方法, 数值实验是不可少的, 读者可根据自己的情况, 选择不同的高级语言来实现, 这里我们推荐参考书 (Mathews and Fink, 2002; 徐士良, 2019).

北京工业大学范周田教授对本书初稿提出了很多宝贵意见, 对此我们表示衷心的感谢! 在全书编写过程中, 我们参阅了不少国内外的书籍以及各种网络资源, 有些已经列入参考文献, 有些可能由于作者的疏漏而没有列出, 我们对这些资料的作者深表谢意. 本书的出版得到了贵州大学本科及研究生教学改革项目的资助, 深表谢意.

由于编者水平有限, 书中不足之处在所难免, 恳请广大读者、同行和有关专家批评指正, 可将具体内容发至邮箱 xbluo1@gzu.edu.cn.

编　者

2022 年 4 月

目　录

第 1 章　绪　　论

本章主要介绍借助计算机编程解决数学问题过程中所需要的基本知识, 以及大量计算过程中所需要注意的问题. 具体包括二进制及浮点运算、误差来源及函数误差、算法的数值稳定性等 (杨一都, 2008).

1.1　二进制有限位计算系统简介

在我们日常生活中, 十进制计数系统是最常用也是我们最熟悉的计数 (运算) 系统, 当然我们也会使用其他进制的计数系统, 例如, 时间通常是六十进制, 质量通常是千进制等. 我们熟悉的十进制数, 其每一位均由 0—9 中的数组成, 例如十进制整数 987654 可表示为

$$987654 = 9 \times 10^5 + 8 \times 10^4 + 7 \times 10^3 + 6 \times 10^2 + 5 \times 10^1 + 4 \times 10^0.$$

十进制小数 0.5678 可表示为

$$0.5678 = 5 \times 10^{-1} + 6 \times 10^{-2} + 7 \times 10^{-3} + 8 \times 10^{-4}.$$

对于十进制计数系统中的任意实数 x, 均可以利用科学计数法将其标准化为如下形式:

$$0.a_1a_2a_3a_4a_5 \cdots \times 10^{b_1b_2b_3b_4\cdots},$$

其中 $a_1, b_1 \in \{1, 2, \cdots, 9\}$, $a_i, b_i \in \{0, 1, 2, \cdots, 9\}$, $i = 2, 3, \cdots$. $a_1a_2a_3a_4a_5\cdots$ 称为**尾数部分**, $b_1b_2b_3b_4\cdots$ 称为**整数部分**. 例如, 987654.5678 的标准化形式为

$$987654.5678 = 0.9876545678 \times 10^6.$$

有别于人类常用的十进制运算系统, 计算机采用其独特的运算系统 (二进制运算系统), 在计算机相关课程中, 有时也会涉及八进制、十六进制运算系统. 在这些运算系统中, 数的表示可以相互转化, 如果从代数学上来说, 这些运算系统之间均有相同的运算性质 (或代数结构). 以下主要介绍计算机二进制运算系统 (每一位均由 0 或 1 构成) 中数的表示及简单运算性质.

1.1.1　数的二进制表示

十进制整数的二进制表示 (除 2 取余, 按逆序排列): 例如, 将十进制整数转化为二进制数过程如表 1.1 所示.

表 1.1　十进制整数转化二进制数过程

十进制数	余数	二进制位
18	$\frac{18}{2}=9+0$	0
9	$\frac{9}{2}=4+1$	1
4	$\frac{4}{2}=2+0$	0
2	$\frac{2}{2}=1+0$	0
1	$\frac{1}{2}=0+1$	1

因此, 十进制整数 18 的二进制数表示为 10010.

二进制整数转化为十进制整数: 例如, 将二进制整数 10010 转化为十进制整数为

$$1\times 2^4+0\times 2^3+0\times 2^2+1\times 2^1+0\times 2^0=18.$$

十进制小数的二进制表示 (乘 2 取整, 按顺序排列): 例如, 将十进制小数转化为二进制数过程如表 1.2 所示.

表 1.2　十进制小数转化二进制数过程

十进制数	余数	二进制位
0.7	$0.7\times 2=0.4+1$	1
0.4	$0.4\times 2=0.8+0$	0
0.8	$0.8\times 2=0.6+1$	1
0.6	$0.6\times 2=0.2+1$	1
0.2	$0.2\times 2=0.4+0$	0
0.4	$0.4\times 2=0.8+0$	0
0.8	$0.8\times 2=0.6+1$	1
0.6	$0.6\times 2=0.2+1$	1
⋮	⋮	⋮

因此, 十进制小数 0.7 可以利用循环的二进制数表示为

$$0.7=1011001100110\cdots=0.1\overline{0110},$$

其中, $\overline{0110}$ 表示循环的二进制位.

二进制小数转化为十进制小数: 例如, 将二进制数 $1011001100110\cdots$ 转化为十进制数为

$$\begin{aligned}&1\times 2^{-1}+0\times 2^{-2}+1\times 2^{-3}+1\times 2^{-4}+0\times 2^{-5}\\&+0\times 2^{-6}+1\times 2^{-7}+1\times 2^{-8}+0\times 2^{-9}\\&+0\times 2^{-10}+1\times 2^{-11}+1\times 2^{-12}+0\times 2^{-13}+\cdots.\end{aligned}$$

同十进制数运算系统相同, 每个实数 x, 在二进制运算系统下的科学计数法的标准形式为

$$x=1.a_2a_3a_4a_5\cdots\times 2^{b_1b_2b_3b_4\cdots},$$

其中, $a_i\in\{0,1\},\ i=2,3,\cdots$. 例如, 实数 18.7 的二进制形式为 $10010.1\overline{0110}$, 其二进制的标准化形式为

$$18.7=1.001010\overline{110}\times 2^5.$$

1.1.2 浮点数及运算性质

在现有的计算机运算系统中, 每个实数的二进制表示均采用固定有限的二进制位进行近似. 因此, 对于像十进制 0.7 这样的数, 其在计算机里的表示是近似表示. 另一方面, 采用有限位的科学计数法表示的数 (无论是十进制还是二进制或其他进制), 其小数点可以通过指数部分的大小来控制小数点的移动, 称这种**近似表示的小数点可以自由移动的实数**的**子集**为**浮点数** (floating-point numbers). 本节介绍一种主流的浮点数表示标准 (IEEE 754) 的双精度浮点数表示系统.

不连续浮点数表示

双精度浮点数表示系统采用 64 位二进制位 (bit) 来表示一个浮点数. 1 位表示符号位 (浮点数的正负, 0 表示正, 1 表示负) ; 11 位表示指数部分; 52 位表示尾数. 图 1.1 为 IEEE 754 标准下的双精度浮点数示意图.

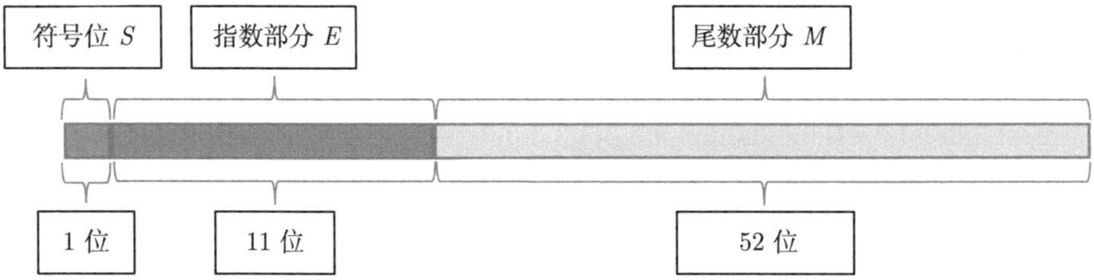

图 1.1 双精度浮点数示意图

因此, 对于任意的浮点数 x, 其在双精度系统下的具体表达式为

$$x = (-1)^S \times 1.b_1^M b_2^M \cdots b_{52}^M \times 2^{b_1^E b_2^E \cdots b_{11}^E - 1023}, \tag{1.1}$$

其中, $b_i^M \in \{0,1\}, i = 1,2,\cdots,52$; $b_j^E \in \{0,1\}, j = 1,2,\cdots,11$. 在 (1.1) 中, 引入偏移 1023 是为了避免在指数部分中使用 1 位来表示负数, 使指数部分能够表示更多的浮点数. 对该浮点数系统, 需要注意如下事实.

(1) 该浮点数系统能够表示的正的最大和最小浮点数分别为

$$N_{\max} = 1.\overbrace{111 \times 1}^{52位} \times 2^{1023} \approx 1.0 \times 10^{308}$$

和

$$N_{\min} = 1.\overbrace{000 \times 0}^{52位} \times 2^{-1022} \approx 1.0 \times 10^{-308}.$$

该系统能表示的正实数范围为 $N_{\min} \leqslant |x| \leqslant N_{\max}$, 超过这个范围的实数均不能表示, 系统可能会利用 inf 等字符表示超过这个范围的实数.

(2) 两个浮点数之间的最小间隔称为舍入误差 (round-off error), 记为 ϵ. 该误差是机器中相邻两个浮点数差的绝对值. 例如, 1.0 在双精度浮点数系统中的表示为 $1.\overbrace{000 \times 00}^{52位} \times 2^0$, 比 1.0 大的最小正浮点数为 $1.\overbrace{000 \times 01}^{52位} \times 2^0$, 于是这两个数的差值为

$$\epsilon = 1.\overbrace{000 \times 01}^{52位} \times 2^0 - 1.\overbrace{000 \times 00}^{52位} \times 2^0 = 1.0 \times 2^{-52} \approx 2.220446049250313 \times 10^{-16}.$$

(3) 任意实数 x $(N_{\min} \leqslant |x| \leqslant N_{\max})$ 输入到该浮点数系统中进行表示时, 记该浮点数为 $\mathrm{fl}(x)$, 它们的相对误差满足

$$\frac{|x - \mathrm{fl}(x)|}{|x|} \leqslant \frac{1}{2} \times 2^{-52} = \frac{1}{2}\epsilon.$$

例如, 0.7 在该系统中的表示为

$$\begin{aligned}
&0.\overbrace{10110011001100110011001100110011001100110011001100110}^{53位}\\
&= 1.\overbrace{0110011001100110011001100110011001100110011001100110}^{52位} \times 2^{-1}\\
&= 1.\overbrace{0110011001100110011001100110011001100110011001100110}^{52位} \times 2^{1022-1023}
\end{aligned}$$

$= 0.6999999999999997.$

因此, 其指数部分的二进制为 01111111110 (1022 的 11 位二进制数).

(4) 在该浮点数系统中, 系统可表示范围内的两个实数 x, y 的加、减、乘和除法运算 (用 op 表示) 的相对误差满足

$$\frac{|\mathrm{fl}(\mathrm{fl}(x)\ \mathrm{op}\ \mathrm{fl}(y)) - x\ \mathrm{op}\ y|}{|x\ \mathrm{op}\ y|} \leqslant \frac{1}{2}\epsilon.$$

(5) 由于二进制和十进制数能够相互表示, 故在下节进行舍入误差分析时, 只考虑我们最熟悉的十进制的情况, 所有结论对于二进制系统也成立.

1.2 误　差

1.2.1 误差的来源

任何一个实际情景中提出的问题要在计算机上得以解决, 一般要经历以下几个过程: 首先要将实际问题根据一定的假设建立数学模型, 其次根据数学模型的特点选择合适的计算方法, 最后在计算机上实现算法得出数值结果.

数学模型是实际问题的一种数学描述, 它往往抓住问题的主要因素, 忽略其次要因素. 比如在忽略物体下落过程中的阻力的假设下, 自由落体运动下落时的时间与下落的高度的函数关系为

$$h = \frac{1}{2}gt^2.$$

由这个公式算出来的下落高度和实际的下落高度有一些误差, 这种误差称为**模型误差**.

在数学模型中往往有一些参数, 比如温度、长度、电压等, 这些参数是由观测或实验得出来的, 受测量仪器和视力等因素的影响, 和实际值或准确值也有一定的偏差, 这种偏差称为**观测误差**.

当实际问题的数学模型不能获得精确解时, 必须采用近似方法来求解. 这些方法通常采用有限逼近无限、离散逼近连续, 把无限的计算过程用有限步计算代替, 由此产生的误差称为**截断误差**或**方法误差**. 例如, 用 e^x 的幂级数展开式

$$\mathrm{e}^x = 1 + x + \frac{1}{2!}x^2 + \frac{1}{3!}x^3 + \cdots + \frac{1}{n!}x^n + \cdots$$

计算 e^x 时, 取级数的前 $n+1$ 项的部分和 S_{n+1} 作为 e^x 的近似表达式

$$\mathrm{e}^x \approx S_{n+1} = 1 + x + \frac{1}{2!}x^2 + \frac{1}{3!}x^3 + \cdots + \frac{1}{n!}x^n.$$

于是 $R(x) = \mathrm{e}^x - S_{n+1}$ 就是截断误差.

计算器或计算机都只有有限位计算的能力, 用数值方法解数学问题一般不能得到问题的精确解, 在进行数值计算的过程中, 初始数据或计算的结果要用四舍五入或其他规则取近似值, 由此产生的偏差称为**舍入误差**.

以上简要叙述了用计算机解决实际问题的过程中所有可能产生的误差, 也即误差的来源. 在这几种误差中, 模型误差和观测误差不是数值计算方法所讨论的对象, 数值计算方法主要讨论的是截断误差和舍入误差.

1.2.2 误差的基本概念

用数值方法求一个数学问题的数值解时, 要求问题的数值解与精确解的偏差越小越好, 也即数值解的精度越高越好. 因此, 首先要给出误差大小的度量. 有两种衡量误差大小的方法, 一种是绝对误差, 另一种是相对误差.

定义 1.1 设 x^* 是某一个量的准确值, x 是 x^* 的一个近似值, 称 x 与 x^* 的差值

$$e(x) = x^* - x \tag{1.2}$$

为 x 的**绝对误差**, 通常简称**误差**.

注意, 绝对误差不是误差的绝对值. 当 $e(x) > 0$ 时, x 是 x^* 的不足近似值; 当 $e(x) < 0$ 时, x 是 x^* 的过剩近似值. 这个误差的绝对值的大小能够比较好地描述 x 与 x^* 的接近程度, 但是很多时候人们只知道这个量的近似值 x, 因而无法算出准确的绝对误差, 这时通常用另外一个量来描述绝对误差的大小.

定义 1.2 若 $|e(x)| = |x^* - x| \leqslant \varepsilon$, 则称 ε 是近似值 x 的**绝对误差限**.

注意, 绝对误差限 ε 不唯一, 它是绝对误差的一个估计, 所以 ε 越小越好.

在实践中, 通常是根据测量工具或计算情况去估计近似数的误差限. 比如用一把厘米刻度尺去测量物体的长度为 $x = 23\mathrm{cm}$, 这个物体的实际长度一定 (为 x^*), 从刻度尺可以知道其误差限为 0.5cm.

衡量一个近似数的精确程度, 只有绝对误差是不够的. 例如, 测量长度为 1000m 的机场跑道误差是 1m, 而测量长度为 400m 的跑道误差也是 1m, 显然前者的测量结果比后者精确. 这说明决定一个数的精度除了绝对误差, 还必须顾及这个数本身的大小, 这就需要引进相对误差的概念.

定义 1.3 近似值 x 的绝对误差和准确值之比, 即

$$e_r(x) = \frac{x^* - x}{x^*}$$

称为近似值 x 的**相对误差**. 由于准确值 x^* 是不知道的, 所以通常用

$$e_r(x) = \frac{x^* - x}{x} \tag{1.3}$$

作为近似值 x 的**相对误差**.

类似于绝对误差限, 相对误差不可能计算出来, 只能对它作一个估计.

定义 1.4 若 $|e_r(x)| \leqslant \varepsilon_r$, 则称 ε_r 是近似值 x 的**相对误差限**.

相对误差是一个无量纲的量, 通常用百分比表示, 相对误差限不唯一, 越小近似程度越高. 另外, 由绝对误差和相对误差的关系, 容易得到 $\varepsilon_r = \varepsilon/|x|$.

为了给出一种近似数的表示方法, 使之既能表示其大小, 又能表示其精确程度. 下面引进有效数字的概念. 在实际计算中, 当准确值 x^* 有很多位数时, 通常按照四舍五入的原则得到近似值 x. 例如无理数 $\mathrm{e} = 2.71828182845904\cdots$, 按四舍五入的原则取小数点后两位和五位时, $\mathrm{e} \approx e_2 = 2.72, \mathrm{e} \approx e_5 = 2.71828$. 不管取几位小数得到的近似数, 其绝对误差都不超过末位数的半个单位, 即

$$|\mathrm{e} - e_2| \leqslant \frac{1}{2} \times 10^{-2}, \quad |\mathrm{e} - e_5| \leqslant \frac{1}{2} \times 10^{-5}.$$

定义 1.5 设近似数 $x = \pm 0.\alpha_1\alpha_2\cdots\alpha_n \times 10^m$, 其中 $\alpha_i \in \{0, 1, 2, \cdots, 9\}$, $i = 1, 2, \cdots, n$, $\alpha_1 \neq 0, m$ 为整数, 如果绝对误差限 $|\varepsilon(x)| = |x - x^*| \leqslant 0.5 \times 10^{m-n}$, 则称近似数 x 有 $\boldsymbol{n}$ **位有效数字**, 其中 $\alpha_1, \alpha_2, \cdots, \alpha_n$ 都是 x 的有效数字, 也称 x 为有 n 位有效数字的近似值.

根据定义, 前述近似数 $e_2 = 2.72$, $e_5 = 2.71828$ 分别是 e 的具有 3 位和 6 位有效数字的近似.

例 1.1 下列数据都是按照四舍五入的原则得到的数据, 它们各有几位有效数字?

(1) 23.0735; (2) 0.1056; (3) 3.004; (4) 0.00520.

解 设上述四个数据的准确值分别为 $x_1^*, x_2^*, x_3^*, x_4^*$, 由于它们的近似值都是四舍五入得来的, 故有

(1) $x_1 = 23.0735 = 0.230735 \times 10^2$, $|x_1^* - x_1| = |x_1^* - 23.0735| \leqslant 0.5 \times 10^{-4} = 0.5 \times 10^{2-6}$, 所以 $x_1 = 23.0735$ 有 6 位有效数字.

(2) $x_2 = 0.1056 = 0.1056 \times 10^0$, $|x_2^* - x_2| = |x_2^* - 0.1056| \leqslant 0.5 \times 10^{-4} = 0.5 \times 10^{0-4}$, 所以 $x_2 = 0.1056$ 有 4 位有效数字.

(3) $x_3 = 3.004 = 0.3004 \times 10^1$, $|x_3^* - x_3| = |x_3^* - 3.004| \leqslant 0.5 \times 10^{-3} = 0.5 \times 10^{1-4}$, 所以 $x_3 = 3.004$ 有 4 位有效数字.

(4) $x_4 = 0.00520 = 0.520 \times 10^{-2}$, $|x_4^* - x_4| = |x_4^* - 0.00520| \leqslant 0.5 \times 10^{-5} = 0.5 \times 10^{-2-3}$, 所以 $x_4 = 0.00520$ 有 3 位有效数字.

有效数字与相对误差限有如下关系.

定理 1.1 设近似值 $x = \pm 0.\alpha_1\alpha_2\cdots\alpha_n \times 10^m$ 有 n 位有效数字, 则其相对误差限为

$$\varepsilon_r = \frac{1}{2\alpha_1} \times 10^{-n+1}.$$

证明　因为 x 有 n 位有效数字, 故

$$|x^* - x| \leqslant \frac{1}{2} \times 10^{m-n} = \varepsilon, \quad |x| \geqslant \alpha_1 \times 10^{m-1},$$

所以

$$\frac{|x^* - x|}{|x|} \leqslant \frac{0.5 \times 10^{m-n}}{\alpha_1 \times 10^{m-1}} = \frac{1}{2\alpha_1} \times 10^{-n+1} = \varepsilon_r. \quad \square$$

定理 1.2　设近似值 $x = \pm 0.\alpha_1\alpha_2 \cdots \alpha_n \times 10^m$ 的相对误差限为

$$\varepsilon_r = \frac{1}{2(\alpha_1 + 1)} \times 10^{-n+1},$$

则 x 至少有 n 位有效数字.

证明　由于绝对误差限 $\varepsilon = |x|\varepsilon_r, |x| \leqslant (\alpha_1 + 1) \times 10^{m-1}$, 所以

$$\varepsilon \leqslant (\alpha_1 + 1) \times 10^{m-1} \times \frac{1}{2(\alpha_1 + 1)} \times 10^{-n+1} = \frac{1}{2} \times 10^{m-n},$$

故 x 至少有 n 位有效数字. □

综上所述: 有效数字可以刻画近似数的精确度, 绝对误差与小数点后的位数有关, 相对误差与有效数字位数有关.

例 1.2　求 $\sqrt{3}$ 的近似值, 使其绝对误差限 ε 分别为 0.5×10^{-1}, 0.5×10^{-3}.

解　$\sqrt{3} = 1.73205 \cdots$, 依题意得 $x_1 = 1.7$, $x_2 = 1.732$.

例 1.3　已知近似值 x 的相对误差限 $\varepsilon_r = 0.3\%$, 求 x 至少具有几位有效数字?

解　设 x 的第一位有效数字为 $\alpha_1 \neq 0$,

$$\varepsilon_r = 0.3\% = \frac{3}{1000} < \frac{1}{2} \times 10^{-2} = \frac{1}{2(9+1)} \times 10^{-1},$$

所以 x 至少具有 2 位有效数字.

例 1.4　为了使 $\sqrt{70}$ 的近似值的相对误差限 $\varepsilon_r < 0.1\%$, 在查开方表时, 应取多少位有效数字?

解　因为 $8 < \sqrt{70} < 9$, 所以 $\alpha_1 = 8$, 要 $\varepsilon_r < 0.1\% = 1/1000$, 只要取 n, 使得

$$\frac{1}{2\alpha_1} \times 10^{-n+1} = \frac{1}{2 \times 8} \times 10^{-n+1} < \frac{1}{1000}$$

即可. 解之得 $n \geqslant 3$, 故查开方表得 $\sqrt{70} \approx 8.37$.

1.3 函数的误差

在计算函数值时, 如果自变量有误差, 会导致求出来的函数值也有误差. 本节考虑由自变量的误差所引起的函数值的误差, 探讨它们之间的关系.

1.3.1 一元函数的误差

首先设 $y=f(x)$ 为线性函数, 假设自变量的准确值为 x^*, 近似值为 x, 由这个近似值 x 计算出来的函数值为 $y=f(x)=kx+b$, 因而函数值 y 的误差为

$$y^*-y=f(x^*)-f(x)=k(x^*-x).$$

由此得到函数值的误差是自变量的误差的 k 倍. 记 $e(y)=y^*-y$, $e(x)=x^*-x$, 即得

$$e(y)=ke(x). \tag{1.4}$$

对于一般的函数 $y=f(x)$, 假设自变量的近似值为 x, 函数值的近似值为 $y=f(x)$, 自变量的准确值为 x^*, 函数值的准确值为 y^*, 由微积分中的公式

$$f(x^*)-f(x)=f'(x)(x^*-x)+o(x^*-x),$$

这里 $o(x^*-x)$ 表示 (x^*-x) 的高阶无穷小量. 舍去高阶无穷小量并引用前面的记号, 得函数值的绝对误差

$$e(y)\approx f'(x)e(x) \tag{1.5}$$

及函数值的相对误差

$$e_r(y)=\frac{e(y)}{y}\approx x\frac{f'(x)}{f(x)}e_r(x). \tag{1.6}$$

例 1.5 已知 $y=x^m$ 和 $e_r(x)$, 求 $e_r(y)$.

解 由于 $y'=mx^{m-1}$, 所以由 (1.6) 得

$$e_r(y)\approx x\frac{mx^{m-1}}{x^m}e_r(x)=me_r(x),$$

即 x^m 的相对误差大约是 x 的相对误差的 m 倍.

1.3.2 多元函数的误差

设 $z=f(x,y)$ 是二元函数, 已知自变量的误差 $e(x)$, $e_r(x)$, $e(y)$, $e_r(y)$, 怎样求由它们引起的函数值误差 $e(u)$ 和 $e_r(u)$. 根据微积分的知识和一元函数的误差的启发, 用二元函数的全微分来求二元函数值的误差.

$$e(z) \approx \frac{\partial z}{\partial x} e(x) + \frac{\partial z}{\partial y} e(y), \tag{1.7}$$

$$e_r(z) = \frac{e(z)}{z} \approx \frac{x}{z}\frac{\partial z}{\partial x} e_r(x) + \frac{y}{z}\frac{\partial z}{\partial y} e_r(y). \tag{1.8}$$

对于一般的 n 元函数的误差, 可以类似获得.

特别地, 下面针对 “加、减、乘、除” 的误差进行具体讨论. 为此, 设 x, y 为近似值, x^*, y^* 为准确值, 误差 $e(x)$, $e_r(x)$, $e(y)$, $e_r(y)$ 已知.

(1) 根据误差的定义易得

$$e(x \pm y) = e(x) \pm e(y), \tag{1.9}$$

$$e_r(x \pm y) = \frac{e(x \pm y)}{x \pm y} = \frac{x}{x \pm y} e_r(x) \pm \frac{y}{x \pm y} e_r(y). \tag{1.10}$$

由 (1.10) 知, 两个相近的数相减时, 差的相对误差会很大. 因为当 x 与 y 比较接近时, $|x-y|$ 就很小, $|y/(x-y)|$ 和 $|x/(x-y)|$ 就会很大, 相对误差就会迅速增大. 所以在计算过程中, 尽量避免**两个相近的数相减**. 以下是避免相近的数相减的两个例子.

例 1.6　在 7 位字长十进制计算机上求 $x^2 - 26x + 1 = 0$ 的两个根 (准确根为 $x_1 = 25.961481\cdots$, $x_2 = 0.038518603\cdots$).

解　首先利用一元二次方程求根公式

$$x_{1,2} = \frac{-b \pm \sqrt{b^2 - 4ac}}{2a}$$

进行求解,

$$x_1 = 13 + \sqrt{168} \approx 25.96148, \quad x_2 = 13 - \sqrt{168} \approx 0.03852.$$

通过计算, x_1 有 7 位有效数字, 但 x_2 的计算结果只有 4 位有效数字. 为何出现这种状况, 主要原因是出现了相近的数相减. 为避免相近的数相减, 现采用韦达定理进行求解,

$$x_1 = 13 + \sqrt{168} \approx 25.96148, \quad x_2 = \frac{1}{x_1} \approx 0.0385186.$$

此时 x_2 有 6 位有效数字.

针对上述一元二次方程的求根公式, 为避免相近的数相减, 通常采用韦达定理和求根公式结合来求, 而不只是利用求根公式.

例 1.7　假定在某一计算过程中, 需要计算表达式 $1 - \cos x$ 的值 (x 非常接近 0), 直接进行计算会导致相近的数相减, 为避免这种情况发生, 利用恒等式

$$1 - \cos x = 2\sin^2\frac{x}{2},$$

用计算 $2\sin^2\dfrac{x}{2}$ 来代替计算 $1-\cos x$.

(2) 设 $z=f(x,y)=xy$, 由 (1.7) 和 (1.8) 得到

$$e(xy)\approx ye(x)+xe(y), \tag{1.11}$$

$$e_r(xy)=\frac{e(xy)}{xy}\approx x\frac{y}{xy}e_r(x)+y\frac{x}{xy}e_r(y)=e_r(x)+e_r(y). \tag{1.12}$$

由 (1.11) 知, 如果乘数 x 或 y 的绝对值很大, 函数值的绝对误差会很大. 所以在计算过程中, 尽量避免**绝对值很大的数作乘数**.

(3) 设 $z=f(x,y)=x/y$, 同样由 (1.7) 和 (1.8) 可得

$$e\left(\frac{x}{y}\right)\approx\frac{1}{y}e(x)-\frac{x}{y^2}e(y), \tag{1.13}$$

$$e_r\left(\frac{x}{y}\right)\approx e_r(x)-e_r(y). \tag{1.14}$$

由 (1.13) 知, 如果除数 y 的绝对值接近零, $|1/y|$ 或 $|x/(y^2)|$ 就会很大, 那样的话, 函数值的绝对误差会很大. 所以在计算过程中, 尽量避免**绝对值小的数作除数**.

例 1.8 设测得桌面长度 x 为 120.2cm, 桌面宽度 y 为 60.0cm, 若已知 $|e(x)|\leqslant 0.2$cm, $|e(y)|\leqslant 0.1$cm, 求近似桌面面积 S 的绝对误差限和相对误差限.

解 由 (1.11) 可得

$$|e(S)|=|e(xy)|\approx|ye(x)|+|xe(y)|=60.0\times 0.2+120.2\times 0.1=24.02(\text{cm}^2),$$

相对误差限由 (1.12) 可得

$$|e_r(S)|=\left|\frac{e(xy)}{xy}\right|\approx|e_r(x)+e_r(y)|\leqslant|e_r(x)|+|e_r(y)|=\frac{0.2}{120.2}+\frac{0.1}{60.0}=0.00333056.$$

1.4 算法的数值稳定性

所谓算法, 不仅是单纯的数学公式, 而是对一些已知数据按某种规定的顺序进行有限次四则运算, 求出所需要的未知量的整个计算步骤. 解决一个数学问题往往有多种算法, 不同的算法计算的结果误差往往是不同的.

先看下面例题.

例 1.9 计算积分

$$I_n=\int_0^1 x^n\mathrm{e}^{x-1}\mathrm{d}x,\quad n=0,1,2,\cdots.$$

解　利用定积分的分部积分法可得 I_n 的递推关系

$$\begin{cases} I_n = 1 - nI_{n-1}, \quad n = 1, 2, 3, \cdots, \\ I_0 = 1 - \mathrm{e}^{-1} \approx 0.6321. \end{cases} \tag{1.15}$$

由 (1.15) 依次计算所得结果如表 1.3 所示.

表 1.3

n	I_n	n	I_n
0	0.6321	5	0.1480
1	0.3679	6	0.1120
2	0.2642	7	0.2160
3	0.2074	8	−0.7280
4	0.1704	9	7.5520

由于在闭区间 $[0,1]$ 上, 被积函数 $f(x) = x^n \mathrm{e}^{x-1} \geqslant 0$, 根据定积分的性质

$$0 < \frac{\mathrm{e}^{-1}}{n+1} = \mathrm{e}^{-1} \min_{0 \leqslant x \leqslant 1} (\mathrm{e}^x) \int_0^1 x^n \mathrm{d}x < I_n < \mathrm{e}^{-1} \max_{0 \leqslant x \leqslant 1} (\mathrm{e}^x) \int_0^1 x^n \mathrm{d}x = \frac{1}{n+1},$$

则由上面的不等式可以看出

$$I_7 < \frac{1}{8} = 0.1250, \quad I_8 > 0, \quad I_9 < \frac{1}{10} = 0.1.$$

从表 1.3 中可见按递推关系 (1.15) 算出的 I_7, I_8, I_9 的结果是错误的, 错误的原因是计算 I_0 时本身就有不超过 0.5×10^{-4} 的舍入误差, 此误差在运算过程中传播很快, 它按照方式 (1.4) 传播, 计算 I_7 时, $e(I_7) = 7e(I_6)$, 计算 I_8 时, $e(I_8) = 8e(I_7)$, 这样可以很容易地得到 $e(I_7) = 7!e(I_0)$, $e(I_8) = 8!e(I_0)$, $e(I_9) = 9!e(I_0)$, 所以按照 (1.15) 算出的 I_7, I_8, I_9 误差很大.

现在换一种计算方法. 由

$$\frac{\mathrm{e}^{-1}}{10} < I_9 < \frac{1}{10},$$

取

$$I_9 \approx \frac{1}{2}\left(\frac{\mathrm{e}^{-1}}{10} + \frac{1}{10}\right) = 0.0684,$$

将 (1.15) 改写成

$$\begin{cases} I_{n-1} = \dfrac{1}{n}(1 - I_n), \quad n = 9, 8, \cdots, 2, 1, \\ I_9 = 0.0684. \end{cases} \tag{1.16}$$

由 (1.16) 计算的结果如表 1.4 所示.

表 1.4

n	I_n	n	I_n
9	0.0684	4	0.1709
8	0.1035	3	0.2073
7	0.1121	2	0.2642
6	0.1268	1	0.3679
5	0.1455	0	0.6321

从表 1.4 中可见按递推关系 (1.16) 算出的 I_0 是相当准确的, 究其原因, 主要是因为 $e(I_{n-1}) = e(I_n)/n$, 从而由 I_9 计算到 I_0, 误差传播为

$$e(I_0) = \frac{1}{9!}e(I_9).$$

在这个过程中, 误差不但没有增加, 反而不断地减少.

定义 1.6 一个算法如果输入的数据有误差, 但是在计算过程中误差没有增长, 则称此算法是**数值稳定的**, 否则称此算法是**数值不稳定的**.

由前面的分析知, 在进行数值计算时, 我们要选择稳定的算法. 在计算过程中, 如前节所述, 要尽量避免相近的数相减, 绝对值小的数作除数, 绝对值大的数作乘数. 除此之外, 有些情况也要特别注意, 以下分别举例说明.

1. 避免大数吃小数

在计算中, 有时参与运算的数量级相差很大, 而计算机的位数 (字长) 是有限的, 在编程过程中若不注意顺序, 就有可能加不到大数中去而产生大数吃小数的现象, 因此, 数相加时, 应尽量避免将小数加到大数中所引起的这种严重后果.

例 1.10 设 $a=10^8$, $b=40$, $c=30$, 在 7 位字长的计算机上实现 $a+b+c$.

解 若直接按照 $a+b+c$ 这个顺序相加, 其结果是 $a+b+c=a=10^8$, 这是因为计算机在相加的时候, 首先需要对阶, $a=0.1000000\times10^9$, b 和 c 也要变成一个数乘以 10^9, 即 $b=0.00000004\times10^9$, $c=0.00000003\times10^9$, 而计算机字长只有 7 位, 因而四舍五入得到 $b=0.0000000\times10^9$, $c=0.0000000\times10^9$, 所以从左到右计算 $a+b+c=a=0.1000000\times10^9=10^8$. 此时 b, c 被 a "吃掉" 了.

若交换加法顺序, 先实现 $b+c$, 然后将其结果加到 a 上, 其结果就变成了 $b+c+a=0.1000001\times10^9$. 这就避免了 b, c 被 a "吃掉."

2. 减少运算次数

同样一个计算问题, 若能选择更为简洁的计算公式, 减少运算次数, 不但可以节省计算量, 提高计算速度, 还能减少误差积累.

比如, 计算多项式 $P_n(x) = a_nx^n + a_{n-1}x^{n-1} + \cdots + a_1x + a_0$ 的值, 若采用逐步计算然后相加的办法, 计算 a_kx^k 需要 k 次乘法, 而 $P_n(x)$ 有 $n+1$ 项, 所以需作 $1+2+\cdots+n = n(n+1)/2$ 次乘法和 n 次加法. 但若采用递推算法 (秦九韶算法)

$$\begin{cases} u_0 = a_n, \\ u_k = u_{k-1}x + a_{n-k}, \end{cases}$$

对 $k = 1, 2, \cdots, n$ 反复执行 $u_k = u_{k-1}x + a_{n-k}$, 则只需 n 次乘法和 n 次加法便可计算出 $P_n(x)$ 的值.

上述方法实际上就是对 $P_n(x)$ 的项加括号, 例如

$$P_5(x) = a_5x^5 + a_4x^4 + a_3x^3 + a_2x^2 + a_1x + a_0,$$

对其加括号变成

$$P_5(x) = ((((a_5x + a_4)x + a_3)x + a_2)x + a_1)x + a_0.$$

按加括号的顺序进行计算就是前面的方法.

注 1.1 秦九韶 (1208—1268, 中国宋元时期数学家) 著有《数书九章》, 这是一部综合当时数学成就的经典巨著,《数书九章》涉及的范围相当广泛, 大多数问题都与实际需要相联系. 其中的秦九韶算法 (高次方程正根的数值求法) 是一种多项式简化算法, 这个算法在西方被称作霍纳算法 (Horner algorithm), 它是在 1819 年才被提出的 (吴文俊, 1987; 刘复生, 1996).

1.5 练 习 题

练习 1.1 下列数字是按照四舍五入的方式得到的数据, 指出其绝对误差限、相对误差限和有效数字位数. (1) 2.061; (2) 0.034; (3) 32.00; (4) 5.030.

练习 1.2 计算 $\sqrt{7}$ 的近似值, 使其相对误差不超过 0.1%.

练习 1.3 已知 $\sqrt{20}$ 的近似值 x 相对误差限为 0.005, 则 x 至少有几位有效数字?

练习 1.4 设 $x > 0$, x 的相对误差限为 δ, 求 x^n 和 $\ln x$ 的相对误差限.

练习 1.5 正方形的边长约为 10cm, 问测量边长的误差限多大才能保证面积的误差不超过 0.1cm^2.

练习 1.6 如果开方只取四位有效数字, 求二次方程 $x^2 - 10^5x + 1 = 0$ 的较小正根, 要求有四位有效数字.

练习 1.7 用下列数据计算 $\log_{10}(x) - \log_{10}(y)$. (1) $x = 100, y = 100.1$; (2) $x = 100, y = 10^{-5}$.

练习 1.8 利用等价变换使下列表达式的计算结果比较精确.

(1) $\dfrac{1}{1+2x} - \dfrac{1-x}{1+x}$, $|x| \ll 1$; (2) $\sqrt{x+\dfrac{1}{x}} - \sqrt{x-\dfrac{1}{x}}$, $|x| \gg 1$;

(3) $\ln(x - \sqrt{x^2-1})$, $|x| \gg 1$; (4) $\mathrm{e}^x - 1$, $|x| \ll 1$.

练习 1.9 序列 $\{y_n\}$ 满足递推公式 $y_n = 9y_{n-1} - 2022, n = 1, 2, \cdots$, 若 $y_0 = \sqrt{2}$, 按上述递推公式从 y_0 计算到 y_{10} 时误差有多大? 按此递推公式计算是稳定的吗?

阶梯练习题

练习 1.10 计算积分 $\int_0^1 \frac{x^n}{10+x}\mathrm{d}x, n = 0, 1, \cdots$, 并估计误差.

练习 1.11 已知

$$f(x) = \frac{x\cos x - \sin x}{x - \sin x}.$$

(1) 将 $f(x)$ 中的三角函数在 0.1 处三阶 Taylor 展开来估计 $f(0.1)$ 的值.

(2) 已知精确值为 $f(0.1) = -1.99899998$, 求由 (1) 得到的估计值的相对误差.

1.6 实 验 题

实验题 1.1 已知 $f(x) = \sqrt{x+1} - \sqrt{x}$, $g(x) = \frac{1}{\sqrt{x+1} - \sqrt{x}}$. 利用 MATLAB 编程计算 $x = 10, 10^3, 10^5, 10^8$ 时 $f(x)$ 和 $g(x)$ 的值, 分析计算方法与计算结果.

实验题 1.2 给定定积分

$$\int_0^1 \frac{1}{1+x^5}\mathrm{d}x.$$

(1) 利用 MATLAB 求出解析解;

(2) 用 6 级泰勒级数近似被积函数, 计算定积分的近似值, 并以图形方式展示.

实验题 1.3 试推导计算积分

$$I_n = \mathrm{e}^{-1}\int_0^1 x^n \mathrm{e}^x \mathrm{d}x, \quad n = 0, 1, \cdots$$

的递推公式, 用 MATLAB 编程计算定积分的近似值, 结果保留 4 位有效数字, 讨论计算公式的数值稳定性.

第 2 章　线性方程组的数值解法

线性方程组的求解是一个古老而经典的科学问题. 线性方程组在工程应用(如医学成像、信号处理、数值天气预报等) 中有广泛的应用, 尤其是随着现代计算机计算能力的提高和算法理论的发展, 快速求解线性方程组是解决实际工程问题的一个重要前提. 因此, 如何高精度且快速求解线性方程组具有重要的意义.

本章主要介绍求解线性方程组的两种常用方法: 直接法和迭代法. 直接法主要介绍 Gauss 消元法, Gauss 列主元消元法以及基于 Gauss 消元法的 LU 分解、平方根法等. 迭代法主要介绍基本迭代法 (Jacobi 迭代、Gauss-Seidel 迭代、超松弛迭代法)、共轭梯度法、GMRES 方法. 最后简单讨论误差分析 (Golub and Van Loan, 2013; Saad, 2003; Saad et al., 1986; 萧树铁等, 1999).

引例 1　平板热传导问题

热传导研究的一个重要问题是, 已知金属薄片边界附近的温度, 确定其稳态温度的分布. 如图 2.1 所示的金属薄片表示一根金属柱的横截面, 并且忽略与盘片垂直方向上的热量传递. 将薄片划分成一些正方形网格, 位于四条边界上的点称为边界点, 而其他的点叫做内点. 测量表明, 当加热或者冷却时, 任一内点的温度约等于它相邻的四个网格点 (内点或边界点) 温度值的算术平均, 边界点的温度已知, 如图 2.1 所示, 求内点的温度.

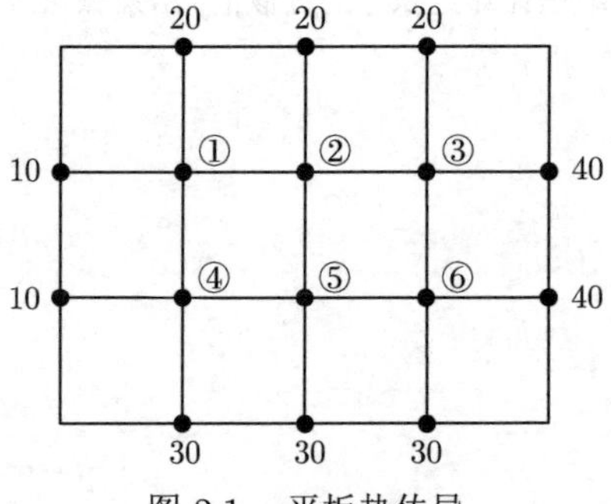

图 2.1　平板热传导

将 6 个内点编号为 ①, ②, $\cdots$, ⑥, 并设对应的温度分别为 $t_1, t_2, \cdots, t_6$, 根据题意建立温度分布的数学模型为

$$\begin{cases} 4t_1 - t_2 - t_4 = 30, \\ -t_1 + 4t_2 - t_3 - t_5 = 20, \\ -t_2 + 4t_3 - t_6 = 60, \\ -t_1 + 4t_4 - t_5 = 40, \\ -t_2 - t_4 + 4t_5 - t_6 = 30, \\ -t_3 - t_5 + 4t_6 = 70. \end{cases}$$

求解此线性方程组, 便得内部点的温度值. 为了得到更精确的结果, 内部点不止 6 个, 而是 60 个、600 个、6000 个、60000 个时, 怎样求解相应的线性方程组, 以便得到更加准确的温度分布呢?

引例 2　电路网络

当电流经过电阻 (如灯泡或发电机等) 时, 会产生"电压降". 根据欧姆定理 ($U = IR$, 其中 U 为电阻两端的"电压降", I 为流经电阻的电流强度, R 为电阻值, 单位分别是伏特、安培和欧姆). 对于电路网络, 任何一个闭合回路的电流都服从基尔霍夫电压定律: 沿某个方向环绕回路一周的所有电压降 U 的代数和等于沿同一方向环绕该回路一周的电源电压的代数和. 设有一电路网络, 其中的电流方向如图 2.2 所示.

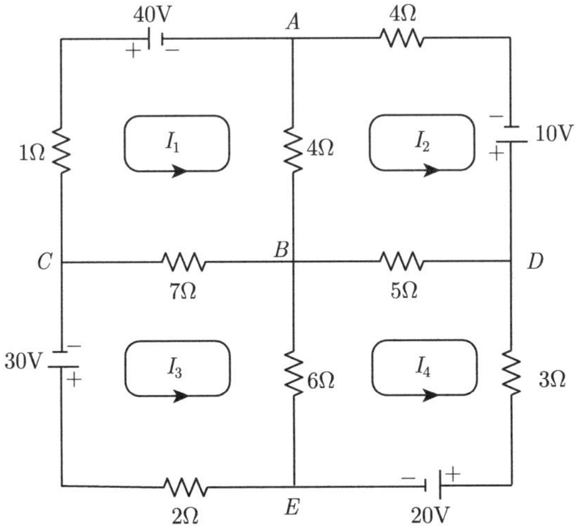

图 2.2　电路网络

在回路 1 中, 电流 I_1 流经三个电阻, 其电压降为

$$I_1 + 7I_1 + 4I_1 = 12I_1.$$

回路 2 中的电流 I_2 也流经回路 1 的一部分, 即从 A 到 B 的分支, 对应电压降为 $4I_2$. 同样, 回路 3 中的电流 I_3 也流经回路 1 的一部分, 即从 B 到 C 的分支, 对应的电压降为 $7I_3$. 然而回路 1 中的电流在 AB 段的方向与回路 2 中选定的方向相反, 回路 1 中的电流在 BC 段的方向与回路 3 中选定的方向相反, 因此回路 1 所有电压降的代数和为 $12I_1-4I_2-7I_3$. 因为回路 1 的电源电压为 40V, 所以, 由基尔霍夫定律可得回路 1 的方程为

$$12I_1-4I_2-7I_3=40.$$

同理可得回路 2、回路 3、回路 4 的电路方程分别为

$$\begin{aligned}-4I_1+13I_2-5I_4&=10,\\-7I_1+15I_3-6I_4&=30,\\-5I_2-6I_3+14I_4&=20.\end{aligned}$$

于是, 回路电流所满足的线性方程组为

$$\begin{cases}12I_1-4I_2-7I_3=40,\\-4I_1+13I_2-5I_4=10,\\-7I_1+15I_3-6I_4=30,\\-5I_2-6I_3+14I_4=20.\end{cases}$$

求解如上的线性方程组, 我们便可得到如图 2.2 所示的电路网络的电流情况.

2.1 矩阵分析简介

2.1.1 向量及矩阵

1. 向量、矩阵定义及运算

定义 2.1 设 $\mathbb{R}$ 为实数域, n 为一正整数, $x_i\in\mathbb{R},\ i=1,2,\cdots,n$, 则称

$$\boldsymbol{x}=[x_1,x_2,\cdots,x_n] \tag{2.1}$$

和

$$\boldsymbol{x}=\begin{bmatrix}x_1\\x_2\\\vdots\\x_n\end{bmatrix}=[x_1,x_2,\cdots,x_n]^{\mathrm{T}} \tag{2.2}$$

为实数域 $\mathbb{R}$ 上的 n 维向量, x_i, $i=1,2,\cdots,n$ 称为向量 $\boldsymbol{x}$ 的第 i 个分量. (2.1) 称为行向量, (2.2) 称为列向量.

在本书中, 向量用黑体字母表示, 分量用小写字母加下标表示, 例如, $\boldsymbol{x}$, $\boldsymbol{y}$, $\boldsymbol{z}$ 等表示向量, x_1, x_2, x_3 表示向量 $\boldsymbol{x}$ 的第 1, 2, 3 个分量. $\mathbb{R}^n$ 为所有 n 维向量所组成的集合. 在本书中, 若无特别说明, 本书中的向量均指列向量.

设 $\boldsymbol{x}$, $\boldsymbol{y} \in \mathbb{R}^n$, $a \in \mathbb{R}$, 则向量的**数乘**运算定义为

$$\boldsymbol{z} = a\boldsymbol{x} \triangleq \begin{bmatrix} ax_1 \\ ax_2 \\ \vdots \\ ax_n \end{bmatrix}.$$

加法运算定义为

$$\boldsymbol{z} = \boldsymbol{x} + \boldsymbol{y} \triangleq \begin{bmatrix} x_1 + y_1 \\ x_2 + y_2 \\ \vdots \\ x_n + y_n \end{bmatrix}.$$

内积或**点积**运算定义为

$$z = \boldsymbol{x} \cdot \boldsymbol{y} = (\boldsymbol{x}, \boldsymbol{y}) = \boldsymbol{x}^{\mathrm{T}}\boldsymbol{y} \triangleq \sum_{i=1}^{n} x_i y_i.$$

定义 2.2 设 $\mathbb{R}$ 为实数域, n, m 均为正整数, $a_{ij} \in \mathbb{R}, i = 1, 2, \cdots, n, j = 1, 2, \cdots, m$, 则称如下所示数的阵列

$$\boldsymbol{A} = \begin{bmatrix} a_{11} & a_{12} & \cdots & a_{1m} \\ a_{21} & a_{22} & \cdots & a_{2m} \\ \vdots & \vdots & & \vdots \\ a_{n1} & a_{n2} & \cdots & a_{nm} \end{bmatrix}$$

为具有 n 行、m 列的实矩阵. a_{ij} 为矩阵 $\boldsymbol{A}$ 的元素, 有时为了简便, 矩阵 $\boldsymbol{A}$ 简记为 $\boldsymbol{A} = (a_{ij})_{n\times m}$.

在矩阵的记号中, 常用大写黑体字母表示矩阵, 用矩阵大写字母对应的小写字母加下标来表示该矩阵的元素. 用 $\mathbb{R}^{n\times m}$ 表示数域 $\mathbb{R}$ 上的所有 $n \times m$ 矩阵的集合. 特别地, 当 $n = m$ 时, 此时的矩阵称为**方阵**.

设 $\boldsymbol{A}, \boldsymbol{B}, \boldsymbol{C} \in \mathbb{R}^{n\times m}$, $\boldsymbol{b} \in \mathbb{R}^m$, $c \in \mathbb{R}$, 则矩阵的**转置**运算定义为

$$
\boldsymbol{C}=\boldsymbol{A}^{\mathrm{T}} \triangleq \begin{bmatrix} a_{11} & a_{21} & \cdots & a_{n1} \\ a_{12} & a_{22} & \cdots & a_{n2} \\ \vdots & \vdots & & \vdots \\ a_{1m} & a_{2m} & \cdots & a_{nm} \end{bmatrix}.
$$

数乘矩阵运算定义为

$$
\boldsymbol{C}=c\boldsymbol{A} \triangleq \begin{bmatrix} ca_{11} & ca_{12} & \cdots & ca_{1m} \\ ca_{21} & ca_{22} & \cdots & ca_{2m} \\ \vdots & \vdots & & \vdots \\ ca_{n1} & ca_{n2} & \cdots & ca_{nm} \end{bmatrix}.
$$

矩阵加法运算定义为

$$
\boldsymbol{C}=\boldsymbol{A}+\boldsymbol{B} \triangleq \begin{bmatrix} a_{11}+b_{11} & a_{12}+b_{12} & \cdots & a_{1m}+b_{1m} \\ a_{21}+b_{21} & a_{22}+b_{22} & \cdots & a_{2m}+b_{2m} \\ \vdots & \vdots & & \vdots \\ a_{n1}+b_{n1} & a_{n2}+b_{n2} & \cdots & a_{nm}+b_{nm} \end{bmatrix}.
$$

矩阵与向量的乘积运算定义为

$$
\boldsymbol{C}=\boldsymbol{A}\boldsymbol{b} \triangleq \begin{bmatrix} \sum_{j=1}^{m} a_{1j}b_j \\ \sum_{j=1}^{m} a_{2j}b_j \\ \vdots \\ \sum_{j=1}^{m} a_{nj}b_j \end{bmatrix}.
$$

设 $\boldsymbol{A}\in\mathbb{R}^{n\times m}$, $\boldsymbol{B}\in\mathbb{R}^{m\times q}$, 则矩阵 $\boldsymbol{A}$ 与 $\boldsymbol{B}$ 的乘法运算 (**矩阵乘法**) 定义为

$$
\boldsymbol{C}=(c_{ij})=\boldsymbol{A}\boldsymbol{B},
$$

其中

$$
c_{ij}=\sum_{k=1}^{m} a_{ik}b_{kj}, \quad i=1,2,\cdots,n; j=1,2,\cdots,q.
$$

注 2.1 在矩阵与向量乘法运算中, 它们的维度必须相容, 即矩阵的列数必须等于向量的维数; 矩阵乘法运算中, 两个矩阵的维度必须相容, 即第一个矩阵的列数必须等于第二个矩阵的行数.

对于矩阵 $\boldsymbol{A}\in\mathbb{R}^{n\times n}$, 若存在矩阵 $\boldsymbol{B}\in\mathbb{R}^{n\times n}$, 使得 $\boldsymbol{A}\boldsymbol{B}=\boldsymbol{B}\boldsymbol{A}=\boldsymbol{E}$, 则称矩阵 $\boldsymbol{A}$ 为可逆矩阵或矩阵 $\boldsymbol{A}$ 可逆, 记为 $\boldsymbol{A}^{-1}$. 矩阵 $\boldsymbol{B}$ 称为 $\boldsymbol{A}$ 的逆矩阵.

2. 特殊矩阵

定义 2.3 设 $\boldsymbol{A}\in\mathbb{R}^{n\times n}$ 且

$$\boldsymbol{A}=\begin{bmatrix} d_1 & 0 & \cdots & 0 \\ 0 & d_2 & \cdots & 0 \\ \vdots & \vdots & & \vdots \\ 0 & 0 & \cdots & d_n \end{bmatrix},$$

则称矩阵 $\boldsymbol{A}$ 为**对角矩阵**, 简记为 $\boldsymbol{A}=\mathrm{diag}(d_1,d_2,\cdots,d_n)$. 若 $d_1=d_2=\cdots=d_n=1$, 此时称矩阵 $\boldsymbol{A}$ 为**单位矩阵** (或单位阵), 记为 $\boldsymbol{E}_n$, $\boldsymbol{I}_n$ 或 $\boldsymbol{E}$.

定义 2.4 设 $\boldsymbol{A}\in\mathbb{R}^{n\times n}$ 且

$$\boldsymbol{A}=\begin{bmatrix} a_{11} & 0 & 0 & \cdots & 0 \\ a_{21} & a_{22} & 0 & \cdots & 0 \\ \vdots & \vdots & \vdots & & \vdots \\ a_{n1} & a_{n2} & a_{n3} & \cdots & a_{nn} \end{bmatrix},$$

则称形如 $\boldsymbol{A}$ 的矩阵为**下三角矩阵**.

定义 2.5 设 $\boldsymbol{A}\in\mathbb{R}^{n\times n}$ 且

$$\boldsymbol{A}=\begin{bmatrix} a_{11} & a_{12} & a_{13} & \cdots & a_{1n} \\ 0 & a_{22} & a_{23} & \cdots & a_{2n} \\ \vdots & \vdots & \vdots & & \vdots \\ 0 & 0 & 0 & \cdots & a_{nn} \end{bmatrix},$$

则称形如 $\boldsymbol{A}$ 的矩阵为**上三角矩阵**.

定义 2.6 设 $\boldsymbol{A}\in\mathbb{R}^{n\times n}$ 且

$$\boldsymbol{A}=\begin{bmatrix} a_1 & b_1 & 0 & \cdots & 0 \\ c_2 & a_2 & b_2 & \ddots & \vdots \\ 0 & \ddots & \ddots & \ddots & 0 \\ \vdots & \ddots & c_{n-1} & a_{n-1} & b_{n-1} \\ 0 & \cdots & 0 & c_n & a_n \end{bmatrix},$$

则称形如 $\boldsymbol{A}$ 的矩阵为**三对角矩阵**或**带状矩阵**.

注 2.2 上三角矩阵的乘积还是上三角矩阵, 下三角矩阵的乘积还是下三角矩阵.

定义 2.7 设 $\boldsymbol{A} \in \mathbb{R}^{n\times n}$ 且 $a_{ij} = a_{ji}$, 则称矩阵 $\boldsymbol{A}$ 为**对称矩阵**. 若对任意非零向量 $\boldsymbol{x} \in \mathbb{R}^n$, 均有 $\boldsymbol{x}^{\mathrm{T}}\boldsymbol{A}\boldsymbol{x} \geqslant 0$, 此时称矩阵为**半正定矩阵**, 否则称该矩阵为不定矩阵; 若不等式严格成立, 则该矩阵称为**正定矩阵**.

定义 2.8 设 $\boldsymbol{A} \in \mathbb{R}^{n\times n}$ 且

$$|a_{ii}| \geqslant \sum_{j=1, j\neq i}^{n} |a_{ij}|,$$

则称矩阵 $\boldsymbol{A}$ 为**主对角占优矩阵**. 若不等式严格成立, 则称该矩阵为**主对角严格占优矩阵**.

注 2.3 正定矩阵和严格主对角矩阵均可逆, 两个可逆矩阵的乘积也可逆.

2.1.2 初等变换及初等矩阵

1. 初等变换

为后面的矩阵分解提供理论支持, 初等变换及对应的初等矩阵发挥着重要的作用. 本小节首先给出初等变换的定义, 在此基础上给出其对应的初等矩阵及其性质. 矩阵的初等行 (列) 变换是指以下三种变换类型.

(1) **换法变换**: 交换矩阵的两行 (列), 如交换矩阵的第 r_i 行 (c_i 列) 和第 r_j 行 (c_j 列), 记为 $r_i \leftrightarrow r_j$ ($c_i \leftrightarrow c_j$).

(2) **倍法变换**: 以一个非零数乘矩阵的某一行 (列) 所有元素, 如将矩阵的第 r_i 行 (c_i 列) 乘非零常数 k, 记为 kr_i (kc_i).

(3) **消法变换**: 把矩阵的某一行 (列) 所有元素乘以一个数后加到另一行 (列) 对应的元素, 如将矩阵的第 j 行 (列) 乘以 k 加到第 i 行 (列), 记为 $r_i + kr_j$ ($c_i + kc_j$).

注 2.4 三种初等变换操作均为可逆的变换, 即矩阵通过一种变换之后, 还可能通过同类相应的变换将变换后的矩阵变回原来的矩阵.

2. 初等矩阵

对单位矩阵进行一次初等变换所得的矩阵称为初等矩阵, 由于初等变换有三种, 因此初等矩阵也有三种类型的初等矩阵, 即

(1) 交换单位矩阵第 i 行 (列) 和第 j 行 (列) 所得的初等矩阵, 记为 $\boldsymbol{P}(i, j)$.

(2) 将单位矩阵的第 r_i 行 (c_i 列) 乘非零常数 k 所得的初等矩阵, 记为 $\boldsymbol{P}(i(k))$.

(3) 将单位矩阵的第 j 行 (列) 乘以 k 加到第 i 行 (列) 所得的初等矩阵, 记为 $\boldsymbol{P}(i, j(k))$.

下面讨论初等变换与对应初等矩阵的关系.

(1) **换法变换**: 交换矩阵的两行 (列), 如交换矩阵的第 r_i 行 (c_i 列) 和第 r_j 行 (c_j 列), 相当于在矩阵的左 (右) 边乘初等矩阵 $\boldsymbol{P}(i,j)$.

(2) **倍法变换**: 以一个非零数乘矩阵的某一行 (列) 所有元素, 如将矩阵的第 r_i 行 (c_i 列) 乘非零常数 k, 相当于在矩阵的左 (右) 边乘初等矩阵 $\boldsymbol{P}(i(k))$.

(3) **消法变换**: 把矩阵的某一行 (列) 所有元素乘以一个数后加到另一行 (列) 对应的元素, 如将矩阵的第 j 行 (列) 乘以 k 加到第 i 行 (列), 相当于在矩阵的左 (右) 边乘初等矩阵 $\boldsymbol{P}(i,j(k))$.

定理 2.1 三类初等矩阵均可逆, 且逆满足

(1) $\boldsymbol{P}^{-1}(i,j)=\boldsymbol{P}(j,i)$; (2) $\boldsymbol{P}^{-1}(i(k))=\boldsymbol{P}\left(i\left(\dfrac{1}{k}\right)\right)$;

(3) $\boldsymbol{P}^{-1}(i,j(k))=\boldsymbol{P}(i,j(-k))$.

推论 2.1 设 $\boldsymbol{A}\in\mathbb{R}^{n\times n}$, 且满足

$$\boldsymbol{A}=\begin{bmatrix}1&0&0&\cdots&0\\a_{21}&1&0&\cdots&0\\a_{31}&0&1&\cdots&0\\\vdots&\vdots&\vdots&&\vdots\\a_{n1}&0&0&\cdots&1\end{bmatrix},$$

则矩阵 $\boldsymbol{A}$ 可逆, 且其逆为

$$\boldsymbol{A}^{-1}=\begin{bmatrix}1&0&0&\cdots&0\\-a_{21}&1&0&\cdots&0\\-a_{31}&0&1&\cdots&0\\\vdots&\vdots&\vdots&&\vdots\\-a_{n1}&0&0&\cdots&1\end{bmatrix}.$$

证明 因为矩阵 $\boldsymbol{A}$ 可以表示为

$$\boldsymbol{A}=\begin{bmatrix}1&0&0&\cdots&0\\0&1&0&\cdots&0\\0&0&1&\cdots&0\\\vdots&\vdots&\vdots&&\vdots\\a_{n1}&0&0&\cdots&1\end{bmatrix}\cdots\begin{bmatrix}1&0&0&\cdots&0\\0&1&0&\cdots&0\\a_{31}&0&1&\cdots&0\\\vdots&\vdots&\vdots&&\vdots\\0&0&0&\cdots&1\end{bmatrix}\begin{bmatrix}1&0&0&\cdots&0\\a_{21}&1&0&\cdots&0\\0&0&1&\cdots&0\\\vdots&\vdots&\vdots&&\vdots\\0&0&0&\cdots&1\end{bmatrix}$$

$$=\boldsymbol{P}(n,1(a_{n1}))\boldsymbol{P}(n-1,1(a_{n-1,1}))\cdots\boldsymbol{P}(3,1(a_{31}))\boldsymbol{P}(2,1(a_{21})),$$

于是 $\boldsymbol{A}^{-1}$ 为

$$\begin{aligned}\boldsymbol{A}^{-1} &= \boldsymbol{P}^{-1}(2,1(a_{21}))\boldsymbol{P}^{-1}(3,1(a_{31}))\cdots\boldsymbol{P}^{-1}(n-1,1(a_{n-1,1}))\boldsymbol{P}^{-1}(n,1(a_{n1}))\\ &= \boldsymbol{P}(2,1(-a_{21}))\boldsymbol{P}(3,1(-a_{31}))\cdots\boldsymbol{P}(n-1,1(-a_{n-1,1}))\boldsymbol{P}(n,1(-a_{n1})).\end{aligned}$$

利用初等矩阵性质可知, 结论成立. □

定理 2.2 设 $\boldsymbol{A}\in\mathbb{R}^{n\times n}$, 则矩阵 $\boldsymbol{A}$ 可逆的充要条件为矩阵 $\boldsymbol{A}$ 可分解为一些初等矩阵的乘积, 即

$$\boldsymbol{A}\text{可逆} \iff \boldsymbol{A}=\boldsymbol{P}_1\boldsymbol{P}_2\cdots\boldsymbol{P}_l,$$

其中, $\boldsymbol{P}_i$, $i=1,2,\cdots,l$ 为初等矩阵.

例 2.1 在所有 3×3 的矩阵构成的集合 $\mathbb{R}^{3\times 3}$ 中, 则

$$\boldsymbol{P}(1,2)=\begin{bmatrix}0&1&0\\1&0&0\\0&0&1\end{bmatrix},\quad \boldsymbol{P}(2(2))=\begin{bmatrix}1&0&0\\0&2&0\\0&0&1\end{bmatrix},\quad \boldsymbol{P}(1,2(2))=\begin{bmatrix}1&2&0\\0&1&0\\0&0&1\end{bmatrix}.$$

2.1.3 向量及矩阵范数

1. 向量范数

定义 2.9 设 $\boldsymbol{x}=[x_1,x_2,\cdots,x_n]^{\mathrm{T}}\in\mathbb{R}^n$, $||\boldsymbol{x}||$ 是定义在 $\mathbb{R}^n$ 上的一个单值实函数, 如果 $||\boldsymbol{x}||$ 满足下列条件:

(1) 正定性, 对任意 $\boldsymbol{x}\in\mathbb{R}^n$, $||\boldsymbol{x}||\geqslant 0$; 当且仅当 $\boldsymbol{x}=\boldsymbol{0}$ 时, $||\boldsymbol{x}||=0$.

(2) 非负齐性, 对任意 $k\in\mathbb{R}$ 和任意 $\boldsymbol{x}\in\mathbb{R}^n$, $||k\boldsymbol{x}||=|k|\,||\boldsymbol{x}||$.

(3) 三角不等式, 对任意 $\boldsymbol{x},\boldsymbol{y}\in\mathbb{R}^n$, $||\boldsymbol{x}+\boldsymbol{y}||\leqslant||\boldsymbol{x}||+||\boldsymbol{y}||$.

则称 $||\boldsymbol{x}||$ 为定义在 $\mathbb{R}^n$ 上的一种**向量范数** (长度).

定义 2.9 中的三个条件称为范数的三个公理. $\mathbb{R}^n$ 中常用的向量范数有

$$||\boldsymbol{x}||_1=\sum_{i=1}^{n}|x_i|,\quad ||\boldsymbol{x}||_2=\left(\sum_{i=1}^{n}|x_i|^2\right)^{1/2},\quad ||\boldsymbol{x}||_\infty=\max_{1\leqslant i\leqslant n}|x_i|.$$

$||\boldsymbol{x}||_1$ 称为向量 $\boldsymbol{x}$ 的 1-范数, $||\boldsymbol{x}||_2$ 称为向量 $\boldsymbol{x}$ 的 2-范数, $||\boldsymbol{x}||_\infty$ 称为向量 $\boldsymbol{x}$ 的 ∞-范数. 如图 2.3 所示为二维实数空间在不同范数下的单位圆.

例 2.2 向量 $\boldsymbol{x}=[3,0,-1]^{\mathrm{T}}$, 则

$$||\boldsymbol{x}||_1=4,\quad ||\boldsymbol{x}||_2=\sqrt{10},\quad ||\boldsymbol{x}||_\infty=3.$$

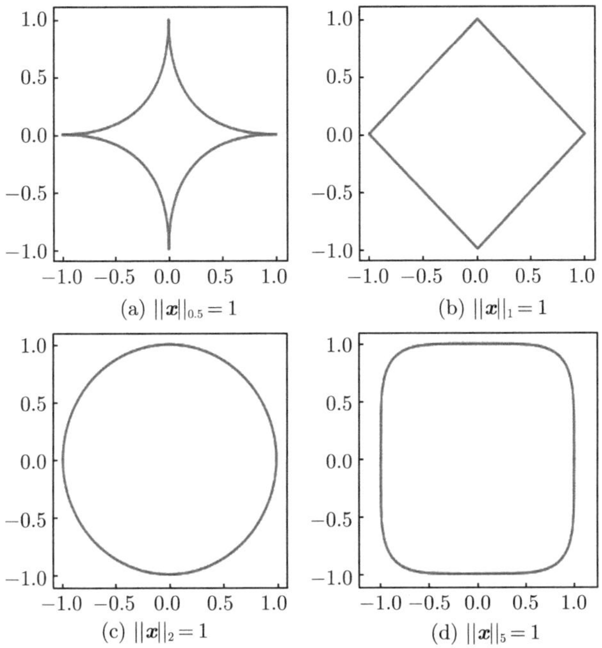

图 2.3 单位圆

定义 2.10 向量 $\boldsymbol{x}$ 的两种范数 $||\boldsymbol{x}||_\alpha$ 和 $||\boldsymbol{x}||_\beta$, 如果存在两个正常数 $C_1, C_2 \in \mathbb{R}$, 使得

$$C_1||\boldsymbol{x}||_\alpha \leqslant ||\boldsymbol{x}||_\beta \leqslant C_2||\boldsymbol{x}||_\alpha,$$

则称这两个范数**等价**.

特别, $\mathbb{R}^n$ 中的一切向量范数均等价. $\mathbb{R}^n$ 中常用的 1-范数、2-范数和 ∞-范数有如下等价关系:

$$||\boldsymbol{x}||_2 \leqslant ||\boldsymbol{x}||_1 \leqslant \sqrt{n}||\boldsymbol{x}||_2,$$

$$||\boldsymbol{x}||_\infty \leqslant ||\boldsymbol{x}||_1 \leqslant n||\boldsymbol{x}||_\infty,$$

$$||\boldsymbol{x}||_\infty \leqslant ||\boldsymbol{x}||_2 \leqslant \sqrt{n}||\boldsymbol{x}||_\infty.$$

定义 2.11 设 $\{\boldsymbol{x}^{(k)}\}$ 是 $\mathbb{R}^n$ 中的向量序列, $\boldsymbol{x}^{(k)} = [x_1^{(k)}, x_2^{(k)}, \cdots, x_n^{(k)}]^{\mathrm{T}}$, $\boldsymbol{x}^* = [x_1^*, x_2^*, \cdots, x_n^*]^{\mathrm{T}}$, 若 $\lim\limits_{k\to\infty} x_i^{(k)} = x_i^*$, $i = 1, 2, \cdots, n$, 则称 $\boldsymbol{x}^{(k)}$ **收敛于** $\boldsymbol{x}^*$, 记为 $\lim\limits_{k\to\infty} \boldsymbol{x}^{(k)} = \boldsymbol{x}^*$.

由范数的等价性可得

$$\lim_{k\to\infty} \boldsymbol{x}^{(k)} = \boldsymbol{x}^* \Leftrightarrow \lim_{k\to\infty} ||\boldsymbol{x}^{(k)} - \boldsymbol{x}^*|| = 0.$$

因此, 要证明一个向量序列收敛, 只需要选择一种具体范数去证明, 并且适当选择范数能使证明简化.

2. 矩阵范数

定义 2.12 设 $\mathbb{R}^{n\times n}$ 表示全体 n 阶实矩阵构成的线性空间, $\boldsymbol{A}\in\mathbb{R}^{n\times n}$, $||\boldsymbol{A}||$ 是定义在 $\mathbb{R}$ 上的一个单值实函数, 若 $||\boldsymbol{A}||$ 满足下列条件:

(1) 正定性, 对任意 $\boldsymbol{A}\in\mathbb{R}^{n\times n}$, $||\boldsymbol{A}||\geqslant 0$; 当且仅当 $\boldsymbol{A}=\boldsymbol{O}$ 时, $||\boldsymbol{A}||=0$.

(2) 非负齐性, 对任意 $k\in\mathbb{R}$ 和任意 $\boldsymbol{A}\in\mathbb{R}^{n\times n}$, $||k\boldsymbol{A}||=|k|\,||\boldsymbol{A}||$.

(3) 三角不等式, 对任意 $\boldsymbol{A},\boldsymbol{B}\in\mathbb{R}^{n\times n}$, $||\boldsymbol{A}+\boldsymbol{B}||\leqslant||\boldsymbol{A}||+||\boldsymbol{B}||$.

(4) 乘积关系, 对任意 $\boldsymbol{A},\boldsymbol{B}\in\mathbb{R}^{n\times n}$, $||\boldsymbol{AB}||\leqslant||\boldsymbol{A}||\,||\boldsymbol{B}||$.

(5) 与向量范数的相容性, 对任意 $\boldsymbol{A}\in\mathbb{R}^{n}$, $||\boldsymbol{Ax}||\leqslant||\boldsymbol{A}||\,||\boldsymbol{x}||$.

则称 $||\boldsymbol{A}||$ 为 $\boldsymbol{A}$ 的一种**范数**, 或称 $||\boldsymbol{A}||$ 是 $\mathbb{R}^{n\times n}$ 中的一种与向量范数相容的**矩阵范数**.

如何定义矩阵的范数, 使之满足上述五个条件? 由于 n 阶矩阵 A 可以看成是 $\mathbb{R}^n$ 中的一个线性变换, 它把 $\mathbb{R}^n$ 中的向量 $\boldsymbol{x}$ 映射成向量 $\boldsymbol{Ax}$. 变换前后向量长度之比 $||\boldsymbol{Ax}||/||\boldsymbol{x}||$ 表示 $\boldsymbol{Ax}$ 沿 $\boldsymbol{x}$ 方向上的伸长率, 一切方向伸长率的最大值便为 $\boldsymbol{A}$ 的范数.

定义 2.13 设 $\boldsymbol{A}\in\mathbb{R}^{n\times n}$, $\boldsymbol{x}\in\mathbb{R}^n$,

$$||\boldsymbol{A}||=\max_{\boldsymbol{x}\in\mathbb{R}^n,\boldsymbol{x}\neq\boldsymbol{0}}\frac{||\boldsymbol{Ax}||}{||\boldsymbol{x}||}=\max_{||\boldsymbol{x}||=1}||\boldsymbol{Ax}||,$$

称为由向量范数导出的**矩阵范数**, 也称为**算子范数**.

显然, 单位矩阵 $\boldsymbol{E}$ 的算子范数 $||\boldsymbol{E}||=1$. 常用的矩阵范数有矩阵的列范数、行范数和 2-范数, 可以证明利用向量 1-范数、∞-范数和 2-范数所诱导的矩阵范数分别为

$$||\boldsymbol{A}||_1=\max_{1\leqslant j\leqslant n}\sum_{i=1}^{n}|a_{ij}|,\quad ||\boldsymbol{A}||_\infty=\max_{1\leqslant i\leqslant n}\sum_{j=1}^{n}|a_{ij}|,\quad ||\boldsymbol{A}||_2=\sqrt{\lambda_{\max}},$$

其中 $\lambda_{\max}$ 是矩阵 $\boldsymbol{A}^{\mathrm{T}}\boldsymbol{A}$ 的最大特征值.

例 2.3 设 $\boldsymbol{A}=\begin{bmatrix}1 & -2\\ -3 & 4\end{bmatrix}$, 求 $||\boldsymbol{A}||_1,||\boldsymbol{A}||_2,||\boldsymbol{A}||_\infty$.

解 直接计算得

$$||\boldsymbol{A}||_1=6,\quad ||\boldsymbol{A}||_\infty=7,$$

$$\boldsymbol{A}^{\mathrm{T}}\boldsymbol{A}=\begin{bmatrix}10 & -14\\ -14 & 20\end{bmatrix},$$

$$|\boldsymbol{A}^{\mathrm{T}}\boldsymbol{A}-\lambda\boldsymbol{E}|=\begin{vmatrix}10-\lambda & -14\\ -14 & 20-\lambda\end{vmatrix}=(10-\lambda)(20-\lambda)-196=0.$$

解得其特征值为 $\lambda_1=29.8661$, $\lambda_2=0.1339$, 所以 $||\boldsymbol{A}||_2=\sqrt{\lambda_1}=5.4650$.

2.2 直 接 法

本节首先介绍特殊的三角线性方程组求解方法, 该类特殊线性方程组是求解其他一般线性方程组的基础. 在此基础上利用初等变换将一般线性方程组转化为该类特殊的线性方程组求解, 从而达到求解线性方程组的目的.

2.2.1 三角线性方程组

考虑线性方程组

$$\begin{bmatrix}l_{11} & 0 & \cdots & 0\\ l_{21} & l_{22} & \cdots & 0\\ \vdots & \vdots & & \vdots\\ l_{n1} & l_{n2} & \cdots & l_{nn}\end{bmatrix}\begin{bmatrix}x_1\\ x_2\\ \vdots\\ x_n\end{bmatrix}=\begin{bmatrix}b_1\\ b_2\\ \vdots\\ b_n\end{bmatrix}, \tag{2.3}$$

其中, $l_{ii}\neq 0, i=1,2,\cdots,n$. 线性方程组 (2.3) 的求解过程为: 首先, 利用第一个线性方程求得未知数 $x_1=b_1/l_{11}$, 然后利用第二个方程求得第二个未知数 $x_2=(b_2-l_{21}x_1)/l_{22}$, 同理求 x_3, x_4, $\cdots$, x_n. 因此, 求解线性方程组 (2.3) 的第 $i>1$ 个未知数为

$$x_i=\begin{cases}\dfrac{b_i}{l_{ii}}, & i=1,\\ \dfrac{b_i-\displaystyle\sum_{j=1}^{i-1}l_{ij}x_j}{l_{ii}}, & i=2,\cdots,n,\end{cases} \tag{2.4}$$

称求解下三角线性方程组 (2.3) 的过程 (2.4) 为**向前回代方法**.

同理考虑如下上三角线性方程组:

$$\begin{bmatrix}u_{11} & u_{12} & \cdots & u_{1n}\\ 0 & u_{22} & \cdots & u_{2n}\\ \vdots & \ddots & \ddots & \vdots\\ 0 & \cdots & 0 & u_{nn}\end{bmatrix}\begin{bmatrix}x_1\\ x_2\\ \vdots\\ x_n\end{bmatrix}=\begin{bmatrix}b_1\\ b_2\\ \vdots\\ b_n\end{bmatrix},$$

其中 $u_{ii}\neq 0, i=1,2,\cdots,n$. 该方程组的求解过程为 $x_n, x_{n-1},\cdots,x_1$, 具体地

$$x_i=\begin{cases}\dfrac{b_i-\displaystyle\sum_{k=i+1}^{n}u_{ik}x_k}{u_{ii}}, & i=n-1,\cdots,1,\\[2ex] \dfrac{b_i}{u_{ii}}, & i=n.\end{cases} \tag{2.5}$$

称 (2.5) 为求解上角矩阵线性方程组的**向后回代法**.

对于向前回代法和向后回代法, 其乘法和除法运算次数为 $T(n)=\sum_{i=1}^{n} i=\dfrac{n(n+1)}{2}\approx O(n^2)$.

2.2.2 Gauss 消元法

1. 基本方法

对于一般的线性方程组, 能否将其转化为三角线性方程组求解呢? 先来看一个简单的例子

$$\begin{cases}a_{11}x_1+a_{12}x_2+a_{13}x_3=b_1,\\ a_{21}x_1+a_{22}x_2+a_{23}x_3=b_2,\\ a_{31}x_1+a_{32}x_2+a_{33}x_3=b_3.\end{cases} \tag{2.6}$$

设 $a_{11}\neq 0$ (主元), 则分别将 $m_{i1}=-a_{i1}/a_{11}$ $(i=2,3)$ 乘以第一个方程加到第 i 个方程上, 则消去了 (2.6) 的第 i 个方程中的变元 x_1, 这样方程组 (2.6) 化为

$$\begin{cases}a_{11}x_1+a_{12}x_2+a_{13}x_3=b_1,\\ \qquad\quad a_{22}^{(2)}x_2+a_{23}^{(2)}x_3=b_2^{(2)},\\ \qquad\quad a_{32}^{(2)}x_2+a_{33}^{(2)}x_3=b_3^{(2)},\end{cases} \tag{2.7}$$

其中

$$a_{ij}^{(2)}=a_{ij}-m_{i1}a_{1j},\quad i,j=2,3,$$

$$b_i^{(2)}=b_i-m_{i1}b_1,\quad i=2,3.$$

以上实现了对原方程组的第一步消元, 显然原方程组 (2.6) 和方程组 (2.7) 同解. 下面对 (2.7) 后面的两个方程做类似的处理 (消元). 假设 $a_{22}^{(2)}\neq 0$, 以 (2.7) 的第二个方程乘以 $m_{32}=-a_{32}^{(2)}/a_{22}^{(2)}$ 加到第三个方程上, 则消去了 (2.7) 的第三个方程中的变元 x_2. 这样 (2.7) 化为

$$\begin{cases}a_{11}x_1+a_{12}x_2+a_{13}x_3=b_1,\\ \qquad\quad a_{22}^{(2)}x_2+a_{23}^{(2)}x_3=b_2^{(2)},\\ \qquad\qquad\qquad\quad a_{33}^{(3)}x_3=b_3^{(3)},\end{cases} \tag{2.8}$$

其中

$$a_{33}^{(3)}=a_{33}^{(2)}-m_{32}a_{23}^{(2)},\quad b_3^{(3)}=b_3^{(2)}-m_{32}b_2^{(2)}.$$

于是, 一般线性方程组 (2.6) 通过初等变换化为同解的上三角线性方程组 (2.8), 该过程称为**消元过程**, 也称为 **Gauss 消元过程**. 线性方程组 (2.8) 可以通过向后回代法进行求解, 此时的回代过程称为 **Gauss 消元法的回代过程**.

一般地, 对于 n 阶线性代数方程组 $\boldsymbol{Ax}=\boldsymbol{b}$, 可以类似地采用前面的消元过程和回代过程进行求解 (Gauss 消元法). 只要各步称为主元的 $a_{11}\neq 0, a_{22}^{(2)}\neq 0,\cdots,a_{n-1,n-1}^{(n-1)}\neq 0$, 则总可以通过消元过程得到同解的上三角形线性方程组进行求解. 因此回答了对于一般的方阵的线性方程组求解的问题.

下面来计算 Gauss 消元法的计算量. 这里仅分析消元过程 (回代过程完全类似), 并且只给出乘法次数 (相对于乘除法来说, 加减法所花费的时间可以不计; 除法的运算次数不超过乘法的次数). 经简单计算知, 第 k $(1\leqslant k\leqslant n-1)$ 步消元所需的乘法次数为 $(n-k+1)(n-k)$. 因此消元过程所需的乘法总次数为

$$\sum_{k=1}^{n-1}(n-k+1)(n-k)=\frac{n(n^2-1)}{3}=O(n^3).$$

由此易知 Gauss 消元法总的计算复杂度为 $O(n^3)$, 与 Cramer 法则 (运算量为 $O(nn!)$) 相比, Gauss 消元法已本质地改进了求解线性代数方程组的计算效率. 例如, 对于一个含 20 个未知元的线性方程组用 Cramer 法则求解约需 5×10^{19} 次乘法, 但用 Gauss 消元法只需约 3060 次乘法. 由此看出, Cramer 方法在理论上很漂亮, 但解决问题的效率太低.

例 2.4 用 Gauss 消元法求解下列方程组:

$$\begin{cases}2x_1+5x_3=5,\\ 2x_1-x_2+3x_3=3,\\ 2x_1-x_2+\ x_3=1.\end{cases}$$

解 消元过程: 第一个方程乘以 -1 分别加到第二、第三个方程, 可得

$$\begin{cases}2x_1+5x_3=5,\\ -x_2-2x_3=-2,\\ -x_2-4x_3=-4.\end{cases}$$

第二个方程乘以 -1 加到第三方程, 可得

$$\begin{cases}2x_1+5x_3=5,\\ -x_2-2x_3=-2,\\ -2x_3=-2.\end{cases}$$

回代过程: 由上式的第三个方程解得 $x_3 = -2/(-2) = 1$; 把 $x_3 = 1$ 回代到第二个方程解得 $x_2 = 0$, 再把 $x_3 = 1, x_2 = 0$ 回代到第一个方程中得 $x_1 = 0$. 所以方程组的解为

$$x_1 = 0, \quad x_2 = 0, \quad x_3 = 1.$$

注 2.5 一种类似高斯消元法的技术最早出现在中国汉代的《九章算术》中, 该书成于东汉初年 (公元 100 年), 公元 263 年刘徽对其进行了重辑. 拉格朗日 (Joseph Louis Lagrange, 1736—1813, 法国数学家) 在 1778 年描述了一种类似的方法用于求解齐次线性方程组. 高斯 (Carl Friedrich Gauss, 1777—1855, 德国著名数学家和物理学家) 在《天体运动理论》中给出了更一般的描述, 这使得高斯能够在 1801 年用最小二乘法确定小行星——谷神星的轨道 (Burden and Faires, 2010).

注 2.6 我国古代数学专著《九章算术》有这样一个问题: 今有上禾 (指上等稻子) 三秉 (指捆), 中禾二秉, 下禾一秉, 实 (指谷子) 三十九斗; 上禾二秉, 中禾三秉, 下禾一秉, 实三十四斗; 上禾一秉, 中禾二秉, 下禾三秉, 实二十六斗. 问上、中、下禾实一秉各几何? 而且《九章算术》中也给出消元法来求解上述问题 (杜石然, 1956).

2. Gauss 消元法的矩阵语言描述 (LU 分解)

从 Gauss 消元法可知, 每次行消元的过程本质上是对线性方程组的系数矩阵进行一次初等变换, 相当于在线性方程组的系数矩阵左边乘上相应的初等矩阵. 因此, Gauss 消元的过程利用矩阵的语言描述为: 假设 $\boldsymbol{A} \in \mathbb{R}^{n\times n}$, 必能够找到矩阵 $\boldsymbol{M}_1, \boldsymbol{M}_2, \cdots, \boldsymbol{M}_{n-1}$ 满足

$$\boldsymbol{M}_{n-1}\boldsymbol{M}_{n-2}\cdots\boldsymbol{M}_1\boldsymbol{A} = \boldsymbol{U}, \tag{2.9}$$

其中, $\boldsymbol{U}$ 为上三角矩阵. 于是线性方程组 $\boldsymbol{Ax} = \boldsymbol{b}$ 变为如下同解线性方程组

$$\boldsymbol{Ux} = \boldsymbol{M}_{n-1}\boldsymbol{M}_{n-2}\cdots\boldsymbol{M}_1\boldsymbol{b},$$

在 (2.9) 中, 令 $\boldsymbol{B} = \boldsymbol{M}_{n-1}\boldsymbol{M}_{n-2}\cdots\boldsymbol{M}_1$, 由初等矩阵均可逆知, 矩阵 $\boldsymbol{B}$ 可逆, 故对 (2.9) 两边同时左乘以矩阵 $\boldsymbol{B}^{-1}$, 则有

$$\boldsymbol{A} = \boldsymbol{B}^{-1}\boldsymbol{U}. \tag{2.10}$$

下面进一步挖掘矩阵 $\boldsymbol{B}$ 的结构. 由初等变换的性质可知, 矩阵 $\boldsymbol{M}_1$ (多个初等矩阵的乘积) 和其逆应具有这样的结构

$$\boldsymbol{M}_1 = \begin{bmatrix} 1 & 0 & \cdots & 0 \\ m_{21} & 1 & \cdots & 0 \\ \vdots & \vdots & & \vdots \\ m_{n1} & 0 & \cdots & 1 \end{bmatrix}, \quad \boldsymbol{M}_1^{-1} = \begin{bmatrix} 1 & 0 & \cdots & 0 \\ -m_{21} & 1 & \cdots & 0 \\ \vdots & \vdots & & \vdots \\ -m_{n1} & 0 & \cdots & 1 \end{bmatrix},$$

其中, $m_{i1}=-\dfrac{a_{i1}}{a_{11}}$, $i=2,\cdots,n$, 于是有

$$\boldsymbol{M}_1\boldsymbol{A}=\begin{bmatrix} a_{11}^{(1)} & a_{12}^{(1)} & \cdots & a_{1n}^{(1)} \\ 0 & a_{22}^{(1)} & \cdots & a_{2n}^{(1)} \\ \vdots & \vdots & & \vdots \\ 0 & a_{n2}^{(1)} & \cdots & a_{nn}^{(1)} \end{bmatrix}.$$

同理, $\boldsymbol{M}_2$ 的具体结构为

$$\boldsymbol{M}_2=\begin{bmatrix} 1 & 0 & \cdots & 0 \\ 0 & 1 & \cdots & 0 \\ 0 & m_{32} & \cdots & 0 \\ \vdots & \vdots & & \vdots \\ 0 & m_{n2} & \cdots & 1 \end{bmatrix}, \quad \boldsymbol{M}_2^{-1}=\begin{bmatrix} 1 & 0 & \cdots & 0 \\ 0 & 1 & \cdots & 0 \\ 0 & -m_{32} & \cdots & 0 \\ \vdots & \vdots & & \vdots \\ 0 & -m_{n2} & \cdots & 1 \end{bmatrix},$$

其中, $m_{i1}=-\dfrac{a_{i2}^{(1)}}{a_{22}^{(1)}}$, $i=3,\cdots,n$, 于是有

$$\boldsymbol{M}_2\boldsymbol{M}_1\boldsymbol{A}=\begin{bmatrix} a_{11}^{(2)} & a_{12}^{(2)} & \cdots & a_{1n}^{(2)} \\ 0 & a_{22}^{(2)} & \cdots & a_{2n}^{(2)} \\ \vdots & \vdots & & \vdots \\ 0 & 0 & \cdots & a_{nn}^{(2)} \end{bmatrix}.$$

同理, $\boldsymbol{M}_2,\boldsymbol{M}_3,\cdots,\boldsymbol{M}_{n-1}$ 的结构类似. 故 $\boldsymbol{B}^{-1}$ 的具体形式为

$$\boldsymbol{B}^{-1}=\boldsymbol{M}_1^{-1}\boldsymbol{M}_2^{-1}\cdots\boldsymbol{M}_{n-2}^{-1}\boldsymbol{M}_{n-1}^{-1}.$$

由于每个矩阵 $\boldsymbol{M}_1^{-1},\boldsymbol{M}_2^{-1},\cdots,\boldsymbol{M}_{n-2}^{-1},\boldsymbol{M}_{n-1}^{-1}$ 均为下三角矩阵且每个矩阵的主对角线上的元素均为 1, 则它们的乘积 $\boldsymbol{B}^{-1}$ 也为下三角矩阵且主对角线上的元素也为 1. 实际上, 根据推论 2.1 和初等矩阵性质可知, $\boldsymbol{B}^{-1}$ 的具体形式为

$$\boldsymbol{B}^{-1}=\begin{bmatrix} 1 & 0 & \cdots & 0 \\ -m_{21} & 1 & \cdots & 0 \\ -m_{31} & -m_{32} & \cdots & 0 \\ \vdots & \vdots & & \vdots \\ -m_{n1} & -m_{n2} & \cdots & 1 \end{bmatrix}.$$

记 $\boldsymbol{L}=\boldsymbol{B}^{-1}$, 于是 (2.10) 变为

$$\boldsymbol{A}=\boldsymbol{L}\boldsymbol{U}.$$

此即为**矩阵 $\boldsymbol{A}$ 的 LU 分解**. 基于 LU 分解, 线性方程组变为

$$\boldsymbol{L}\boldsymbol{U}\boldsymbol{x}=\boldsymbol{b} \iff \begin{cases}\boldsymbol{L}\boldsymbol{y}=\boldsymbol{b},\\ \boldsymbol{U}\boldsymbol{x}=\boldsymbol{y}.\end{cases}$$

由此表明, 一般方阵线性方程组求解问题最终转化为两个三角矩阵线性方程组求解问题.

注 2.7　矩阵分解是高斯最先发现的另外一种 (线性方程组数值求解的) 非常重要的方法, 它包含在高斯 1809 年出版的两卷本《天体运动理论》(Theoria Motus Corporum Coelestium in sectionibus conicis solem ambientium) 中 (Burden and Faires, 2010).

例 2.5　已知矩阵

$$\boldsymbol{A}=\begin{bmatrix}1&2&3\\4&5&6\\7&8&10\end{bmatrix},$$

求 $\boldsymbol{A}$ 的 LU 分解的下三角矩阵 $\boldsymbol{L}$ 和上三角矩阵 $\boldsymbol{U}$, 并求线性方程组 $\boldsymbol{A}\boldsymbol{x}=\boldsymbol{b}$, 其中 $\boldsymbol{b}=[1,5,10]^{\mathrm{T}}$.

解　易知矩阵 $\boldsymbol{M}_1$ 为

$$\boldsymbol{M}_1=\begin{bmatrix}1&0&0\\-4&1&0\\-7&0&1\end{bmatrix},$$

于是

$$\boldsymbol{M}_1\boldsymbol{A}=\begin{bmatrix}1&2&3\\0&-3&-6\\0&-6&-11\end{bmatrix},$$

同理, $\boldsymbol{M}_2$ 为

$$\boldsymbol{M}_2=\begin{bmatrix}1&0&0\\0&1&0\\0&-2&1\end{bmatrix},\quad \boldsymbol{M}_2(\boldsymbol{M}_1\boldsymbol{A})=\begin{bmatrix}1&2&3\\0&-3&-6\\0&0&1\end{bmatrix}.$$

故 $\boldsymbol{L},\boldsymbol{U}$ 分别为

$$
\boldsymbol{L}=\boldsymbol{M}_1^{-1}\boldsymbol{M}_2^{-1}=\begin{bmatrix}1&0&0\\4&1&0\\7&2&1\end{bmatrix},\quad \boldsymbol{U}=\begin{bmatrix}1&2&3\\0&-3&-6\\0&0&1\end{bmatrix}.
$$

从而线性方程组转化为如下同解的线性方程组:

$$
\begin{cases}\boldsymbol{L}\boldsymbol{y}=\boldsymbol{b},\\ \boldsymbol{U}\boldsymbol{x}=\boldsymbol{y}.\end{cases}
$$

解得

$$
\begin{cases}\boldsymbol{y}=[1,1,1]^{\mathrm{T}},\\ \boldsymbol{x}=\left[\dfrac{8}{3},-\dfrac{7}{3},1\right]^{\mathrm{T}}.\end{cases}
$$

3. LU 分解的存在性

本小节回答另外一个问题: 什么情况下 Gauss 消元过程能够进行呢? 答案是每次消元时主元不为零. 然而, 什么情况下才能保证主元不为零呢? 下面给出一个保证消元能够进行的结论. 为了方便, 称由矩阵 $\boldsymbol{A}$ 的前 k 行和前 k 列交叉位置的元素所组成的子矩阵为该矩阵的 k **阶顺序主子阵** (leading principal submatrix), 记为 $\boldsymbol{A}(1:k,1:k)$, k 阶顺序主子阵的行列式 $|\boldsymbol{A}(1:k,1:k)|$ 称为 k **阶顺序主子式**.

定理 2.3 设 $\boldsymbol{A}\in\mathbb{R}^{n\times n}$ 且矩阵 $\boldsymbol{A}$ 的各阶顺序主子式均不为零, 即 $|\boldsymbol{A}(1:k,1:k)|\neq 0$, $k=1,\cdots,n-1$, 则必存在下三角矩阵 $\boldsymbol{L}\in\mathbb{R}^{n\times n}$ 和上三角矩阵 $\boldsymbol{U}\in\mathbb{R}^{n\times n}$, 满足 $\boldsymbol{A}=\boldsymbol{L}\boldsymbol{U}$; 更进一步, 如果矩阵 $\boldsymbol{A}$ 的 LU 分解存在且 $\boldsymbol{A}$ 可逆, 则 LU 分解唯一, 且 $|\boldsymbol{A}|=u_{11}\cdots u_{nn}$.

证明 假设已经进行了 $k-1$ 步, 即 $\boldsymbol{A}^{(k-1)}=\boldsymbol{M}_{k-1}\cdots\boldsymbol{M}_1\boldsymbol{A}$, 且

$$
\boldsymbol{M}_{k-1}\cdots\boldsymbol{M}_1\boldsymbol{A}=\begin{bmatrix}
a_{11}^{(k-1)} & a_{12}^{(k-1)} & \cdots & a_{1,k-1}^{(k-1)} & a_{1k}^{(k-1)} & \cdots & a_{1n}^{(k-1)}\\
0 & a_{22}^{(k-1)} & \cdots & a_{2,k-1}^{(k-1)} & a_{2k}^{(k-1)} & \cdots & a_{2n}^{(k-1)}\\
0 & 0 & \cdots & a_{3,k-1}^{(k-1)} & a_{3k}^{(k-1)} & \cdots & a_{3n}^{(k-1)}\\
\vdots & \vdots & & \vdots & \vdots & & \vdots\\
0 & 0 & \cdots & a_{k-1,k-1}^{(k-1)} & a_{k-1,k}^{(k-1)} & \cdots & a_{k-1,n}^{(k-1)}\\
0 & 0 & \cdots & 0 & a_{kk}^{(k-1)} & \cdots & a_{kn}^{(k-1)}\\
\vdots & \vdots & & \vdots & \vdots & & \vdots\\
0 & 0 & \cdots & 0 & a_{nk}^{(k-1)} & \cdots & a_{nn}^{(k-1)}
\end{bmatrix}.
$$

由于消去初等变换不改变矩阵的行列式, 于是

$$\begin{aligned}|\boldsymbol{A}(1:k,1:k)| &= |\boldsymbol{M}_{k-1}(1:k,1:k)\cdots\boldsymbol{M}_1(1:k,1:k)\boldsymbol{A}(1:k,1:k)|\\ &= |\boldsymbol{A}^{(k-1)}|\\ &= a_{11}^{(k-1)}a_{22}^{(k-1)}\cdots a_{k-1,k-1}^{(k-1)}a_{kk}^{(k-1)}.\end{aligned}$$

由 $|\boldsymbol{A}(1:k,1:k)|\neq 0$ 知, 主元 $a_{kk}^{(k-1)}\neq 0$, 故分解可以进行. 于是, 有 $\boldsymbol{M}_1,\cdots,\boldsymbol{M}_{n-1}$, 使得 $\boldsymbol{M}_{n-1}\cdots\boldsymbol{M}_1\boldsymbol{A}=\boldsymbol{U}$, 由本节 LU 分解的结论知, 结论成立.

下面证明分解的唯一性. 假设存在分解 $\boldsymbol{A}=\boldsymbol{L}_1\boldsymbol{U}_1=\boldsymbol{L}_2\boldsymbol{U}_2$, 由 $\boldsymbol{A}$ 可逆知, $\boldsymbol{L}_1,\boldsymbol{L}_2,\boldsymbol{U}_1,\boldsymbol{U}_2$ 均可逆, 故有 $\boldsymbol{L}_2^{-1}\boldsymbol{L}_1=\boldsymbol{U}_2\boldsymbol{U}_1^{-1}$. 一方面, $\boldsymbol{L}_2^{-1}\boldsymbol{L}_1$ 为下三角矩阵, 另一方面 $\boldsymbol{U}_2\boldsymbol{U}_1^{-1}$ 为上三角矩阵. 因此, 必有 $\boldsymbol{L}_2^{-1}\boldsymbol{L}_1=\boldsymbol{U}_2\boldsymbol{U}_1^{-1}=\boldsymbol{E}_n$, 从而 $\boldsymbol{L}_1=\boldsymbol{L}_2,\boldsymbol{U}_1=\boldsymbol{U}_2$.

最后证明: $|\boldsymbol{A}|=u_{11}\cdots u_{nn}$, 因为

$$|\boldsymbol{A}|=|\boldsymbol{L}\boldsymbol{U}|=|\boldsymbol{L}||\boldsymbol{U}|=1|\boldsymbol{U}|=u_{11}\cdots u_{nn},$$

所以结论成立. □

4. LU 分解算法描述

LU 分解可以从不同的角度进行实现, 在此给出一种简单的实现. 在算法中, 矩阵 $\boldsymbol{L},\boldsymbol{U}$ 分别存在原矩阵 $\boldsymbol{A}$ 的下三角 (不包括主对角线) 和上三角部分 (包括主对角线部分).

算法 2.1 LU 分解算法

输入: 矩阵 $\boldsymbol{A}$.

输出: 矩阵 $\boldsymbol{L},\boldsymbol{U}$.

For $j=1,2,\cdots,n-1$ **do**
  For $i=j+1,\cdots,n$ **do**
    $m_{ij}=a_{ij}/a_{jj}$,
    For $k=j+1,\cdots,n$ **do**
      $a_{ik}=a_{ik}-m_{ij}a_{jk}$.
    EndFor
  EndFor
EndFor

2.2.3 Gauss 列主元消元法

如算法 2.1 所示, 在矩阵的 LU 分解过程中, 计算主元 m_{ij} 时涉及除法运算, 但当除数很小时, 由于数值计算是在有限位精度计算系统上进行, 往往会出现机

器舍入误差. 因此, 可能会导致主元 m_{ij} 有较大的数值误差, 导致 LU 分解严重不准确. 为了说明问题, 考虑如下矩阵的 LU 分解:

$$\boldsymbol{A}=\begin{bmatrix}\epsilon & 1\\ 1 & 1\end{bmatrix},$$

其中, ϵ 是比舍入误差 ϵ_m 还小的正实数. 对矩阵 $\boldsymbol{A}$ 进行 LU 分解. 易知

$$\boldsymbol{M}_1=\begin{bmatrix}1 & 0\\ -\dfrac{1}{\epsilon} & 1\end{bmatrix},$$

于是

$$\boldsymbol{U}=\boldsymbol{M}_1\boldsymbol{A}=\begin{bmatrix}\epsilon & 1\\ 0 & 1-\dfrac{1}{\epsilon}\end{bmatrix},\quad \boldsymbol{L}=\begin{bmatrix}1 & 0\\ \dfrac{1}{\epsilon} & 1\end{bmatrix}.$$

实际上, 在有限精度下的实际分解为

$$\overline{\boldsymbol{U}}=\begin{bmatrix}\epsilon_m & 1\\ 0 & -\dfrac{1}{\epsilon_m}\end{bmatrix},\quad \overline{\boldsymbol{L}}=\begin{bmatrix}1 & 0\\ \dfrac{1}{\epsilon_m} & 1\end{bmatrix}.$$

于是

$$\overline{\boldsymbol{L}}\,\overline{\boldsymbol{U}}=\begin{bmatrix}1 & 0\\ \dfrac{1}{\epsilon_m} & 1\end{bmatrix}\begin{bmatrix}\epsilon_m & 1\\ 0 & -\dfrac{1}{\epsilon_m}\end{bmatrix}=\begin{bmatrix}\epsilon_m & 1\\ 1 & 0\end{bmatrix}\neq\boldsymbol{A}.$$

导致较大误差的原因是在消元的过程中, 在计算主元时出现了小分母情况. 为了避免 Gauss 消元这种较大的误差, 一般在每一步消元之前增加一个选主元的过程, 将绝对值最大的元素交换到主元素的位置上. 根据选主元素的范围, 一般有选列主元法和选全主元法, 由于选全主元法过程烦琐, 所以这里只讲列主元法 (Gauss 列主元消元法).

下面用一个例子, 从方程的角度来说明 Gauss 列主元消元法.

例 2.6 考虑线性方程组

$$\begin{cases}x_1-x_2+x_3=2,\\ -3x_1+x_2-2x_3=6,\\ 3x_1+x_2-x_3=12.\end{cases}$$

解 消元过程.

步 1 首先选列主元: 检查上述方程组中 x_1 的各个系数, 从中选出绝对值最大者 −3 (3 也可以), 用它作为第一步消元的列主元, 交换第一和第二个方程的位置得

$$\begin{cases} -3x_1+x_2-2x_3=6, \\ x_1-x_2+x_3=2, \\ 3x_1+x_2-x_3=12. \end{cases}$$

然后消元: 第一个方程不变, 第一个方程乘以 1/3 加到第二个方程上, 同时第一个方程乘以 1 加到第三个方程上去得

$$\begin{cases} -3x_1+x_2-2x_3=6, \\ -\dfrac{2}{3}x_2+\dfrac{1}{3}x_3=4, \\ 2x_2-3x_3=18. \end{cases}$$

步 2 首先选列主元: 检查前面方程组中第二和第三个方程中 x_2 的系数, 从中选出绝对值最大者 2, 用它作为第二步消元的列主元, 交换第二和第三个方程的位置得

$$\begin{cases} -3x_1+x_2-2x_3=6, \\ 2x_2-3x_3=18, \\ -\dfrac{2}{3}x_2+\dfrac{1}{3}x_3=4. \end{cases}$$

然后消元: 第一和第二个方程不变, 第二个方程乘以 1/3 加到第三个方程上得

$$\begin{cases} -3x_1+x_2-2x_3=6, \\ 2x_2-3x_3=18, \\ -\dfrac{2}{3}x_3=10. \end{cases}$$

回代过程:

$$x_3=10\Big/\left(-\frac{2}{3}\right)=-15,$$

$$x_2=\frac{18+3\times(-15)}{2}=-\frac{27}{2},$$

$$x_1 = \frac{6-(-27/2)+2\times(-15)}{-3} = \frac{7}{2}.$$

上述过程也可以采用矩阵的形式, 从增广矩阵出发, 第一步消元之前, 比较第一列元素, 绝对值最大的 (此处选 -3) 换到第一行来, 用 -3 作为主元进行第一步消元

$$\begin{bmatrix} 1 & -1 & 1 & 2 \\ -3 & 1 & -2 & 6 \\ 3 & 1 & -1 & 12 \end{bmatrix} \xrightarrow{r_1 \leftrightarrow r_2} \begin{bmatrix} -3 & 1 & -2 & 6 \\ 1 & -1 & 1 & 2 \\ 3 & 1 & -1 & 12 \end{bmatrix} \xrightarrow[r_3+r_1]{r_2+r_1/3} \begin{bmatrix} -3 & 1 & -2 & 6 \\ 0 & -2/3 & 1/3 & 4 \\ 0 & 2 & -3 & 18 \end{bmatrix}.$$

第二步消元之前, 比较第二行、第三行中第二列的元素, 绝对值最大的 2 换到第二行来, 用 2 作为主元进行第二步消元

$$\begin{bmatrix} -3 & 1 & -2 & 6 \\ 0 & -2/3 & 1/3 & 4 \\ 0 & 2 & -3 & 18 \end{bmatrix} \xrightarrow{r_2 \leftrightarrow r_3} \begin{bmatrix} -3 & 1 & -2 & 6 \\ 0 & 2 & -3 & 18 \\ 0 & -2/3 & 1/3 & 4 \end{bmatrix} \xrightarrow{r_3+r_2/3} \begin{bmatrix} -3 & 1 & -2 & 6 \\ 0 & 2 & -3 & 18 \\ 0 & 0 & -2/3 & 10 \end{bmatrix}.$$

回代过程:

$$\begin{bmatrix} -3 & 1 & -2 & 6 \\ 0 & 2 & -3 & 18 \\ 0 & 0 & -2/3 & 10 \end{bmatrix} \xrightarrow{(-3/2)r_3} \begin{bmatrix} -3 & 1 & -2 & 6 \\ 0 & 2 & -3 & 18 \\ 0 & 0 & 1 & -15 \end{bmatrix} \xrightarrow[r_2+3r_3]{r_1+2r_3} \begin{bmatrix} -3 & 1 & 0 & -24 \\ 0 & 2 & 0 & -27 \\ 0 & 0 & 1 & -15 \end{bmatrix}$$

$$\xrightarrow[r_2\times(1/2)]{r_1+(-r_2)} \begin{bmatrix} -3 & 0 & 0 & -21/2 \\ 0 & 1 & 0 & -27/2 \\ 0 & 0 & 1 & -15 \end{bmatrix} \xrightarrow{r_1\times(-1/3)} \begin{bmatrix} 1 & 0 & 0 & 7/2 \\ 0 & 1 & 0 & -27/2 \\ 0 & 0 & 1 & -15 \end{bmatrix}.$$

对于一般的线性方程组, 上述过程同样适用, 下面给出列主元 LU 分解的算法描述. 同样, $\boldsymbol{L}$ 矩阵和 $\boldsymbol{U}$ 矩阵分别放在原矩阵的下三角和上三角部分.

算法 2.2 列主元 LU 分解算法

输入: 矩阵 $\boldsymbol{A}, \boldsymbol{E}$.

输出: 矩阵 $\boldsymbol{P}, \boldsymbol{L}, \boldsymbol{U}$.

For $j = 1, 2, \cdots, n-1$ **do**

  $a_{i^*j} = \max_{p=i}^{n} |a_{pj}|$.

  If $i^* \neq i$ **then**

    交换 $\boldsymbol{A}, \boldsymbol{E}$ 的第 i^* 行和第 i 行.

  EndIf

For $i = j+1, \cdots, n$ **do**

$m_{ij} = a_{ij}/a_{jj}$,

For $k = j+1, \cdots, n$ **do**

$a_{ik} = a_{ik} - m_{ij}a_{jk}$,

EndFor

EndFor

EndFor

列主元 LU 分解结果实际上相当于在矩阵 $\boldsymbol{A}$ 的左边乘上一个交换矩阵 (第一类初等矩阵的乘积) $\boldsymbol{P}$ 所得矩阵的 LU 分解, 即 $\boldsymbol{PA} = \boldsymbol{LU}$. 列主元 LU 分解的乘法和除法运算次数也为 $T(n) = \dfrac{n(n^2-1)}{3} \approx O(n^3)$. Gauss 列主元消元法是数值稳定的方法, 选主元使得消元过程中的舍入误差以相当慢的速度传播, 实际计算中多采用该方法.

2.2.4　特殊线性方程组求解及 LU 分解的应用

线性方程组系数矩阵的结构对设计更加快速和低内存需求的算法具有重要的作用. 本节简单讨论两类特殊的线性方程组, 一类是线性方程组的系数矩阵为对称正定矩阵, 另一类是系数矩阵为三对角矩阵. 最后讨论矩阵分解的简单应用.

1. 对称正定线性方程组

考虑线性方程组

$$\boldsymbol{Ax} = \boldsymbol{b},$$

其中, $\boldsymbol{A}$ 为对称正定矩阵. 对系数矩阵 $\boldsymbol{A}$ 进行 LU 分解, 并将分解所得上三角矩阵改写成一个对角矩阵 $\boldsymbol{D}$ 和一个单位上三角矩阵 $\boldsymbol{U}$ 的乘积, 即

$$\boldsymbol{A} = \boldsymbol{LDU}.$$

当 $\boldsymbol{A}$ 为对称正定矩阵时, $\boldsymbol{A} = \boldsymbol{LDU}$, $\boldsymbol{A}^{\mathrm{T}} = \boldsymbol{U}^{\mathrm{T}}\boldsymbol{D}\boldsymbol{L}^{\mathrm{T}} = \boldsymbol{A} = \boldsymbol{LDU}$, 则 $\boldsymbol{L} = \boldsymbol{U}^{\mathrm{T}}$, 于是得到

$$\boldsymbol{A} = \boldsymbol{LDL}^{\mathrm{T}}.$$

由于 $\boldsymbol{A}$ 正定, 此时有 $d_i > 0,\ i = 1, 2, \cdots, n$. 因此, 可以取 $\boldsymbol{D}^{1/2} = \mathrm{diag}(d_1^{1/2}, d_2^{1/2}, \cdots, d_n^{1/2})$, 令 $\widetilde{\boldsymbol{L}} = \boldsymbol{LD}^{1/2}$, 则有

$$\boldsymbol{A} = (\boldsymbol{LD}^{1/2})(\boldsymbol{D}^{1/2}\boldsymbol{L}^{\mathrm{T}}) = (\boldsymbol{LD}^{1/2})(\boldsymbol{LD}^{1/2})^{\mathrm{T}} = \widetilde{\boldsymbol{L}}\widetilde{\boldsymbol{L}}^{\mathrm{T}}.$$

为简单, 常把上面的分解写成

$$\boldsymbol{A} = \boldsymbol{LL}^{\mathrm{T}}. \tag{2.11}$$

对称正定矩阵 $\boldsymbol{A}$ 的这种分解 (2.11) 称为矩阵 $\boldsymbol{A}$ 的 **Cholesky 分解**.

下面用待定系数法给出 $\boldsymbol{A}$ 的 Cholesky 分解方法. 设

$$L=\begin{bmatrix} l_{11} & 0 & 0 & \cdots & 0 \\ l_{21} & l_{22} & 0 & \cdots & 0 \\ \vdots & \vdots & \vdots & & \vdots \\ l_{n1} & l_{n2} & l_{n3} & \cdots & l_{nn} \end{bmatrix},$$

比较 $\boldsymbol{A}=(a_{ij})_{n\times n}=\boldsymbol{L}\boldsymbol{L}^{\mathrm{T}}$ 两边对应的元素, 可得求解 l_{ij} 的计算公式: 对 $i=2,3,\cdots,n$,

$$l_{ij}=\left(a_{ij}-\sum_{k=1}^{j-1}l_{ik}l_{jk}\right)\bigg/ l_{jj},\quad j=1,2,\cdots,i-1;$$

$$l_{ii}=\left(a_{ii}-\sum_{k=1}^{i-1}l_{ik}^2\right)^{1/2},$$

其中 $l_{11}=\sqrt{a_{11}}$.

有了 $\boldsymbol{A}$ 的 Cholesky 分解 $\boldsymbol{A}=\boldsymbol{L}\boldsymbol{L}^{\mathrm{T}}$ 后, $\boldsymbol{Ax}=\boldsymbol{b}$ 的求解就转变成求解问题

$$\begin{cases} \boldsymbol{Lz}=\boldsymbol{b}, \\ \boldsymbol{L}^{\mathrm{T}}\boldsymbol{x}=\boldsymbol{z}. \end{cases}$$

这种应用 Cholesky 分解来解线性方程组的方法称为**平方根法**.

Cholesky 的计算复杂度也为 $T(n)\approx O(n^3)$. 相对于 LU 分解, Cholesky 的空间复杂度减少一半.

注 2.8 楚列斯基 (Andre-Louis Cholesky, 1875—1918, 法国数学家) 是 20 世纪初从事大地测量的法国军官. 他用这种分解方法来计算最小二乘问题的解 (Burden and Faires, 2010).

2. 三对角线性方程组

设线性方程组 $\boldsymbol{Ax}=\boldsymbol{b}$ 的系数矩阵 $\boldsymbol{A}$ 为三对角矩阵

$$\boldsymbol{A}=\begin{bmatrix} d_1 & c_1 & & 0 \\ a_2 & \ddots & \ddots & \\ & \ddots & \ddots & c_{n-1} \\ 0 & & a_n & d_n \end{bmatrix},$$

$\boldsymbol{A}$ 可作如下 LU 分解

$$A = LU = \begin{bmatrix} 1 & & & 0 \\ l_2 & 1 & & \\ & \ddots & \ddots & \\ 0 & & l_n & 1 \end{bmatrix} \begin{bmatrix} r_1 & c_1 & & 0 \\ & r_2 & \ddots & \\ & & \ddots & c_{n-1} \\ 0 & & & r_n \end{bmatrix}.$$

利用上述 LU 分解, 可以给出求解三对角线性方程组的 Gauss 消元法的变形.

(1) LU 分解: 首先 $r_1 = d_1$, 对 $i = 2, 3, \cdots, n$, 计算

$$l_i = \frac{a_i}{r_{i-1}}, \quad r_i = d_i - l_i c_{i-1}.$$

(2) 解 $\boldsymbol{Lz} = \boldsymbol{b}$: 首先 $z_1 = b_1$, 对 $i = 2, 3, \cdots, n$, 计算

$$z_i = b_i - l_i z_{i-1}.$$

(3) 解 $\boldsymbol{Ux} = \boldsymbol{z}$: 首先 $x_n = z_n / r_n$, 对 $i = n-1, n-2, \cdots, 2, 1$, 计算

$$x_i = \frac{z_i - c_i x_{i+1}}{r_i}.$$

上述方法求三对角线性方程组的实质就是 Gauss 消元法, 它的第 (2) 步求解 $\boldsymbol{Lz} = \boldsymbol{b}$ 就像往前 "追" 的过程, 它的第 (3) 步求解 $\boldsymbol{Ux} = \boldsymbol{z}$ 就像往回 "赶" 的过程, 所以通常称这种方法为求解三对角线性方程组的**追赶法**.

三对角线性方程组的时间和空间复杂度均为线性: $T(n) \approx O(n)$, 再一次说明矩阵结构的重要性.

3. 矩阵分解的简单应用

下面讨论利用矩阵的 LU 分解来求矩阵的行列式、逆矩阵.

(1) **矩阵的行列式**. 设对 n 阶方阵 $\boldsymbol{A}$ 已作 LU 分解, $\boldsymbol{U} = (u_{ij})_{n \times n}$, 当 $i < j$ 时, $u_{ij} = 0$, 则由行列式的性质知

$$|\boldsymbol{A}| = |\boldsymbol{LU}| = |\boldsymbol{L}|\,|\boldsymbol{U}| = |\boldsymbol{U}| = \prod_{i=1}^{n} u_{ii}.$$

若不能直接对 $\boldsymbol{A}$ 进行 LU 分解, 而是通过列主元消去的方式得到分解, 假设选主元所产生的置换矩阵为 $\boldsymbol{P}$, 即 $\boldsymbol{PA} = \boldsymbol{LU}$, 则

$$|\boldsymbol{A}| = (-1)^s |\boldsymbol{LU}| = (-1)^s |\boldsymbol{L}|\,|\boldsymbol{U}| = (-1)^s |\boldsymbol{U}| = (-1)^s \prod_{i=1}^{n} u_{ii},$$

其中 s 为消元过程中行交换的总次数 (即有 $|\boldsymbol{P}|=(-1)^s$).

(2) **求矩阵的逆矩阵**. 对 n 阶方阵 $\boldsymbol{A}$, 假设其逆矩阵 $\boldsymbol{A}^{-1}$ 存在, 即 $\boldsymbol{A}\boldsymbol{A}^{-1}=\boldsymbol{E}_n$. 记 $\boldsymbol{E}_n$ 的第 i 列为 $\boldsymbol{e}_i$, 则矩阵的列划分为

$$\boldsymbol{E}_n=[\boldsymbol{e}_1,\boldsymbol{e}_2,\cdots,\boldsymbol{e}_n].$$

记 $\boldsymbol{A}^{-1}$ 的第 i 列为 $\boldsymbol{x}_i$, 则

$$\boldsymbol{A}^{-1}=[\boldsymbol{x}_1,\boldsymbol{x}_2,\cdots,\boldsymbol{x}_n].$$

于是 $\boldsymbol{A}\boldsymbol{A}^{-1}=\boldsymbol{E}_n$ 变成了

$$\boldsymbol{A}[\boldsymbol{x}_1,\boldsymbol{x}_2,\cdots,\boldsymbol{x}_n]=[\boldsymbol{e}_1,\boldsymbol{e}_2,\cdots,\boldsymbol{e}_n],$$

即

$$\boldsymbol{A}\boldsymbol{x}_i=\boldsymbol{e}_i,\quad i=1,2,\cdots,n.$$

这样, 求逆矩阵 $\boldsymbol{A}^{-1}$, 变成求解方程组 $\boldsymbol{A}\boldsymbol{x}_i=\boldsymbol{e}_i\ (i=1,2,\cdots,n)$. 若 $\boldsymbol{A}$ 能够直接进行 LU 分解, 则对 $i=1,2,\cdots,n$ 分别解方程组

$$\begin{cases}\boldsymbol{L}\boldsymbol{z}=\boldsymbol{e}_i,\\ \boldsymbol{U}\boldsymbol{x}_i=\boldsymbol{z}.\end{cases}$$

求得 $\boldsymbol{x}_i\ (i=1,2,\cdots,n)$ 后, 把 $\boldsymbol{x}_i$ 组装起来便得到 $\boldsymbol{A}^{-1}$, 即

$$\boldsymbol{A}^{-1}=[\boldsymbol{x}_1,\boldsymbol{x}_2,\cdots,\boldsymbol{x}_n].$$

同样, 若 $\boldsymbol{P}\boldsymbol{A}=\boldsymbol{L}\boldsymbol{U}$, 对 $i=1,2,\cdots,n$ 分别解方程组

$$\begin{cases}\boldsymbol{L}\boldsymbol{z}=\boldsymbol{P}\boldsymbol{e}_i,\\ \boldsymbol{U}\boldsymbol{x}_i=\boldsymbol{z}.\end{cases}$$

求得 $\boldsymbol{x}_i\ (i=1,2,\cdots,n)$ 后, 把 $\boldsymbol{x}_i$ 组装起来便得到 $\boldsymbol{A}^{-1}$, 即

$$\boldsymbol{A}^{-1}=[\boldsymbol{x}_1,\boldsymbol{x}_2,\cdots,\boldsymbol{x}_n].$$

例 2.7 设 $\boldsymbol{A}=\begin{bmatrix}3&2&1\\2&4&1\\1&2&4\end{bmatrix}$, 用 LU 分解求解下列问题:

(1) 计算行列式 $|\boldsymbol{A}|$;

(2) 解方程组 $\boldsymbol{A}\boldsymbol{x}=\boldsymbol{b}$, 其中 $\boldsymbol{b}=[2,-1,3]^{\mathrm{T}}$;

(3) 求 $\boldsymbol{A}^{-1}$.

解 用 Gauss 消元法可得 $\boldsymbol{A}$ 的 LU 分解

$$\boldsymbol{A}=\boldsymbol{LU}=\begin{bmatrix}1&0&0\\2/3&1&0\\1/3&1/2&1\end{bmatrix}\begin{bmatrix}3&2&1\\0&8/3&1/3\\0&0&7/2\end{bmatrix}.$$

(1) $\boldsymbol{A}$ 的行列式为 $|\boldsymbol{A}|=|\boldsymbol{U}|=3\times(8/3)\times(7/2)=28$.

(2) 先解 $\boldsymbol{Lz}=[2,-1,3]^{\mathrm{T}}$ 得

$$\boldsymbol{z}=[z_1,z_2,z_3]^{\mathrm{T}}=\left[\frac{2}{3},-\frac{7}{8},1\right]^{\mathrm{T}},$$

再解 $\boldsymbol{Ux}=\boldsymbol{z}$ 得

$$\boldsymbol{x}=[x_1,x_2,x_3]^{\mathrm{T}}=[1,-1,1]^{\mathrm{T}}.$$

(3) 先解 $\boldsymbol{Lz}=[1,0,0]^{\mathrm{T}}$ 得

$$\boldsymbol{z}=\left[1,-\frac{2}{3},0\right]^{\mathrm{T}},$$

再解 $\boldsymbol{Ux}_1=\boldsymbol{z}$ 得

$$\boldsymbol{x}_1=\left[\frac{1}{2},-\frac{1}{4},0\right]^{\mathrm{T}}.$$

类似可以求出

$$\boldsymbol{x}_2=\left[-\frac{3}{14},\frac{11}{28},-\frac{1}{7}\right]^{\mathrm{T}},$$

$$\boldsymbol{x}_3=\left[-\frac{1}{14},-\frac{1}{28},\frac{2}{7}\right]^{\mathrm{T}}.$$

所以

$$\boldsymbol{A}^{-1}=\begin{bmatrix}1/2&-3/14&-1/14\\-1/4&11/28&-1/28\\0&-1/7&2/7\end{bmatrix}.$$

2.3 迭 代 法

2.3.1 基本迭代法

直接法尤其是基于 LU 分解的线性方程组求解算法是求解线性方程组的一种非常有效的方法, 它在求解精度和数值稳定性方面具有独特的优势. 然而, 在求解

实际问题中的大规模稀疏线性方程组问题时, 基于稀疏矩阵压缩存储的矩阵 LU 分解方法在矩阵分解过程中往往会产生大规模的非零元素, 从而导致海量的内存需求, 极大地限制了直接法的应用. 迭代法是只利用矩阵-向量相乘的操作来逐步近似解的方法, 其基本思想是构造一个近似解向量序列 $\{\boldsymbol{x}^k\}$, 使其收敛于方程组 $\boldsymbol{Ax}=\boldsymbol{b}$ 的解 $\boldsymbol{x}^*$.

将 n 元非齐次线性方程组 $\boldsymbol{Ax}=\boldsymbol{b}$ 作恒等变形, 得等价方程组 $\boldsymbol{x}=\boldsymbol{Bx}+\boldsymbol{g}$, 任取初始向量 $\boldsymbol{x}^0$, 建立迭代格式

$$\boldsymbol{x}^{(k+1)}=\boldsymbol{Bx}^{(k)}+\boldsymbol{g},\quad k=0,1,2,\cdots,$$

得到迭代序列 $\{\boldsymbol{x}^{(k)}\}$. 若 $\lim\limits_{k\to\infty}\boldsymbol{x}^{(k)}=\boldsymbol{x}^*$, 则 $\boldsymbol{x}^*=\boldsymbol{Bx}^*+\boldsymbol{g}$, 即 $\boldsymbol{x}^*$ 是方程组 $\boldsymbol{x}=\boldsymbol{Bx}+\boldsymbol{g}$ 的解, 也就是原方程组 $\boldsymbol{Ax}=\boldsymbol{b}$ 的解. 这时称迭代公式 $\boldsymbol{x}^{(k+1)}=\boldsymbol{Bx}^{(k)}+\boldsymbol{g}$ 收敛, 否则称迭代格式发散. 矩阵 $\boldsymbol{B}$ 称为**迭代矩阵**. 不同的迭代矩阵就得到不同的迭代公式.

本节首先介绍求解线性方程组的基本迭代方法: Jacobi 迭代方法和 Gauss-Seidel 迭代方法及加速技巧. 在此基础上介绍一类高效的迭代方法: Krylov 子空间方法.

1. Jacobi 和 Gauss-Seidel 迭代法

设有解线性方程组 $\boldsymbol{Ax}=\boldsymbol{b}$ $(\boldsymbol{A}\in\mathbb{R}^{n\times n})$, 将第 i $(i=1,2,\cdots,n)$ 个方程解出 x_i, 即

$$x_i=\frac{1}{a_{ii}}\left[b_i-\sum_{j=1,j\neq i}^{n}a_{ij}x_j\right].$$

Jacobi 迭代格式便为

$$x_i^{(k+1)}=\frac{1}{a_{ii}}\left(b_i-\sum_{j=1,j\neq i}^{n}a_{ij}x_j^{(k)}\right),\quad i=1,2,\cdots,n.\tag{2.12}$$

注意, 这里的 $x_i^{(k+1)}$ 是指 x_i 的第 $k+1$ 次迭代, 而不是 $k+1$ 次方. Jacobi 迭代求线性方程组的过程, 实际上是先猜测一个初始向量 $\boldsymbol{x}^{(0)}$, 然后用公式 (2.12) 重复计算, 直到 $||\boldsymbol{Ax}-\boldsymbol{b}||$ 足够小时停止计算, 此时的 $\boldsymbol{x}^{k+1}$ 便为近似解.

Gauss-Seidel 迭代也是采用这样的思路构造的, 只不过在每次迭代时, 计算分量 $x_i^{(k+1)}$ 时, 用到了已经计算出来的分量 $x_1^{(k+1)},x_2^{(k+1)},\cdots,x_{i-1}^{(k+1)}$ 的值, 即

$$x_i^{(k+1)}=\frac{1}{a_{ii}}\left(b_i-\sum_{j=1}^{i-1}a_{ij}x_j^{(k+1)}-\sum_{j=i+1}^{n}a_{ij}x_j^{(k)}\right),\quad i=1,2,\cdots,n.\tag{2.13}$$

在用 Gauss-Seidel 迭代求线性方程组时, 如同 Jacobi 迭代一样, 需要先猜测一个初始向量 $\boldsymbol{x}^{(0)}$, 然后用公式 (2.13) 重复计算, 直到 $||\boldsymbol{Ax}-\boldsymbol{b}||$ 足够小时停止计算, 此时的 $\boldsymbol{x}^{(k+1)}$ 便为近似解.

注 2.9 雅可比 (Carl Gustav Jacob Jacobi, 1804—1851, 德国数学家) 最初因其在数论和椭圆函数领域的工作而获得认可, 是数学史上最勤奋的学者之一, 他对数学的兴趣非常广泛, 能力非常出众. 他所理解的数学有一种强烈的柏拉图式的格调, 对建立以研究为导向的哲学观产生了影响, 他的这种数学观念成为 19 世纪德国大学数学复兴的核心.

注 2.10 赛德尔 (Phillip Ludwig Seidel, 1821—1896, 德国数学家) 是雅可比的助手, 他解决了高斯最小二乘法方面的工作所产生的线性方程组问题. 这些方程的非对角元素通常比对角元素小得多, 因此迭代方法特别有效. 现在被称为 Jacobi 和 Gauss-Seidel 的迭代技术在被应用于这种情形之前高斯都知道这些方法, 但高斯的结果没有得到广泛传播.

例 2.8 利用 Jacobi 迭代方法求解如下线性方程组, 选取初始值 $\boldsymbol{x}^0=[0,0,0]^{\mathrm{T}}$,

$$\begin{cases}10x_1-x_2-2x_3=7.2,\\-x_1+10x_2-2x_3=8.3,\\-x_1-x_2+5x_3=4.2.\end{cases}$$

解 Jacobi 迭代格式为

$$\begin{cases}x_1=0.1x_2+0.2x_3+0.72,\\x_2=0.1x_1+0.2x_3+0.83,\\x_3=0.2x_1+0.2x_2+0.84.\end{cases}$$

于是 Jacobi 迭代格式为

$$\begin{cases}x_1^{(k+1)}=0.1x_2^{(k)}+0.2x_3^{(k)}+0.72,\\x_2^{(k+1)}=0.1x_1^{(k)}+0.2x_3^{(k)}+0.83,\quad k=0,1,2,\cdots,\\x_3^{(k+1)}=0.2x_1^{(k)}+0.2x_2^{(k)}+0.84.\end{cases}$$

将初始值 $\boldsymbol{x}^{(0)}=[0,0,0]^{\mathrm{T}}$ 代入上面迭代公式进行计算, 其部分计算结果为

$$\boldsymbol{x}^{(0)}=[0.0000,\ 0.0000,\ 0.0000]^{\mathrm{T}},$$

$$\boldsymbol{x}^{(1)} = [0.7200,\ 0.8300,\ 0.8400]^{\mathrm{T}},$$
$$\boldsymbol{x}^{(2)} = [0.9710,\ 1.0700,\ 1.1500]^{\mathrm{T}},$$
$$\cdots\cdots$$
$$\boldsymbol{x}^{(11)} = [1.0999,\ 1.1999,\ 1.2999]^{\mathrm{T}},$$
$$\boldsymbol{x}^{(12)} = [1.1000,\ 1.2000,\ 1.3000]^{\mathrm{T}},$$
$$\boldsymbol{x}^{(13)} = [1.1000,\ 1.2000,\ 1.3000]^{\mathrm{T}}.$$

从计算结果可以看出, $\boldsymbol{x}^{(12)} = \boldsymbol{x}^{(13)} = [1.1, 1.2, 1.3]^{\mathrm{T}}$, 这个数值便可以作为方程组解的近似, 即 $x_1 \approx 1.1, x_2 \approx 1.2, x_3 \approx 1.3$. 事实上, 这已经是方程组的准确解.

例 2.9 利用 Gauss-Seidel 迭代法求解如下线性方程组, 选取初始值为 $\boldsymbol{x}^0 = [0, 0, 0]^{\mathrm{T}}$,

$$\begin{cases} 10x_1 - x_2 - 2x_3 = 7.2, \\ -x_1 + 10x_2 - 2x_3 = 8.3, \\ -x_1 - x_2 + 5x_3 = 4.2. \end{cases}$$

解 该方程组等价于方程组

$$\begin{cases} x_1 = 0.1x_2 + 0.2x_3 + 0.72, \\ x_2 = 0.1x_1 + 0.2x_3 + 0.83, \quad k = 0, 1, 2, \cdots, \\ x_3 = 0.2x_1 + 0.2x_2 + 0.84, \end{cases}$$

按上述得到如下迭代公式:

$$\begin{cases} x_1^{(k+1)} = 0.1x_2^{(k)} + 0.2x_3^{(k)} + 0.72, \\ x_2^{(k+1)} = 0.1x_1^{(k+1)} + 0.2x_3^{(k)} + 0.83, \quad k = 0, 1, 2, \cdots, \\ x_3^{(k+1)} = 0.2x_1^{(k+1)} + 0.2x_2^{(k+1)} + 0.84, \end{cases}$$

代入初始值 $\boldsymbol{x}^{(0)} = [0, 0, 0]^{\mathrm{T}}$ 得

$$\boldsymbol{x}^{(0)} = [0.0000,\ 0.0000,\ 0.0000]^{\mathrm{T}},$$
$$\boldsymbol{x}^{(1)} = [0.7200,\ 0.9020,\ 1.1644]^{\mathrm{T}},$$
$$\boldsymbol{x}^{(2)} = [1.0431,\ 1.1672,\ 1.2821]^{\mathrm{T}},$$
$$\cdots\cdots$$

$$
\begin{aligned}
\boldsymbol{x}^{(5)} &= [1.0999,\ 1.1999,\ 1.3000]^{\mathrm{T}},\\
\boldsymbol{x}^{(6)} &= [1.1000,\ 1.2000,\ 1.3000]^{\mathrm{T}},\\
\boldsymbol{x}^{(7)} &= [1.1000,\ 1.2000,\ 1.3000]^{\mathrm{T}}.
\end{aligned}
$$

从计算结果可以看出, $\boldsymbol{x}^{(6)} = \boldsymbol{x}^{(7)} = [1.1, 1.2, 1.3]^{\mathrm{T}}$, 这个数值便可以作为方程组解的近似, 即 $x_1 \approx 1.1, x_2 \approx 1.2$.

为研究 Jacobi 迭代和 Gauss-Seidel 迭代的收敛性, 将矩阵 $\boldsymbol{A}$ 改写为

$$
\boldsymbol{A} = \begin{bmatrix} a_{11} & a_{12} & \cdots & a_{1n} \\ a_{21} & a_{22} & \cdots & a_{2n} \\ \vdots & \vdots & & \vdots \\ a_{n1} & a_{n2} & \cdots & a_{nn} \end{bmatrix}
$$

$$
= \underbrace{\begin{bmatrix} 0 & 0 & \cdots & 0 \\ a_{21} & 0 & \cdots & 0 \\ \vdots & \vdots & & \vdots \\ a_{n1} & a_{n2} & \cdots & 0 \end{bmatrix}}_{\boldsymbol{L}} + \underbrace{\begin{bmatrix} a_{11} & 0 & \cdots & 0 \\ 0 & a_{22} & \cdots & 0 \\ \vdots & \vdots & & \vdots \\ 0 & 0 & \cdots & a_{nn} \end{bmatrix}}_{\boldsymbol{D}} + \underbrace{\begin{bmatrix} 0 & a_{12} & \cdots & a_{1n} \\ 0 & 0 & \cdots & a_{2n} \\ \vdots & \vdots & & \vdots \\ 0 & 0 & \cdots & 0 \end{bmatrix}}_{\boldsymbol{U}}.
$$

于是 Jacobi 迭代格式 (2.12) 和 Gauss-Seidel 迭代格式 (2.13) 的矩阵格式分别为

$$
\boldsymbol{x}^{(k+1)} = \boldsymbol{D}^{-1}(\boldsymbol{b} - (\boldsymbol{L} + \boldsymbol{U})\boldsymbol{x}^{(k)}), \quad k = 0, 1, \cdots,
$$

$$
\boldsymbol{x}^{(k+1)} = \boldsymbol{D}^{-1}(\boldsymbol{b} - \boldsymbol{L}\boldsymbol{x}^{(k+1)} - \boldsymbol{U}\boldsymbol{x}^{(k)}), \quad k = 0, 1, \cdots.
$$

进一步

$$
\boldsymbol{x}^{(k+1)} = -\boldsymbol{D}^{-1}(\boldsymbol{L} + \boldsymbol{U})\boldsymbol{x}^{(k)} + \boldsymbol{D}^{-1}\boldsymbol{b}, \quad k = 0, 1, \cdots,
$$

$$
\boldsymbol{x}^{(k+1)} = -(\boldsymbol{D} + \boldsymbol{L})^{-1}U\boldsymbol{x}^{(k)} + (\boldsymbol{D} + \boldsymbol{L})^{-1}\boldsymbol{b}, \quad k = 0, 1, \cdots.
$$

于是 Jacobi 迭代和 Gauss-Seidel 迭代格式的迭代矩阵分别为

$$
\boldsymbol{B}_{\mathrm{JC}} = -\boldsymbol{D}^{-1}(\boldsymbol{L} + \boldsymbol{U}),
$$

$$
\boldsymbol{B}_{\mathrm{GS}} = -(\boldsymbol{D} + \boldsymbol{L})^{-1}\boldsymbol{U}.
$$

2. *逐次超松弛迭代法*

Jacobi 和 Gauss-Seidel 迭代法格式简单, 但其收敛速度往往较慢. 本小节介绍 Gauss-Seidel 迭代法的一种加速方法——逐次超松弛 (SOR) 迭代法, 它是解大型稀疏矩阵方程组的有效方法之一.

对于线性代数方程组 $\boldsymbol{Ax}=\boldsymbol{b}$, 其中 $\boldsymbol{A}=(a_{ij})_{n\times n},\boldsymbol{b}=[b_1,b_2,\cdots,b_n]^{\mathrm{T}}$ 已知. 设已求得 $\boldsymbol{x}^{(k)}=[x_1^{(k)},x_2^{(k)},\cdots,x_n^{(k)}]^{\mathrm{T}}$ 及分量 $x_1^{(k+1)},x_2^{(k+1)},\cdots,x_{i-1}^{(k+1)}$ 的值, 要计算分量 $x_i^{(k+1)}$. 首先用 Gauss-Seidel 迭代可得

$$\widetilde{x}_i^{(k+1)}=\frac{1}{a_{ii}}\left(b_i-\sum_{j=1}^{i-1}a_{ij}x_j^{(k+1)}-\sum_{j=i+1}^{n}a_{ij}x_j^{(k)}\right).$$

用 $\widetilde{x}_i^{(k+1)}$ 与 $x_i^{(k)}$ 作加权平均作为 $x_i^{(k+1)}$, 即

$$x_i^{(k+1)}=(1-\omega)x_i^{(k)}+\omega\widetilde{x}_i^{(k+1)},$$

此即

$$x_i^{(k+1)}=x_i^{(k)}+\frac{\omega}{a_{ii}}\left(b_i-\sum_{j=1}^{i-1}a_{ij}x_j^{(k+1)}-\sum_{j=i}^{n}a_{ij}x_j^{(k)}\right),\quad i=1,2,\cdots,n,$$

其中 ω 是一个待定参数, 称为**松弛因子**. 这种方法就称为**逐次超松弛迭代法**.

因为 Gauss-Seidel 迭代的矩阵形式为

$$\widetilde{\boldsymbol{x}}^{(k+1)}=\boldsymbol{D}^{-1}(\boldsymbol{b}-\boldsymbol{L}\boldsymbol{x}^{(k+1)}-\boldsymbol{U}\boldsymbol{x}^{(k)}),$$

用 $\widetilde{\boldsymbol{x}}^{(k+1)}$ 与 $\boldsymbol{x}^{(k)}$ 作加权平均

$$\boldsymbol{x}^{(k+1)}=(1-\omega)\boldsymbol{x}^{(k)}+\omega(\boldsymbol{D}^{-1}(\boldsymbol{b}-\boldsymbol{L}\boldsymbol{x}^{(k+1)}-\boldsymbol{U}\boldsymbol{x}^{(k)})).$$

移项变形

$$(\boldsymbol{E}_n+\omega\boldsymbol{D}^{-1}\boldsymbol{L})\boldsymbol{x}^{(k+1)}=\left[(1-\omega)\boldsymbol{E}_n-\omega\boldsymbol{D}^{-1}\boldsymbol{U}\right]\boldsymbol{x}^{(k)}+\omega\boldsymbol{D}^{-1}\boldsymbol{g}.$$

从而可得

$$\boldsymbol{x}^{(k+1)}=\boldsymbol{G}_\omega\boldsymbol{x}^{(k)}+\boldsymbol{g}_\omega,\quad k=0,1,2,\cdots,$$

其中

$$\boldsymbol{G}_\omega=(\boldsymbol{E}_n+\omega\boldsymbol{D}^{-1}\boldsymbol{L})^{-1}\left[(1-\omega)\boldsymbol{E}_n-\omega\boldsymbol{D}^{-1}\boldsymbol{U}\right],$$

$$\boldsymbol{g}_\omega=\omega(\boldsymbol{E}_n+\omega\boldsymbol{D}^{-1}\boldsymbol{L})^{-1}\boldsymbol{D}^{-1}\boldsymbol{b}.$$

可以证明: $\rho(\boldsymbol{G}_\omega)\geqslant|\omega-1|$; 若 SOR 迭代法收敛, 则 $0<\omega<2$.

例 2.10 用 SOR 迭代法 (取 $\omega=1.005$) 求解

$$\begin{cases}8x_1-x_2+x_3=1,\\2x_1+10x_2-x_3=4,\\x_1+x_2-5x_3=3.\end{cases}$$

取 $\boldsymbol{x}^{(0)}=[0,0,0]^{\mathrm{T}}$, 要求 $||\boldsymbol{x}^{(k+1)}-\boldsymbol{x}^{(k)}||_\infty\leqslant10^{-3}$.

解 SOR 迭代格式为

$$\begin{cases}\widetilde{x}_1^{(k+1)} = (x_2^{(k)} - x_3^{(k)} + 1)/8, \\ \widetilde{x}_2^{(k+1)} = (-2x_1^{(k+1)} + x_3^{(k)} + 4)/10, \\ \widetilde{x}_3^{(k+1)} = (x_1^{(k+1)} + x_2^{(k+1)} - 3)/5;\end{cases}$$

$$x_i^{(k+1)} = (1 - 1.005)x_i^{(k)} + 1.005\widetilde{x}_i^{(k+1)}, \quad i = 1, 2, 3.$$

代入 $\boldsymbol{x}^{(0)} = [0, 0, 0]^{\mathrm{T}}$ 计算得

$$\begin{aligned}\boldsymbol{x}^{(1)} &= [0.1256,\ 0.3769,\ -0.5025]^{\mathrm{T}}, \\ \boldsymbol{x}^{(2)} &= [0.2355,\ 0.3024,\ -0.4924]^{\mathrm{T}}, \\ \boldsymbol{x}^{(3)} &= [0.2243,\ 0.3059,\ -0.4940]^{\mathrm{T}}, \\ \boldsymbol{x}^{(4)} &= [0.2250,\ 0.3056,\ -0.4939]^{\mathrm{T}}, \\ \boldsymbol{x}^{(5)} &= [0.2249,\ 0.3056,\ -0.4939]^{\mathrm{T}}, \\ \boldsymbol{x}^{(6)} &= [0.2249,\ 0.3056,\ -0.4939]^{\mathrm{T}}.\end{aligned}$$

经计算 $||\boldsymbol{x}^{(5)} - \boldsymbol{x}^{(6)}||_{\infty} = 0$, 所以原问题的近似解为 $\boldsymbol{x}^{(5)} = [0.2249,\ 0.3056,\ -0.4939]^{\mathrm{T}}$.

3. 基本迭代法的收敛性分析

为了讨论 Jacobi 迭代法和 Gauss-Seidel 迭代法的收敛性, 先介绍 n 阶方阵的如下定义与性质.

定义 2.14 设 $\boldsymbol{G}$ 是 n 阶方阵, $\lambda_1, \lambda_2, \cdots, \lambda_n$ 是 $\boldsymbol{G}$ 的特征值, 则称

$$\rho(\boldsymbol{G}) = \max_{1 \leqslant i \leqslant n} |\lambda_i|$$

为 $\boldsymbol{G}$ 的**谱半径**.

定理 2.4 $\boldsymbol{G}$ 的谱半径 $\rho(\boldsymbol{G})$ 小于等于它的任意一种范数 $||\boldsymbol{G}||$, 即

$$\rho(\boldsymbol{G}) \leqslant ||\boldsymbol{G}||.$$

证明 设 λ 是 $\boldsymbol{G}$ 的任意一个特征值, $\boldsymbol{x}$ 为其相应的特征向量, 则有

$$\boldsymbol{G}\boldsymbol{x} = \lambda\boldsymbol{x},$$

根据向量范数的非负齐性和向量范数与矩阵范数的相容性可得

$$|\lambda|\ ||\boldsymbol{x}|| = ||\lambda\boldsymbol{x}|| = ||\boldsymbol{G}\boldsymbol{x}|| \leqslant ||\boldsymbol{G}||\ ||\boldsymbol{x}||,$$

由于 $||\boldsymbol{x}|| > 0$, 从而有 $|\lambda| \leqslant ||\boldsymbol{G}||$. 由于 λ 是任意一个特征值, 故有 $\rho(\boldsymbol{G}) \leqslant ||\boldsymbol{G}||$. □

关于矩阵的谱半径, 还有以下论断: 若 $\boldsymbol{G}$ 是 n 阶方阵, 则 $\rho(\boldsymbol{G}) < 1$ 的充要条件是

$$\lim_{k\to\infty} \boldsymbol{G}^k = \boldsymbol{O};$$

另外, 若 $\rho(\boldsymbol{G}) < 1$, 则矩阵 $\boldsymbol{E}_n - \boldsymbol{G}$ 非奇异.

定理 2.5 对任意的右端向量 $\boldsymbol{g} \in \mathbb{R}^n$ 和任意的初始向量 $\boldsymbol{x}^{(0)} \in \mathbb{R}^n$, Jacobi 迭代

$$\boldsymbol{x}^{(k+1)} = \boldsymbol{B}_{\mathrm{JC}}\boldsymbol{x}^{(k)} + \boldsymbol{g}$$

收敛于 $\boldsymbol{x} = \boldsymbol{B}_{\mathrm{JC}}\boldsymbol{x} + \boldsymbol{g}$ 的解的充要条件是 $\rho(\boldsymbol{B}_{\mathrm{JC}}) < 1$.

证明 充分性: 若 $\rho(\boldsymbol{B}_{\mathrm{JC}}) < 1$, 则由 $\boldsymbol{B}^k \to \boldsymbol{0}$ 的充要条件知, $\boldsymbol{B}_{\mathrm{JC}}^k \to \boldsymbol{0}$, 同时, 也由于 $\rho(\boldsymbol{B}_{\mathrm{JC}}) < 1$, 故 $\boldsymbol{E}_n - \boldsymbol{B}_{\mathrm{JC}}$ 非奇异. 因此方程

$$(\boldsymbol{E}_n - \boldsymbol{B}_{\mathrm{JC}})\boldsymbol{x} = \boldsymbol{g}$$

有解 $\boldsymbol{x}^*$, $(\boldsymbol{E}_n - \boldsymbol{B}_{\mathrm{JC}})\boldsymbol{x}^* = \boldsymbol{g}$, 即 $\boldsymbol{x}^* = \boldsymbol{B}_{\mathrm{JC}}\boldsymbol{x}^* + \boldsymbol{g}$. 又由 Jacobi 迭代公式有

$$\boldsymbol{x}^{(k)} - \boldsymbol{x}^* = \boldsymbol{B}_{\mathrm{JC}}(\boldsymbol{x}^{(k-1)} - \boldsymbol{x}^*) = \boldsymbol{B}_{\mathrm{JC}}^2(\boldsymbol{x}^{(k-2)} - \boldsymbol{x}^*) = \cdots = \boldsymbol{B}_{\mathrm{JC}}^k(\boldsymbol{x}^{(0)} - \boldsymbol{x}^*),$$

两边取极限 $(k \to \infty)$, 则由 $\boldsymbol{B}_{\mathrm{JC}}^k \to \boldsymbol{0}$ 可知

$$\boldsymbol{x}^{(k)} - \boldsymbol{x}^* \to \boldsymbol{0},$$

即 Jacobi 迭代方法收敛.

必要性: 若 Jacobi 迭代方法收敛, 即由 Jacobi 迭代方法构造的迭代序列收敛

$$\lim_{k\to\infty} \boldsymbol{x}^{(k)} = \boldsymbol{x}^*.$$

这样, 由迭代公式 $\boldsymbol{x}^{(k+1)} = \boldsymbol{B}_{\mathrm{JC}}\boldsymbol{x}^{(k)} + \boldsymbol{g}$, 两边取极限得

$$\boldsymbol{x}^* = \boldsymbol{B}\boldsymbol{x}^* + \boldsymbol{g},$$

即 $\boldsymbol{x}^*$ 是方程组 $\boldsymbol{x} = \boldsymbol{B}_{\mathrm{JC}}\boldsymbol{x} + \boldsymbol{g}$ 的解. 因而

$$\boldsymbol{x}^{(k)} - \boldsymbol{x}^* = \boldsymbol{B}_{\mathrm{JC}}(\boldsymbol{x}^{(k-1)} - \boldsymbol{x}^*) = \boldsymbol{B}_{\mathrm{JC}}^2(\boldsymbol{x}^{(k-2)} - \boldsymbol{x}^*) = \cdots = \boldsymbol{B}_{\mathrm{JC}}^k(\boldsymbol{x}^{(0)} - \boldsymbol{x}^*).$$

由于 $\boldsymbol{x}^{(k)}$ 收敛于 $\boldsymbol{x}^*$, 故当 $k \to \infty$ 时, $\boldsymbol{x}^{(k)} - \boldsymbol{x}^* \to \boldsymbol{0}$, 即

$$\lim_{k\to\infty} \boldsymbol{B}_{\mathrm{JC}}^k = \boldsymbol{0}.$$

而 $\boldsymbol{x}^{(0)}$ 是任意的, 则若有上式, 必有 $\boldsymbol{B}_{\mathrm{JC}}^k \to \boldsymbol{0}$, 然而 $\boldsymbol{B}_{\mathrm{JC}}^k \to \boldsymbol{0}$ 的充要条件是 $\boldsymbol{B}_{\mathrm{JC}}$ 的谱半径小于 1, 所以 $\rho(\boldsymbol{B}_{\mathrm{JC}}) < 1$. □

定理 2.6 若 $||\boldsymbol{B}_{\mathrm{JC}}|| < 1$, 则 Jacobi 迭代法收敛并且成立

$$||\boldsymbol{x}^{(k)} - \boldsymbol{x}^*|| < \frac{||\boldsymbol{B}_{\mathrm{JC}}||^k}{1 - ||\boldsymbol{B}_{\mathrm{JC}}||}||\boldsymbol{x}^{(1)} - \boldsymbol{x}^{(0)}||,$$

$$||\boldsymbol{x}^{(k)} - \boldsymbol{x}^*|| < \frac{||\boldsymbol{B}_{\mathrm{JC}}||}{1 - ||\boldsymbol{B}_{\mathrm{JC}}||}||\boldsymbol{x}^{(k)} - \boldsymbol{x}^{(k-1)}||,$$

其中 $\boldsymbol{x}^*$ 是方程组 $\boldsymbol{x} = \boldsymbol{B}_{\mathrm{JC}}\boldsymbol{x} + \boldsymbol{g}$ 的精确解.

证明 为了证明简便, 令 $\boldsymbol{B} = \boldsymbol{B}_{\mathrm{JC}}$. 因为 $||\boldsymbol{B}|| < 1$, 所以 Jacobi 迭代法收敛. 设 $\boldsymbol{x}^{(k)} \to \boldsymbol{x}^*$, 故 $\boldsymbol{x}^* = \boldsymbol{B}\boldsymbol{x}^* + \boldsymbol{g}$, 所以

$$\boldsymbol{x}^{(k)} - \boldsymbol{x}^* = \boldsymbol{B}(\boldsymbol{x}^{(k-1)} - \boldsymbol{x}^*).$$

从而

$$\begin{aligned}
||\boldsymbol{x}^{(k)} - \boldsymbol{x}^*|| &\leqslant ||\boldsymbol{B}||\ ||\boldsymbol{x}^{(k-1)} - \boldsymbol{x}^*|| \\
&= ||\boldsymbol{B}||\ ||\boldsymbol{x}^{(k-1)} - \boldsymbol{x}^{(k)} + \boldsymbol{x}^{(k)} - \boldsymbol{x}^*|| \\
&\leqslant ||\boldsymbol{B}||\ ||\boldsymbol{x}^{(k-1)} - \boldsymbol{x}^{(k)}|| + ||\boldsymbol{B}||\ ||\boldsymbol{x}^{(k)} - \boldsymbol{x}^*||.
\end{aligned}$$

所以

$$(1 - ||\boldsymbol{B}||)||\boldsymbol{x}^{(k)} - \boldsymbol{x}^*|| \leqslant ||\boldsymbol{B}||\ ||\boldsymbol{x}^{(k)} - \boldsymbol{x}^{(k-1)}||,$$

也即

$$||\boldsymbol{x}^{(k)} - \boldsymbol{x}^*|| \leqslant \frac{||\boldsymbol{B}||}{1 - ||\boldsymbol{B}||}||\boldsymbol{x}^{(k)} - \boldsymbol{x}^{(k-1)}||.$$

又由

$$\begin{aligned}
||\boldsymbol{x}^{(k)} - \boldsymbol{x}^*|| &\leqslant \frac{||\boldsymbol{B}||}{1 - ||\boldsymbol{B}||}||\boldsymbol{x}^{(k)} - \boldsymbol{x}^{(k-1)}|| \\
&= \frac{||\boldsymbol{B}||}{1 - ||\boldsymbol{B}||}||\boldsymbol{B}\boldsymbol{x}^{(k-1)} - \boldsymbol{B}\boldsymbol{x}^{(k-2)}|| \\
&\leqslant \frac{||\boldsymbol{B}||^2}{1 - ||\boldsymbol{B}||}||\boldsymbol{x}^{(k-1)} - \boldsymbol{x}^{(k-2)}|| \\
&\leqslant \cdots \leqslant \frac{||\boldsymbol{B}||^k}{1 - ||\boldsymbol{B}||}||\boldsymbol{x}^{(1)} - \boldsymbol{x}^{(0)}||.
\end{aligned}$$

故得此结论. □

例 2.11 证明例 2.8 的方程组的 Jacobi 迭代格式收敛.

证明 由 Jacobi 迭代法易知迭代矩阵为

$$\boldsymbol{B}=\begin{bmatrix}0 & 0.1 & 0.2\\0.1 & 0 & 0.2\\0.2 & 0.2 & 0\end{bmatrix}.$$

通过简单计算可得 $||\boldsymbol{G}||_1=0.4<1$, 所以迭代收敛. □

定理 2.7 Gauss-Seidel 迭代法收敛的充要条件是 $\rho((\boldsymbol{D}+\boldsymbol{L})^{-1}\boldsymbol{U})<1$, 而 $||(\boldsymbol{D}+\boldsymbol{L})^{-1}\boldsymbol{U}||<1$ 是 Gauss-Seidel 迭代法收敛的充分条件.

定理 2.8 若 $\boldsymbol{B}_{\mathrm{GS}}=(b_{ij})_{n\times n}$ 且

$$||\boldsymbol{B}_{\mathrm{GS}}||_\infty=\max_i\sum_{j=1}^n|b_{ij}|<1,$$

则 Gauss-Seidel 迭代法 $\boldsymbol{x}=\boldsymbol{B}_{\mathrm{GS}}\boldsymbol{x}+\boldsymbol{g}$ 收敛. 若记

$$u=\max_i\frac{\sum\limits_{j=1}^n|b_{ij}|}{1-\sum\limits_{j=1}^{i-1}|b_{ij}|},$$

那么成立不等式

$$u\leqslant||\boldsymbol{B}||_\infty\leqslant 1,$$

$$||\boldsymbol{x}^{(m)}-\boldsymbol{x}^*||_\infty\leqslant\frac{u^m}{1-u}||\boldsymbol{x}^{(1)}-\boldsymbol{x}^{(0)}||_\infty,$$

其中 $\boldsymbol{x}^*$ 是 $\boldsymbol{x}=\boldsymbol{B}_{\mathrm{GS}}\boldsymbol{x}+\boldsymbol{g}$ 的精确解.

定理 2.9 若 $\boldsymbol{B}_{\mathrm{GS}}=(b_{ij})_{n\times n}$ 且

$$||\boldsymbol{B}_{\mathrm{GS}}||_1=\max_j\sum_{i=1}^n|b_{ij}|<1,$$

则 Gauss-Seidel 迭代方法收敛.

以上收敛定理只用了迭代矩阵的性质, 因此需要对原线性方程组系数矩阵进行转化才能判别方法的收敛性. 下面给出一个直接利用原线性方程组系数矩阵的性质判断基本迭代法收敛性的定理.

定理 2.10 设 $\boldsymbol{A}$ 主对角严格占优, 则 $\boldsymbol{A}\boldsymbol{x}=\boldsymbol{b}$ 存在唯一解, 且其 Jacobi 迭代格式和 Gauss-Seidel 迭代格式均收敛.

例 2.12 用 Jacobi 迭代法与 Gauss-Seidel 迭代法求解

$$\begin{cases} x_1 - 9x_2 = -7, \\ 9x_1 - x_2 - x_3 = 7, \\ -x_1 + 9x_3 = 8. \end{cases}$$

要求 $\|\boldsymbol{x}^{k+1} - \boldsymbol{x}^k\|_\infty \leqslant 10^{-3}$.

解 将原式移项得

$$\begin{cases} 9x_1 - x_2 - x_3 = 7, \\ x_1 - 9x_2 = -7, \\ -x_1 + 9x_3 = 8. \end{cases}$$

(1) Jacobi 迭代格式

$$\begin{cases} x_1^{(k+1)} = (x_2^{(k)} + x_3^{(k)} + 7)/9, \\ x_2^{(k+1)} = (x_1^{(k)} + 7)/9, \\ x_3^{(k+1)} = (x_1^{(k)} + 8)/9. \end{cases}$$

取 $\boldsymbol{x}^{(0)} = [0,0,0]^{\mathrm{T}}$ 计算得

$$\begin{aligned} \boldsymbol{x}^{(1)} &= [0.7778,\ 0.7778,\ 0.8889]^{\mathrm{T}}, \\ \boldsymbol{x}^{(2)} &= [0.9630,\ 0.8642,\ 0.9753]^{\mathrm{T}}, \\ \boldsymbol{x}^{(3)} &= [0.9822,\ 0.8848,\ 0.9959]^{\mathrm{T}}, \\ \boldsymbol{x}^{(4)} &= [0.9867,\ 0.8869,\ 0.9980]^{\mathrm{T}}, \\ \boldsymbol{x}^{(5)} &= [0.9872,\ 0.8874,\ 0.9985]^{\mathrm{T}}, \\ \boldsymbol{x}^{(6)} &= [0.9873,\ 0.8875,\ 0.9986]^{\mathrm{T}}. \end{aligned}$$

经计算 $\|\boldsymbol{x}^{(5)} - \boldsymbol{x}^{(6)}\|_\infty = 0.0001129$, 所以原问题的近似解为 $\boldsymbol{x}^{(6)} = [0.9873, 0.8875, 0.9986]^{\mathrm{T}}$.

(2) Gauss-Seidel 迭代格式

$$\begin{cases} x_1^{(k+1)} = (x_2^{(k)} + x_3^{(k)} + 7)/9, \\ x_2^{(k+1)} = (x_1^{(k+1)} + 7)/9, \\ x_3^{(k+1)} = (x_1^{(k+1)} + 8)/9. \end{cases}$$

取 $\boldsymbol{x}^{(0)} = [0,0,0]^{\mathrm{T}}$ 计算得

$$
\begin{aligned}
\boldsymbol{x}^{(1)} &= [0.7778,\ 0.8642,\ 0.9753]^{\mathrm{T}},\\
\boldsymbol{x}^{(2)} &= [0.9822,\ 0.8869,\ 0.9980]^{\mathrm{T}},\\
\boldsymbol{x}^{(3)} &= [0.9872,\ 0.8875,\ 0.9986]^{\mathrm{T}},\\
\boldsymbol{x}^{(4)} &= [0.9873,\ 0.8875,\ 0.9986]^{\mathrm{T}}.
\end{aligned}
$$

经计算 $||\boldsymbol{x}^{(3)} - \boldsymbol{x}^{(4)}||_\infty = 0.00012461$, 所以原问题的近似解为 $\boldsymbol{x}^{(4)} = [0.9873,\ 0.8875,\ 0.9986]^{\mathrm{T}}$.

定理 2.11 SOR 迭代法收敛的充要条件为 $\rho(\boldsymbol{G}_\omega) < 1$.

2.3.2 Krylov 子空间方法 *

基本迭代法迭代格式简单, 算法实现容易, 但其收敛速度往往比较慢, 很难处理复杂的实际问题; 另外, 从基本迭代法收敛定理知, 随着方程组计算规模的增大, 如何判断方法的收敛性是非常困难的; 此外, 该类方法只能适用于系数矩阵为方阵的线性方程组. 本节主要介绍基于最小二乘技术以及更加实用的大规模线性方程组求解算法. 此类方法不仅适用有解的线性方程组问题 (多解) , 而且对于无解的线性方程组问题也能获得某种意义下的解的近似.

1. 共轭梯度法

考虑如下线性方程组 $\boldsymbol{Ax} = \boldsymbol{b}$, 其中, 系数矩阵 $\boldsymbol{A} \in \mathbb{R}^{n\times n}$ 为对称正定矩阵. 求解线性方程组 $\boldsymbol{Ax} = \boldsymbol{b}$ 可以化为求解如下目标函数的极小化问题:

$$\min_{\boldsymbol{x}\in\mathbb{R}^n} \phi(\boldsymbol{x}) = \frac{1}{2}\boldsymbol{x}^{\mathrm{T}}\boldsymbol{Ax} - \boldsymbol{x}^{\mathrm{T}}\boldsymbol{b}. \tag{2.14}$$

实际上, 由系数矩阵的对称正定性知, (2.14) 为凸函数, 其极小点为全局最小点且唯一, 此时目标函数取最小点 $\boldsymbol{x}^*$ 的条件为 $\nabla\phi(\boldsymbol{x}^*) = \boldsymbol{0}$, 即 $\boldsymbol{Ax}^* - \boldsymbol{b} = \boldsymbol{0}$. (2.14) 也称为**正定二次函数**.

另一方面, 定义与矩阵 $\boldsymbol{A}$ 相关的一种新范数 ($\boldsymbol{A}$-范数) 为 $\|\boldsymbol{x}\|_{\boldsymbol{A}} = \sqrt{\boldsymbol{x}^{\mathrm{T}}\boldsymbol{Ax}}$, 于是函数 $\phi(\boldsymbol{x})$ 可改写为

$$\phi(\boldsymbol{x}) = \frac{1}{2}\|\boldsymbol{x} - \boldsymbol{x}^*\|_{\boldsymbol{A}}^2 - \frac{1}{2}\boldsymbol{x}^{*\mathrm{T}}\boldsymbol{Ax}^*,$$

因此, 当 $\boldsymbol{x} = \boldsymbol{x}^* = \boldsymbol{A}^{-1}\boldsymbol{b}$ 时, 目标函数取得最小值.

通过对问题的转化, 我们可以利用最优化这个强大的工具来求解线性方程组. 为了利用共轭梯度法极小化目标函数 (2.14). 首先介绍共轭方向法, 为此先引入共轭方向的定义.

定义 2.15 设向量 $\boldsymbol{d}_1, \boldsymbol{d}_2, \cdots, \boldsymbol{d}_m$ 是 $\mathbb{R}^n$ 中的非零向量, $\boldsymbol{A} \in \mathbb{R}^{n\times n}$ 为对称正定矩阵, 若满足

$$\boldsymbol{d}_i^{\mathrm{T}} \boldsymbol{A} \boldsymbol{d}_j = 0 \quad (i \neq j),$$

则称向量组 $\boldsymbol{d}_1, \boldsymbol{d}_2, \cdots, \boldsymbol{d}_m$ 是**$\boldsymbol{A}$-共轭的**.

$\boldsymbol{A}$-共轭的向量组 $\boldsymbol{d}_1, \boldsymbol{d}_2, \cdots, \boldsymbol{d}_m$ 线性无关. 在 $\mathbb{R}^n$ 中, 设向量组 $\boldsymbol{d}_1, \boldsymbol{d}_2, \cdots, \boldsymbol{d}_m$ 是 A-共轭的, 则 $m \leqslant n$.

定义 2.16 设向量 $\boldsymbol{d}_1, \boldsymbol{d}_2, \cdots, \boldsymbol{d}_m$ 是 $\mathbb{R}^n$ 中线性无关向量, $\boldsymbol{x}^{(0)} \in \mathbb{R}^n$, 则称集合

$$\begin{aligned} S_m &= \left\{ \boldsymbol{x} : \boldsymbol{x} = \boldsymbol{x}^{(0)} + \sum_{i=1}^{m} \alpha_i \boldsymbol{d}_i, \alpha_i \in \mathbb{R}, i = 1, 2, \cdots, m \right\} \\ &= \boldsymbol{x}^{(0)} + \mathrm{span}\{\boldsymbol{d}_1, \boldsymbol{d}_2, \cdots, \boldsymbol{d}_m\} \end{aligned}$$

为由 $\boldsymbol{x}^{(0)}$ 和 $\boldsymbol{d}_1, \boldsymbol{d}_2, \cdots, \boldsymbol{d}_m$ 构成的**线性流形**. $\mathrm{span}\{\boldsymbol{d}_1, \boldsymbol{d}_2, \cdots, \boldsymbol{d}_m\}$ 为由向量组 $\boldsymbol{d}_1, \boldsymbol{d}_2, \cdots, \boldsymbol{d}_m$ 生成的线性子空间.

算法 2.3 为共轭方向法的算法流程.

算法 2.3 共轭方向法

输入: 共轭方向 $\boldsymbol{d}_1, \boldsymbol{d}_2, \cdots, \boldsymbol{d}_m$, 矩阵 $\boldsymbol{A}$, 右端项 $\boldsymbol{b}$, 初始向量 $\boldsymbol{x}_0$.

输出: $\boldsymbol{x}_m$.

For $k = 1, 2, \cdots, m$ **do**

$\alpha_k = \arg\min_{\alpha\in\mathbb{R}} \phi(\boldsymbol{x}_{k-1} + \alpha \boldsymbol{d}_k)$,

$\boldsymbol{x}^{(k)} = \boldsymbol{x}^{(k-1)} + \alpha_k \boldsymbol{d}_k$.

EndFor

定理 2.12 对于正定二次函数 $\phi(\boldsymbol{x})$ 和共轭方向 $\boldsymbol{d}_1, \boldsymbol{d}_2, \cdots, \boldsymbol{d}_m$, 共轭方向法最多 n 步迭代之后便收敛到 $\phi(\boldsymbol{x})$ 的最小值点, 且每个 $\boldsymbol{x}_k$ 是 $\phi(\boldsymbol{x})$ 在线性流形 S_k 上的极小值点. 更进一步

$$\left(\nabla \phi(\boldsymbol{x}^{(k)})\right)^{\mathrm{T}} \boldsymbol{d}_j = 0, \quad j = 1, 2, \cdots, k.$$

在共轭方向法中, 当取初始点 $\boldsymbol{x}_0 = \boldsymbol{0}$ 时, 于是共轭方向法可以看成是在一列嵌套子空间上逐次求线性方程组的解的近似, 即 $\underbrace{S_1}_{\boldsymbol{x}^{(1)}} \subset \underbrace{S_2}_{\boldsymbol{x}^{(2)}} \subset \underbrace{S_3}_{\boldsymbol{x}^{(3)}} \subset \cdots \subset \underbrace{S_m}_{\boldsymbol{x}^{(m)}}$. 共轭方向法实现非常简单, 但在算法中没有具体给出如何求共轭方向.

共轭梯度 (conjugate gradient, CG) 法是一种特殊的共轭方向法, 其在迭代计算过程中利用梯度信息自动计算共轭方向. 因此, 对于对称正定线性方程组求解问题, 共轭梯度法是非常有效的方法. 下面给出共轭梯度法共轭方向的推导. 取

$$\boldsymbol{d}_1 = -\nabla \phi(\boldsymbol{x}^{(0)}) = -\boldsymbol{g}_0 = \boldsymbol{b} - \boldsymbol{A}\boldsymbol{x}^{(0)}, \tag{2.15}$$

则由

$$\alpha_1 = \arg\min_{\alpha\in\mathbb{R}} \phi(\boldsymbol{x}^{(0)} + \alpha\boldsymbol{d}_1), \quad \boldsymbol{x}^{(1)} = \boldsymbol{x}^{(0)} + \alpha_1\boldsymbol{d}_1$$

知

$$\nabla\phi(\boldsymbol{x}^{(1)})^{\mathrm{T}}\boldsymbol{d}_1 = \boldsymbol{g}_1^{\mathrm{T}}\boldsymbol{d}_1 = 0.$$

令 $\boldsymbol{d}_2 = -\boldsymbol{g}_1 + \beta_1\boldsymbol{d}_1$, 选中 β_1 使 $\boldsymbol{d}_2$ 与 $\boldsymbol{d}_1$ 满足共轭性, 即 $\boldsymbol{d}_1^{\mathrm{T}}\boldsymbol{A}\boldsymbol{d}_2 = 0$. 进而可得

$$\boldsymbol{d}_1^{\mathrm{T}}\boldsymbol{A}\boldsymbol{d}_2 = -\boldsymbol{d}_1^{\mathrm{T}}\boldsymbol{A}\boldsymbol{g}_1 + \beta_1\boldsymbol{d}_1^{\mathrm{T}}\boldsymbol{A}\boldsymbol{d}_1,$$

于是得

$$\beta_1 = \frac{\boldsymbol{d}_1^{\mathrm{T}}\boldsymbol{A}\boldsymbol{g}_1}{\boldsymbol{d}_1^{\mathrm{T}}\boldsymbol{A}\boldsymbol{d}_1} = \frac{\boldsymbol{g}_1^{\mathrm{T}}\boldsymbol{A}\boldsymbol{d}_1}{\boldsymbol{d}_1^{\mathrm{T}}\boldsymbol{A}\boldsymbol{d}_1} = \frac{\boldsymbol{g}_1^{\mathrm{T}}\boldsymbol{A}(\boldsymbol{x}_1 - \boldsymbol{x}_0)}{\boldsymbol{d}_1^{\mathrm{T}}\boldsymbol{A}(\boldsymbol{x}_1 - \boldsymbol{x}_0)} = \frac{\boldsymbol{g}_1^{\mathrm{T}}(\boldsymbol{g}_1 - \boldsymbol{g}_0)}{\boldsymbol{d}_1^{\mathrm{T}}(\boldsymbol{g}_1 - \boldsymbol{g}_0)} = \frac{\boldsymbol{g}_1^{\mathrm{T}}\boldsymbol{g}_1}{\boldsymbol{g}_0^{\mathrm{T}}\boldsymbol{g}_0}.$$

由共轭方向 $\boldsymbol{d}_2$ 构造近似解 $\boldsymbol{x}_2$ 并计算 $\boldsymbol{g}_2$. 令

$$\boldsymbol{d}_3 = -\boldsymbol{g}_2 + \beta_1\boldsymbol{d}_1 + \beta_2\boldsymbol{d}_2,$$

选取 β_1, β_2 使得共轭条件满足 $\boldsymbol{d}_3^{\mathrm{T}}\boldsymbol{A}\boldsymbol{d}_i = 0, i = 1, 2$, 再利用定理 2.12 知 $\boldsymbol{g}_2^{\mathrm{T}}\boldsymbol{d}_i = 0$, $i = 1, 2$, 于是有 $\boldsymbol{g}_2^{\mathrm{T}}\boldsymbol{g}_i = 0, i = 1, 2$. 故

$$\beta_1 = 0, \quad \beta_2 = \frac{\boldsymbol{g}_2^{\mathrm{T}}\boldsymbol{g}_2}{\boldsymbol{g}_1^{\mathrm{T}}\boldsymbol{g}_1}.$$

一般地, 对于任意的迭代步 k, 共轭方向更新公式为

$$\boldsymbol{d}_{k+1} = -\boldsymbol{g}_k + \beta_k\boldsymbol{d}_k,$$

其中

$$\beta_k = \frac{\boldsymbol{g}_k^{\mathrm{T}}\boldsymbol{g}_k}{\boldsymbol{g}_{k-1}^{\mathrm{T}}\boldsymbol{g}_{k-1}}.$$

而未知数迭代公式

$$\boldsymbol{x}^{(k)} = \boldsymbol{x}^{(k-1)} + \alpha_k\boldsymbol{d}_k$$

中的步长为精确搜索值, 即

$$\alpha_k = \arg\min_{\alpha\in\mathbb{R}} \phi(\boldsymbol{x}_{k-1} + \alpha\boldsymbol{d}_k),$$

经计算得

$$\alpha_k = -\frac{\boldsymbol{d}_k^{\mathrm{T}}\boldsymbol{g}_{k-1}}{\boldsymbol{d}_k^{\mathrm{T}}\boldsymbol{A}\boldsymbol{d}_k} = \frac{\boldsymbol{g}_{k-1}^{\mathrm{T}}\boldsymbol{g}_{k-1}}{\boldsymbol{d}_k^{\mathrm{T}}\boldsymbol{A}\boldsymbol{d}_k}.$$

综上, 共轭梯度法的算法描述如算法 2.4 所示.

算法 2.4 共轭梯度法

输入: 矩阵 $\boldsymbol{A}$, 右端项 $\boldsymbol{b}$, 初始向量 $\boldsymbol{x}_0$, $\mathrm{tol}>0$.

输出: $\boldsymbol{x}_k$ ($\boldsymbol{Ax}=\boldsymbol{b}$ 的近似解).

初始化: $\boldsymbol{g}_0=\boldsymbol{Ax}_0-\boldsymbol{b}$, $\boldsymbol{d}_1=-\boldsymbol{g}_0$.

For $k=1,2,\cdots,m$ **do**

$\alpha_k=\dfrac{\boldsymbol{g}_{k-1}^{\mathrm{T}}\boldsymbol{g}_{k-1}}{\boldsymbol{d}_k^{\mathrm{T}}\boldsymbol{A}\boldsymbol{d}_k}$,

$\boldsymbol{x}^{(k)}=\boldsymbol{x}^{(k-1)}+\alpha_k\boldsymbol{d}_k$,

$\boldsymbol{g}_k=\boldsymbol{Ax}_k-\boldsymbol{b}=\boldsymbol{g}_{k-1}+\alpha_k\boldsymbol{A}\boldsymbol{d}_k$.

If $\|\boldsymbol{g}_k\|_2\leqslant \mathrm{tol}$ **then**

return $\boldsymbol{x}_k$.

EndIf

$\beta_k=\dfrac{\boldsymbol{g}_k^{\mathrm{T}}\boldsymbol{g}_k}{\boldsymbol{g}_{k-1}^{\mathrm{T}}\boldsymbol{g}_{k-1}}$,

$\boldsymbol{d}_{k+1}=-\boldsymbol{g}_k+\beta_k\boldsymbol{d}_k$.

EndFor

注 2.11 赫斯特尼斯 (Magnus Hestenes, 1906—1991, 美国数学家) 和施泰格尔 (Eduard Steifel, 1907—1998, 美国数学家) 于 1952 年在加州大学洛杉矶分校数值分析研究所工作时发表了关于共轭梯度法的论文 (Burden and Faires, 2010).

例 2.13 利用共轭梯度法求解如下线性方程组, 取初始值 $\boldsymbol{x}_0=[0,0,0,0]^{\mathrm{T}}$,

$$\begin{bmatrix}4&-1&-1&0\\-1&4&0&-1\\-1&0&4&-1\\0&-1&-1&4\end{bmatrix}\begin{bmatrix}x_1\\x_2\\x_3\\x_4\end{bmatrix}=\begin{bmatrix}0\\0\\1\\1\end{bmatrix}.$$

解 利用共轭梯度法, 取容许误差为 $\mathrm{tol}=1.0\times10^{-8}$, 解得

$$\boldsymbol{x}^{(1)}=[0.0000,0.0000,0.3333,0.3333]^{\mathrm{T}},$$
$$\boldsymbol{x}^{(2)}=[0.1250,0.1250,0.3750,0.3750]^{\mathrm{T}},$$
$$\boldsymbol{x}^{(3)}=[0.1250,0.1250,0.3750,0.3750]^{\mathrm{T}},$$
$$\boldsymbol{x}^{(4)}=[0.1250,0.1250,0.3750,0.3750]^{\mathrm{T}}.$$

其相应计算过程结果见表 2.1.

思考题 1 利用 Jacobi 迭代法和 Gauss-Seidel 迭代法求解例 2.13, 并与共轭梯度法进行比较, 能够得出什么结论呢?

表 2.1

k	$\boldsymbol{x}^{(k)}$	$\|\boldsymbol{x}^{(k)}-\boldsymbol{x}^{(k-1)}\|_2$	$\|\boldsymbol{g}_k\|_2$	$\|\boldsymbol{d}_k\|_2$	α_k	β_k
1	$\boldsymbol{x}^{(1)}$	0.4714	0.4714	0.4969	0.3333	0.1111
2	$\boldsymbol{x}^{(2)}$	0.1863	4.2516	4.2516	0.3750	8.1341e−15
3	$\boldsymbol{x}^{(3)}$	2.1073e−8	1.5057e−8	1.5974e−8	0.3530	0.1254
4	$\boldsymbol{x}^{(4)}$	0.0000	2.6369e−9	2.6820e−9	0.3424	0.0307

2. GMRES 方法

共轭梯度法是求解大规模对称正定稀疏线性方程组的有力工具, 然而, 对于系数矩阵为非奇异的非对称线性方程组, CG 法通常是不能使用的. 本节介绍一种快速求解一般线性方程组的求解方法: 广义最小残差法 (generalized minimum residual, GMRES). 为此, 首先介绍 Krylov 子空间和向量组正交化方法.

定义 2.17 设向量 $\boldsymbol{v}_1$ 是 $\mathbb{R}^n$ 中的非零向量, $\boldsymbol{A}\in\mathbb{R}^{n\times n}$, 则由向量组 $\boldsymbol{v}_1$, $\boldsymbol{A}\boldsymbol{v}_1,\cdots,\boldsymbol{A}^{k-1}\boldsymbol{v}_1$ 生成的子空间

$$\mathcal{K}_k(\boldsymbol{A},\boldsymbol{v}_1)=\operatorname{span}\{\boldsymbol{v}_1,\boldsymbol{A}\boldsymbol{v}_1,\cdots,\boldsymbol{A}^{k-1}\boldsymbol{v}_1\}$$

为 Krylov 子空间.

注 2.12 可以证明在共轭梯度法中, $\operatorname{span}\{\boldsymbol{d}_1,\boldsymbol{d}_2,\cdots,\boldsymbol{d}_k\}=\operatorname{span}\{\boldsymbol{d}_1,\boldsymbol{A}\boldsymbol{g}_0,\cdots,\boldsymbol{A}^{k-1}\boldsymbol{g}_0\}$, 因此, 共轭梯度法为 Krylov 子空间方法 (Saad, 2003).

注 2.13 克雷洛夫 (Aleksei Nikolaevich Krylov, 1863—1945, 苏联应用数学家) 从事应用数学工作, 主要研究边界值问题、傅里叶级数收敛加速以及涉及机械系统的各种经典问题. 1893 年写成了第一部船舶理论专著《船舶构造新的计算方法》, 1898 年又发表了第二部类似的专著. 1906 年他首次在海洋学院讲授近似计算课程, 创立了严格的近似计算的理论. 1931 年他提出了解特征方程的有价值的方法, 解决了拉格朗日、刘维尔和雅可比等数学家曾研究但未解决的问题. 20 世纪 30 年代初, 他担任苏联科学院物理数学研究所所长.

由线性代数相关理论可知, 子空间由其一组基完全确定, 而子空间的正交基对于研究子空间具有独特的优势. Arnoldi 方法是向量组正交化的一种方法, 其能够方便地求 $\mathcal{K}_m(\boldsymbol{A},\boldsymbol{v}_1)$ 的一组正交基. 算法 2.5 所示为 Arnoldi 正交化方法.

算法 2.5 Arnoldi 正交化方法

输入: 矩阵 $\boldsymbol{A}$, $\boldsymbol{v}_1$.

输出: $\boldsymbol{v}_k$.

初始化: $\boldsymbol{v}_1=\boldsymbol{v}_1/\|\boldsymbol{v}_1\|_2$.

For $j=1,2,\cdots,k$ **do**

  For $i=1,2,\cdots,j$ **do**

    $h_{ij}=(\boldsymbol{A}\boldsymbol{v}_j,\boldsymbol{v}_i)$.

EndFor

$\overline{\boldsymbol{v}}_{j+1}=\boldsymbol{A}\boldsymbol{v}_j-\sum_{i=1}^{j}h_{ij}\boldsymbol{v}_i,$

$h_{j+1j}=\|\overline{\boldsymbol{v}}_{j+1}\|_2,$

$\boldsymbol{v}_{j+1}=\overline{\boldsymbol{v}}_{j+1}/h_{j+1j}.$

EndFor

该算法输出子空间 $\mathcal{K}_k(\boldsymbol{A},\boldsymbol{v}_1)$ 的欧氏空间中的一组标准正交基 $\boldsymbol{v}_1,\boldsymbol{v}_2,\cdots,\boldsymbol{v}_k$. 设 $\boldsymbol{V}_k=[\boldsymbol{v}_1,\boldsymbol{v}_2,\cdots,\boldsymbol{v}_k]\in\mathbb{R}^{n\times k}$, $\boldsymbol{H}_k\in\mathbb{R}^{k\times k}=(h_{ij})_{k\times k}$, $\overline{\boldsymbol{H}}_k\in\mathbb{R}^{(k+1)\times k}$, 矩阵 $\overline{\boldsymbol{H}}_k$ 的前 k 行元素与矩阵 $\boldsymbol{H}_k$ 元素相同, 最后一行在 $(k+1,k)$ 的元素为 $h_{k+1,k}$, 其余元素为零. 显然矩阵 $\boldsymbol{V}_k$ 为正交矩阵, $\boldsymbol{H}_k$ 为 Hessenberg 矩阵且由算法 2.5 有

$$\boldsymbol{A}\boldsymbol{V}_k=\boldsymbol{V}_k\boldsymbol{H}_k+\overline{\boldsymbol{v}}_{k+1}\boldsymbol{e}_k^{\mathrm{T}}=\boldsymbol{V}_{k+1}\overline{\boldsymbol{H}}_k,\quad \boldsymbol{V}_k^{\mathrm{T}}\boldsymbol{A}\boldsymbol{V}_k=\boldsymbol{H}_k,$$

其中, $\boldsymbol{e}_k$ 表示 k 阶单位阵的最后一列.

线性方程组 $\boldsymbol{A}\boldsymbol{x}=\boldsymbol{b}$ 的求解等价于求解如下最小二乘问题:

$$\min_{\boldsymbol{x}\in\mathbb{R}^n}\psi(\boldsymbol{x})=\|\boldsymbol{b}-\boldsymbol{A}\boldsymbol{x}\|_2.$$

然而, 对于实际问题的大规模性, 考虑在嵌套的线性子空间上逐次求解方程组的解的近似更加实际. 下面考虑在一系列 Krylov 子空间上逐次求解上述最小二次问题

$$\mathcal{K}_1(\boldsymbol{A},\boldsymbol{v}_1)\subset\mathcal{K}_2(\boldsymbol{A},\boldsymbol{v}_1)\subset\cdots\subset\mathcal{K}_k(\boldsymbol{A},\boldsymbol{v}_1),\cdots,$$

其中, $\boldsymbol{v}_1=\boldsymbol{r}_0/\|\boldsymbol{r}_0\|_2$, $\boldsymbol{r}_0=\boldsymbol{b}-A\boldsymbol{x}_0$, $\beta=\|\boldsymbol{r}_0\|_2$. 下面考虑在 $\mathcal{K}_k(\boldsymbol{A},\boldsymbol{v}_1)$ 子空间上求解该最小二乘问题, 由于该子空间的任意向量 $\boldsymbol{z}\in\mathcal{K}_k(\boldsymbol{A},\boldsymbol{v}_1)$ 均可表示为 $\boldsymbol{z}=\boldsymbol{V}_k\boldsymbol{y}$, $\boldsymbol{y}\in\mathbb{R}^k$, 于是

$$\min_{\boldsymbol{z}\in\mathcal{K}_k(\boldsymbol{A},\boldsymbol{v}_1)}\psi(\boldsymbol{z})=\|\boldsymbol{b}-\boldsymbol{A}(\boldsymbol{x}^{(0)}+\boldsymbol{z})\|_2$$

$$\Updownarrow$$

$$\begin{aligned}\min_{\boldsymbol{y}\in\mathbb{R}^k}\psi(\boldsymbol{y})&=\|\boldsymbol{r}_0-\boldsymbol{A}\boldsymbol{V}_k\boldsymbol{y}\|_2=\|\beta\boldsymbol{v}_1-\boldsymbol{V}_{k+1}\overline{\boldsymbol{H}}_k\boldsymbol{y}\|_2\\&=\|\boldsymbol{V}_{k+1}(\beta\boldsymbol{e}_1-\overline{\boldsymbol{H}}_k\boldsymbol{y})\|_2=\|\beta\boldsymbol{e}_1-\overline{\boldsymbol{H}}_k\boldsymbol{y}\|_2.\end{aligned}$$

进而线性方程组在该子空间上的近似解为

$$\boldsymbol{y}_k=\arg\min_{\boldsymbol{y}\in\mathbb{R}^k}\psi(\boldsymbol{y})=\|\beta\boldsymbol{e}_1-\overline{\boldsymbol{H}}_k\boldsymbol{y}\|_2,\tag{2.16}$$

$$\boldsymbol{x}^{(k)}=\boldsymbol{x}^{(0)}+\boldsymbol{V}_k\boldsymbol{y}_k.$$

对于极小化问题 (2.16) 的求解, 由矩阵 $\overline{\boldsymbol{H}}_k \in \mathbb{R}^{(k+1)\times k}$ 的特殊结构, 采用 QR 分解易得该二乘解 (详见第 8 章).

设矩阵 $\overline{\boldsymbol{H}}_k = [\overline{\boldsymbol{v}}_1, \overline{\boldsymbol{v}}_2, \cdots, \overline{\boldsymbol{v}}_k]$, 对矩阵利用 Givens 变换 $\boldsymbol{P}_1, \boldsymbol{P}_2, \cdots, \boldsymbol{P}_k$, 使得

$$\boldsymbol{P}_k \cdots \boldsymbol{P}_1 \overline{\boldsymbol{H}}_k = \boldsymbol{R}_k,$$

其中, $\boldsymbol{R}_k \in \mathbb{R}^{(k+1)\times k}$, 且

$$\boldsymbol{P}_1 = \begin{bmatrix} c_1 & s_1 & \cdots & 0 & 0 \\ -s_1 & c_1 & \cdots & 0 & 0 \\ \vdots & \vdots & & \vdots & \vdots \\ 0 & 0 & \cdots & 0 & 1 \end{bmatrix}_{(k+1)\times(k+1)}, \quad \cdots,$$

$$\boldsymbol{P}_i = \begin{bmatrix} 1 & 0 & \cdots & 0 & 0 & \cdots & 0 & 0 \\ 0 & 1 & \cdots & 0 & 0 & \cdots & 0 & 0 \\ \vdots & \vdots & & \vdots & \vdots & & \vdots & \vdots \\ 0 & 0 & \cdots & c_i & s_i & \cdots & 0 & 0 \\ 0 & 0 & \cdots & -s_i & c_i & \cdots & 0 & 0 \\ \vdots & \vdots & & \vdots & \vdots & & \vdots & \vdots \\ 0 & 0 & \cdots & 0 & 0 & \cdots & 1 & 0 \\ 0 & 0 & \cdots & 0 & 0 & \cdots & 0 & 1 \end{bmatrix}_{(k+1)\times(k+1)},$$

其中, $c_1^2 + s_1^2 = 1, c_i^2 + s_i^2 = 1$, 而 $\boldsymbol{P}_1\overline{\boldsymbol{H}}_k$ 将矩阵 $\overline{\boldsymbol{H}}_k$ 的 (2, 1) 位置元素置为 0, $\boldsymbol{P}_i \cdots \boldsymbol{P}_1 \overline{\boldsymbol{H}}_k$ 将矩阵 $\overline{\boldsymbol{H}}_k$ 的 $(i+1, i)$ 位置元素置为 0. 因为 Givens 变换矩阵为正交阵, 所以, 令 $\boldsymbol{B}_k = \boldsymbol{P}_k \cdots \boldsymbol{P}_1$ 为正交阵, 于是令 $\boldsymbol{Q}_k = \boldsymbol{B}_k^{\mathrm{T}}$, 便得 $\overline{\boldsymbol{H}}_k = \boldsymbol{Q}_k \boldsymbol{R}_k$.

回到最小二乘问题 (2.16). 由矩阵 $\boldsymbol{B}_k$ 的正交性和欧氏距离的正交不变性知, (2.16) 转化为

$$\begin{aligned} \boldsymbol{y}_k = \arg\min_{\boldsymbol{y}\in\mathbb{R}^k} \psi(\boldsymbol{y}) &= \|\beta \boldsymbol{e}_1 - \overline{\boldsymbol{H}}_k \boldsymbol{y}\|_2 \\ &= \|\boldsymbol{B}_k(\beta \boldsymbol{e}_1 - \overline{\boldsymbol{H}}_k \boldsymbol{y})\|_2 \\ &= \|\boldsymbol{g}_k - \boldsymbol{R}_k \boldsymbol{y}\|_2 \quad (\text{因为} \boldsymbol{g}_k = \boldsymbol{B}_k \beta \boldsymbol{e}_1). \end{aligned} \tag{2.17}$$

此外, 由 $\overline{\boldsymbol{H}}_k$ 最后一行只有 $(k+1, k)$ 位置非零知 $\boldsymbol{R}_k$ 的最后一行全是零, 因此 (2.17) 的解为去掉矩阵 $\boldsymbol{R}_k$ 最后一行后的上三角矩阵 $\overline{\boldsymbol{R}}_k \in \mathbb{R}^{k\times k}$ 和去掉向量 $\boldsymbol{g}_k$ 最后一个元素的向量 $\overline{\boldsymbol{g}}_k \in \mathbb{R}^k$ 的上三角线性方程组 $\overline{\boldsymbol{R}}_k \boldsymbol{y}_k = \overline{\boldsymbol{g}}_k$ 的解. GMRES 的计算流程由算法 2.6 给出.

算法 2.6 广义最小残差法 (GMRES)

输入: 矩阵 $\boldsymbol{A}$, $\boldsymbol{b}$, $\boldsymbol{x}^{(0)}$, 最大迭代次数 M.

输出: $\boldsymbol{x}$ (方程组的解).

初始化: $\boldsymbol{v}_1 = \boldsymbol{b} - \boldsymbol{A}\boldsymbol{x}^{(0)}$, $\boldsymbol{v}_1 = \boldsymbol{v}_1/\|\boldsymbol{v}_1\|_2$.

For $k = 1, 2, \cdots, M$ **do**

  For $j = 1, 2, \cdots, k$ **do**

    For $i = 1, 2, \cdots, j$ **do**

      $h_{ij} = (\boldsymbol{A}\boldsymbol{v}_j, \boldsymbol{v}_i)$.

    EndFor

    $\overline{\boldsymbol{v}}_{j+1} = \boldsymbol{A}\boldsymbol{v}_j - \sum_{i=1}^{j} h_{ij}\boldsymbol{v}_i$,

    $h_{j+1,j} = \|\overline{\boldsymbol{v}}_{j+1}\|_2$,

    $\boldsymbol{v}_{j+1} = \overline{\boldsymbol{v}}_{j+1}/h_{j+1,j}$.

  EndFor

  $\overline{\boldsymbol{R}}_k \boldsymbol{y}_k = \overline{\boldsymbol{g}}_k$,

  $\boldsymbol{x}^{(k)} = \boldsymbol{x}^{(0)} + \boldsymbol{V}_k \boldsymbol{y}_k$.

EndFor

注2.14 随着 k 的增加, GMRES 需要更多的计算资源和存储空间, 基于重启的 GMRES 减弱了该方法的限制, 重启参数为 m, 此时该方法称为 GMRES(m), 详细内容参考文献 (Saad, 2003; Saad and Schultz, 1986).

例 2.14 利用 GMRES 求解下列线性方程组, 选取初始值 $\boldsymbol{x}_0 = [0, 0, 0]^{\mathrm{T}}$,

$$
\begin{cases}
3x_1 + 2x_2 = 1, \\
3x_2 + 2x_3 = 1, \\
3x_3 = 1.
\end{cases}
$$

解 记 $\boldsymbol{r}_k = \boldsymbol{b} - \boldsymbol{A}\boldsymbol{x}^{(k)}$, 其中 $\boldsymbol{A}$ 为此方程的系数矩阵, $\boldsymbol{b}$ 为其常数项. 计算结果见表 2.2.

表 2.2

迭代次数	$\boldsymbol{x}^{(k)}$	$\|\boldsymbol{r}_k\|_2$
1	$[0.2203, 0.2203, 0.2203]^{\mathrm{T}}$	0.3682
2	$[0.1823, 0.1823, 0.3005]^{\mathrm{T}}$	0.1985
3	$[0.2593, 0.1111, 0.3333]^{\mathrm{T}}$	1.5049×10^{-7}
4	$[0.2593, 0.1111, 0.3333]^{\mathrm{T}}$	1.5049×10^{-16}

由计算结果可知, GMRES 方法是非常有效的.

2.4 扰动分析

在实际问题中, 线性代数方程组 $\boldsymbol{Ax}=\boldsymbol{b}$ 的矩阵 $\boldsymbol{A}$ 和向量 $\boldsymbol{b}$, 通常都是通过观察测量或计算得到, 所以一般来讲, 误差总是存在的, 这些误差将对方程组的解产生影响.

2.4.1 良态方程和病态方程

考虑线性方程组

$$\boldsymbol{Ax}=\boldsymbol{b}.$$

假设它的解存在唯一, 现在讨论其右端及其系数矩阵的扰动 (或误差) 对解的影响.

例 2.15 *考虑方程组*

$$\text{(I)}\begin{cases}x_1+5x_2=6,\\ x_1+5.001x_2=6.001;\end{cases}\qquad \text{(II)}\begin{cases}x_1+5x_2=6,\\ x_1+4.999x_2=6.002.\end{cases}$$

方程组 (I) *的解为* $x_1=1,x_2=1$, *而* (II) *的解为* $x_1=16,x_2=-2$.

方程组的系数项和常数项只有微小的扰动, 而方程组的解发生了很大的变化. 这就是说方程组 (I) (或 (II)) 对系数矩阵和右端的扰动很敏感.

定义 2.18 *如果系数矩阵* $\boldsymbol{A}$ *或常数项* $\boldsymbol{b}$ *的微小变化, 引起方程组* $\boldsymbol{Ax}=\boldsymbol{b}$ *的解发生大的变化, 则称此方程组为***病态方程组**, *否则称为***良态方程组**.

下面通过分析系数矩阵和右端的扰动对解的影响, 来探讨如何判定线性方程组是否为良态方程.

设方程组 $\boldsymbol{Ax}=\boldsymbol{b}$ 的右端有小扰动 $\delta\boldsymbol{b}$, 这时扰动方程为

$$\boldsymbol{A}(\boldsymbol{x}+\delta\boldsymbol{x})=\boldsymbol{b}+\delta\boldsymbol{b}.$$

由此得误差方程

$$\boldsymbol{A}\delta\boldsymbol{x}=\delta\boldsymbol{b},\quad \delta\boldsymbol{x}=\boldsymbol{A}^{-1}\delta\boldsymbol{b}.$$

从而

$$\|\delta\boldsymbol{x}\|\leqslant\|\boldsymbol{A}^{-1}\|\|\delta\boldsymbol{b}\|. \tag{2.18}$$

又由 $\boldsymbol{b}=\boldsymbol{Ax}$ 得 $\|\boldsymbol{b}\|\leqslant\|\boldsymbol{A}\|\|\boldsymbol{x}\|$. 假定 $\boldsymbol{b}\neq\boldsymbol{0}$, 因而 $\boldsymbol{x}\neq\boldsymbol{0}$, 由 (2.18) 得到

$$\frac{\|\delta\boldsymbol{x}\|}{\|\boldsymbol{x}\|}\leqslant\|\boldsymbol{A}\|\|\boldsymbol{A}^{-1}\|\,\frac{\|\delta\boldsymbol{b}\|}{\|\boldsymbol{b}\|}. \tag{2.19}$$

现设方程组 $\boldsymbol{Ax}=\boldsymbol{b}$ 的系数矩阵 $\boldsymbol{A}$ 有小扰动 $\delta\boldsymbol{A}$, 这时扰动方程为

$$(\boldsymbol{A}+\delta\boldsymbol{A})(\boldsymbol{x}+\delta\boldsymbol{x})=\boldsymbol{b}.$$

由此得误差方程

$$\boldsymbol{A}\delta\boldsymbol{x}+\delta\boldsymbol{A}(\boldsymbol{x}+\delta\boldsymbol{x})=\boldsymbol{0},\quad \delta\boldsymbol{x}=-\boldsymbol{A}^{-1}\delta\boldsymbol{A}(\boldsymbol{x}+\delta\boldsymbol{x}).$$

从而

$$\begin{aligned}\|\delta\boldsymbol{x}\|&=\|\boldsymbol{A}^{-1}\delta\boldsymbol{A}(\boldsymbol{x}+\delta\boldsymbol{x})\|\\&\leqslant\|\boldsymbol{A}^{-1}\|\|\delta\boldsymbol{A}\|\left(\|\boldsymbol{x}\|+\|\delta\boldsymbol{x}\|\right)\\&=\|\boldsymbol{A}^{-1}\|\|\delta\boldsymbol{A}\|\|\boldsymbol{x}\|+\|\boldsymbol{A}^{-1}\|\|\delta\boldsymbol{A}\|\|\delta\boldsymbol{x}\|.\end{aligned}$$

整理得

$$(1-\|\boldsymbol{A}^{-1}\|\|\delta\boldsymbol{A}\|)\|\delta\boldsymbol{x}\|\leqslant\|\boldsymbol{A}^{-1}\|\|\delta\boldsymbol{A}\|\|\boldsymbol{x}\|.$$

由于是小扰动, 假设 $\|\boldsymbol{A}^{-1}\|\|\delta\boldsymbol{A}\|<1$, 从而有

$$\begin{aligned}\frac{\|\delta\boldsymbol{x}\|}{\|\boldsymbol{x}\|}&\leqslant\frac{\|\boldsymbol{A}^{-1}\|\|\boldsymbol{A}\|}{1-\|\boldsymbol{A}^{-1}\|\|\delta\boldsymbol{A}\|}\frac{\|\delta\boldsymbol{A}\|}{\|\boldsymbol{A}\|}\\&=\frac{\|\boldsymbol{A}^{-1}\|\|\boldsymbol{A}\|\dfrac{\|\delta\boldsymbol{A}\|}{\|\boldsymbol{A}\|}}{1-\|\boldsymbol{A}^{-1}\|\|\boldsymbol{A}\|\dfrac{\|\delta\boldsymbol{A}\|}{\|\boldsymbol{A}\|}}.\end{aligned}\tag{2.20}$$

由 (2.19) 和 (2.20) 知, 扰动对解的影响与量 $\|\boldsymbol{A}\|\|\boldsymbol{A}^{-1}\|$ 有关, $\|\boldsymbol{A}\|\|\boldsymbol{A}^{-1}\|$ 越小, 由 $\boldsymbol{A}$ (或 $\boldsymbol{b}$) 的相对误差引起解的变化 (相对误差) 就越小, $\|\boldsymbol{A}\|\|\boldsymbol{A}^{-1}\|$ 越大, 引起解的相对误差就越大.

定义 2.19 称数 $\operatorname{cond}(\boldsymbol{A})=\|\boldsymbol{A}\|\|\boldsymbol{A}^{-1}\|$ 为矩阵 $\boldsymbol{A}$ 关于解方程组 $\boldsymbol{Ax}=\boldsymbol{b}$ 的**条件数**.

由前面的式 (2.19) 和 (2.20) 知, 可用条件数的大小来刻画方程组的病态性质. $\operatorname{cond}(\boldsymbol{A})$ 相对较大时方程组是病态的, $\operatorname{cond}(\boldsymbol{A})$ 越大方程组病态越严重; $\operatorname{cond}(\boldsymbol{A})$ 较小时方程组是良态的.

2.4.2 误差分析

设 $\boldsymbol{x}$ 是 $\boldsymbol{Ax}=\boldsymbol{b}$ 的准确解, $\widetilde{\boldsymbol{x}}$ 为 $\boldsymbol{Ax}=\boldsymbol{b}$ 的近似解, 作残余向量 $\boldsymbol{r}=\boldsymbol{b}-\boldsymbol{A}\widetilde{\boldsymbol{x}}$, 下面用残余向量 $\boldsymbol{r}$ 的大小来估计近似解 $\widetilde{\boldsymbol{x}}$ 的精度.

定理 2.13 设 $\boldsymbol{r}=\boldsymbol{b}-\boldsymbol{A}\widetilde{\boldsymbol{x}}$, 则下列不等式成立

$$\frac{\|\boldsymbol{x}-\widetilde{\boldsymbol{x}}\|}{\|\boldsymbol{x}\|}\leqslant \operatorname{cond}(\boldsymbol{A})\frac{\|\boldsymbol{r}\|}{\|\boldsymbol{b}\|}. \tag{2.21}$$

证明 因为 $\boldsymbol{A}\boldsymbol{x}=\boldsymbol{b}$, $\boldsymbol{r}=\boldsymbol{b}-\boldsymbol{A}\widetilde{\boldsymbol{x}}$, 所以

$$\boldsymbol{A}(\boldsymbol{x}-\widetilde{\boldsymbol{x}})=\boldsymbol{r},$$

$$\boldsymbol{x}-\widetilde{\boldsymbol{x}}=\boldsymbol{A}^{-1}\boldsymbol{r},$$

$$\|\boldsymbol{x}-\widetilde{\boldsymbol{x}}\|=\|\boldsymbol{A}^{-1}\|\ \|\boldsymbol{r}\|. \tag{2.22}$$

又由 $\boldsymbol{b}=\boldsymbol{A}\boldsymbol{x}$ 得 $\|\boldsymbol{b}\|\leqslant\|\boldsymbol{A}\|\ \|\boldsymbol{x}\|$, 从而可得

$$\frac{1}{\|\boldsymbol{x}\|}\leqslant\|\boldsymbol{A}\|\frac{1}{\|\boldsymbol{b}\|}. \tag{2.23}$$

结合上面的式子 (2.22) 和 (2.23) 便得到式子 (2.21). □

这个定理告诉我们, 当方程组 $\boldsymbol{A}\boldsymbol{x}=\boldsymbol{b}$ 是良态方程时, 可用 $\|\boldsymbol{r}\|$ 来估计近似的误差, 如果 $\|\boldsymbol{r}\|$ 很小, 就认为 $\widetilde{\boldsymbol{x}}$ 的精度高. 当方程组是病态时, 这样估计是不可靠的, 因为 $\operatorname{cond}(\boldsymbol{A})$ 很大.

注 2.15 由于矩阵 $\boldsymbol{A}$ 的条件数 $\operatorname{cond}(\boldsymbol{A})$ 与矩阵的范数有关, 通常用 $\operatorname{cond}(\boldsymbol{A},p)$ 表示与矩阵 p-范数相关的条件数, 即 $\operatorname{cond}(\boldsymbol{A},p)=||\boldsymbol{A}||_p||\boldsymbol{A}^{-1}||_p$.

2.5 练 习 题

练习 2.1 已知 $\boldsymbol{x}=[-1,2,-3]^{\mathrm{T}}, \boldsymbol{A}=\begin{bmatrix}-4 & 3\\ -2 & -6\end{bmatrix}$.

(1) 求 $||\boldsymbol{x}||_1$, $||\boldsymbol{x}||_2$, $||\boldsymbol{x}||_\infty$, $||\boldsymbol{A}||_1$, $||\boldsymbol{A}||_\infty$, $||\boldsymbol{A}||_2$.

(2) 求 $||\boldsymbol{A}\boldsymbol{x}||_1$, $||\boldsymbol{A}\boldsymbol{x}||_2$, $||\boldsymbol{A}\boldsymbol{x}||_\infty$, 并检验 $||\boldsymbol{A}\boldsymbol{x}||\leqslant||\boldsymbol{A}||||\boldsymbol{x}||$.

练习 2.2 用 Jacobi, Gauss-Seidel 和 SOR 迭代法求方程组

$$\begin{cases}10x_1-x_2=9,\\ x_1-10x_2+2x_3=-7,\\ 2x_2-10x_3=-8\end{cases}$$

的近似解, 先判断方法的收敛性, 针对收敛的方法, 取初始近似值为 $\boldsymbol{x}^{(0)}=[0,0,0]^{\mathrm{T}}$, 迭代到要求 $||\boldsymbol{x}^{(k)}-\boldsymbol{x}^{(k-1)}||<10^{-3}$ 时停止.

练习 2.3 用 Jacobi, Gauss-Seidel 和 SOR 迭代法求方程组

$$\begin{cases}3x_1+2x_2+2x_3=1,\\ 2x_2+x_3=3,\\ x_1+2x_3=1\end{cases}$$

的近似解, 先判断方法的收敛性, 针对收敛的方法, 取初始近似值为 $\boldsymbol{x}^{(0)} = [0,0,0]^{\mathrm{T}}$, 迭代到要求 $||\boldsymbol{x}^{(k)} - \boldsymbol{x}^{(k-1)}|| < 10^{-3}$ 时停止.

练习 2.4 用 Jacobi 迭代法, Gauss-Seidel 迭代法和 SOR 迭代法求方程组

$$(1)\begin{cases} -8x_1 + x_2 + x_3 = 1, \\ x_1 - 5x_2 + x_3 = 16, \\ x_1 + x_2 - 4x_3 = 7; \end{cases} \qquad (2)\begin{cases} 2x_1 + x_2 - x_3 = 1, \\ x_1 + 2x_2 - x_3 = 1, \\ -x_1 - x_2 + 2x_3 = 1 \end{cases}$$

的近似解 $\boldsymbol{x}^{(k)}$, 取初始近似值为 $\boldsymbol{x}^{(0)} = [0,0,0]^{\mathrm{T}}$, 进行 5 次迭代, 讨论方法的收敛性, 并比较哪种迭代方法收敛较快.

练习 2.5 用 Gauss 消元法和列主元消元法解下列线性代数方程组:

$$(1)\begin{cases} 2x_1 - x_2 + 3x_3 = 1, \\ 4x_1 - 2x_2 + 5x_3 = 4, \\ x_1 + 2x_2 = 7; \end{cases} \qquad (2)\begin{cases} 3x_1 - x_2 + 3x_3 = -3, \\ x_1 + x_2 + x_3 = -4, \\ 2x_1 + x_2 - x_3 = -3. \end{cases}$$

练习 2.6 用 GMRES 迭代法求练习 2.2、练习 2.3 的近似解, 并与前面的方法比较.

练习 2.7 用 GMRES 迭代法求练习 2.4 的近似解 $\boldsymbol{x}^{(k)}$, 取初始近似值为 $\boldsymbol{x}^{(0)} = [0,0,0]^{\mathrm{T}}$, 进行 5 次迭代, 讨论方法的收敛性, 并与练习 2.4 比较哪种迭代方法收敛较快.

练习 2.8 用 Jacobi 迭代法解方程组

$$\begin{cases} x_1 - 4x_2 + 2x_3 = -1, \\ 4x_1 - x_2 = 3, \\ 2x_2 + 4x_3 = 6. \end{cases}$$

(1) 是否收敛? 如不收敛, 能否改写此方程组位置使得 Jacobi 迭代法收敛?

(2) 利用 GMRES 方法直接求解该方程组.

练习 2.9 用追赶法和共轭梯度法求解下列方程组:

$$\begin{bmatrix} 2 & 1 & 0 & 0 \\ 1 & 4 & 1 & 0 \\ 0 & 1 & 4 & 1 \\ 0 & 0 & 1 & 4 \end{bmatrix} \begin{bmatrix} x_1 \\ x_2 \\ x_3 \\ x_4 \end{bmatrix} = \begin{bmatrix} 1 \\ -2 \\ 2 \\ -3 \end{bmatrix}.$$

练习 2.10 用 Gauss 消元法和平方根法求解下列方程组:

$$\begin{bmatrix} 1 & 1/2 & 1/3 & \cdots \\ 1/2 & 1/3 & 1/4 & \cdots \\ 1/3 & 1/4 & 1/5 & \cdots \\ \vdots & \vdots & \vdots & \ddots \end{bmatrix} \begin{bmatrix} x_1 \\ x_2 \\ \vdots \\ x_n \end{bmatrix} = \begin{bmatrix} 1 \\ 1 \\ \vdots \\ 1 \end{bmatrix}$$

当 $n = 2, 3, \cdots$ 时的解.

练习 2.11 用 LU 分解求下列矩阵的行列式:

$$\begin{bmatrix} 2 & -1 & 1 \\ 3 & 3 & 9 \\ 3 & 3 & 5 \end{bmatrix},$$

并计算 $\boldsymbol{A}$ 的 1-条件数 $\text{cond}(\boldsymbol{A},1)$ (矩阵范数取 $||\cdot||_1$).

练习 2.12 已知矩阵

$$\boldsymbol{A}=\begin{bmatrix} 100 & 99 \\ 99 & 98 \end{bmatrix},$$

求 $\text{cond}(\boldsymbol{A},2)$ 和 $\text{cond}(\boldsymbol{A},\infty)$.

练习 2.13 已知方程组 $\boldsymbol{A}\boldsymbol{x}=\boldsymbol{b}$, 其中

$$\boldsymbol{A}=\begin{bmatrix} 1 & 0 & 2 \\ 2 & 2 & 1 \\ 0 & 2 & 2 \end{bmatrix},\quad \boldsymbol{b}=\begin{bmatrix} \dfrac{1}{2} \\ \dfrac{1}{3} \\ -\dfrac{2}{3} \end{bmatrix}$$

有解 $\left[\dfrac{1}{2},-\dfrac{1}{3},0\right]^{\mathrm{T}}$, 若右端有小扰动 $||\delta\boldsymbol{b}||_\infty=\dfrac{1}{2}\times 10^{-6}$, 试估计由此引起的解的相对误差.

阶梯练习题

练习 2.14 方程组

$$\begin{bmatrix} 4 & 3 & 0 \\ 3 & 4 & -1 \\ 0 & -1 & 4 \end{bmatrix}\begin{bmatrix} x_1 \\ x_2 \\ x_3 \end{bmatrix}=\begin{bmatrix} 24 \\ 30 \\ -24 \end{bmatrix}$$

的精确解为 $[3,4,-5]^{\mathrm{T}}$. 通过数值实验估计最佳松弛因子.

练习 2.15 利用迭代法求解方程组

$$\begin{bmatrix} 4 & -1 & 0 & -1 & 0 & 0 \\ -1 & 4 & -1 & 0 & -1 & 0 \\ 0 & -1 & 4 & -1 & 0 & -1 \\ -1 & 0 & -1 & 4 & -1 & 0 \\ 0 & -1 & 0 & 4 & -1 & 0 \\ 0 & 0 & -1 & 0 & -1 & 4 \end{bmatrix}\begin{bmatrix} x_1 \\ x_2 \\ x_3 \\ x_4 \\ x_5 \\ x_6 \end{bmatrix}=\begin{bmatrix} 0 \\ 0 \\ 0 \\ 6 \\ -2 \\ 6 \end{bmatrix}$$

的收敛性, 并求出使 $||\boldsymbol{x}^{(k+1)}-\boldsymbol{x}^{(k)}||_1\leqslant 0.0001$ 的近似解及其相应的迭代次数. 考虑利用 Jacobi 迭代法、Gauss-Seidel 迭代法、SOR 迭代法 (w 取 0.9, 1.2, 1.3, 1.9).

练习 2.16 已知方程组 $\boldsymbol{A}\boldsymbol{x}=\boldsymbol{b}$, 其中

$$\boldsymbol{A}=\begin{bmatrix} 1 & 2 \\ 1.0001 & 2 \end{bmatrix},\quad \boldsymbol{b}=\begin{bmatrix} 3 \\ 3.0001 \end{bmatrix},$$

有解 $[1,1]^{\mathrm{T}}$, 给 $\boldsymbol{A}$ 一个扰动

$$\delta \boldsymbol{A}=\begin{bmatrix} 0 & 0 \\ -0.00002 & 0 \end{bmatrix},$$

引起解的变化为 $\delta \boldsymbol{x}$, 试求出 $\dfrac{\|\delta \boldsymbol{x}\|_\infty}{\|\boldsymbol{x}\|_\infty}$ 的上界.

2.6 实 验 题

实验题 2.1　给定方程组

$$\begin{cases} 3x_1+4x_2-7x_3=6, \\ 5x_1+7x_2-8x_3=3, \\ x_1-x_2+x_3=-10, \end{cases}$$

分别用 Gauss 消元法和列主元消元法解方程组, 编写 MATLAB 程序, 显示每步消元过程, 并比较计算结果.

实验题 2.2　给定方程组

$$\begin{cases} 10x_1-x_2-2x_3=7.2, \\ -x_1+10x_2-2x_3=8.3, \\ -x_1-x_2+5x_3=4.2, \end{cases}$$

方程组的准确解为 $x_1=1.1,\ x_2=1.2,\ x_3=1.3$. 分别利用 Jacobi 迭代法、Gauss-Seidel 迭代法、SOR 迭代法求解该方程组, 编写 MATLAB 程序, 并比较计算结果.

实验题 2.3　土木工程师在建造桥梁时, 必须确保结构能够承受汽车、火车和行人等荷载, 并且不会发生故障或变形. 图 2.4 描绘了一个平面桁架 (2 维中的简化桥梁), 有 13 个实心韧带或构件 (编号线), 连接 8 个接头 (编号圆圈). 在节点 2, 5 和 6 处施加以吨为单位的荷载, 我们希望确定桁架每个构件上产生的力.

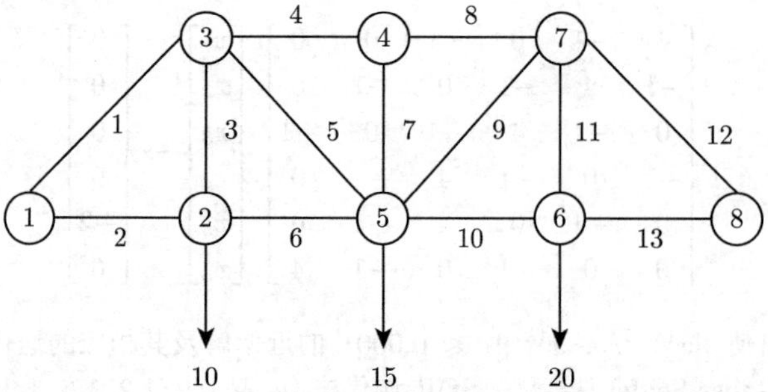

图 2.4　静态桁架

为了使桁架处于静态平衡状态, 任何接头处不得存在水平或垂直力. 因此, 我们可以通过将每个节点左右的水平力相等, 以及类似地将每个节点向上和向下的垂直力相等, 来确定构件力.

对于八个节点, 这将给出 16 个方程, 大于要确定的 13 个未知元. 对于静态的桁架, 也就是说, 方程组存在唯一解, 假设节点 1 在水平和垂直方向上都是刚性固定的, 节点 8 在垂直方向上是固定的. 将构件力分解为水平和垂直分量, 并定义常数 $\alpha = 1/\sqrt{2}$, 我们得到以下关于构件力 f_i 的方程组:

$$
\begin{aligned}
&\text{节点}2: f_2 = f_6, && f_3 = 10;\\
&\text{节点}3: \alpha f_1 = f_4 + \alpha f_5, && \alpha f_1 + f_3 + \alpha f_5 = 0;\\
&\text{节点}4: f_4 = f_8, && f_7 = 0;\\
&\text{节点}5: \alpha f_5 + f_6 = \alpha f_9 + f_{10}, && \alpha f_5 + f_7 + \alpha f_9 = 15;\\
&\text{节点}6: f_{10} = f_{13}, && f_{11} = 20;\\
&\text{节点}7: f_8 + \alpha f_9 = \alpha f_{12}, && \alpha f_9 + f_{11} + \alpha f_{12} = 0;\\
&\text{节点}8: f_{13} + \alpha f_{12} = 0.
\end{aligned}
$$

(1) 写出该问题的矩阵表示形式 $\boldsymbol{Ax} = \boldsymbol{b}$, 右端向量 $\boldsymbol{b}$ 中有多少非零项?

(2) 矩阵 $\boldsymbol{A}$ 的秩和条件数分别是多少? 该问题是病态的还是奇异的?

(3) 解方程组, 求出构件力向量 f. 精度是多少? 如何进行误差估计?

实验题 2.4 在描述静电场的电势、恒定电场的电势等问题时, 常涉及如下简化 Poisson 方程的边值问题:

$$
\frac{\mathrm{d}^2 u}{\mathrm{d}x^2} = -f(x), \quad \alpha \leqslant x \leqslant \beta,
$$

$$
u(\alpha) = u_\alpha, \quad u(\beta) = u_\beta,
$$

其中, $f(x), u_\alpha, u_\beta$ 已知. 如何数值求解该边值问题呢? 首先对区间 $[\alpha,\ \beta]$ 进行间距为 $\Delta x = (\beta - \alpha)/n$ 的剖分, 则第 i 个点的空间坐标为 $x_i = \alpha + i\Delta x$, $i = 0, 1, \cdots, n$, 记 $u_i = u(x_i)$, 则利用中心差分法对方程进行数值离散得

$$
u_{i+1} - 2u_i + u_{i-1} = -f_i \Delta x^2, \quad i = 1, 2, \cdots, n-1.
$$

引入向量 $\boldsymbol{u} = [u_1, u_2, \cdots, u_{n-1}]^{\mathrm{T}}$, $\boldsymbol{f} = [f_1\Delta x^2 + u_\alpha, f_2\Delta x^2, \cdots, f_{n-1}\Delta x^2 + u_\beta]^{\mathrm{T}}$, $\boldsymbol{A} = (a_{ij})_{(n-1)\times(n-1)}$, 则微分方程边值问题的近似解问题转化为求解如下线性方程组问题:

$$
\boldsymbol{Au} = \boldsymbol{f},
$$

其中, 系数矩阵 $\boldsymbol{A}$ 的具体形式为

$$
\boldsymbol{A} = \begin{bmatrix}
2 & -1 & 0 & \cdots & 0 & 0\\
-1 & 2 & -1 & \cdots & 0 & 0\\
0 & -1 & 2 & \cdots & 0 & 0\\
\vdots & \vdots & \vdots & & \vdots & \vdots\\
0 & 0 & 0 & \cdots & -1 & 0\\
0 & 0 & 0 & \cdots & 2 & -1\\
0 & 0 & 0 & \cdots & -1 & 2
\end{bmatrix}.
$$

当 Poisson 方程的右端项和第一类边界条件满足

$$[\alpha,\beta]=[0,1],$$

$$u(0)=u(1)=0,$$

$$f(x)=-x(x+3)\mathrm{e}^x,$$

此时, 方程的解析解为

$$u(x)=x(x-1)\mathrm{e}^x.$$

利用中心差分法对方程进行离散近似, 分别取剖分步长 $\Delta x=0.1,\ 0.001,\ 0.0005$. 并利用 LU, Jacobi, Gauss-Seidel, SOR, CG 和 GMRES 等方法求解离散方程, 并与解析解进行对比分析.

实验题 2.5　考虑如下一维第一类 Fredholm 积分方程:

$$g(x)=\int_0^1 k(x-y)f(y)\mathrm{d}y,\quad 0\leqslant x\leqslant 1,\tag{2.24}$$

其中, $f(x)$ 表示光源强度, $g(x)$ 为像强度, $k(x)$ 为刻画像形成过程中的模糊效应的核函数. 当该模型用来描述大气湍流对光传播的长期平均效应时, 核函数可以取为

$$k(x)=C\mathrm{e}^{-x^2/(2\gamma^2)},$$

其中, C,γ 为依赖于问题的正常数. 于是该问题描述为: 已知模糊的像强度 $g(x)$ 和核函数 $k(x)$, 求光源强度 $f(x)$.

对空间变量 x 进行等间距离散, 步长为 $h=\dfrac{1}{n}$, 于是方程 (2.24) 可以采用如下离散方程进行近似

$$g(x_i)=\sum_{j=1}^{n}k(x_i-x_j)f(x_j)h,\quad i=1,2,\cdots,n.$$

引入核函数矩阵 $\boldsymbol{K}$, 核光源向量 $\boldsymbol{f}$ 和模糊图像向量 $\boldsymbol{g}$

$$\boldsymbol{K}=\begin{bmatrix}k_{11}&k_{12}&\cdots&k_{1n}\\k_{21}&k_{22}&\cdots&k_{2n}\\\vdots&\vdots&&\vdots\\k_{n1}&k_{n2}&\cdots&k_{nn}\end{bmatrix},\quad \boldsymbol{f}=\begin{bmatrix}f_1\\f_2\\\vdots\\f_n\end{bmatrix},\quad \boldsymbol{g}=\begin{bmatrix}g_1\\g_2\\\vdots\\g_n\end{bmatrix},$$

其中, $k_{ij}=C\mathrm{e}^{[(i-j)h]^2/(2\gamma^2)}$, $f_i=f(x_i), g_i=g(x_i)$, $i,j=1,2,\cdots,n$. 于是, 原问题 (2.24) 就转化为求解如下线性方程组问题:

$$\boldsymbol{Kf}=\boldsymbol{g}.\tag{2.25}$$

取 $\gamma=0.05, C=1/(\gamma\sqrt{2\pi})$, $f(x)$ 为

$$f=\begin{cases}0.75x, & 0\leqslant x<0.25,\\0, & 0.25\leqslant x<0.3,\\0.25x, & 0.3\leqslant x<0.32,\\0, & 0.32\leqslant x<0.5,\\x\sin(2\pi x)^4, & 0.5\leqslant x\leqslant 1.0.\end{cases}$$

将 $f(x)$ 进行离散获取向量 $\boldsymbol{f}$ 和矩阵 $\boldsymbol{K}$, 计算 $\boldsymbol{g}^{(1)} = \boldsymbol{K}\boldsymbol{f}$ 并加入随机噪声获得向量 $\boldsymbol{g}$,

$$\boldsymbol{g} = \boldsymbol{g}^{(1)} + 0.2\|\boldsymbol{g}^{(1)}\|_2 \boldsymbol{q}/\sqrt{n}, \tag{2.26}$$

其中, $\boldsymbol{q}$ 为标准正态分布产生的 n 维向量.

(1) 基于线性方程组 (2.25) 和数据 (2.26), 利用 LU 分解法和 GMRES 方法求解方程组 (2.25) 并与真实解向量 $\boldsymbol{f}$ 对比;

(2) 讨论, 随着 n 的增加, 以上方法的求解精度会怎么变换？

(3) 对于这类问题的更好处理办法, 感兴趣的同学可以参考数学的另一个研究领域: 反问题的数值解法.

第 3 章 非线性方程求根

许多实际问题中, 常常需要求解非线性方程

$$f(x) = 0$$

的根, 其中 $f : \mathbb{R} \to \mathbb{R}$ 为连续的非线性函数. 例如, 在光的衍射理论中, 需要求 $x - \tan x = 0$ 的根; 在行星轨道的计算中, 对任意的实数 a 和 b, 需要求 $x - a\sin x = b$ 的根; 在数学中, 常常需要求代数方程 $a_n x^n + a_{n-1}x^{n-1} + \cdots + a_1 x + a_0 = 0$ 的根.

如果 $f(x)$ 是代数多项式, 该方程称为代数方程; 如果 $f(x)$ 是超越函数, 该方程称为超越方程. 求解方程 $f(x) = 0$ 的根是一个古老的数学问题. 5 次及以上的代数方程和超越方程没有求根公式. 早在 16 世纪就找到了 3 次、4 次代数方程的求根公式, 但对 5 次方程 $x^5 - 4x - 2 = 0$ 一直找不到求根公式, 直到 1824—1826 年, 挪威数学家 Abel 才证明了高于 4 次的一般代数方程无求根公式, 曾经有许多人怀疑 Abel 的结论. 1930 年, 华罗庚在上海的《科学》期刊的第 15 卷第 2 期上发表的《苏家驹之代数的五次方程式解法不能成立之理由》引起数学界的关注, 这使华罗庚踏上了一条通向大数学家的征途, 另外超越方程一般也不能用代数公式求解.

通常, 很难求得方程的精确解. 而实际应用中, 往往只需要得到满足一定精度的近似解. 在求方程近似解的方法中, 最简单的是二分法. 此外, 还有各种迭代法.

本章首先介绍求解非线性方程的二分法、不动点迭代法、Newton 法和改进算法, 以及其收敛性和收敛速率, 再来介绍求解非线性方程组的 Newton 迭代法、拟 Newton 法和梯度法.

注 3.1 华罗庚 (1910—1985, 中国著名数学家) 是中国解析数论、矩阵几何学、典型群、自守函数论等多方面研究的创始人和开拓者. 作为“人民的数学家”, 他为中国数学的发展作出了无与伦比的贡献, 他也被芝加哥科学技术博物馆列为当今世界 88 位数学伟人之一.

注 3.2 阿贝尔 (Niels Henrik Abel, 1802—1829, 挪威数学家) 在很多数学领域作出了开创性的工作, 以证明五次方程的根式解的不可能性和在椭圆函数的研究中提出阿贝尔方程式而闻名.

引例 1　全球定位系统

导航和定位的需求无处不在. 安装有定位系统的汽车, 司机可以很容易地到达任何地点. 安装有定位系统的手表, 家长在手机上可以追踪孩子的位置, 防止儿童走失. 利用现在的智能手机上自带的全球定位系统和电子地图, 可以很容易地找到陌生城市的指定地点. 离开卫星定位系统之后, 无人机和精确制导导弹, 就不能发挥其应有的功能.

北斗卫星导航系统 (Beidou Navigation Satellite System, BDS) 是我国自行研制的全球卫星导航系统, 它是继美国的全球定位系统 (Global Positioning System, GPS)、俄罗斯的全球导航卫星系统 (Global Navigation Satellite System, GLONASS) 之后的第三个成熟的卫星导航系统. BDS 和 GPS、GLONASS、欧盟的伽利略卫星导航系统 (Galileo Satellite Navigation System, GALILEO), 是联合国卫星导航委员会已认定的供应商.

北斗卫星导航系统提供全球服务, 这些卫星不断地向地球发射信号报告当前位置和发出信号时的时间 (白峰杉, 2010). 它的基本原理是: 在地球的任何一个位置, 至少可以同时收到 4 颗以上卫星发射的信号, 地球上一个点 R, 同时收到卫星 $S_1, S_2, \cdots, S_6$ 发射的信号, 假设接收到的信息如表 3.1 所示.

表 3.1

卫星	位置 (x, y, z)	收到信号的时间
S_1	(3, 2, 3)	10010.00692286
S_2	(1, 3, 1)	10013.34256381
S_3	(5, 7, 4)	10016.67820476
S_4	(1, 7, 3)	10020.01384571
S_5	(7, 6, 7)	10023.34948666
S_6	(1, 4, 9)	10030.02076857

假设 (x, y, z) 表示点 R 的当前位置, 则

$$\sqrt{(x-3)^2+(y-2)^2+(z-3)^2}=c(10010.00692286-t),$$

$$\sqrt{(x-1)^2+(y-3)^2+(z-1)^2}=c(10013.34256381-t),$$

$$\sqrt{(x-5)^2+(y-7)^2+(z-4)^2}=c(10016.67820476-t),$$

$$\sqrt{(x-1)^2+(y-7)^2+(z-3)^2}=c(10020.01384571-t),$$

$$\sqrt{(x-7)^2+(y-6)^2+(z-7)^2}=c(10023.34948666-t),$$

$$\sqrt{(x-1)^2+(y-4)^2+(z-9)^2}=c(10030.02076857-t),$$

其中 c 为光速, 其值为 0.299792458km/μs. 这是一个非线性方程组, 通过后面讲的迭代法可以得到其解为 $x = 5.0000$, $y = 3.0000$, $z = 1.00000$, $t = 10000.000$.

引例 2　悬索垂度与张力

贵州省作为西南地区的内陆省份, 高铁、高速公路等陆路交通便利. 这些路, 有非常多的隧道和桥梁. 在这些桥梁中, 北盘江第一桥 (世界第一高桥)、六冲河大桥等为斜拉桥, 马岭河三号特大桥、开州湖特大桥、阳宝山特大桥等为高架悬索桥.

在这些高架悬索桥梁的设计中, 由于桥梁的重量, 需计算各个支撑部件所承受的张力, 设高架悬索桥系统如图 3.1 所示, 其中 a 表示悬索的跨度, x 是悬索的垂度, m 是悬索承受的质量.

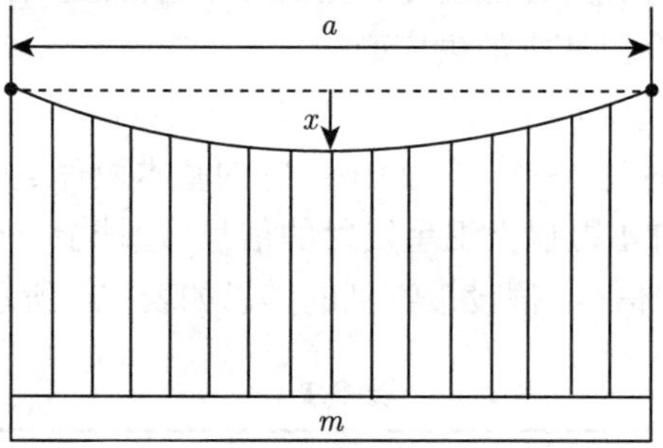

图 3.1　悬索垂度与张力

设悬索承受的重量是均匀分布的, $g = 9.78\text{m/s}^2$ 表示重力加速度, 则悬索承受的负荷密度为 $w = \dfrac{mg}{a}$, 若不计温度变化的影响, 悬索端点的张力 T 由公式

$$T = \frac{wa}{2}\sqrt{1 + \left(\frac{a}{x}\right)^2}$$

确定. 为此, 需计算悬索垂度 x. 设悬索长度为 $L > a$, 垂度 x 近似满足如下的非线性代数方程:

$$L = a\left[1 + \frac{8}{3}\left(\frac{x}{a}\right)^2 - \frac{32}{5}\left(\frac{x}{a}\right)^4 + \frac{256}{7}\left(\frac{x}{a}\right)^6\right].$$

设 $a = 120\text{m}, L = 125\text{m}, m = 150\text{kg}$, 则悬索的负荷密度为 $w = 122.25\text{N/m}$. 则悬索的垂度 x、悬索端点承受的张力 T 各是多少?

3.1　二　分　法

二分法是求方程 $f(x) = 0$ 的近似根最简单的方法, 其思想是: 根据函数的性质确定有根区间, 然后不断地将有根区间一分为二, 当满足误差要求时, 取所得区间的中点为近似值.

例 3.1 说明方程 $f(x) = x^3 + 4x^2 - 10 = 0$ 在区间 $[1, 2]$ 上有一个根, 使用二分法求根的近似值, 误差在 10^{-3} 之内.

解 由于 $f(1) = -5 < 0$ 和 $f(2) = 14 > 0$, 根据零点定理可知, $f(x)$ 在区间 $[1, 2]$ 上至少有一个根. 利用二分法求解, 从有根区间 $[1, 2]$ 开始, 求解过程见表 3.2.

表 3.2

n	a_n	b_n	x_n	$f(x_n)$
1	1.0	2.0	1.5	2.375
2	1.0	1.5	1.25	−1.79687
3	1.25	1.5	1.375	0.16211
4	1.25	1.375	1.3125	−0.84839
5	1.3125	1.375	1.34375	−0.35098
6	1.34375	1.375	1.359375	−0.09641
7	1.359375	1.375	1.3671875	0.03215
8	1.359375	1.3671875	1.36328125	−0.03215
9	1.36328125	1.3671875	1.365234375	0.000072
10	1.36328125	1.365234375	1.364257813	−0.01605
11	1.364257813	1.365234375	1.364746094	−0.00799
12	1.364746094	1.365234375	1.364990235	−0.00396
13	1.364990235	1.365234375	1.365112305	−0.00194

首先取有根区间 $[a_1, b_1] = [1, 2]$ 的中点 $x_1 = 1.5$, 计算 $f(x_1) = f(1.5) = 2.375 > 0$. 因而, 考虑区间 $[a_2, b_2] = [1, 1.5]$, 取其中点 $x_2 = 1.25$, 计算 $f(x_2) = f(1.25) = -1.79687 < 0$. 如此不断重复, 经过 13 次迭代后,

$$|x_{13} - x^*| \leqslant \left|\frac{b_{13} - a_{13}}{2}\right| = \left|\frac{1.365234375 - 1.364990235}{2}\right| = 0.000122070 < 10^{-3},$$

故满足条件的近似根为 $x_{13} = 1.365112305$.

以下是二分法的收敛性结果.

定理 3.1 设 $f(x) \in C[a, b]$ 且 $f(a)f(b) < 0$, 则二分法产生的序列 $\{x_n\}$ 收敛于方程 $f(x) = 0$ 的根 x^*, 且

$$|x_n - x^*| \leqslant \frac{b - a}{2^n}, \quad n \geqslant 1.$$

二分法的优点是算法简单, 缺点是收敛速度慢, 不能求重根. 二分法通常被用作求非线性方程比较粗糙的近似值, 此近似值将被用作迭代法的初始值.

3.2　不动点迭代法

3.2.1　迭代方法

将非线性方程 $f(x)=0$ 改写成 $x=\varphi(x)$, 可构造如下计算格式:

$$x_{n+1}=\varphi(x_n). \tag{3.1}$$

称格式 (3.1) 为**迭代格式**, 称函数 $\varphi(x)$ 为**迭代函数**. 猜测一个初始值 x_0, 按格式 (3.1) 反复计算, 产生一个序列 $x_1, x_2, \cdots, x_n, \cdots$. 如果该序列 $\{x_k\}$ 收敛于 x^*, 即 $\lim\limits_{n\to\infty} x_k=x^*$, 则称**迭代格式** (3.1) **收敛**, 否则称其**发散**.

定义 3.1　如果有 x^* 满足 $f(x^*)=0$, 则 $x^*=\varphi(x^*)$, 从而称 x^* 为函数 $\varphi(x)$ 的**不动点**, 迭代格式 (3.1) 称为**不动点迭代**.

这样, 把求方程 $f(x)=0$ 根的问题转化为求函数 $\varphi(x)$ 的不动点问题. 从几何图形上看, 就是把求 $y=f(x)$ 图像与 x 轴的交点的横坐标转化为求 $y=x$ 与 $y=\varphi(x)$ 的交点的横坐标.

不动点迭代过程如图 3.2 所示, 从初始点 $(x_0,\varphi(x_0))$ 出发, 沿直线 $y=\varphi(x_0)$ 走到 (x_1,x_1), 再沿 $x=x_1$ 走到 $x=x_1$ 与曲线 $y=\varphi(x)$ 的交点 $(x_1,\varphi(x_1))$; 沿直线 $y=\varphi(x_1)$ 走到 (x_2,x_2), 再沿 $x=x_2$ 走到 $x=x_2$ 与 $y=\varphi(x)$ 的交点 $(x_2,\varphi(x_2))$, 如此重复, 交点 $(x_n,\varphi(x_n))$ 越来越接近于 $(x^*,\varphi(x^*))$.

以下为不动点迭代的计算方法.

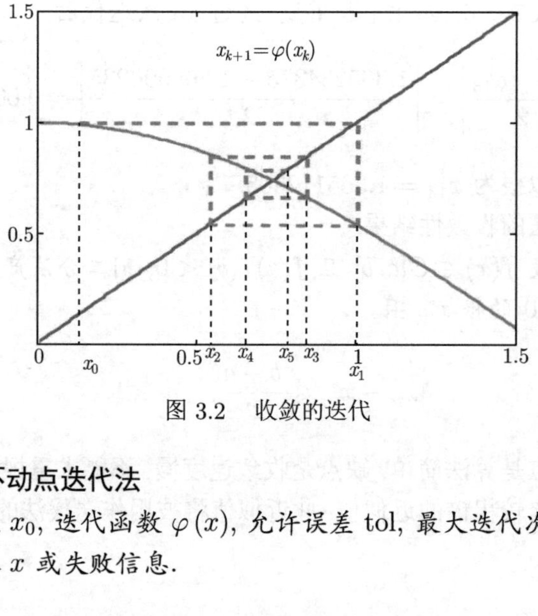

图 3.2　收敛的迭代

算法 3.1　不动点迭代法

输入: 初始值 x_0, 迭代函数 $\varphi(x)$, 允许误差 tol, 最大迭代次数 $N_{\max}$.

输出: 近似根 x 或失败信息.

For $k = 1, 2, \cdots, N_{\max}$ **do**

$x = \varphi(x_0)$.

If $|x - x_0| < \text{tol}$ **then**

停止计算, 输出 x.

ElseIf $j \leqslant N_{\max}$ **then**

$x_0 = x,\ k = k + 1$.

Else

输出“迭代失败”.

EndIf

EndFor

注 3.3 不动点的结果出现在数学的许多领域中, 它是经济学家证明涉及均衡的主要工具. 虽然这项技术背后的理念由来已久, 但不动点这一术语是布劳威尔 (Luitzen Egbertus Jan Brouwer, 1881—1966, 荷兰数学家) 在 20 世纪初首次使用 (Burden and Faires, 2010).

例 3.2 用不动点迭代法求解方程 $x^3 - x - 1 = 0$ 在 $[1, 2]$ 的根 (初始值取 $x_0 = 1.5$).

解 (1) 将方程改写成 $x = \sqrt[3]{x+1} \triangleq \varphi_1(x)$, 由此得迭代格式

$$x_{n+1} = \varphi_1(x_n) = \sqrt[3]{x_n + 1},$$

取 $x_0 = 1.5$, 根据以上迭代公式得计算结果见表 3.3.

表 3.3

n	0	1	2	3	4	5	6	7
x_n	1.5	1.3572	1.3309	1.3259	1.3249	1.3248	1.3247	1.3247

(2) 将其改写成 $x = x^3 - 1 \triangleq \varphi_2(x)$, 由此得迭代格式

$$x_{n+1} = \varphi_2(x_n) = x_n^3 - 1,$$

取 $x_0 = 1.5$, 根据以上迭代公式得计算结果见表 3.4.

表 3.4

n	0	1	2	3	4
x_n	1.5	2.3750	12.3965	1904.0028	6902441412.8892

该方程在 1.5 附近的根为 $x^* \approx 1.3247$. 由以上结果知, $\varphi_1(x)$ 对应的迭代格式收敛, 而 $\varphi_2(x)$ 对应的迭代格式不收敛. 因此, 并不是所有的 $\varphi(x)$ 所对应的迭

代格式 (3.1) 都收敛. 因此, 构造合适的迭代函数非常重要. 一般地, 要求迭代函数满足以下三个要求: ① 适定性, 即要保证迭代序列始终在 $\varphi(x)$ 的定义域中, 这样才能保证迭代中断; ② 收敛性, 即要求迭代收敛; ③ 收敛率, 即要求收敛速度尽可能高. 这些问题需要在理论方面进行深入的研究.

3.2.2 收敛条件及收敛速率

首先讨论不动点存在和唯一的条件.

定理 3.2 设函数 $\varphi(x)$ 在区间 $[a,b]$ $(a,b\in\mathbb{R})$ 上满足: (1) 对任意 $x\in[a,b]$, 都有 $a\leqslant\varphi(x)\leqslant b$; (2) 存在常数 $0<L<1$, 使得对一切 $x,y\in[a,b]$ 都有

$$|\varphi(x)-\varphi(y)|\leqslant L\,|x-y|\,,$$

则方程 $\varphi(x)$ 在 $[a,b]$ 内有唯一的不动点 x^*.

证明 (i) 先证方程 $\varphi(x)$ 在 $[a,b]$ 上存在不动点. 记 $\phi(x)=\varphi(x)-x$, 由 $a\leqslant\varphi(x)\leqslant b$ 可知, $\phi(a)=\varphi(a)-a\geqslant 0$, $\phi(b)=\varphi(b)-b\leqslant 0$. 若 $\varphi(a)=a$ 或 $\varphi(b)=b$, 则 $x=\varphi(x)$ 在 $[a,b]$ 上存在不动点 a 或 b . 现考虑 $\varphi(a)\neq a$ 且 $\varphi(b)\neq b$, 则 $\phi(a)<0$ 且 $\phi(b)>0$. 由条件 (2) 可知, $\varphi(x)$ 在闭区间 $[a,b]$ 上连续, 因而 $\phi(x)$ 在 $[a,b]$ 上也连续. 由闭区间上连续函数的性质知, $\phi(x)=0$ 在 $[a,b]$ 上有根 x^*, 即 $\varphi(x)$ 有不动点 x^*.

(ii) 再证 $\varphi(x)$ 的不动点 x^* 唯一. 假设 $\varphi(x)$ 在 $[a,b]$ 上还有一个不等于 x^* 的不动点 $\tilde{x}=\varphi(\tilde{x})$, 则

$$|x^*-\tilde{x}|=|\varphi(\tilde{x})-\varphi(x^*)|\leqslant L\,|x^*-\tilde{x}|<|x^*-\tilde{x}|\,,$$

矛盾, 因而方程 $\varphi(x)$ 的不动点 x^* 唯一. □

下面讨论不动点迭代法的收敛性和收敛速度.

定理 3.3 设函数 $\varphi(x)$ 在区间 $[a,b]$ 上满足定理 3.2 中的条件 (1) 和 (2), 则对任意初始值 $x_0\in[a,b]$, 迭代序列

$$x_{n+1}=\varphi(x_n),\quad n=0,1,2,\cdots$$

都收敛于 $\varphi(x)$ 的不动点 x^*, 且

$$|x_n-x^*|\leqslant\frac{L^n}{1-L}\,|x_1-x_0|\,.$$

证明 (i) 先证当 $n\to\infty$ 时, x_n 收敛于 x^*. 由

$$|x_n-x^*|=|\varphi(x_{n-1})-\varphi(x^*)|\leqslant L|x_{n-1}-x^*|$$

可得

$$|x_n - x^*| \leqslant L^n |x_0 - x^*|.$$

根据 $0 < L < 1$ 可知, 当 $n \to \infty$ 时, $\{x_n\}$ 收敛于 x^*.

(ii) 类似于 (i), 可得

$$|x_{n+1} - x_n| \leqslant L^n |x_1 - x_0|.$$

于是, 对于任意正整数 n, p, 有

$$\begin{aligned}
|x_{n+p} - x_n| &\leqslant |x_{n+p} - x_{n+p-1}| + |x_{n+p-1} - x_{n+p-2}| + \cdots + |x_{n+1} - x_n| \\
&\leqslant L^{p-1} |x_{n+1} - x_n| + L^{p-2} |x_{n+1} - x_n| + \cdots + |x_{n+1} - x_n| \\
&= \frac{1 - L^p}{1 - L} |x_{n+1} - x_n| \leqslant \frac{1 - L^p}{1 - L} L^n |x_1 - x_0|,
\end{aligned}$$

取 $p \to \infty$, 有

$$|x_n - x^*| \leqslant \frac{L^n}{1 - L} |x_1 - x_0|. \qquad \square$$

定理 3.2 给出了判别不动点迭代收敛的充分条件. 在实际计算中, 计算定理 3.2 中的常数 L 往往比较困难, 因此通常使用迭代函数的导函数去判断. 如果 $\varphi(x)$ 连续可微, 并且对任意 $x \in [a, b]$, 有

$$|\varphi'(x)| \leqslant L < 1,$$

则由微分中值定理知, 对 $x, y \in [a, b]$, 存在 $\xi \in (a, b)$ 有

$$|\varphi(x) - \varphi(y)| = |\varphi'(\xi)(x - y)| \leqslant L |x - y|.$$

因此, 可得以下推论.

推论 3.1 设函数 $\varphi(x)$ 在区间 $[a, b]$ 可导, 且满足: (1) 对任意 $x \in [a, b]$, 都有 $a \leqslant \varphi(x) \leqslant b$; (2) 存在常数 $0 < L < 1$, 使得对任意 $x \in [a, b]$, 都有

$$|\varphi'(x)| \leqslant L,$$

则定理 3.2 和定理 3.3 的结论均成立.

若迭代初始值 x_0 只要求在区间 $[a, b]$ 中, 没有其他限制 (如要求靠近 x^*), 那么通常称迭代序列 $\{x_n\}$ 的收敛性为**全局收敛性**. 然而, 常常不易检验定理 3.2 或推论 3.1 中的条件, 因此在实际应用时通常只在不动点的邻近考察其收敛性, 即局部收敛性. 下面给出局部收敛的定义.

定义 3.2 若存在 x^* 的某个邻域 $U(x^*)$, 使得任意 $x_0 \in U(x^*)$, 迭代格式 (3.1) 产生的序列 $\{x_k\}$ 收敛于 x^*, 则称迭代格式 (3.1) **局部收敛**.

关于迭代法的局部收敛性有以下结论.

定理 3.4 设 x^* 为函数 $\varphi(x)$ 的不动点, 若 $\varphi(x)$ 在 x^* 的某邻域 $U(x^*,\delta)$ 内连续可微, 且 $|\varphi'(x)|<1, \forall x \in U(x^*,\delta)$, 则存在正数 $\bar{\delta} \leqslant \delta$, 使得对任意 $x_0 \in U(x^*,\bar{\delta})$, 迭代序列

$$x_{n+1} = \varphi(x_n), \quad n = 0,1,2,\cdots$$

收敛于 x^*.

证明 由 $\varphi(x)$ 在 x^* 的某邻域 $U(x^*,\delta)$ 内连续可微, 且 $|\varphi'(x)|<1$ 知, 存在 $0<\bar{\delta} \leqslant \delta$ 和 $0<L<1$, 对任意 $x, y \in U(x^*,\bar{\delta})$, 有

$$|\varphi(x)-\varphi(y)| = |\varphi'(\xi)(x-y)| \leqslant L\,|x-y|, \quad \xi \in U(x^*,\bar{\delta}).$$

因而对 $x \in U(x^*,\bar{\delta})$, 有 $\varphi(x) \in U(x^*,\bar{\delta})$. 由定理 3.2 可知, 对任意初始值 $x_0 \in U(x^*,\bar{\delta})$, 不动点迭代法局部收敛于 x^*. □

前面的定理给出了迭代格式收敛的条件. 如果求方程 $x=\varphi(x)$ 的近似根的几种迭代法都收敛, 如何刻画收敛的快慢呢?

记 $e_k = x^* - x_k$, 称 e_k 为第 k 次迭代误差, 下面给出迭代法收敛速度的描述.

定义 3.3 若 $e_k \to 0\ (k\to\infty)$, 且存在正常数 $p \geqslant 1$, 使

$$\lim_{k\to\infty}\frac{e_{k+1}}{e_k^p} = C \quad (C \neq 0),$$

则称迭代格式 (3.1) 是 p 阶收敛的. 特别地, 若 $p=1$, 则称 (3.1) 是线性收敛的; 若 $p>1$, 则称 (3.1) 是超线性收敛的; 若 $p=2$, 则称 (3.1) 是平方收敛的.

进一步, 关于迭代法有如下更一般的收敛结果.

定理 3.5 设迭代函数 $\varphi(x)$ 在 x^* 邻近有 r 阶连续导数 $r \geqslant 2$, 且 $x^* = \varphi(x^*)$, $\varphi^{(k)}(x^*) = 0\ (k=1,2,\cdots,r-1)$, $\varphi^{(r)}(x^*) \neq 0$, 则不动点迭代格式 (3.1) 所产生的迭代序列 $\{x_k\}$ 是 r 阶收敛.

3.2.3 迭代法的修正和加速

1. 修正方法

当迭代格式 (3.1) 不收敛时, 如何对 (3.1) 进行加工使其收敛呢? 下面给出一种方法. 将 $x=\varphi(x)$ 写成等价形式

$$x = x + K[\varphi(x) - x],$$

其中 K 是待定参数. 记 $\psi(x)=x+K[\varphi(x)-x]$, 则可得新的迭代格式

$$x_{k+1}=\psi(x_k),\quad k=0,1,2,\cdots. \tag{3.2}$$

怎样选取待定参数 K, 使不收敛的迭代格式 (3.1) 收敛, 或者使迭代格式 (3.1) 收敛更快?

由推论 3.1 可知, 当 $|\psi'(x)|<1$ 时, 迭代格式 (3.2) 一定收敛. 因此, 选取 K, 使得 $\psi(x)$ 的导数满足

$$|\psi'(x)|=|1+K(\varphi'(x)-1)|<1,$$

则迭代格式 (3.2) 收敛.

例 3.3 求 $f(x)=x^3-3x+1=0$ 在 $(1,2)$ 内的实根.

解 如果取迭代函数为 $\varphi(x)=(x^3+1)/3$, 则在区间 $(1,2)$ 中有 $|\varphi'(x)|=|x^2|>1$, 因此迭代格式不收敛, 其计算结果见表 3.5 (初始点分别为 $x_0=1.1,1.5$); 利用上述修正方法, 取 K 满足

$$|1-K+Kx^2|<1,$$

即

$$\frac{-2}{x^2-1}<K<0.$$

因此, 在 $(1,2)$ 上可取任意 $-\dfrac{2}{3}<K<0$. 例如 $K=-0.5$, 则对应于迭代函数 $x=\psi(x)=\dfrac{3}{2}x-\dfrac{1}{6}(x^3+1)$ 的迭代格式 $x_{n+1}=\psi(x_n)$ 产生收敛序列, 其计算结果见表 3.5.

表 3.5

n	$x_0=1.1$		$x_0=1.5$	
	$\varphi'>1$	$\psi'<1$	$\varphi'>1$	$\psi'<1$
0	1.1000	1.10000000000000	1.50000000000000	1.50000000000000
1	0.7770	1.26150000000000	1.45833333333333	1.52083333333333
2	0.4897	1.39099521527083	1.36716338734568	1.52831880545910
3	0.3725	1.47126087333110	1.18513797762971	1.53084763425680
4	0.3506	1.50944066390116	0.88819598253111	1.53168262146103
5	0.3477	1.52430659746012	0.56689693229218	1.53195617456238
6	0.3473	1.52950280593792	0.39406162522186	1.53204556204930
7	0.3473	1.53123979394118	0.35373056261597	1.53207474587220
8	0.3473	1.53181123123594	0.34808688221076	1.53208427135065
9	0.3473	1.53199821396951	0.34739192174369	1.53208738014476
10	0.3473	1.53205928888003	0.34730788522542	1.53208839471996

2. Aitken 加速

假设由迭代 $x_{n+1}=\varphi(x_n)$ 得到的序列 $\{x_n\}$ 线性收敛于 x^*，于是有

$$\lim_{k\to\infty}\frac{x_{k+1}-x^*}{x_k-x^*}=a,\quad a\neq 0.$$

当 k 足够大时, 有

$$\frac{x_{k+1}-x^*}{x_k-x^*}\approx\frac{x_{k+2}-x^*}{x_{k+1}-x^*}.$$

于是有

$$x^*\approx x_k-\frac{(x_{k+1}-x_k)^2}{x_{k+2}-2x_{k+1}+x_k}.$$

因此, 定义

$$\widetilde{x}_{k+1}=x_k-\frac{(x_{k+1}-x_k)^2}{x_{k+2}-2x_{k+1}+x_k},$$

由此得到的序列 $\{\widetilde{x}_{k+1}\}$ 称为 **Aitken 序列**, 此方法称为 **Aitken 加速方法**. 可以证明, Aitken 加速算法得到的序列 $\{\widetilde{x}_{k+1}\}$ 比原迭代序列 $\{x_k\}$ 更快地收敛到 x^*.

结合不动点迭代 $x_{k+1}=\varphi(x_k)$, 可得到 Aitken 加速算法

$$x_{k+1}=x_k-\frac{(\varphi(x_k)-x_k)^2}{\varphi(\varphi(x_k))-2\varphi(x_k)+x_k}. \tag{3.3}$$

注 3.4　艾特肯 (Alexander Aitken, 1895—1967, 新西兰数学家) 在 1926 年的一篇关于代数方程的论文中使用了这种技术来加速级数的收敛速度. 这一方法类似于关孝和 (Seki Takakazu, 1642—1708, 日本数学家) 早期使用过的方法 (Burden and Faires, 2010).

例 3.4　用基于 Aitken 加速的不动点迭代法求方程 $f(x)=x^3+10x-20=0$ 的根, 取 $x_0=1.5$.

解　取迭代函数为 $\varphi(x)=(x^3+1)/3$, 按式 (3.3) 计算, 计算结果见表 3.6, 得到满足误差条件 $|x_{k+1}-x_k|<10^{-6}$ 的解.

表 3.6

k	0	1	2
x_k	1.5	1.5944947	1.5945621

3.3 Newton 迭代法

3.3.1 迭代格式

Newton 迭代法 (也称 Newton-Raphson 方法) 是求解非线性方程常用和有效的数值方法, 其基本思想为, 将非线性方程线性化, 通过求解线性方程的解逐步逼

近非线性方程的解. 假设 $f(x)$ 在其零点 x^* 附近一阶连续可微, 且 $f'(x) \neq 0$, 当 x_0 靠近 x^* 时, 由 Taylor 公式有

$$f(x) \approx f(x_0) + f'(x_0)(x - x_0).$$

于是 $f(x) = 0$ 就可以近似由下式代替

$$f(x_0) + f'(x_0)(x - x_0) = 0,$$

其解为

$$x = x_0 - \frac{f(x_0)}{f'(x_0)}.$$

重复以上过程, 得

$$x_{k+1} = x_k - \frac{f(x_k)}{f'(x_k)}, \quad k = 0, 1, 2, \cdots. \tag{3.4}$$

这就是 **Newton 迭代法** (简称 **Newton 法**).

Newton 法也是不动点迭代法, 其迭代函数为

$$\varphi(x) = x - \frac{f(x)}{f'(x)}.$$

Newton 法也有明确的几何解释, 见图 3.3. 过曲线 $y = f(x)$ 的点 $(x_0, f(x_0))$ 作切线, 并将该切线与 x 轴的交点的横坐标 x_1 作为解的近似值; 再过点 $(x_1, f(x_1))$ 作切线, 将该切线与 x 轴的交点的横坐标 x_2 作为解的近似值. 如此反复, 得到迭代序列 $\{x_k\}$. 注意到 x_{k+1} 可通过求解过 $(x_k, f(x_k))$ 的切线方程

$$f(x_k) + f'(x_k)(x - x_k) = 0$$

得到, 因此 Newton 法也称为 **Newton 切线法**.

注 3.5 牛顿 (Isaac Newton, 1643—1727, 英国著名的数学家、物理学家) 是有史以来最杰出的科学家之一. 17 世纪末是科学和数学蓬勃发展的时期, 牛顿的工作几乎涉及数学的各个方面. 他的方法 (Newton 迭代法) 在求解方程 $y^3 - 2y - 5 = 0$ 的一个根时被引入. 虽然他只对多项式演示了该方法, 但很明显, 他实现了其更广泛的应用 (Burden and Faires, 2010).

注 3.6 拉弗森 (Joseph Raphson, 1648—1715, 英格兰数学家) 在 1690 年描述了牛顿提出的方法, 承认牛顿是这一发现的源头. 牛顿和拉弗森在描述中都没有明确使用导数, 因为他们都只考虑多项式方程. 其他数学家, 特别是格雷戈里 (James Gregory, 1638—1675, 苏格兰数学家) 在这个时候或之前就已经意识到了潜在的迭代过程.

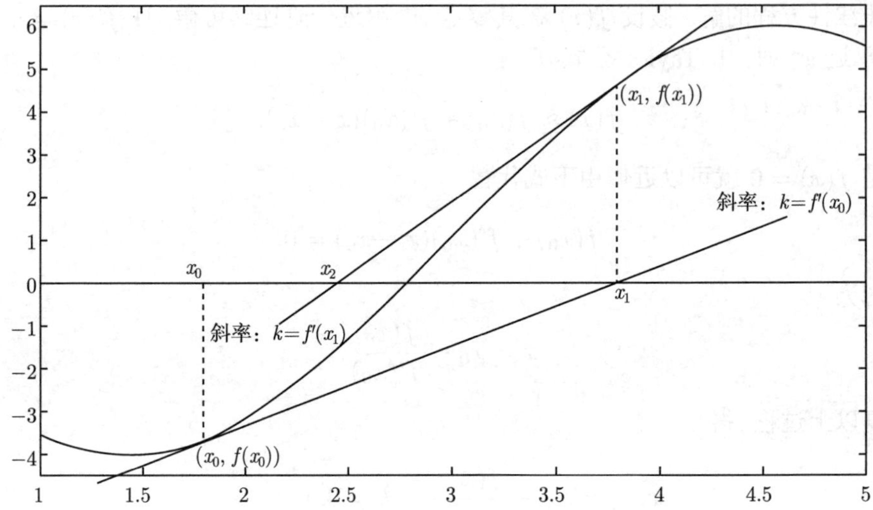

图 3.3　Newton 切线法

例 3.5　用 Newton 法解方程 $f(x) = x^3 + 4x^2 - 10 = 0$ 在 $[1, 2]$ 中的根.

解　根据 Newton 法迭代公式, 有

$$x_{k+1} = x_k - \frac{x_k^3 + 4x_k^2 - 10}{3x_k^2 + 8x_k}, \quad k = 0, 1, 2, \cdots,$$

取初值 $x_0 = 1.5$ 代入上式, 不断重复, 得表 3.7.

表 3.7

k	0	1	2	3	4
x_k	1.5	1.373333333	1.365262015	1.365230014	1.365230013

3.3.2　收敛性

根据非线性方程根的重数不同, Newton 法收敛的速度也不一样. 下面考虑单根情况下, Newton 法的局部收敛性.

定理 3.6　设函数 $f(x)$ 在其点 x^* 邻近二阶连续可微, $f(x^*) = 0$ 且 $f'(x) \neq 0$, 则存在 $\delta > 0$, 使得对任意 $x \in [x^* - \delta, x^* + \delta]$, Newton 法所产生的序列 $\{x_k\}$ 至少平方收敛于 x^*.

证明　由于 Newton 法是不动点迭代, 其迭代函数为

$$\varphi(x) = x - \frac{f(x)}{f'(x)},$$

可得其导数

$$\varphi'(x) = 1 - \frac{f'(x)f'(x) - f(x)f''(x)}{\left(f'(x)\right)^2} = \frac{f(x)f''(x)}{\left(f'(x)\right)^2}.$$

由 $f(x)$ 在点 x^* 邻近二阶连续可微可知, $\varphi'(x)$ 在 x^* 邻近连续, 且

$$\varphi'(x) = \frac{f(x)f''(x)}{\left(f'(x)\right)^2} = 0.$$

根据定理 3.5 可知, Newton 法产生的序列 $\{x_k\}$ 至少二阶收敛于 x^*. □

若 $f(x) = 0$ 存在重根, Newton 法只具有局部线性收敛速度. 一般情况下, 在求解方程之前, 并不知道方程的根, 更不知道其重数, 此时可以考虑如下修正的 Newton 法

$$x_{k+1} = x_k - \frac{\dfrac{f(x_k)}{f'(x_k)}}{1 - \dfrac{f''(x_k)}{\left(f'(x_k)\right)^2}}, \quad k = 0, 1, 2, \cdots,$$

它具有二阶收敛速度, 其优点是不必知道重根数, 保证快速收敛, 但需要计算一、二阶导数.

3.4 Newton 迭代法的改进

3.4.1 弦截法

Newton 迭代法具有收敛快, 稳定性好、精度高等优点, 是求解非线性方程非常有效的方法之一. Newton 法每次迭代都需要计算导数值, 如果 $f(x)$ 比较复杂, 则计算量比较大. 为了避免计算导数, 可利用已经求出的两点 $(x_{k-1}, f(x_{k-1}))$ 和 $(x_k, f(x_k))$ 计算差商, 并使用差商来近似导数

$$f'(x_k) \approx \frac{f(x_k) - f(x_{k-1})}{x_k - x_{k-1}},$$

于是得到以下迭代公式

$$x_{k+1} = x_k - \frac{x_k - x_{k-1}}{f(x_k) - f(x_{k-1})} f(x_k),$$

称此方法为**弦截法**.

与 Newton 法不同, 弦截法利用割线来代替 Newton 法的切线, 故也称此方法为**割线法**.

一般来说, 弦截法收敛速度比 Newton 法慢. 以下是弦截法的收敛性与收敛速度的结果.

定理 3.7　设函数 $f(x)$ 在其零点 x^* 邻近二阶连续可微, 且 $f'(x) \neq 0$, 则存在 $\delta > 0$, 当 $x_0, x_1 \in [x^* + \delta, x^* - \delta]$ 时, 由弦截法产生的序列 $\{x_k\}$ 收敛于 x^*, 且收敛阶至少为 1.618.

例 3.6　用弦截法解方程 $f(x) = x^3 + 10x - 20 = 0$ 在 $[1.5, 2]$ 的根.

解　由 $f(1.5) < 0$ 和 $f(2) > 0$ 知, $[1.5, 2]$ 为有根区间. 取 $x_0 = 1.5, x_1 = 2$, 代入弦截法的迭代公式得表 3.8.

表 3.8

x	$f(x)$
$x_0 = 1.5$	$f(x_0) = -1.625$
$x_1 = 2$	$f(x_1) = 8$
$x_2 = 1.5844156$	$f(x_2) = -0.1783702$
$x_3 = 1.5934795$	$f(x_3) = -0.0190786$
$x_4 = 1.5945651$	$f(x_4) = 0.000005256$
$x_5 = 1.5945621$	$f(x_5) = -2.2 \times 10^{-7}$

计算结果表明, 迭代 5 次所得近似解精确到 8 位有效数字. 它的收敛速度虽低于 Newton 法, 但还是比较快的.

3.4.2　Newton 下山法

Newton 法的收敛性依赖于初值 x_0 的选取, 如果 x_0 偏离所求根 x^* 较远, 则 Newton 法可能发散. 比如用 Newton 法求解方程 $x^3 - x - 1 = 0$ 在 $x = 1.5$ 附近的一个根 x^*. 选取迭代初值 $x_0 = 1.5$, Newton 法的迭代格式为

$$x_{k+1} = x_k - \frac{x_k^3 - x_k - 1}{3x_k^2 - 1}, \quad k = 0, 1, 2, \cdots.$$

计算得 $x_1 = 1.34783, x_2 = 1.32520, x_3 = 1.32472$. 迭代三次得到的结果 x_3 有 6 位有效数字. 如果取初值 $x_0 = 0.6$, 则用 Newton 迭代格式迭代一次得 $x_1 = 17.9$. 这个结果反而比 $x_0 = 0.6$ 更偏离了所求的根 $x^* = 1.32472$.

为扩大 Newton 法初值的选取范围, 可采用 Newton 下山法, 其迭代格式为

$$x_{k+1} = x_k - \lambda \frac{f(x_k)}{f'(x_k)}, \quad k = 0, 1, 2, \cdots, \tag{3.5}$$

其中 λ 称为**下山因子**. 适当选取下山因子使单调性条件

$$|f(x_{k+1})| < |f(x_k)| \tag{3.6}$$

成立, 以此保证 Newton 下山法收敛. 通常, 依次从 1, $\frac{1}{2}$, $\frac{1}{2^2}$, $\frac{1}{2^3}$, $\cdots$ 中挑选下

山因子, 直至找到一个使单调性条件 (3.6) 成立的下山因子. 如果 λ 已经非常小, 但仍无法使 (3.6) 成立, 则应考虑重新选取初值 x_0 进行计算.

例 3.7 用 Newton 下山法计算 $x^3-x-1=0$ 在 $x=1.5$ 附近的一个根.

解 取初值 $x_0=0.6$, 用 Newton 下山法的迭代格式

$$x_{k+1}=x_k-\lambda\frac{x_k^3-x_k-1}{3x_k^2-1},\quad k=0,1,2,\cdots$$

计算. 在计算 x_1 时, λ 依次取 1, $\frac{1}{2}$, $\frac{1}{2^2}$, $\frac{1}{2^3}$, $\cdots$, 当 λ 取到 1/32 时, 得到的 $x_1=1.140625$ 能使 $|f(x_1)|=|-0.656643|<|f(x_0)|=|-1.3480|$, 即单调性条件 (3.6) 满足. 计算 $x_2,x_3,\cdots$ 时, 取 $\lambda=1$ 均能使单调性条件 (3.6) 成立, 计算结果见表 3.9. $x_4=1.324720$ 即为 x^* 的近似.

表 3.9

x	$f(x)$
$x_0=0.6$	$f(x_0)=-1.3480$
$x_1=1.140625$	$f(x_1)=-0.656643$
$x_2=1.366814$	$f(x_2)=0.1866$
$x_3=1.326280$	$f(x_3)=0.00667$
$x_4=1.324720$	$f(x_4)=0.0000086$

3.4.3 重根情形

若 $f(x)=(x-x^*)^m g(x)$, 整数 $m\geqslant 2$, $g(x^*)\neq 0$, 则 x^* 为方程 $f(x)=0$ 的 m 重根. 此时, $f(x^*)=f'(x^*)=\cdots=f^{(m-1)}(x^*)=0, f^{(m)}(x^*)\neq 0$. 因此, 只要 $f'(x_k)\neq 0$ 仍可用 Newton 法计算, 此时迭代函数 $\phi(x)=x-f(x)/f'(x)$ 的导数为 $\phi'(x^*)=1-1/m\neq 0$, 且 $|\phi'(x^*)|<1$, 所以 Newton 法求得的根只是线性收敛. 若取 $\phi(x)=x-mf(x)/f'(x)$, 则 $\phi'(x^*)=0$. 可用迭代法

$$x_{k+1}=x_k-m\frac{f(x_k)}{f'(x_k)},\quad k=0,1,2,\cdots \tag{3.7}$$

来求解, 根据定理 3.5 可知它具有二阶收敛速度.

例 3.8 已知 $\sqrt{2}$ 是方程 $x^4-4x^2+4=0$ 的二重根, 分别用 Newton 法和带重根的 Newton 法 (3.7) 求其近似值 (取 $x_0=1.5$).

解 (1) 用 (3.7) 式: $x_{k+1}=x_k-2\frac{x_k^2-2}{4x_k}$, $x_1=1.416666667, x_2=1.41215686$, $x_3=1.414213562$. 此时 x_3 已具有 10 位有效数字.

(2) 用 Newton 法: $x_{k+1}=x_k-\frac{x_k^2-2}{4x_k}$, $x_1=1.458333333, x_2=1.436607143$, $x_3=1.425497619,\cdots$. 要达到有 10 位有效数字需要迭代 30 次.

3.5 非线性方程组

考虑非线性方程组

$$\begin{cases} f_1(x_1, x_2, \cdots, x_n) = 0, \\ \qquad \cdots\cdots \\ f_n(x_1, x_2, \cdots, x_n) = 0, \end{cases} \tag{3.8}$$

其中 $f_1, f_2, \cdots, f_n$ 均是变量 $x_1, \cdots, x_n$ 的多元函数, $n \geqslant 2$, 且至少有一个 f_i 是自变量 x_j 的非线性函数. 记 $\boldsymbol{x} = [x_1, x_2, \cdots, x_n]^{\mathrm{T}}$, $\boldsymbol{F}(\boldsymbol{x}) = [f_1, f_2, \cdots, f_n]^{\mathrm{T}}$, 则可把非线性方程组 (3.8) 写成

$$\boldsymbol{F}(\boldsymbol{x}) = \boldsymbol{0}. \tag{3.9}$$

非线性方程组的数值求解问题无论在理论上, 还是实际解法上均比线性方程组和单个方程求解要复杂和困难, 它可能无解也可能有一个解或多个解.

解非线性方程组的方法有很多, 本节主要介绍两类方法. 第一类方法是线性化方法, 即将方程组线性化得到一个线性方程组, 由此来构造迭代格式求解方程组的近似解. 这类方法的代表为 Newton 法. 第二类方法将非线性方程组问题化成优化问题, 然后使用最优化方法求解. 下面仅介绍求非线性方程组常用的 Newton 法.

3.5.1 Newton 法

假设函数 $f_1(\boldsymbol{x})$, $f_2(\boldsymbol{x})$, $\cdots$, $f_n(\boldsymbol{x})$ 在点 $\boldsymbol{x}$ 的某邻域内关于 x_j 的偏导数 $\dfrac{\partial f_i}{\partial x_j}$ $(i, j = 1, 2, \cdots, n)$ 都存在且连续, 则可以得到 $\boldsymbol{F}$ 的 Jacobi 矩阵:

$$\boldsymbol{F}'(\boldsymbol{x}) = \begin{bmatrix} \dfrac{\partial f_1}{\partial x_1} & \dfrac{\partial f_1}{\partial x_2} & \cdots & \dfrac{\partial f_1}{\partial x_n} \\ \dfrac{\partial f_2}{\partial x_1} & \dfrac{\partial f_2}{\partial x_2} & \cdots & \dfrac{\partial f_2}{\partial x_n} \\ \vdots & \vdots & & \vdots \\ \dfrac{\partial f_n}{\partial x_1} & \dfrac{\partial f_n}{\partial x_2} & \cdots & \dfrac{\partial f_n}{\partial x_n} \end{bmatrix}.$$

设 $\boldsymbol{F}'(\boldsymbol{x})$ 在 $\boldsymbol{x}^{(k)}$ 非奇异, 将 $\boldsymbol{F}(\boldsymbol{x})$ 线性化, 即将 $\boldsymbol{F}(\boldsymbol{x})$ 在 $\boldsymbol{x}^{(k)}$ Taylor 展开, 并丢掉高阶项

$$\boldsymbol{F}(\boldsymbol{x}) \approx \boldsymbol{F}(\boldsymbol{x}^{(k)}) + \boldsymbol{F}'(\boldsymbol{x}^{(k)})(\boldsymbol{x} - \boldsymbol{x}^{(k)}).$$

由 $\boldsymbol{F}(\boldsymbol{x}) = \boldsymbol{0}$ 近似可以得到

$$\boldsymbol{x} = \boldsymbol{x}^{(k)} - \boldsymbol{F}'(\boldsymbol{x}^{(k)})^{-1}\boldsymbol{F}(\boldsymbol{x}^{(k)}),$$

这便得到了 Newton 法:

$$\boldsymbol{x}^{(k+1)} = \boldsymbol{x}^{(k)} - \boldsymbol{F}'(\boldsymbol{x}^{(k)})^{-1}\boldsymbol{F}(\boldsymbol{x}^{(k)}), \quad k = 0, 1, 2, \cdots. \tag{3.10}$$

以下为 Newton 法解非线性方程组的计算过程.

算法 3.2　解非线性方程组的 Newton 法

输入: $\boldsymbol{F}(\boldsymbol{x})$, 初始值 $\boldsymbol{x}^{(0)}$, 允许误差 tol, 最大迭代步数 $N_{\max}$.

输出: 近似根 $\boldsymbol{x}$ 或失败信息.

For $k = 1, 2, \cdots, N_{\max}$ **do**

　　计算 $\boldsymbol{F}(\boldsymbol{x}^{(0)})$ 和 $\boldsymbol{F}'(\boldsymbol{x}^{(0)})$,

　　解线性方程组 $\boldsymbol{F}'(\boldsymbol{x}^{(0)})\boldsymbol{d} = -\boldsymbol{F}(\boldsymbol{x}^{(0)})$,

　　$\boldsymbol{x} = \boldsymbol{x}^{(0)} + \boldsymbol{d}$.

　　If $||\boldsymbol{x} - \boldsymbol{x}^{(0)}|| \leqslant \text{tol}$ **then**

　　　　停止计算并输出 $\boldsymbol{x}$.

　　ElseIf $k \leqslant N_{\max}$ **then**

　　　　$\boldsymbol{x}^{(0)} = \boldsymbol{x}$, $k = k + 1$.

　　Else

　　　　输出“迭代失败”.

　　EendIf

EndFor

下面给出 Newton 法的局部收敛性结果.

定理 3.8　设 $\boldsymbol{F}(\boldsymbol{x})$ 的定义域为 $D \subset \mathbb{R}^n$, $\boldsymbol{x}^* \in D$ 满足 $\boldsymbol{F}(\boldsymbol{x}^*) = \boldsymbol{0}$, 在 $\boldsymbol{x}^*$ 的开邻域 $S_0 \subset D$ 上 $\boldsymbol{F}'(\boldsymbol{x})$ 存在、连续且非奇异, 则 Newton 法生成的序列 $\{\boldsymbol{x}_k\}$ 在闭域 $S \subset S_0$ 上超线性收敛于 $\boldsymbol{x}^*$, 若还存在常数 $L > 0$, 使 $||\boldsymbol{F}'(\boldsymbol{x}) - \boldsymbol{F}'(\boldsymbol{x}^*)|| \leqslant L||\boldsymbol{x} - \boldsymbol{x}^*||$, $\forall \boldsymbol{x} \in S$, 则 $\{\boldsymbol{x}_k\}$ 至少平方收敛.

例 3.9　用 Newton 法求解方程组

$$\begin{cases} f_1(x_1, x_2) = x_1 + 2x_2 - 3 = 0, \\ f_2(x_1, x_2) = 2x_1^2 + 2x_2^2 - 5 = 0 \end{cases}$$

的近似解 (取初值 $\boldsymbol{x}^{(0)} = [1.5, 1.0]^{\mathrm{T}}$, 迭代 3 次).

解　先求 Jacobi 矩阵 $\boldsymbol{F}'(\boldsymbol{x}) = \begin{bmatrix} 1 & 2 \\ 4x_1 & 4x_2 \end{bmatrix}$, 从而

$$\boldsymbol{F}'(\boldsymbol{x})^{-1} = \frac{1}{4x_2 - 8x_1}\begin{bmatrix} 2x_2 & -2 \\ -4x_1 & 1 \end{bmatrix}.$$

由 Newton 法 (3.10) 得

$$\begin{cases} x_1^{(k+1)} = x_1^{(k)} - \dfrac{x_2^{(k)} - 2(x_1^{(k)})^2 + x_1^{(k)}x_2^{(k)} - 3x_2^{(k)} + 5}{x_2^{(k)} - 4x_1^{(k)}}, \\ x_2^{(k+1)} = x_2^{(k)} - \dfrac{(x_2^{(k)})^2 - 2(x_1^{(k)})^2 + x_1^{(k)}x_2^{(k)} - 3x_2^{(k)} + 5}{x_2^{(k)} - 4x_1^{(k)}}, \end{cases}$$

由 $\boldsymbol{x}^{(0)} = [1.5, 1.0]^{\mathrm{T}}$ 逐次迭代得到近似解

$$\boldsymbol{x}^{(2)} = [1.488095, 0.755952]^{\mathrm{T}},$$
$$\boldsymbol{x}^{(3)} = [1.488034, 0.755983]^{\mathrm{T}}.$$

3.5.2 拟 Newton 法 *

Newton 法每次迭代都要计算 Jacobi 矩阵的逆, 当函数 $\boldsymbol{F}(\boldsymbol{x})$ 的变量个数 n 很大时, 计算成本比较高. 拟 Newton 法使用矩阵 $\boldsymbol{B}_k$ 近似 Jacobi 矩阵 $\boldsymbol{F}'(\boldsymbol{x}^{(k)})$, 其迭代格式为

$$\boldsymbol{x}^{(k+1)} = \boldsymbol{x}^{(k)} + \boldsymbol{B}_k^{-1}\boldsymbol{F}(\boldsymbol{x}^{(k)}),$$

其中 $\boldsymbol{B}_k$ 非奇异. 为了减少计算量, 下一次迭代的 $\boldsymbol{B}_{k+1}$ 通常是对 $\boldsymbol{B}_k$ 进行低秩修正得到

$$\boldsymbol{B}_{k+1} = \boldsymbol{B}_k + \Delta\boldsymbol{B}_k.$$

在构造过程中, 通常要求 $\boldsymbol{B}_{k+1}$ 满足拟 Newton 方程

$$\boldsymbol{B}_{k+1}(\boldsymbol{x}^{(k+1)} - \boldsymbol{x}^{(k)}) = \boldsymbol{F}(\boldsymbol{x}^{(k+1)}) - \boldsymbol{F}(\boldsymbol{x}^{(k)}), \quad k = 0, 1, 2, \cdots.$$

目前已有多种方法来构造校正矩阵, 不同的构造方式对应不同的拟 Newton 法, 其中比较常用的是 Broyden 秩 1 方法, 即使用秩为 1 的校正矩阵 $\Delta\boldsymbol{B}_k$. 下面介绍 Broyden 秩 1 方法. 由于限制 $\Delta\boldsymbol{B}_k$ 为秩 1 矩阵, 可令 $\Delta\boldsymbol{B}_k$ 为

$$\Delta\boldsymbol{B}_k = \boldsymbol{u}^{(k)}(\boldsymbol{v}^{(k)})^{\mathrm{T}},$$

其中 $\boldsymbol{u}^{(k)}, \boldsymbol{v}^{(k)} \in \mathbb{R}^n$, 且 $\boldsymbol{u}^{(k)}, \boldsymbol{v}^{(k)} \neq \boldsymbol{0}$, 并要求其满足拟 Newton 方程

$$(\boldsymbol{B}_k + \boldsymbol{u}^{(k)}(\boldsymbol{v}^{(k)})^{\mathrm{T}})(\boldsymbol{x}^{(k+1)} - \boldsymbol{x}^{(k)}) = \boldsymbol{F}(\boldsymbol{x}^{(k+1)}) - F(\boldsymbol{x}^{(k)}).$$

令 $\boldsymbol{d}^{(k)} = (\boldsymbol{x}^{(k+1)} - \boldsymbol{x}^{(k)})$, $\boldsymbol{y}^{(k)} = \boldsymbol{F}(\boldsymbol{x}^{(k+1)}) - \boldsymbol{F}(\boldsymbol{x}^{(k)})$, 整理得

$$\boldsymbol{u}^{(k)}(\boldsymbol{v}^{(k)})^{\mathrm{T}}\boldsymbol{d}^{(k)} = \boldsymbol{y}^{(k)} - \boldsymbol{B}_k\boldsymbol{d}^{(k)}.$$

若 $(\boldsymbol{v}^{(k)})^{\mathrm{T}}\boldsymbol{d}^{(k)} \neq 0$, 则

$$\boldsymbol{u}^{(k)} = \frac{\boldsymbol{y}^{(k)} - \boldsymbol{B}_k\boldsymbol{d}^{(k)}}{(\boldsymbol{v}^{(k)})^{\mathrm{T}}\boldsymbol{d}^{(k)}}.$$

因此

$$\Delta\boldsymbol{B}_k = \frac{(\boldsymbol{y}^{(k)} - \boldsymbol{B}_k\boldsymbol{d}^{(k)})(\boldsymbol{v}^{(k)})^{\mathrm{T}}}{(\boldsymbol{v}^{(k)})^{\mathrm{T}}\boldsymbol{d}^{(k)}}.$$

由此可知, $\Delta\boldsymbol{B}_k$ 的具体形式取决于向量 $\boldsymbol{v}^{(k)}$ 的取法. 通常取 $\boldsymbol{v}^{(k)} = \boldsymbol{d}^{(k)}$, 因而有

$$\boldsymbol{B}_{k+1} = \boldsymbol{B}_k + \frac{(\boldsymbol{y}^{(k)} - \boldsymbol{B}_k\boldsymbol{d}^{(k)})(\boldsymbol{d}^{(k)})^{\mathrm{T}}}{(\boldsymbol{d}^{(k)})^{\mathrm{T}}\boldsymbol{d}^{(k)}}.$$

根据 Sherman-Morrison 公式, 求 $\boldsymbol{B}_{k+1}$ 的逆矩阵 $\boldsymbol{H}_{k+1}$ 为

$$\boldsymbol{H}_{k+1} = \boldsymbol{H}_k + \frac{(\boldsymbol{d}^{(k)} - \boldsymbol{H}_k\boldsymbol{y}^{(k)})(\boldsymbol{d}^{k})^{\mathrm{T}}\boldsymbol{H}_k}{(\boldsymbol{d}^{(k)})^{\mathrm{T}}\boldsymbol{H}_k\boldsymbol{y}^{(k)}}, \tag{3.11}$$

其中要求 $(\boldsymbol{d}^{(k)})^{\mathrm{T}}\boldsymbol{H}_k\boldsymbol{y}^{(k)} \neq 0$. 若计算过程中出现 $(\boldsymbol{d}^{(k)})^{\mathrm{T}}\boldsymbol{H}_k\boldsymbol{y}^{(k)}$ 非常接近 0, 则需要改变初始 $\boldsymbol{x}^{(0)}$ 或使用其他方法. 因此, 求解非线性方程组近似根的**拟 Newton 法** (也称 Broyden 方法) 为

$$\boldsymbol{x}^{(k+1)} = \boldsymbol{x}^{(k)} + \boldsymbol{H}_k\boldsymbol{F}(\boldsymbol{x}^{(k)}), \tag{3.12}$$

其中 $\boldsymbol{H}_k$ 按 (3.11) 来计算.

例 3.10 应用拟 Newton 法求非线性方程组

$$\begin{cases} 3x_1 - \cos(x_2x_3) - \dfrac{1}{2} = 0, \\ x_1^2 - 81(x_2+0.1)^2 + \sin x_3 + 1.06 = 0, \\ \mathrm{e}^{-x_1x_2} + 20x_3 + \dfrac{10\pi - 3}{3} = 0 \end{cases}$$

的一个近似解, 取初始近似 $\boldsymbol{x}_0 = [0.1, 0.1, -0.1]^{\mathrm{T}}$.

解 记此方程组为 $\boldsymbol{F}(\boldsymbol{x}) = \boldsymbol{0}$, 易知其 Jacobi 矩阵为

$$\boldsymbol{F}'(\boldsymbol{x}) = \begin{bmatrix} 3 & x_3\sin(x_2x_3) & x_2\sin(x_2x_3) \\ 2x_1 & -162(x_2+0.1) & \cos x_3 \\ -x_2\mathrm{e}^{-x_1x_2} & -x_1\mathrm{e}^{-x_1x_2} & 20 \end{bmatrix},$$

根据初始值, 计算得

$$\boldsymbol{F}(\boldsymbol{x}^{(0)})=\begin{bmatrix}-1.194949\\-2.269832\\8.462926\end{bmatrix},$$

$$\boldsymbol{F}'(\boldsymbol{x}^{(0)})=\begin{bmatrix}3 & 9.999836\times10^{-4} & -9.999836\times10^{-4}\\0.2 & -323.9999 & 0.9950041\\-9.900498\times10^{-2} & -9.900498\times10^{-2} & 20\end{bmatrix},$$

$$\boldsymbol{H}_0=\boldsymbol{F}'(\boldsymbol{x}^{(0)})^{-1}=\begin{bmatrix}0.3333331 & 1.023852\times10^{-5} & 1.615703\times10^{-5}\\2.108606\times10^{-3} & -3.086882\times10^{-2} & 1.535838\times10^{-3}\\1.660522\times10^{-3} & -1.527579\times10^{-4} & 5.000774\times10^{-2}\end{bmatrix}.$$

根据拟 Newton 法的迭代格式, 得

$$\boldsymbol{x}^{(1)}=\boldsymbol{x}^{(0)}-\boldsymbol{H}_0\boldsymbol{F}(\boldsymbol{x}^{(0)})=\begin{bmatrix}0.4998693\\1.946693\times10^{-2}\\-0.5215209\end{bmatrix},$$

再计算

$$\boldsymbol{F}(\boldsymbol{x}^{(1)})=\begin{bmatrix}-3.404021\times10^{-4}\\-0.3443899\\3.18737\times10^{-2}\end{bmatrix},$$

$$\boldsymbol{y}(0)=\boldsymbol{F}(\boldsymbol{x}^{(1)})-\boldsymbol{F}(\boldsymbol{x}^{(0)})=\begin{bmatrix}1.199608\\1.925442\\-8.430152\end{bmatrix},$$

$$\Delta\boldsymbol{x}^{(0)}=\boldsymbol{x}^{(1)}-\boldsymbol{x}^{(0)}=\begin{bmatrix}0.3998693\\-8.053307\times10^{-2}\\-0.4215209\end{bmatrix}.$$

$$(\Delta\boldsymbol{x}^{(0)})^{\mathrm{T}}\boldsymbol{H}_0\boldsymbol{y}^{(0)}=0.3424604,$$

根据拟 Newton 法的更新公式, 得

$$\boldsymbol{H}_1=\boldsymbol{H}_0+(1/0.3424604)[(\Delta\boldsymbol{x}^{(0)}-\boldsymbol{H}_0\boldsymbol{y}^{(0)})(\Delta\boldsymbol{x}^{(0)})^{\mathrm{T}}\boldsymbol{H}_0]$$

$$= \begin{bmatrix} 0.3333781 & 1.11077 \times 10^{-5} & 8.944584 \times 10^{-6} \\ -2.021271 \times 10^{-3} & -3.094847 \times 10^{-2} & 2.196909 \times 10^{-3} \\ 1.022381 \times 10^{-3} & -1.650679 \times 10^{-4} & 5.010987 \times 10^{-2} \end{bmatrix},$$

再根据拟 Newton 法的迭代格式, 得

$$\boldsymbol{x}^{(2)} = \boldsymbol{x}^{(1)} - \boldsymbol{H}_1 \boldsymbol{F}(\boldsymbol{x}^{(1)}) = \begin{bmatrix} 0.4999863 \\ 8.737888 \times 10^{-3} \\ -0.5231746 \end{bmatrix}.$$

如此反复进行, 按前面计算过程再进行三次迭代的结果, 见表 3.10.

表 3.10

k	$x_1^{(k)}$	$x_2^{(k)}$	$x_3^{(k)}$	$\|x_k - x_{k-1}\|_2$
3	0.5000066	8.672215×10^{-4}	−0.5236918	7.88×10^{-3}
4	0.5000005	6.087473×10^{-5}	−0.5235054	8.12×10^{-4}
5	0.5000002	-1.445223×10^{-6}	−0.5235989	6.24×10^{-5}

从而得到方程组比较好的近似解.

3.5.3 梯度法*

对于非线性方程组 (3.8), 构造函数

$$E(\boldsymbol{x}) = \sum_{i=1}^{n} {f_i}^2(\boldsymbol{x}). \tag{3.13}$$

显然, 方程组 (3.8) 的解是函数 $E(\boldsymbol{x})$ 零点, 反之亦然. 由此可知, 求解非线性方程组解的问题可以转化为求解下述最优化问题

$$\min_{\boldsymbol{x}\in\mathbb{R}^n} E(\boldsymbol{x}). \tag{3.14}$$

对于无约束优化问题 (3.14), 已有很多求解方法, 梯度法是最基本也是很有效的迭代方法 (袁亚湘和孙文瑜, 1997). 下面简单介绍求以上无约束优化问题 (3.14) 的梯度法. 目标函数的梯度为

$$\nabla E(\boldsymbol{x}^{(k)}) = \boldsymbol{F}'(\boldsymbol{x}^{(k)})^{\mathrm{T}} \boldsymbol{F}(\boldsymbol{x}^{(k)}) = \begin{bmatrix} \dfrac{\partial f_1}{\partial x_1} & \dfrac{\partial f_1}{\partial x_2} & \cdots & \dfrac{\partial f_1}{\partial x_n} \\ \dfrac{\partial f_2}{\partial x_1} & \dfrac{\partial f_2}{\partial x_2} & \cdots & \dfrac{\partial f_2}{\partial x_n} \\ \vdots & \vdots & & \vdots \\ \dfrac{\partial f_n}{\partial x_1} & \dfrac{\partial f_n}{\partial x_2} & \cdots & \dfrac{\partial f_n}{\partial x_n} \end{bmatrix}^{\mathrm{T}} \begin{bmatrix} f_1(x_k) \\ f_2(x_k) \\ \vdots \\ f_n(x_k) \end{bmatrix},$$

从而梯度法的迭代格式为

$$\boldsymbol{x}^{(k+1)}=\boldsymbol{x}^{(k)}-\alpha_k\nabla E(\boldsymbol{x}^{(k)}),\tag{3.15}$$

其中 α_k 通过精确线搜索得到 $\alpha_k=\arg\min\limits_{\alpha>0}E(\boldsymbol{x}^{(k)}-\alpha\nabla E(\boldsymbol{x}^{(k)}))$. 需要说明的是, 最优化方法在实际使用时常常不作精确的一维搜索, 而只要求目标函数值有一定的下降量就可以了, 如 Armijo 线搜索

$$E(\boldsymbol{x}^{(k)}-\alpha\nabla E(\boldsymbol{x}^{(k)}))\leqslant E(\boldsymbol{x}^{(k)})-\sigma\alpha\left\|\nabla E(\boldsymbol{x}^{(k)})\right\|^2,$$

其中 $0<\sigma<1$, 或者通过插值方法得到.

例 3.11　使用梯度法求下列非线性方程组

$$\begin{cases}f_1(x_1,x_2,x_3)=3x_1-\cos(x_2x_3)-\dfrac{1}{2}=0,\\[2mm] f_2(x_1,x_2,x_3)=x_1^2-81(x_2+0.1)^2+\sin x_3+1.06=0,\\[2mm] f_3(x_1,x_2,x_3)=\mathrm{e}^{-x_1x_2}+20x_3+\dfrac{10\pi-3}{3}=0\end{cases}$$

的近似根 (迭代 7 次), 初始点为 $\boldsymbol{x}^{(0)}=[0,0,0]^{\mathrm{T}}$.

解　记 $E(x_1,x_2,x_3)=[f_1(x_1,x_2,x_3)]^2+[f_2(x_1,x_2,x_3)]^2+[f_3(x_1,x_2,x_3)]^2$, 其梯度为

$$\nabla E(x_1,x_2,x_3)=\begin{bmatrix}2f_1(\boldsymbol{x})\dfrac{\partial f_1}{\partial x_1}(\boldsymbol{x})+2f_2(\boldsymbol{x})\dfrac{\partial f_2}{\partial x_1}(\boldsymbol{x})+2f_3(\boldsymbol{x})\dfrac{\partial f_3}{\partial x_1}(\boldsymbol{x})\\ 2f_1(\boldsymbol{x})\dfrac{\partial f_1}{\partial x_2}(\boldsymbol{x})+2f_2(\boldsymbol{x})\dfrac{\partial f_2}{\partial x_2}(\boldsymbol{x})+2f_3(\boldsymbol{x})\dfrac{\partial f_3}{\partial x_2}(\boldsymbol{x})\\ 2f_1(\boldsymbol{x})\dfrac{\partial f_1}{\partial x_3}(\boldsymbol{x})+2f_2(\boldsymbol{x})\dfrac{\partial f_2}{\partial x_3}(\boldsymbol{x})+2f_3(\boldsymbol{x})\dfrac{\partial f_3}{\partial x_3}(\boldsymbol{x})\end{bmatrix}.$$

取 $\boldsymbol{x}^{(0)}=[0,0,0]^{\mathrm{T}}$, 则 $E(\boldsymbol{x}^{(0)})=111.975$ 和 $\boldsymbol{z}^{(0)}=\left\|\nabla E(\boldsymbol{x}^{(0)})\right\|_2=419.554$, 令

$$\boldsymbol{z}=\frac{1}{z_0}\nabla E(\boldsymbol{x}^{(0)})=[-0.0214514,-0.0193062,0.999583]^{\mathrm{T}}.$$

下面利用插值法来确定步长 a. 取 $a_1=0$, 有

$$E_1=E(\boldsymbol{x}^{(0)}-a_1\boldsymbol{z})=E(\boldsymbol{x}^{(0)})=111.975,$$

并任取试探步长 $a_3=1$, 有

$$E_3=E(\boldsymbol{x}^{(0)}-a_3\boldsymbol{z})=93.5649.$$

由于 $E_3 < E_1$, 可取 $a_2 = a_3/2 = 0.5$, 计算得

$$E_2 = E(\boldsymbol{x}^{(0)} - a_2\boldsymbol{z}) = 2.53557.$$

利用数据 $(0, 111.975), (1, 93.5649)$ 和 $(0.5, 2.53557)$ 构造如下二次插值函数

$$P(a) = E_1 + h_1 a + h_3 a(a - a_2).$$

具体地

$$a_1 = 0, \quad E_1 = 111.975,$$

$$a_2 = 0.5, \ \ E_2 = 2.53557, \ \ h_1 = \frac{E_2 - E_1}{a_2 - a_1} = -218.878,$$

$$a_3 = 1, \quad E_3 = 93.5649, \ \ h_2 = \frac{E_3 - E_2}{a_3 - a_2} = 182.059, \ \ h_3 = \frac{h_2 - h_1}{a_3 - a_1} = 400.937.$$

因此

$$P(a) = 111.975 - 218.878a + 400.937a(a - 0.5).$$

求得多项式 $P(a)$ 的最小值点为 $a = a_0 = 0.522959$. 由于

$$E_0 = E(\boldsymbol{x}^{(0)} - a_0\boldsymbol{z}) = 2.32762$$

比 E_1 和 E_2 小, 因此取

$$\boldsymbol{x}^{(1)} = \boldsymbol{x}^{(0)} - a_0\boldsymbol{z} = \boldsymbol{x}^{(0)} - 0.522959\boldsymbol{z} = [0.0112182, 0.0100964, -0.522741]^{\mathrm{T}},$$

并计算得 $E(\boldsymbol{x}^{(1)}) = 2.32762$. 反复进行该步骤, 表 3.11 列出后面几次迭代的结果, 得到比较粗糙的近似解 $[0.324267, -0.00852549, -0.528431]^{\mathrm{T}}$.

表 3.11

k	$x_1^{(k)}$	$x_2^{(k)}$	$x_3^{(k)}$	$E(x^{(k)})$
2	0.137860	−0.205453	−0.522059	1.27406
3	0.266959	0.00551102	−0.558494	1.06813
4	0.272734	−0.00811751	−0.522006	0.468309
5	0.308689	−0.0204026	−0.533112	0.381087
6	0.314308	−0.0147046	−0.520923	0.318837
7	0.324267	−0.00852549	−0.528431	0.287024

3.6 练 习 题

练习 3.1 判断下列方程有几个实根, 并求出其有根区间.

(1) $x^3 - 5x - 3 = 0$; (2) $x = 2 - \mathrm{e}^{-x}$.

练习 3.2　证明方程

$$f(x) = x^3 - 2x - 5 = 0$$

在区间 $(2,3)$ 内有唯一根, 并用二分法求其近似解, 误差控制在 $\varepsilon = 10^{-4}$ 以内.

练习 3.3　证明对任何的初值 x_0, 迭代格式

$$x_{k+1} = \cos(x_k)$$

产生的序列 $\{x_k\}$ 都收敛于方程 $x = \cos(x)$ 的根.

练习 3.4　设 $f(x) = x - \dfrac{1}{2} - \sin x = 0$, 作等价形式

$$x = \varphi(x) = \frac{1}{2} + \sin x,$$

取 $x_0 = 1$, 用迭代 $x_{k+1} = \varphi(x_k)$ 求解 $f(x)$ 的零点, 误差控制在 $\varepsilon = 10^{-4}$ 以内.

练习 3.5　欲求方程 $x - \ln x - 3 = 0$ 在区间 $[3,5]$ 上的根, 可构造如下两种迭代法.

(1) $x_{k+1} = 3 + \ln x_k$;　(2)$x_{k+1} = \mathrm{e}^{x_k - 3}$.

对初始点 $x_0 = 3$, 试分析这两种迭代法的收敛性, 其中收敛的迭代法需要迭代多少步才能使 $|x_k - x^*| < \varepsilon$?

练习 3.6　用迭代法求方程 $\mathrm{e}^x - 4x = 0$ 的根, 精确至三位有效数字.

练习 3.7　用 Newton 法求方程 $x^3 = 2x^2 - 4x - 7$ 在 $[3,4]$ 中的根的近似值, 精确到小数点后两位.

练习 3.8　应用 Newton 法于 $x^4 - a = 0\ (a > 0)$, 试导出求 $\sqrt[4]{a}$ 的迭代公式, 并讨论其收敛性.

练习 3.9　用割线法求方程 $x^3 + 3x^2 - x - 9 = 0$ 在区间 $[1,2]$ 内的一个实根, 精确至 5 位有效数字.

练习 3.10　用 Newton 法解方程组

$$\begin{cases} x^2 + y^2 = 4, \\ x^2 - y^2 = 1, \end{cases}$$

取 $\boldsymbol{x}^{(0)} = [1.6, 1.2]^{\mathrm{T}}$.

练习 3.11　使用梯度法求解方程组

$$\begin{cases} 15x_1 + x_2^2 - 4x_3 = 13, \\ x_1^2 + 10x_2 - x_3 = 11, \\ x_2^3 - 25x_3 = -22. \end{cases}$$

阶梯练习题

练习 3.12　使用二分法求解方程 $f(x) = \sqrt{x} - \cos x$ 在 $[0,1]$ 上的近似根, 误差控制在 $\varepsilon = 10^{-4}$ 以内.

练习 3.13 证明: 迭代格式

$$x_{k+1}=x_k-\frac{2f(x_k)f'(x_k)}{2[f'(x_k)]^2-f(x_k)f''(x_k)}\quad (k=0,1,2,\cdots),$$

3 次收敛于 $f(x)=0$ 的根.

练习 3.14 使用拟 Newton 法求解以下方程组的近似解 $\boldsymbol{x}^{(2)}$, 其初始点为 $\boldsymbol{x}^{(0)}=[0,0]^{\mathrm{T}}$.

$$\begin{cases} 4x_1^2-20x_1+\dfrac{1}{4}x_2^2+8=0, \\ \dfrac{1}{2}x_1x_2^2+2x_1-5x_2+8=0. \end{cases}$$

练习 3.15 求 $x=\sqrt[4]{6+\sqrt[4]{6+\cdots+\sqrt[4]{6}}}$ 的近似值.

练习 3.16 就下列函数讨论 Newton 法的收敛性和收敛速度:

(1) $f(x)=\begin{cases}\sqrt{x}, & x\geqslant 0,\\ -\sqrt{-x}, & x<0;\end{cases}$ (2) $f(x)=\begin{cases}\sqrt[3]{x^2}, & x\geqslant 0,\\ -\sqrt[3]{-x^2}, & x<0.\end{cases}$

3.7 实 验 题

实验题 3.1 编写二分法的 MATLAB 程序, 求解以下问题:

(1) $f(x)=x^3+3x-2x-5=0$;

(2) $f(x)=2\sin(3x)-0.1-x=0$;

(3) 使用 MATLAB 函数 besselj$(0,x)$ 生成 Bessel 函数, 计算第一类 Bessel 函数 $f(x)=J_0(x)$ 的前 5 个零点.

实验题 3.2 求解方程 $x=\tan(x)$ 的 10 个根, 精确到小数点后 8 位, 这个问题有什么棘手之处? 有些根比其他根更难求解吗?

实验题 3.3 分别用不动点迭代法、Newton 法、割线法、抛物线法求解函数 $f(x)=\mathrm{e}^x-x-5$ 的零点, 编写 MATLAB 程序, 比较计算结果.

实验题 3.4 长度为 L 的槽具有半圆形状的横截面, 半径为 r, 如图 3.4 所示. 当水槽中水距离顶部为 h 时, 水的体积满足

$$V=L(0.5\pi r^2-r^2\arcsin(h/r)-h\sqrt{r^2-h^2}).$$

假设 $L=3\mathrm{m}, r=0.4\mathrm{m}, V=0.35\mathrm{m}^3$. 在 1cm 内找到水槽中的水深.

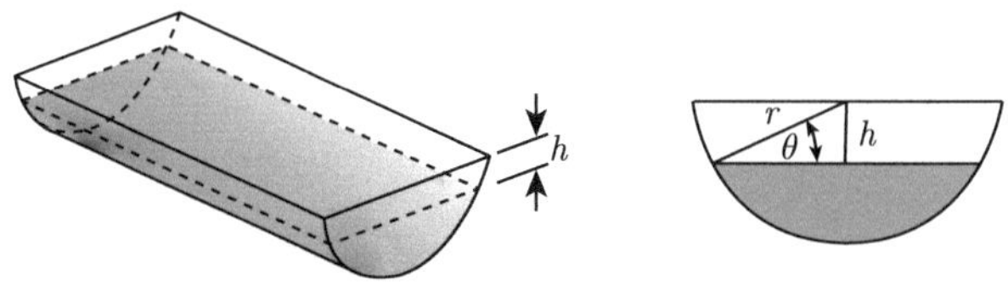

图 3.4 半圆形水槽横截面图

实验题 3.5 在全地形车辆的设计中, 当试图通过两种类型的障碍物时, 有必要考虑车辆的故障. 一种类型的故障称为挂起故障, 当车辆试图越过障碍物时, 会导致车辆底部接触地面. 另一种类型的故障称为车头向内故障, 发生在车辆下降到沟渠中, 车头接触地面时. 图 3.5 显示了车辆故障时与车头相关的部件. 当 β 是不发生挂起故障的最大角度时, 车辆可通过的最大角度 α 满足以下等式:

$$A\sin\alpha\cos\alpha + B\sin^2\alpha - C\cos\alpha - E\sin\alpha = 0,$$

其中

$$A = l\sin\beta_1,\quad B = l\cos\beta_1,\quad C = (h+0.5D)\sin\beta_1 - 0.5D\tan\beta_1,$$

且 $E = (h+0.5D)\cos\beta_1 - 0.5D$.

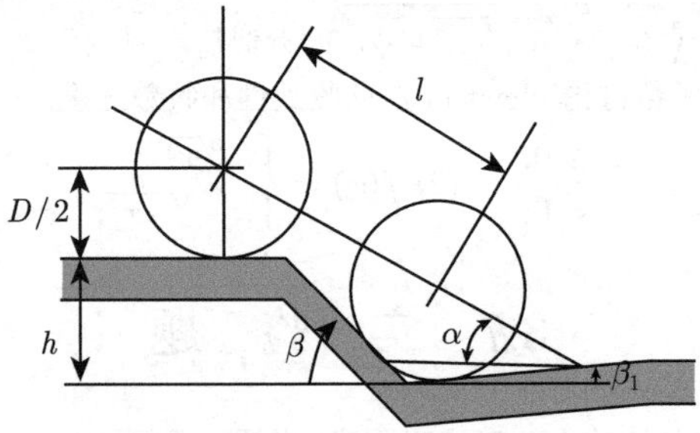

图 3.5　全地形车

(1) 当 $l = 89\text{in}, h = 49\text{in}, D = 55\text{in}, \beta_1 = 11.5^\circ$ 时, 角度 α 的近似值为 33°, 验证该结论 (注意 $1\text{in} = 25.4\text{mm}$).

(2) 当 l, h 和 β_1 与第 (1) 部分相同, 但 $D = 30\text{in}$ 时, 求 α.

第 4 章　多项式插值

在生产实践和科学研究中, 经常要研究变量之间的函数关系 $y = f(x)$, 若 $f(x)$ 的表达式相当复杂或者虽然可以断定 $y = f(x)$ 在区间 $[a, b]$ 上存在且连续, 但却难以找到它的解析表达式, 只能通过实验或观测得到函数 $f(x)$ 在 $[a, b]$ 上有限个点处的函数值 (即一张函数表). 显然利用这张函数表来分析研究函数的性态, 甚至直接求出其他一些点处的函数值是非常困难的.

面对这些情况, 人们希望通过已知的数据, 构造一个简单的函数 $P(x)$ 去近似表示 $f(x)$, 并将研究 $f(x)$ 的问题转化为研究函数 $P(x)$ 的问题. 怎样构造简单函数, 使得所构造的函数满足已知条件, 这就是插值所考虑的问题.

本章主要介绍 Lagrange 插值法、Newton 插值法、Hermite 插值法、分段低次插值法和三次样条插值 (黄云清等, 2009; 张民选和罗贤兵, 2013).

引例 1　海洋航线

在航海中, 通常需要选择合适的航线, 船的吨位大, 航线的海水深度要求深, 这就需要测量海水深度. 假设通过测量, 测得海洋 A 点到 B 点的海水深度见表 4.1. 试绘出 AB 这段航线的海底轮廓线.

表 4.1

x/n mile	h/m
1	30
2.5	35
4	48
6	77
8	23
9.5	44
11	56
14	40
15.5	35
18	45

注：1n mile = 1.852km.

引例 2　外形设计

运-20 是我国研究制造的新一代军用大型运输机, 于 2013 年 1 月 26 日首飞成功. 该机作为大型多用途运输机, 可在复杂气象条件下, 执行各种物资和人员的长距离航空运输任务. 与我国空军现役伊尔-76 比较, 运-20 的发动机和电子设备有了很大改进, 载重量也有提高, 短跑道起降性能优异.

运-20 等飞机的设计制造, 离不开外形设计, 外形设计好以后, 待加工零件的外形根据工艺要求由一组数据 (x,y) 给出 (在平面情况下), 用程控铣床加工时刀具必须沿着这些数据点前进, 并且每次只能沿 x 方向或 y 方向走非常小的一步, 这就需要将已知数据加密, 得到加工所要求的步长很小的坐标.

表 4.2 给出的 x,y 数据位于机翼断面的下轮廓线上, 假设需要得到 x 坐标每改变 0.1 时 y 的坐标. 试完成加工所需数据, 画出曲线.

表 4.2

x	y
0	0
3	1.2
5	1.7
7	2.0
9	2.1
11	2.0
12	1.8
13	1.2
14	1.0
15	1.6

这里需要用到后面的三次样条插值, 插值图像如图 4.1 所示.

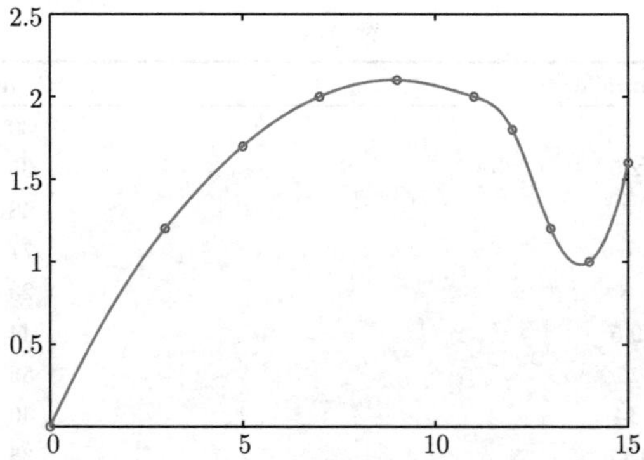

图 4.1 机翼下断面曲线

4.1 Lagrange 插值法

在高等数学或者数学分析的课程中, 我们已经学习了使用 Taylor 多项式逼近足够光滑函数的方法. 例如, 考虑函数 $f(x) = \sin(x^2)$, 由正弦函数在 $x = 0$ 处的

Taylor 展开可得

$$f(x)=\sin(x^2)=x^2-\frac{x^6}{3!}+\frac{x^{10}}{5!}-\cdots.$$

可以使用多项式 $x^2-\frac{x^6}{3!}$ 近似代替 $\sin(x^2)$, 这种近似方法在 $x=0$ 附近具有较高精度, 但是在远离 $x=0$ 点的精度较低. 同时, 构造 Taylor 多项式需要知道函数 f 在特定点处的函数值以及高阶导数值, 然而通常情况下这些高阶导数很难计算. 在统计与科学分析过程中经常出现函数 f 只在 $n+1$ 个点处已知的情况, 因此需要一种利用这些信息求函数 f 在其他点上近似值的方法.

4.1.1 n 次 Lagrange 插值问题

假设给定函数 $f(x)$ 在 $[a,b]$ 上 2 个互异点 x_0,x_1 处的函数值 $f_0=f(x_0)$, $f_1=f(x_1)$, 求一个次数不超过 1 的多项式 $P_1(x)$, 要求 $P_1(x_0)=f_0, P_1(x_1)=f_1$.

这个问题称为线性插值问题. 从几何角度考虑, $P_1(x)$ 为过点 $(x_0,f_0),(x_1,f_1)$ 的直线 (见图 4.2).

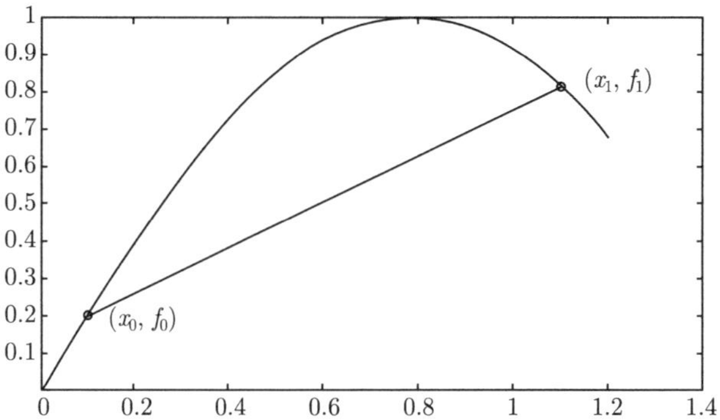

图 4.2 线性插值的几何解释

由直线方程可得

$$P_1(x)=f_0+\frac{f_1-f_0}{x_1-x_0}(x-x_0).$$

按 f_0,f_1 合并同类项可得

$$P_1(x)=\frac{x-x_1}{x_0-x_1}f_0+\frac{x-x_0}{x_1-x_0}f_1=f_0l_0(x)+f_1l_1(x),$$

其中 $l_0(x) = \dfrac{x-x_1}{x_0-x_1}, l_1(x) = \dfrac{x-x_0}{x_1-x_0}$. 这里多项式 $l_0(x), l_1(x)$ 满足: (1) $l_0(x)$, $l_1(x)$ 都是一次多项式; (2) $l_j(x_i) = \delta_{j,i}, i, j = 0, 1$.

例 4.1　已知 $\sqrt{121} = 11, \sqrt{144} = 12$, 试利用线性插值来求 $\sqrt{130}$ 的近似值.

解　采用节点 $x_0 = 121, x_1 = 144$ 和相应的函数值 $f_0 = 11, f_1 = 12$, 线性插值表达式为

$$P_1(x) = f_0 \frac{x-x_1}{x_0-x_1} + f_1 \frac{x-x_0}{x_1-x_0},$$

则

$$P_1(130) = 11 \times \frac{130-144}{121-144} + 12 \times \frac{130-121}{144-121} = 11\frac{9}{23},$$

所以

$$\sqrt{130} \approx P_1(130) = 11\frac{9}{23}.$$

进一步考虑抛物插值问题 (或二次插值问题): 已知 $f(x)$ 在 $[a, b]$ 上 3 个互异点 x_0, x_1, x_2 处的函数值 $f_0 = f(x_0), f_1 = f(x_1), f_2 = f(x_2)$, 求一个次数不超过 2 的多项式 $P_2(x)$, 要求 $P_2(x_i) = f_i, i = 0, 1, 2$.

与线性插值类似, 我们考虑构造一个形如 $P_2(x) = f_0 l_0(x) + f_1 l_1(x) + f_2 l_2(x)$, 并且假设多项式 $l_0(x), l_1(x), l_2(x)$ 满足: (1) $l_0(x), l_1(x), l_2(x)$ 都是二次多项式; (2) $l_j(x_i) = \delta_{j,i}, i, j = 0, 1, 2$.

可以验证满足上述条件的多项式 $P_2(x)$ 次数不超过 2 且满足插值条件 $P_2(x_i) = f_i$. 下面考虑如何构造 $l_0(x), l_1(x), l_2(x)$. 由 $l_0(x_1) = l_0(x_2) = 0$ 得 $l_0(x)$ 具有形式 $l_0(x) = C(x-x_1)(x-x_2)$. 又因为 $l_0(x_0) = 1$, 所以 $l_0(x) = \dfrac{(x-x_1)(x-x_2)}{(x_0-x_1)(x_0-x_2)}$.

类似可得 $l_1(x) = \dfrac{(x-x_0)(x-x_2)}{(x_1-x_0)(x_1-x_2)}, l_2(x) = \dfrac{(x-x_0)(x-x_1)}{(x_2-x_0)(x_2-x_1)}$. 所以

$$P_2(x) = f_0 \frac{(x-x_1)(x-x_2)}{(x_0-x_1)(x_0-x_2)} + f_1 \frac{(x-x_0)(x-x_2)}{(x_1-x_0)(x_1-x_2)} + f_2 \frac{(x-x_0)(x-x_1)}{(x_2-x_0)(x_2-x_1)}.$$

例 4.2　已知 $\sqrt{100} = 10, \sqrt{121} = 11, \sqrt{144} = 12$, 试利用抛物插值来求 $\sqrt{130}$ 的近似值.

解　采用节点 $x_0 = 100, x_1 = 121, x_2 = 144$ 和相应的函数值 $f_0 = 10, f_1 = 11, f_2 = 12$, 由抛物插值表达式

$$P_2(x) = f_0 \frac{(x-x_1)(x-x_2)}{(x_0-x_1)(x_0-x_2)} + f_1 \frac{(x-x_0)(x-x_2)}{(x_1-x_0)(x_1-x_2)} + f_2 \frac{(x-x_0)(x-x_1)}{(x_2-x_0)(x_2-x_1)}$$

可得

$$P_2(130) = 10 \times \frac{(130-121)(130-144)}{(100-121)(100-144)} + 11 \times \frac{(130-100)(130-144)}{(121-100)(121-144)}$$
$$+ 12 \times \frac{(130-100)(130-121)}{(144-100)(144-121)}$$
$$\approx 11.4023,$$

所以

$$\sqrt{130} \approx P_2(130) \approx 11.4023.$$

一般地, n 次 Lagrange 插值问题定义如下.

定义 4.1 设函数 $y = f(x)$ 在区间 $[a,b]$ 上有定义且已知 $f(x)$ 在 $[a,b]$ 上 $n+1$ 个互异点 $x_0, x_1, \cdots, x_n$ 处的函数值

$$f_i = f(x_i), \quad i = 0, 1, 2, \cdots, n.$$

构造一个次数不超过 n 的多项式函数 $P_n(x)$, 要求

$$P_n(x_i) = f_i, \quad i = 0, 1, 2, \cdots, n.$$

这样的 n 次多项式插值问题称为 ***n* 次 Lagrange 插值问题**.

注 4.1 用拉格朗日 (Joseph Louis Lagrange, 1736—1813, 法国数学家和天文学家) 命名的插值公式牛顿在 1675 年左右可能已经知道, 但关于这个插值公式的文章最早由华林 (Edward Waring, 1736—1798, 英国数学家) 于 1779 年发表. 拉格朗日在插值问题上写了大量文章, 他的工作对后来的数学家产生了重大影响. 他被称为 “Lagrange 插值多项式” 的这一结果于 1795 年发表 (Burden and Faires, 2010).

这样的多项式是否存在? 存在时是否唯一? 事实上, 因为次数不超过 n 的多项式 $P_n(x)$ 可表示为

$$P_n(x) = a_0 + a_1 x + a_2 x^2 + \cdots + a_{n-1} x^{n-1} + a_n x^n,$$

其中 $a_0, a_1, a_2, \cdots, a_{n-1}, a_n$ 是待定系数. 构造 $P_n(x)$, 就是根据插值条件确定待定常数 $a_i, i = 0, 1, 2, \cdots, n$. 由插值条件得

$$\begin{cases} a_0 + a_1 x_0 + \cdots + a_{n-1} x_0^{n-1} + a_n x_0^n = y_0, \\ a_0 + a_1 x_1 + \cdots + a_{n-1} x_1^{n-1} + a_n x_1^n = y_1, \\ a_0 + a_1 x_2 + \cdots + a_{n-1} x_2^{n-1} + a_n x_2^n = y_2, \\ \qquad\qquad \cdots\cdots \\ a_0 + a_1 x_n + \cdots + a_{n-1} x_n^{n-1} + a_n x_n^n = y_n. \end{cases} \tag{4.1}$$

这是一个以 $a_0, a_1, \cdots, a_n$ 为未知数的 $n+1$ 元线性方程组, 该方程组的系数行列式

$$D = \begin{vmatrix} 1 & x_0 & x_0^2 & \cdots & x_0^n \\ 1 & x_1 & x_1^2 & \cdots & x_1^n \\ 1 & x_2 & x_2^2 & \cdots & x_2^n \\ \vdots & \vdots & \vdots & & \vdots \\ 1 & x_n & x_n^2 & \cdots & x_n^n \end{vmatrix} = \prod_{0 \leqslant j < i \leqslant n} (x_i - x_j)$$

是一个 $n+1$ 阶 Vandermonde 行列式. 由于节点 x_i $(i = 0, 1, \cdots, n)$ 是互异节点, 从而 $D \neq 0$, 根据线性代数的知识, 上述方程组存在唯一解, 即满足插值条件的 $P_n(x)$ 存在且唯一.

注 4.2 范德蒙德 (Alexandre-Theophile Vandermonde, 1735—1796, 法国数学家) 在高等代数方面作出了重要贡献. 他不仅把行列式应用于解线性方程组, 而且对行列式理论本身进行了开创性研究, 是行列式的奠基者.

1683 年, 日本和欧洲都独立出现了行列式的概念, 但无论是关孝和还是莱布尼茨 (Gottfried Wilhelm Leibniz, 1646—1716, 德国数学家) 似乎都没有使用行列式一词 (Burden and Faires, 2010).

4.1.2 Lagrange 插值多项式

关于 n 次 Lagrange 插值问题, 只要解上述方程组 (4.1), 便可得到 $a_0, a_1, \cdots, a_n$ 的值, 即可得到 $P_n(x)$ 的表达式. 但是当 n 较大时, 它的系数矩阵 (即 Vandermonde 矩阵) 是病态的, 且求解线性方程组的计算量大, 因此不便于实际应用. 我们仿照前面二次插值多项式的构造方法构造 n 次 Lagrange 插值多项式.

假设存在形如 $P_n(x) = \sum_{j=0}^{n} f_j l_j(x)$ 的多项式, 其中 $l_0(x), \cdots, l_n(x)$ 满足: (1) $l_0(x), \cdots, l_n(x)$ 都是 n 次多项式; (2) $l_j(x_i) = \delta_{j,i}, i, j = 0, 1, \cdots, n$. 显然多项式 $P_n(x)$ 的次数不超过 n, 且满足插值条件 $P_n(x_i) = f_i, i = 0, 1, \cdots, n$. 此时

$$P_n(x) = \sum_{j=0}^{n} f_j l_j(x)$$

称为 ***n* 次 Lagrange 插值多项式**, $l_i(x), \cdots, l_n(x)$ 称为 Lagrange 插值**节点基函数**.

下面推导 Lagrange 插值节点基函数的具体形式. 注意到 $x_1, \cdots, x_n$ 是基函数 $l_0(x)$ 的零点, 可得

$$l_0(x) = C(x - x_1) \cdots (x - x_n).$$

由 $l_0(x_0)=1$ 可得

$$l_0(x)=\frac{(x-x_1)\cdots(x-x_n)}{(x_0-x_1)\cdots(x_0-x_n)}=\prod_{k=1}^{N}\frac{x-x_k}{x_0-x_k}.$$

同理可得

$$l_j(x)=\prod_{k=0,k\neq j}^{n}\frac{x-x_k}{x_j-x_k},\quad j=1,2,\cdots,n.$$

所以对一般的节点基函数 $l_i(x)$ $(i=0,1,2,\cdots,n)$ 有表达式

$$l_i(x)=\frac{(x-x_0)\cdots(x-x_{i-1})(x-x_{i+1})\cdots(x-x_n)}{(x_i-x_0)\cdots(x_i-x_{i-1})(x_i-x_{i+1})\cdots(x_i-x_n)}=\prod_{j=0,j\neq i}^{n}\frac{x-x_j}{x_i-x_j},$$

可以证明, n 次多项式 $l_0(x),l_1(x),\cdots,l_n(x)$ 线性无关.

根据线性代数的知识, 所有次数不超过 n 的多项式构成的集合 $P_n[x]$ 关于多项式的加法和数乘多项式是一个线性空间, $1,x,x^2,\cdots,x^n$ 是 $P_n[x]$ 的一个基, 线性空间的基不唯一. $l_0(x),l_1(x),\cdots,l_n(x)$ 线性无关, 也构成 $P_n[x]$ 的一个基. 在同样的条件下, 求出的 $P_n(x)=a_0+a_1x+a_2x^2+\cdots+a_nx^n$ 与 $P_n(x)=\sum_{j=0}^{n}f_jl_j(x)$ 是同一个多项式在不同基下的表达式. 前者的系数 a_i 很难计算, 而后者的表达式很容易就可以写出来.

4.1.3 Lagrange 插值余项

插值多项式 $P_n(x)$ 作为函数 $f(x)$ 的近似表达式, 它与被插值函数之间存在误差, 记

$$R_n(x)=f(x)-P_n(x),$$

称 $R_n(x)$ 为插值多项式 $P_n(x)$ 的**插值余项**. 在节点 x_j 处余项 $R_n(x_j)=0$, 那么在其他点上呢?

定理 4.1 设 $f(x)$ 在 $[a,b]$ 上 $n+1$ 次可微, $P_n(x)$ 是以 $[a,b]$ 上 $n+1$ 个互异点 $x_0,x_1,\cdots,x_n$ 为插值节点的 n 次插值多项式, 则对任意的 $x\in[a,b]$, 有插值余项

$$R_n(x)=\frac{f^{(n+1)}(\xi)}{(n+1)!}(x-x_0)(x-x_1)\cdots(x-x_n),\tag{4.2}$$

其中 $\xi\in(a,b)$ 与 x 有关.

证明　因为 $x_0, x_1, \cdots, x_n$ 为插值节点, 故 $R_n(x_j) = 0$ $(j = 0, 1, \cdots, n)$, 所以 $R_n(x)$ 可以写成

$$R_n(x) = k(x)(x - x_0)(x - x_1)\cdots(x - x_n),$$

$k(x)$ 是待定函数. 因此只需给出 $k(x)$ 的表达式, 就可得到 $R_n(x)$ 的表达式, 为此, 引入变量为 t 的函数

$$\varphi(t) = R_n(t) - k(x)(t - x_0)(t - x_1)\cdots(t - x_n).$$

由 (4.2) 有

$$\varphi(x) = 0,$$

联合

$$\varphi(x_j) = 0, \quad j = 0, 1, 2, \cdots, n$$

知 $\varphi(t)$ 在 $[a, b]$ 上至少有 $n+2$ 个零点 $x, x_0, x_1, \cdots, x_n$. 由 Rolle 定理 (在一个函数的两个零点之间, 它的一阶导数至少有一个零点), $\varphi'(t)$ 在 $\varphi(t)$ 的两个零点之间至少有一个零点, 这样 $\varphi'(t)$ 在 (a, b) 内至少有 $n+1$ 个零点. 再用 Rolle 定理得 $\varphi''(t)$ 在 (a, b) 内至少有 n 个零点. 依次类推, $\varphi^{(n+1)}(t)$ 在 (a, b) 内至少有一个零点, 记这个零点为 ξ ($\xi \in (a, b)$, 与 x 有关), 则有

$$\varphi^{(n+1)}(\xi) = 0,$$

即 $0 = f^{(n+1)}(\xi) - k(x)(n+1)!$, 因而有

$$k(x) = \frac{f^{(n+1)}(\xi)}{(n+1)!}.$$

所以

$$R_n(x) = \frac{f^{(n+1)}(\xi)}{(n+1)!}\prod_{j=0}^{n}(x - x_j). \qquad \square$$

注意, (4.2) 仅在 $f^{(n+1)}(x)$ 存在时才能使用. 另外只知道 $\xi \in (a, b)$, 而不知道 ξ 的具体值, 因此在实际应用时, 通常是对 $|f^{(n+1)}(\xi)|$ 作一个估计

$$M = \max_{a \leqslant x \leqslant b} |f^{(n+1)}(x)|,$$

然后求出截断误差限

$$|R_n(x)| \leqslant \frac{M}{(n+1)!}\left|(x - x_0)(x - x_1)\cdots(x - x_n)\right|. \tag{4.3}$$

注 4.3 Rolle 定理由罗尔 (Michel Rolle, 1652—1719, 法国数学家) 在 1691 年呈现在鲜为人知的题为《求解等式的方法》的论文中. 最初他对牛顿和莱布尼茨的微积分持批判的态度, 但后来成为其支持者之一 (Burden and Faires, 2010).

例 4.3 估计例 4.1、例 4.2 中线性插值和二次插值的误差.

解 注意到 $f(x)=\sqrt{x}$, $f'(x)=1/(2\sqrt{x})$, $f''(x)=-1/(4\sqrt{x^3})$, $f^{(3)}(x)=3/(8\sqrt{x^5})$, $[a,b]=[100,144]$. 计算

$$M_1=\max_{a\leqslant x\leqslant b}\left|f^{(2)}(x)\right|=\frac{1}{4\sqrt{100^3}}=2.5\times10^{-4},$$

$$M_2=\max_{a\leqslant x\leqslant b}\left|f^{(3)}(x)\right|=\frac{3}{8\sqrt{100^5}}=3.75\times10^{-6}.$$

所以

$$|R_1(130)|\leqslant\left|\frac{2.5\times10^{-4}}{2}(130-121)(130-144)\right|=0.0158,$$

$$|R_2(130)|\leqslant\left|\frac{3.75\times10^{-6}}{6}(130-100)(130-121)(130-144)\right|=0.0024.$$

从插值余项表达式来看, 似乎是插值节点越多误差越小? 但事实并非如此. 比如在区间 $[-1,1]$ 上, 取

$$x_i=-1+ih,\quad Y_i=\frac{1}{1+x_i^2},\quad i=0,1,2,\cdots,n,\quad h=\frac{2}{n}.$$

利用这些数据作 n 次插值多项式 $P_n(x)$. 分别取 $n=5, n=10$, 即作 5 次、10 次插值 $P_5(x), P_{10}(x)$. 插值多项式 $y=P_5(x)$, $y=P_{10}(x)$ 和函数 $y=f(x)=1/(1+x^2)$ 在 $[-1,1]$ 上的图像见图 4.3.

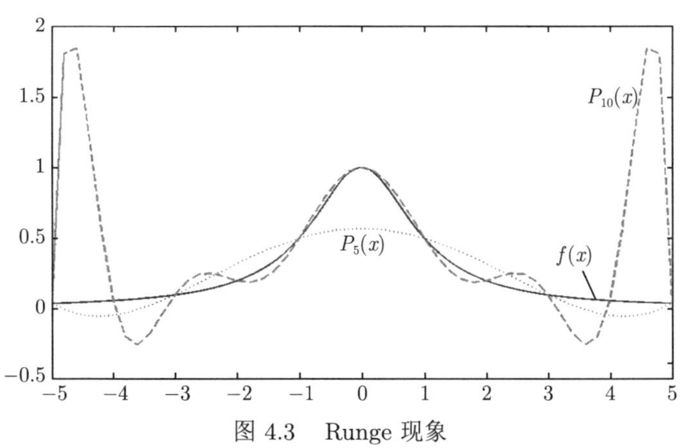

图 4.3 Runge 现象

从图 4.3 看, 10 次插值的图像在区间 $[-1,1]$ 的端点附近出现了大的振荡, 逼近效果很差, 这种现象称为 **Runge 现象**. 这就说明, 等距节点处的高次插值并不一定能够提高逼近精度. 这是因为插值余项是由 $f^{(n+1)}(\xi)$, $\frac{1}{(n+1)!}$ 和 $(x-x_0)(x-x_1)\cdots(x-x_n)$ 三部分控制的, 只有三部分的乘积足够小时, 误差才会足够小.

一种克服 Runge 现象的方法是使用非等距节点, 例如 Legendre 点, 并结合 Lagrange 插值多项式的第二重心形式. 另一种方法是采用分段低次插值法, 见本章最后两节.

4.1.4 Lagrange 插值的第二重心形式 *

在实际计算中, 我们一般采用 Lagrange 插值多项式的第二重心形式, 这种重心形式具有计算量小, 稳定性强的特点.

考虑 n 次 Lagrange 插值多项式

$$P_n(x)=\sum_{j=0}^{n} f(x_j)l_j(x)=l(x)\sum_{j=0}^{n} f(x_j)\frac{1}{x-x_j}\prod_{i=0,i\neq j}^{n}\frac{1}{x_j-x_i},$$

这里 $l(x)=\prod_{i=0}^{n}(x-x_i)$. 由插值余项定理可知, 当 $f(x)=1$ 时, 等式 $L_N(x)=f(x)$ 是恒成立的. 所以有

$$1=l(x)\sum_{j=0}^{n}\frac{1}{x-x_j}\prod_{i=0,i\neq j}^{N}\frac{1}{x_j-x_i}.$$

定义 $\lambda_j=\prod_{i=0,i\neq j}^{n}\frac{1}{x_j-x_i}$, 那么有

$$P_n(x)=\frac{\sum_{j=0}^{N}\frac{f(x_j)\lambda_j}{x-x_j}}{\sum_{k=0}^{N}\frac{\lambda_k}{x-x_k}}. \tag{4.4}$$

上式称为 Lagrange 插值多项式的**第二重心形式**, $\lambda_0,\cdots,\lambda_N$ 称为节点 $x_0,\cdots,x_N$ 的**重心权**. 当增加一个节点时, 只需更新重心权便可构造新的插值多项式 (具体过程留给读者推导). 对于特殊的插值节点, 例如 Legendre 点, 可以借助 Chebfun 工具箱中的 jacpts.m 函数快速计算重心权. 该函数利用了重心权与 Gauss 求积权的关系, 计算量仅为 $O(N)$.

4.2 Newton 插值法

Newton 插值多项式所要解决的问题与 Lagrange 插值多项式所解决的问题相同, 为更好地介绍 Newton 插值, 首先介绍差商的概念.

4.2.1 差商的定义与性质

1. 差商的定义

定义 4.2 已知 $f(x)$ 在闭区间 $[a,b]$ 上 $n+1$ 个互异节点 $x_0,x_1,\cdots,x_n$ 处的函数值 $f_i=f(x_i),i=0,1,\cdots,n$, 称 $f(x_0,x_1)=\dfrac{f(x_1)-f(x_0)}{x_1-x_0}$ 为 $f(x)$ 在点 x_0,x_1 处的**一阶差商**; $f(x_1,x_2)=\dfrac{f(x_2)-f(x_1)}{x_2-x_1}$ 为 $f(x)$ 在点 x_1,x_2 处的**一阶差商**; $f(x_0,x_1,x_2)=\dfrac{f(x_1,x_2)-f(x_0,x_1)}{x_2-x_0}$ 为 $f(x)$ 在点 x_0,x_1,x_2 处的**二阶差商**; $\cdots$; $f(x_0,x_1,x_2,\cdots,x_{n-1},x_n)=\dfrac{f(x_1,x_2,\cdots,x_n)-f(x_0,x_1,\cdots,x_{n-1})}{x_n-x_0}$ 为 $f(x)$ 在点 $x_0,x_1,\cdots,x_n$ 处的 $\boldsymbol{n}$ **阶差商**.

规定 $f(x_0)$ 为 $f(x)$ 在点 x_0 处的**零阶差商**.

根据差商的定义, n 阶差商为两个 $n-1$ 阶差商的差商. 两个 $n-1$ 阶差商中, 节点除一个不同外, 其余节点相同, 且分母恰为这两个不同节点之差. 另外, 计算高阶差商要用到前面的低阶差商, 计算较为复杂, 为清楚地计算出各阶差商, 常把各阶差商放在一个表中, 称为**差商表**, 见表 4.3.

表 4.3

k	$f(x_i)$	一阶差商	二阶差商	三阶差商	四阶差商
x_0	$f(x_0)$	$f(x_0,x_1)$	$f(x_0,x_1,x_2)$	$f(x_0,x_1,x_2,x_3)$	$f(x_0,x_1,\cdots,x_4)$
x_1	$f(x_1)$	$f(x_1,x_2)$	$f(x_1,x_2,x_3)$	$f(x_1,x_2,x_3,x_4)$	
x_2	$f(x_2)$	$f(x_2,x_3)$	$f(x_2,x_3,x_4)$		
x_3	$f(x_3)$	$f(x_3,x_4)$			
x_4	$f(x_4)$				

在实际操作中, 我们将差商表用一个 $(n+1)\times(n+1)$ 矩阵 $\boldsymbol{A}$ 来存储, 矩阵 $\boldsymbol{A}$ 的第一列为函数值 $\boldsymbol{F}=[f(x_0),f(x_1),\cdots,f(x_n)]^{\mathrm{T}}$, 对应的自变量的值保存在向量 $\boldsymbol{X}=[x_0,x_1,\cdots,x_n]^{\mathrm{T}}$ 之中, 于是计算一些已知数据的差商表可由下述方法编程.

算法 4.1　已知数据差商表的计算

输入: 已知数据 $\boldsymbol{X}$, $\boldsymbol{F}$.

输出: 差商表 $\boldsymbol{A}$.

$N = \text{length}(\boldsymbol{X})$ (向量 $\boldsymbol{X}$ 的长度), 初始化矩阵 $\boldsymbol{A} = \mathbf{0}_{N\times N}$.

赋值 $\boldsymbol{A}$ 的第一列 $= \boldsymbol{F}$.

For $j = 1, 2, \cdots, N-1$ **do**

　　For $i = 1, 2, \cdots, N-j$ **do**

$$\boldsymbol{A}(i, j+1) = \frac{\boldsymbol{A}(i+1, j) - \boldsymbol{A}(i, j)}{\boldsymbol{X}(i+j) - \boldsymbol{X}(j)}.$$

　　EndFor

EndFor

这里 $\boldsymbol{A}(i, j)$ 表示矩阵 $\boldsymbol{A}$ 的第 i 行、第 j 列元素; 向量 $\boldsymbol{X}(j)$ 表示向量 $\boldsymbol{X}$ 的第 j 个元素.

例 4.4　已知函数表 (表 4.4), 求 $f(x_0, x_1, x_2, x_3, x_4)$.

表 4.4

x_i	1	2	4	5	6
$f(x_i)$	0	4	24	40	140

解　构造差商表, 从表 4.5 中可得 $f(x_0, x_1, x_2, x_3, x_4) = 2$.

表 4.5

x_i	$f(x_i)$	一阶差商	二阶差商	三阶差商	四阶差商
1	0	4	2	0	2
2	4	10	2	10	
4	24	16	42		
5	40	100			
6	140				

2. 差商的性质

性质 1　k 阶差商 $f(x_0, x_1, \cdots, x_k)$ 是函数值 $f(x_0), f(x_1), \cdots, f(x_k)$ 的线性组合, 且

$$f(x_0, x_1, \cdots, x_k) = \sum_{i=0}^{k} C_i f(x_i),$$

其中

$$C_i = \prod_{j=0, j\neq i}^{k} \frac{1}{x_i - x_j}, \quad i = 0, 1, 2, \cdots, N.$$

该性质可用定义和数学归纳法来证 (略).

性质 2 差商具有对称性, 即在 k 阶差商 $f(x_0,x_1,\cdots,x_k)$ 中任意调换 x_i,x_j 的顺序, 其值不变.

例如: $f(x_1,x_2,x_3,x_4)=f(x_4,x_3,x_2,x_1)$.

证明 由性质 1, 改变 x_i,x_j 的顺序, 仅改变算术和的顺序, 其值不变. □

性质 3 如果 $f(x,x_0,\cdots,x_k)$ 是 x 的 m 次多项式, 那么 $f(x,x_0,\cdots,x_k,x_{k+1})$ 是 x 的 $m-1$ 次多项式.

证明 因为

$$f(x,x_0,x_1,\cdots,x_k,x_{k+1})=\frac{f(x,x_0,x_1,\cdots,x_k)-f(x_0,x_1,\cdots,x_k,x_{k+1})}{x-x_{k+1}}.$$

当 $x=x_{k+1}$ 时, 由差商的对称性 $f(x_{k+1},x_0,x_1,\cdots,x_k)-f(x_0,x_1,\cdots,x_k,x_{k+1})=0$, 故 x 的 m 次多项式 $f(x,x_0,x_1,\cdots,x_k)-f(x_0,x_1,\cdots,x_k,x_{k+1})$ 含有 $x-x_{k+1}$ 的因式, 即 $f(x,x_0,x_1,\cdots,x_k)-f(x_0,x_1,\cdots,x_k,x_{k+1})=(x-x_{k+1})P_{m-1}(x)$, 所以 $f(x,x_0,\cdots,x_k,x_{k+1})=P_{m-1}(x)$ 是 x 的 $m-1$ 次多项式. □

推论 4.1 *n 次多项式 $P_n(x)$ 的 k 阶差商, 当 $k\leqslant n$ 时是一个 $n-k$ 次多项式, 当 $k>n$ 时恒为 0.*

性质 4 设 $f(x)$ 在闭区间 $[a,b]$ 上 n 阶可导, 则至少存在一点 ξ, 使得

$$f(x_0,x_1,\cdots,x_n)=\frac{f^{(n)}(\xi)}{n!},\quad a<\xi<b.$$

此性质的证明稍后再证.

4.2.2 Newton 插值多项式

对任意 $x\in[a,b],x\neq x_i,i=0,1,2,\cdots,n$, 由差商的定义可得

$$f(x)=f(x_0)+f(x,x_0)(x-x_0), \tag{1}$$

$$f(x,x_0)=f(x_0,x_1)+f(x,x_0,x_1)(x-x_1), \tag{2}$$

$$f(x,x_0,x_1)=f(x_0,x_1,x_2)+f(x,x_0,x_1,x_2)(x-x_2), \tag{3}$$

$$\cdots\cdots$$

$$f(x,x_0,\cdots,x_{n-2})=f(x_0,x_1,\cdots,x_{n-1})+f(x,x_0,\cdots,x_{n-1})(x-x_{n-1}), \tag{n}$$

$$f(x,x_0,\cdots,x_{n-1})=f(x_0,x_1,\cdots,x_n)+f(x,x_0,\cdots,x_n)(x-x_n), \tag{$n+1$}$$

对前面的表达式进行 $(1)+(2)\times(x-x_0)+(3)\times(x-x_0)(x-x_1)+\cdots+(n+1)\times(x-x_0)(x-x_1)\cdots(x-x_{n-1})$ 并约去相同的项得

$$\begin{aligned}f(x)=&f(x_0)+f(x_0,x_1)(x-x_0)+f(x_0,x_1,x_2)(x-x_0)(x-x_1)\\&+\cdots+f(x_0,x_1,\cdots,x_n)(x-x_0)(x-x_1)\cdots(x-x_{n-1})\\&+f(x,x_0,x_1,\cdots,x_n)(x-x_0)(x-x_1)\cdots(x-x_n).\end{aligned}$$

记

$$\begin{aligned}N_n(x)=&f(x_0)+f(x_0,x_1)(x-x_0)+f(x_0,x_1,x_2)(x-x_0)(x-x_1)\\&+\cdots+f(x_0,x_1,\cdots,x_n)(x-x_0)(x-x_1)\cdots(x-x_{n-1}),\end{aligned}\tag{4.5}$$

$$R_n(x)=f(x,x_0,x_1,\cdots,x_n)(x-x_0)(x-x_1)\cdots(x-x_n),\tag{4.6}$$

则 $f(x)=N_n(x)+R_n(x)$.

显然 $N_n(x)$ 是一个次数不超过 n 的多项式, 下面证明它就是 $f(x)$ 的 n 次插值多项式, $R_n(x)$ 是它的余项. 为此, 只需证明 $N_n(x_i)=f(x_i)$, $i=0,1,2,\cdots,n$. 利用插值问题的唯一性, 只要证明 Lagrange 插值多项式 $P_n(x)=N_n(x)$ 即可. 上面推导 $f(x)=N_n(x)+R_n(x)$ 时, 对任意函数 $f(x)$ 都成立, 当 $f(x)$ 为次数不超过 n 的多项式时, 由差商的性质 3 的推论知, N 次多项式的 $n+1$ 阶差商 $f(x,x_0,x_1,\cdots,x_n)=0$, 故余项 $R_n(x)=0$, 从而 $f(x)=N_n(x)$.

特别, 对 $f(x)$ 的 n 次 Lagrange 插值多项式 $P_n(x)$, 当然也有 $P_n(x)=N_n(x)$, 从而 $N_n(x_i)=P_n(x_i)=f(x_i)$, $i=0,1,2,\cdots,n$.

所以 $N_n(x)$ 就是 $f(x)$ 的 n 次插值多项式, 称为 **Newton 插值多项式**. $R_n(x)=f(x,x_0,x_1,\cdots,x_n)(x-x_0)(x-x_1)\cdots(x-x_n)$ 是它的 **Newton 插值余项**.

因为 $N_n(x)=P_n(x)$, 所以 $f(x)-N_n(x)=f(x)-P_n(x)$, 即

$$f(x,x_0,x_1,\cdots,x_n)\prod_{j=0}^{n}(x-x_j)=\frac{f^{(n+1)}(\xi)}{(n+1)!}\prod_{j=0}^{n}(x-x_j),$$

由此得差商与导数的关系 (性质 4)

$$f(x,x_0,\cdots,x_n)=\frac{f^{(n+1)}(\xi)}{(n+1)!},\quad a<\xi<b.\tag{4.7}$$

注 4.4 正如在许多领域一样, 牛顿在差分方程的研究中表现突出. 早在 1675 年, 他采取了一种非常一般的方法得到了差分表, 利用差分表中的符号建立了插值公式 (Burden and Faires, 2010).

例 4.5 已知函数 $f(x)$ 的一组数据如表 4.6 所示. 求 $f(x)$ 的三次 Newton 插值多项式 $P_3(x)$, 并求 $f(-1.5)$ 的近似值.

表 4.6

x	-1	0	1	2
$f(x)$	1	-1	2	4

解 先作差商表, 见表 4.7.

表 4.7

x	$f(x)$	一阶差商	二阶差商	三阶差商
-1	1	-1	$4/3$	$-2/5$
0	-1	3	$-2/3$	
1	2	1		
2	4			

则

$$\begin{aligned} N_3(x) = & f(x_0) + f(x_0,x_1)(x-x_0) + f(x_0,x_1,x_2)(x-x_0)(x-x_1) \\ & + f(x_0,x_1,x_2,x_3)(x-x_0)(x-x_1)(x-x_2) \\ = & 1-(x+2)+\frac{4}{3}x(x+2)-\frac{2}{5}x(x+2)(x-1). \end{aligned}$$

$$f(-1.5) \approx N_3(-1.5) = -1.25.$$

4.3 等距节点的 Newton 插值法

前面讨论的插值公式中插值节点是任意分布的互异节点. 但是, 在实际应用中经常会遇到等距节点的情形. 不妨设等距节点为 $x_i = x_0 + ih$, $i = 0, 1, 2, \cdots, N$ (h 称为步长). 记 $f_i = f(x_i)$, $i = 0, 1, 2, \cdots, N$, $f_{i+\frac{1}{2}} = f(x_i + h/2), f_{i-\frac{1}{2}} = f(x_i - h/2)$, $i = 1, 2, \cdots, N$. 为探讨等距节点的 Newton 插值, 下面先给出差分的概念.

4.3.1 差分的概念

定义 4.3 $\Delta f_i = f_{i+1} - f_i$ 称为 $f(x)$ 在节点 x_i 的**一阶向前差分**. $\Delta^2 f_i = \Delta f_{i+1} - \Delta f_i$ 称为 $f(x)$ 在节点 x_i 的**二阶向前差分**. 以此类推, $\Delta^n f_i = \Delta^{n-1} f_{i+1} - \Delta^{n-1} f_i$ 称为 $f(x)$ 在节点 x_i 的 n **阶向前差分**.

定义 4.4 $\nabla f_i = f_i - f_{i-1}$ 称为 $f(x)$ 在节点 x_i 的**一阶向后差分**. $\nabla^2 f_i = \nabla f_i - \nabla f_{i-1}$ 称为 $f(x)$ 在节点 x_i 的**二阶向后差分**. 以此类推, $\nabla^n f_i = \nabla^{n-1} f_i - \nabla^{n-1} f_{i-1}$ 称为 $f(x)$ 在节点 x_i 的 n **阶向后差分**.

定义 4.5 $\delta f_i = f_{i+1/2} - f_{i-1/2}$ 称为 $f(x)$ 在节点 x_i 的**一阶中心差分**. $\delta^2 f_i = \delta f_{i+1/2} - \delta f_{i-1/2} = f_{i+1} - 2f_i + f_{i-1}$ 称为 $f(x)$ 在节点 x_i 的**二阶中心差分**. 以此类推, $\delta^n f_i = \delta^{n-1} f_{i+1/2} - \delta^{n-1} f_{i-1/2}$ 称为 $f(x)$ 在节点 x_i 的 n **阶中心差分**.

采用数学归纳法可以证明差商和差分的如下关系:

$$f(x_0, x_1, \cdots, x_n) = \frac{\Delta^n f_0}{n!h^n}, \tag{4.8}$$

$$f(x_0, x_1, \cdots, x_n) = \frac{\nabla^n f_n}{n!h^n}. \tag{4.9}$$

从而

$$\Delta^k f_0 = \nabla^k f_k. \tag{4.10}$$

类似于差商表一样, 表 4.8 是**向前差分表**, 表 4.9 是**向后差分表**. 由关系式 (4.10) 可得向后差分表中的“斜角”数据与向前差分表中的“斜角”数据对应相等, 即 $f_4 = f_4$, $\nabla f_4 = \Delta f_3$, $\nabla^2 f_4 = \Delta^2 f_2$, $\nabla^3 f_4 = \Delta^3 f_1$, $\nabla^4 f_4 = \Delta^4 f_0$.

表 4.8

x_i	f_i	Δf_i	$\Delta^2 f_i$	$\Delta^3 f_i$	$\Delta^4 f_i$
x_0	f_0	Δf_0	$\Delta^2 f_0$	$\Delta^3 f_0$	$\Delta^4 f_0$
x_1	f_1	Δf_1	$\Delta^2 f_1$	$\Delta^3 f_1$	
x_2	f_2	Δf_2	$\Delta^2 f_2$		
x_3	f_3	Δf_3			
x_4	f_4				

表 4.9

i	f_i	∇f_i	$\nabla^2 f_i$	$\nabla^3 f_i$	$\nabla^4 f_i$
x_4	f_4				
x_3	f_3	∇f_4			
x_2	f_2	∇f_3	$\nabla^2 f_4$		
x_1	f_1	∇f_2	$\nabla^2 f_3$	$\nabla^3 f_4$	
x_0	f_0	∇f_1	$\nabla^2 f_2$	$\nabla^3 f_3$	$\nabla^4 f_4$

4.3.2 等距节点的 Newton 插值多项式

构造 Newton 插值多项式需要计算差商, 而计算差商需作除法运算. 当插值节点为等距节点时, 利用差商与差分的关系, 用差分代替差商可省掉除法运算. 另一方面, 已知 $f(x)$ 的一个函数表, 去求某点的函数值的近似值 (插值) 时, 总希望在达到一定精度的前提下尽量减少运算次数, 亦即少用 n 个点来计算. 显然, 被选用的节点以靠近被插值点的为最佳. 这就是等距节点插值多项式的思想.

1. Newton 向前插值公式

如果点 x 位于 x_0 的附近, 在 Newton 插值公式 (4.5) 中用向前差分代替差商 (关系式 (4.8)), 可得

$$
\begin{aligned}
N_n(x)=&f_0+\frac{\Delta f_0}{1!h}(x-x_0)+\frac{\Delta^2 f_0}{2!h^2}(x-x_0)(x-x_1)+\cdots\\
&+\frac{\Delta^n f_0}{n!h^n}(x-x_0)(x-x_1)\cdots(x-x_i)\cdots(x-x_n),
\end{aligned}
$$

令 $x=x_0+th,\ t\in[0,N]$, 则 $x-x_i=(t-i)h,\ i=0,1,\cdots,N$, 于是

$$
\begin{aligned}
N_n(x)&=N_n(x_0+th)\\
&=f_0+\frac{\Delta f_0}{1!}t+\frac{\Delta^2 f_0}{2!}t(t-1)+\cdots+\frac{\Delta^n f_0}{n!}t(t-1)\cdots(t-n+1). \quad (4.11)
\end{aligned}
$$

式 (4.11) 称为 **Newton 向前插值公式**.

2. Newton 向后插值公式

如果点 x 位于 x_n 的附近, 那么将节点按 $x_n, x_{n-1},\cdots,x_2,x_1$ 的顺序排列. 在 Newton 插值公式 (4.5) 中用向后差分代替差商 (关系式 (4.9)), 可得

$$
\begin{aligned}
N_n(x)=&f_n+\frac{\nabla f_n}{1!h}(x-x_n)+\frac{\nabla^2 f_n}{2!h^2}(x-x_n)(x-x_{n-1})+\cdots\\
&+\frac{\nabla^n f_n}{n!h^n}(x-x_n)(x-x_{n-1})\cdots(x-x_i)\cdots(x-x_1),
\end{aligned}
$$

令 $x=x_n+th$, 则 $x_i=x_n-(n-i)h,\ x-x_i=(t+n-i)h$ 可得

$$
\begin{aligned}
N_n(x)=&N_n(x_n+th)\\
=&f_n+\frac{\nabla f_n}{1!}t+\frac{\nabla^2 f_n}{2!}t(t+1)+\cdots\\
&+\frac{\nabla^n f_n}{n!}t(t+1)\cdots(t+n-1). \quad (4.12)
\end{aligned}
$$

式 (4.12) 称为 **Newton 向后插值公式**.

利用等距节点 Newton 向前 (后) 插值公式进行计算时, 首先应从函数值出发构造一个差分表, 它的计算比较简单, 仅包含减法运算.

例 4.6 设已知函数表 (表 4.10), 利用等距节点插值计算 $f(1.5)$ 和 $f(4.5)$ 的近似值.

表 4.10

x_i	1	2	3	4	5
$f(x_i)$	0	4	24	40	80

解　用函数表构造向前差分表, 见表 4.11.

$$\begin{aligned}N_n(1.5)&=N_n(x_0+0.5h)\\&=0+\frac{4}{1!}\frac{1}{2}+\frac{16}{2!}\frac{1}{2}\left(\frac{1}{2}-1\right)+\frac{-20}{3!}\frac{1}{2}\left(\frac{1}{2}-1\right)\left(\frac{1}{2}-2\right)\\&\quad+\frac{48}{4!}\frac{1}{2}\left(\frac{1}{2}-1\right)\left(\frac{1}{2}-2\right)\left(\frac{1}{2}-3\right)\\&\approx-3.1250.\end{aligned}$$

所以根据等距节点的 4 次 Newton 向前插值得 $f(1.5)\approx-3.1250$.

表 4.11

x_i	f_i	Δf_i	$\Delta^2 f_i$	$\Delta^3 f_i$	$\Delta^4 f_i$
1	0	4	16	−20	48
2	4	20	−4	28	
3	24	16	24		
4	40	40			
5	80				

由数据构造向后差分表 (表 4.12) 得

$$\begin{aligned}N_n(4.5)&=N_n(5+(-0.5)h)\\&=80+\frac{40}{1!}(-0.5)+\frac{24}{2!}(-0.5)[(-0.5)+1]\\&\quad+\frac{28}{3!}(-0.5)[(-0.5)+1][(-0.5)+2]\\&\quad+\frac{48}{4!}(-0.5)[(-0.5)+1][(-0.5)+2][(-0.5)+3]\\&\approx53.3750.\end{aligned}$$

根据等距节点的 4 次 Newton 向后插值得 $f(4.5)\approx53.3750$.

表 4.12

x_i	f_i	∇f_i	$\nabla^2 f_i$	$\nabla^3 f_i$	$\nabla^4 f_i$
5	80				
4	40	40			
3	24	16	24		
2	4	20	−4	28	
1	0	4	16	−20	48

注 4.5 由关系式 (4.10) 知, 在一个题目同样的数据中若既考虑向前插值, 又考虑向后插值, 实际上向后差分表没必要计算, 向后插值可以利用向前差分表中的“斜角”数据.

4.4 Hermite 插值法

前面介绍的插值只要求插值多项式在给定点上取已知函数值. 还有一类插值, 它不但要求插值多项式在给定点上取已知函数值, 而且要求取已知导数值. 这类插值称为 Hermite 插值.

4.4.1 Hermite 插值多项式

设函数 $y = f(x)$ 在区间 $[a, b]$ 上有定义且已知 $f(x)$ 在 $n + 1$ 个互异点 $x_0, x_1, \cdots, x_n$ 处的函数值及导数值

$$f_j = f(x_i), \quad f'_j = f'(x_i), \quad i = 0, 1, \cdots, n.$$

构造一个次数不超过 $2n + 1$ 的多项式函数 H_{2n+1}, 要求

$$H_{2n+1}(x_i) = f_i, \quad H'_{2n+1}(x_i) = f'_i, \quad i = 0, 1, \cdots, n.$$

这就是一个 $2n + 1$ **次 Hermite 插值问题**.

首先考虑上述 Hermite 插值问题的解是否存在. 仿照 Lagrange 插值多项式的构造方式, 假设 $H_{2n+1}(x)$ 具有形式

$$H_{2n+1}(x) = \sum_{j=0}^{n} f_j \alpha_j(x) + \sum_{j=0}^{n} f'_j \beta_j(x),$$

这里要求 $\alpha_j(x), \beta_j(x),\ j = 0, 1, \cdots, n$, 满足:

(1) $\alpha_j(x), \beta_j(x)$ 是 $2n + 1$ 次多项式;

(2) $\alpha_j(x_i) = \delta_{j,i}, \alpha'_j(x_i) = 0, \beta'_j(x_i) = \delta_{j,i}, \beta_j(x_i) = 0$.

容易验证满足上述条件的多项式 $H_{2n+1}(x)$ 是 Hermite 插值问题的解. 下面考虑如何构造多项式 $\alpha_j(x), \beta_j(x),\ j = 0, 1, \cdots, n$.

对于 $\alpha_0(x)$, 由于 $x_1, \cdots, x_n$ 是它的 2 重根, 可设

$$\alpha_0(x) = (ax + b) l_0^2(x),$$

这里 a, b 是待定参数, $l_0^2(x)$ 是节点 $x_0, x_1, \cdots, x_n$ 对应的 Lagrange 基函数. 进一步, 解方程组

$$\begin{cases} \alpha_0(x_0) = 1, \\ \alpha'_0(x_0) = 0, \end{cases}$$

可得

$$a=-2l_0'(x_0),\quad b=1+2x_0l_0'(x_0).$$

所以有

$$\alpha_0(x)=(-2l_0'(x_0)x+1+2x_0l_0'(x_0))l_0^2(x).$$

类似可得

$$\alpha_j(x)=(-2l_j'(x_j)x+1+2x_jl_j'(x_j))l_j^2(x),\quad j=1,\cdots,n.$$

对于 $\beta_0(x)$, 由于 $x_1,\cdots,x_n$ 是它的二重根, x_0 是它的单根可得

$$\beta_0(x)=c(x-x_0)l_0^2(x),$$

这里 c 是待定参数, $l_0^2(x)$ 是节点 $x_0,x_1,\cdots,x_n$ 对应的 Lagrange 基函数. 解等式 $\beta_0'(x_0)=1$ 可得 $c=1$. 所以 $\beta_0(x)=(x-x_0)l_0^2(x)$. 类似地, 有 $\beta_j(x)=(x-x_j)l_j^2(x)$, $j=1,\cdots,n$.

综上所述, $2n+1$ 次 Hermite 插值问题的解为

$$H_{2n+1}(x)=\sum_{j=0}^{n}f_0(-2l_j'(x_j)x+1+2x_jl_j'(x_j))l_j^2(x)+\sum_{j=0}^{n}f_0'(x-x_j)l_j^2(x).$$

这个多项式也称为 **$2n+1$ 次 Hermite 插值多项式**.

假设存在多项式 $\hat{H}_{2n+1}(x)$ 是 Hermite 插值问题的解, 那么定义残差 $R(x)=H_{2n+1}(x)-\hat{H}_{2n+1}(x)$. 注意到 $R(x)$ 是一个不超过 $2n+1$ 次的多项式且有 $2n+2$ 个零点 (计重数) , 即 $x_0,x_1,\cdots,x_n$, 由线性代数的知识可知 $R(x)\equiv 0$. 所以 Hermite 插值问题的解是唯一的.

当 $n=1$ 时, **三次 Hermite 插值多项式**中的基函数 $\alpha_0(x)$ 可简化

$$\begin{aligned}\alpha_0(x)&=(-2l_0'(x_0)x+1+2x_0l_j'(x_0))l_0^2(x)\\&=\left(-\frac{2x}{x_0-x_1}+1+2x_0\frac{1}{x_0-x_1}\right)\left(\frac{x-x_1}{x_0-x_1}\right)^2\\&=\left(1+2\frac{x_0-x}{x_0-x_1}\right)\left(\frac{x-x_1}{x_0-x_1}\right)^2.\end{aligned}$$

同理可得

$$\alpha_1(x)=\left(1+2\frac{x_1-x}{x_1-x_0}\right)\left(\frac{x-x_0}{x_1-x_0}\right)^2.$$

所以三次 Hermite 插值多项式的具体形式为

$$H_3(x) = f_0\left(1+2\frac{x_0-x}{x_0-x_1}\right)\left(\frac{x-x_1}{x_0-x_1}\right)^2 + f_1\left(1+2\frac{x_1-x}{x_1-x_0}\right)\left(\frac{x-x_0}{x_1-x_0}\right)^2$$
$$+ f_0'(x-x_0)\left(\frac{x-x_1}{x_0-x_1}\right)^2 + f_1'(x-x_1)\left(\frac{x-x_0}{x_1-x_0}\right)^2.$$

例 4.7 设已知函数 $f(x)=\sqrt{x}$, $f'(x)=\dfrac{1}{2\sqrt{x}}$ 及数据表 (表 4.13), 试用三次 Hermite 插值公式计算 $\sqrt{130}$ 的近似值.

表 4.13

x_i	121	144
$f(x_i)$	11	12
$f'(x_i)$	1/22	1/24

解 将 $x_0=121, x_1=144, f_0=11, f_1=12, f_0'=1/22, f_1'=1/24$ 代入

$$H_3(x) = f_0\left(1+2\frac{x_0-x}{x_0-x_1}\right)\left(\frac{x-x_1}{x_0-x_1}\right)^2 + f_1\left(1+2\frac{x_1-x}{x_1-x_0}\right)\left(\frac{x-x_0}{x_1-x_0}\right)^2$$
$$+ f_0'(x-x_0)\left(\frac{x-x_1}{x_0-x_1}\right)^2 + f_1'(x-x_1)\left(\frac{x-x_0}{x_1-x_0}\right)^2,$$

得 $f(130)\approx H_3(130)\approx 11.4018$.

注 4.6 埃尔米特 (Charles Hermite, 1822—1901, 法国数学家) 一生在复分析和数论等领域取得了重大的成果, 尤其是在方程的理论方面. 他最著名的成就之一是在 1873 年证明了 e 是超越的, 也就是说, 它不是任何整数系数的代数方程的解. 在此启发下, 1882 年林德曼 (Ferdinand von Lindemann, 1852—1939, 德国数学家) 证明 π 也是超越的, 这表明不可能使用标准欧几里得几何的工具, 用于构造面积与单位圆相同的正方形 (Burden and Faires, 2010).

4.4.2 Hermite 插值余项

Hermite 插值多项式 $H_{2n+1}(x)$ 作为函数 $f(x)$ 的近似表达式, 它们之间的插值余项记为

$$R_{2n+1}(x) = f(x) - H_{2n+1}(x).$$

在节点处显然有 $R(2n+1)(x_i) = R'_{2n+1}(x_i) = 0$. 在其他点处有下述余项定理.

定理 4.2 设 $f(x)$ 在 $[a,b]$ 上 $2n+2$ 次可微, $H_{2n+1}(x)$ 是以 $n+1$ 个互异点 $x_0,x_1,\cdots,x_n$ 为插值节点的 $2n+1$ 次 Hermite 插值多项式. 则对任意的 $x\in[a,b]$, 有插值余项

$$R_{2n+1}(x)=\frac{f^{(2n+2)}(\xi)}{(2n+2)!}(x-x_0)^2\cdots(x-x_n)^2, \tag{4.13}$$

其中 $\xi\in(a,b)$ 与 x 相关.

证明 因为 $x_0,x_1,\cdots,x_n$ 为插值节点, 故 $R_{2n+1}(x_i)=R'_{2n+1}(x_i)=0,i=0,1,\cdots,n$. 对固定的 $x\in[a,b]$, $R_{2n+1}(x)$ 可以写为

$$R_{2n+1}(x)=k(x)(x-x_0)^2\cdots(x-x_n)^2,$$

这里 $k(x)$ 待定. 引入关于变量 t 的函数

$$\varphi(t)=[f(t)-H_{2n+1}(t)]-k(x)(t-x_0)^2\cdots(t-x_n)^2,$$

则 $\varphi(t)$ 在 $[a,b]$ 上至少存在 $2n+3$ 个零点 $x,x_0,x_1,\cdots,x_n$ (按重数计), 由 Rolle 定理, $\varphi'(t)$ 在 $[a,b]$ 上至少存在 $2n+2$ 个零点. 再次使用 Rolle 定理可知, $\varphi''(t)$ 在 $[a,b]$ 上至少存在 $2n+1$ 个零点. 重复使用 Rolle 定理可知, $\varphi^{(2n+2)}(t)$ 在 $[a,b]$ 上至少存在一个零点, 不妨设为 ξ. 计算可得

$$k(x)=\frac{f^{(2n+2)}(\xi)}{(2n+2)!}.$$

所以 $2n+1$ 次 Hermite 插值多项式的插值余项为

$$R_{2n+1}(x)=\frac{f^{(2n+2)}(\xi)}{(2n+2)!}(x-x_0)^2\cdots(x-x_n)^2.$$

□

当 $n=1$ 时, 三次 Hermite 插值多项式的插值余项为

$$R_3(x)=\frac{f^{(4)}(\xi)}{24}(x-x_0)^2(x-x_1)^2. \tag{4.14}$$

4.5 分段低次插值法

分段低次插值法是一类在等距节点处克服 Runge 现象的重要方法, 本节介绍两类常用的分段低次插值法, 即分段线性插值法与分段三次 Hermite 插值法.

4.5.1 分段线性插值法

设已知数据 (x_i, y_i) $(i=0,1,2,\cdots,n)$, 并假设

$$a=x_0<x_1<x_2<\cdots<x_n=b.$$

所谓分段线性插值, 就是求作一个函数 $S_1(x)$, 它在每个子段 $[x_i,x_{i+1}]$ 上是一次多项式, 并且满足条件:

$$S_1(x_i)=y_i,\quad i=0,1,2,\cdots,n.$$

这个 $S_1(x)$ 便为**分段线性插值函数**. $y=S_1(x)$ 这个函数的图像便是连接点 (x_0,y_0), (x_1,y_1), $\cdots$, (x_n,y_n) 的折线 (见图 4.4).

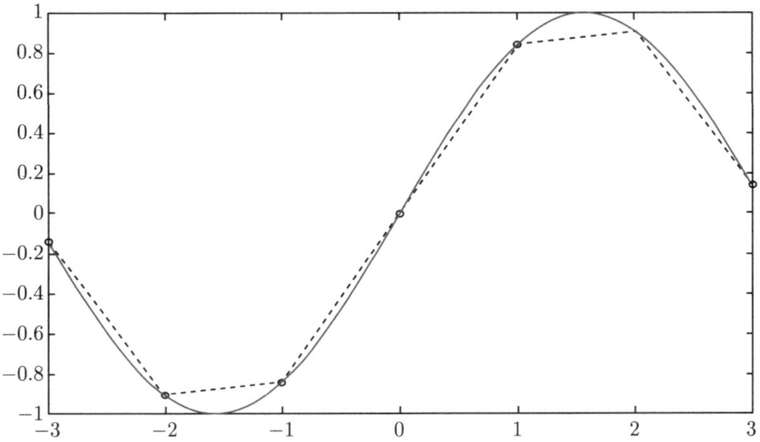

图 4.4 函数和它的分段线性插值

下面求分段线性插值函数 $S_1(x)$ 的表达式并讨论它的误差估计.

在区间 $[x_i,x_{i+1}]$ 上, $S_1(x)$ 是一次式且 $S_1(x_i)=y_i$, $S_1(x_{i+1})=y_{i+1}$, 即 $S_1(x)$ 是区间 $[x_i,x_{i+1}]$ 上的线性插值多项式, 插值节点为 x_i,x_{i+1}, 由 Lagrange 插值公式得

$$S_1(x)=y_i\frac{x-x_{i+1}}{x_i-x_{i+1}}+y_{i+1}\frac{x-x_i}{x_{i+1}-x_i},\quad x\in[x_i,x_{i+1}].$$

取 $i=0$ 得 $S_1(x)$ 在 $[x_0,x_1]$ 上的表达式, 取 $i=1$ 得 $S_1(x)$ 在 $[x_1,x_2]$ 上的表达式, 当取遍 $i=0,1,\cdots,n-1$ 时, 前式给出了分段线性插值函数 $S_1(x)$ 的分段解析表达式.

由函数 $S_1(x)$ 的解析表达式可以很容易得到 $S_1(x)\in C[a,b]$.

在区间 $[x_i, x_{i+1}]$ 上, $S_1(x)$ 的表达式是 Lagrange 线性插值. 因此在 $[x_i, x_{i+1}]$ 上有余项

$$f(x) - S_1(x) = \frac{f^{(2)}(\xi)}{2!}(x - x_i)(x - x_{i+1}), \quad \xi \in [x_i, x_{i+1}].$$

记

$$h_i = x_{i+1} - x_i, \quad h = \max_{0 \leqslant i \leqslant n} h_i,$$

从而有

$$|f(x) - S_1(x)| \leqslant \frac{h_i^2}{8} \max_{x_i \leqslant x \leqslant x_{i+1}} |f''(x)| \leqslant \frac{h^2}{8} \max_{a \leqslant x \leqslant b} |f''(x)|.$$

4.5.2 分段三次 Hermite 插值法

设已知数据 (x_i, y_i), (x_i, y_i') $(i = 0, 1, 2, \cdots, n)$, 并假设

$$a = x_0 < x_1 < x_2 < \cdots < x_n = b.$$

所谓分段三次 Hermite 插值, 就是求作一个函数 $S_3(x)$, 它在每个子段 $[x_i, x_{i+1}]$ 上是三次多项式, 并且满足条件:

$$S_3(x_i) = y_i, \quad i = 0, 1, 2, \cdots, n,$$

$$S_3'(x_i) = y_i', \quad i = 0, 1, 2, \cdots, n,$$

这个 $S_3(x)$ 便为**分段三次 Hermite 插值函数**.

下面求插值函数 $S_3(x)$ 的表达式并讨论它的误差估计.

在区间 $[x_i, x_{i+1}]$ 上, $S_3(x)$ 是三次式且 $S_3(x_i) = y_i$, $S_3(x_{i+1}) = y_{i+1}$, $S_3'(x_i) = y_i'$, $S_3'(x_{i+1}) = y_{i+1}'$, 即 $S_3(x)$ 是区间 $[x_i, x_{i+1}]$ 上的三次 Hermite 插值多项式, 插值节点为 x_i, x_{i+1}, 记 $h_i = x_{i+1} - x_i$ 由三次 Hermite 插值公式得

$$\begin{aligned} S_3(x) = \ & y_i\varphi_0\left(\frac{x - x_i}{h_i}\right) + y_{i+1}\varphi_1\left(\frac{x - x_i}{h_i}\right) \\ & + y_i'\psi_0\left(\frac{x - x_i}{h_i}\right)h_i + y_{i+1}'\psi_1\left(\frac{x - x_i}{h_i}\right)h_i. \end{aligned}$$

取 $i = 0$ 得 $S_3(x)$ 在 $[x_0, x_1]$ 上的表达式, 取 $i = 1$ 得 $S_3(x)$ 在 $[x_1, x_2]$ 上的表达式, 当取遍 $i = 0, 1, \cdots, n - 1$ 时, 前式给出了分段线性插值函数 $S_3(x)$ 的分段解析表达式.

由函数 $S_3(x)$ 的解析表达式可以很容易得到 $S_3(x) \in C^1[a, b]$.

在区间 $[x_i, x_{i+1}]$ 上, $S_3(x)$ 的表达式是三次 Hermite 插值. 因此在 $[x_i, x_{i+1}]$ 上有余项

$$f(x) - S_3(x) = \frac{f^{(4)}(\xi)}{4!}(x - x_i)^2(x - x_{i+1})^2, \quad \xi \in [x_i, x_{i+1}].$$

记

$$h = \max_{0\leqslant i\leqslant n} h_i,$$

从而有

$$|f(x) - S_3(x)| \leqslant \frac{h_i^4}{384} \max_{x_i\leqslant x\leqslant x_{i+1}} |f^{(4)}(x)| \leqslant \frac{h^4}{384} \max_{a\leqslant x\leqslant b} |f^{(4)}(x)|.$$

4.6 三次样条插值法

前面的分段低次插值很好地克服了 Runge 现象, 并且表达式也很简单, 但是它们的光滑性不够理想, 分段线性插值只具有连续性, 分段三次 Hermite 插值才是一次连续可微的. 这往往不能满足实际问题所提出的光滑性要求. 在工业设计中, 对曲线的光滑性均有一定的要求, 例如飞机、船舶、汽车等外形设计中, 要求外形曲线呈流线型. 早期为设计这种具有流线型的曲线, 通常采用样条这种绘图工具, 它是一根富有弹性的细长木条, 工程师把它用压铁固定在给定的点上, 其他地方让它自由弯曲, 然后描出样条的曲线. 这样画出的曲线外形美观且在已知点处转折自如, 称这条曲线为三次样条曲线. 下面给出三次样条曲线更精确的描述.

定义 4.6 点 $a = x_0 < x_1 < x_2 < \cdots < x_n = b$ 将区间 $[a, b]$ 分成 n 个小区间, 若函数 $S_3(x)$ 满足: (1) $S_3(x)$ 在每个区间 $[x_i, x_{i+1}]$ $(i = 0, 1, \cdots, n-1)$ 上是三次式; (2) $S_3(x)$ 在节点 x_i $(i = 1, 2, \cdots, n-1)$ 上具有直到二阶连续导数. 则称 $S_3(x)$ 是**三次样条函数**.

三次样条曲线是三次样条函数的原型. 用样条画曲线从数学角度就是求一个满足下列条件的三次样条函数.

三次样条插值的提法: 已知 y_i $(i = 0, 1, 2, \cdots, n)$, y_0', y_n', 求作一个函数 $S_3(x)$, 使得

(1) $S_3(x)$ 在每个区间 $[x_i, x_{i+1}]$ $(i = 0, 1, \cdots, n-1)$ 上是三次式;

(2) $S_3(x)$ 在节点 x_i $(i = 1, 2, \cdots, n-1)$ 上具有直到二阶连续导数;

(3) $S_3(x_i) = y_i$ $(i = 0, 1, 2, \cdots, n)$;

(4) $S_3'(x_0) = y_0'$, $S_3'(x_n) = y_n'$.

这个 $S_3(x)$ 称为 $f(x)$ 在 $[a,b]$ 上的**三次样条插值**. 第 (4) 称为**边界条件**或**端点条件**, 其特点是给出端点处的一阶导数值, 边界条件用来保证样条插值函数的存在唯一性. 除边界条件 (4) 之外, 还有另外两种常用的边界条件.

(1) 给出端点处的二阶导数值

$$S_3''(x_0) = y_0'', \quad S_3''(x_n) = y_n''. \tag{4.15}$$

当 $y_0'' = y_n'' = 0$ 时, 称为自然边界条件.

(2) 周期边界条件. 当 $y = f(x)$ 为周期函数时, 要求 $S_3(x)$, $S_3'(x)$, $S_3''(x)$ 也是周期函数, 要求

$$\lim_{x\to x_0+} S_3(x) = \lim_{x\to x_n-} S_3(x), \tag{4.16}$$

$$\lim_{x\to x_0+} S_3'(x) = \lim_{x\to x_n-} S_3'(x), \tag{4.17}$$

$$\lim_{x\to x_0+} S_3''(x) = \lim_{x\to x_n-} S_3''(x). \tag{4.18}$$

相同内部节点函数值, 不同边界条件下的三次样条插值可见图 4.5.

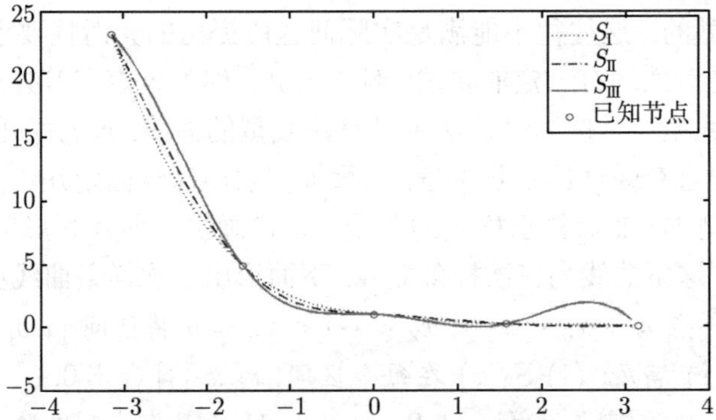

图 4.5 三类三次样条插值函数

下面具体推导满足前面三次样条插值条件 (1)—(4) 的三次样条函数 $S_3(x)$. 在区间 $[x_i, x_{i+1}]$ 上, $S_3(x)$ 为三次多项式, 记 $S_3(x)$ 在区间 $[x_i, x_{i+1}]$ 上的表达式为 $S_{3,i}(x)$. 由前面知道, 分段三次 Hermite 插值在节点 x_i 上一次连续可微, 而三次样条插值起码要满足这个条件, 因此假设 $S_3'(x_i) = m_i$ $(i = 1, 2, \cdots, n-1)$. 于是在区间 $[x_i, x_{i+1}]$ 上, $S_{3,i}(x)$ 满足

$$S_{3,i}(x_i) = y_i, \quad S_{3,i}(x_{i+1}) = y_{i+1},$$
$$S_{3,i}'(x_i) = m_i, \quad S_{3,i}'(x_{i+1}) = m_{i+1},$$

记 $h_{i+1}=x_{i+1}-x_i$, 在区间 $[x_i,x_{i+1}]$ 上, $S_{3,i}(x)$ 的表达式为

$$\begin{aligned}S_{3,i}(x)=&\frac{1}{h_{i+1}^3}[h_{i+1}+2(x-x_i)](x-x_{i+1})^2y_i\\&+\frac{1}{h_{i+1}^3}[h_{i+1}-2(x-x_{i+1})](x-x_i)^2y_{i+1}\\&+\frac{1}{h_{i+1}^2}(x-x_i)(x-x_{i+1})^2m_i\\&+\frac{1}{h_{i+1}^2}(x-x_{i+1})(x-x_i)^2m_{i+1},\end{aligned}$$

其中 m_i,m_{i+1} 为我们所需要的参数, 由于按上述方法得到的表达式 $S_3(x)$ 在 $[a,b]$ 上一次连续可微, 所以还要求满足二次连续可微的条件, 所以需要求二次导数,

$$\begin{aligned}S''_{3,i}(x)=&\frac{6}{h_{i+1}^3}[h_{i+1}+2(x-x_{i+1})]y_i\\&+\frac{6}{h_{i+1}^3}[h_{i+1}-2(x-x_i)]y_{i+1}\\&+\frac{1}{h_{i+1}^2}[6(x-x_{i+1})+2h_{i+1}]m_i\\&+\frac{1}{h_{i+1}^2}[6(x-x_i)+2h_{i+1}]m_{i+1},\end{aligned}\tag{4.19}$$

同样, 在 $[x_{i-1},x_i]$ 上, $S_{3,i-1}$ 的二阶导函数为

$$\begin{aligned}S''_{3,i-1}(x)=&\frac{6}{h_i^3}[h_i+2(x-x_i)]y_{i-1}\\&+\frac{6}{h_i^3}[h_i-2(x-x_{i-1})]y_i\\&+\frac{1}{h_i^2}[6(x-x_i)+2h_i]m_{i-1}\\&+\frac{1}{h_i^2}[6(x-x_{i-1})+2h_i]m_i.\end{aligned}$$

由于 $S_3(x)$ 在 $[a,b]$ 上二次连续可微, 故有

$$S''_{3,i-1}(x_i)=S''_{3,i}(x_i),\quad i=1,2,\cdots,n-1.$$

经计算

$$S''_{3,i-1}(x_i) = -6\frac{y_i - y_{i-1}}{h_i^2} + \frac{2m_{i-1} + 4m_i}{h_i}, \tag{4.20}$$

$$S''_{3,i}(x_i) = 6\frac{y_{i+1} - y_i}{h_{i+1}^2} - \frac{4m_i + 2m_{i+1}}{h_{i+1}}, \tag{4.21}$$

整理后得到关系式

$$\begin{aligned} &\frac{h_i}{h_i + h_{i+1}} m_{i-1} + 2m_i + \frac{h_{i+1}}{h_i + h_{i+1}} m_{i+1} \\ &= 3\left(\frac{h_i}{h_i + h_{i+1}} \frac{y_i - y_{i-1}}{h_i} + \frac{h_i}{h_i + h_{i+1}} \frac{y_{i+1} - y_i}{h_{i+1}}\right). \end{aligned}$$

引入记号

$$\begin{aligned} &\lambda_i = \frac{h_i}{h_i + h_{i+1}}, \quad \mu_i = 1 - \lambda_i = \frac{h_{i+1}}{h_i + h_{i+1}}, \\ &b_i = 3\left(\lambda_i \frac{y_i - y_{i-1}}{h_i} + \mu_i \frac{y_{i+1} - y_i}{h_{i+1}}\right), \end{aligned}$$

则有

$$\lambda_i m_{i-1} + 2m_i + \mu_i m_{i+1} = b_i, \quad i = 1, 2, \cdots, n-1. \tag{4.22}$$

考虑到 $m_0 = y'_0$, $m_n = y'_n$ 为已知, 则 (4.22) 可以写成 $\boldsymbol{A}\boldsymbol{m} = \boldsymbol{b}$, 其中

$$\boldsymbol{A} = \begin{bmatrix} 2 & \mu_1 & & & \\ \lambda_1 & 2 & \mu_2 & & \\ & \ddots & \ddots & \ddots & \\ & & \lambda_{n-2} & 2 & \mu_{n-2} \\ & & & \lambda_{n-1} & 2 \end{bmatrix},$$

$$\boldsymbol{m} = \begin{bmatrix} m_1 \\ m_2 \\ \vdots \\ m_{n-2} \\ m_{n-1} \end{bmatrix}, \quad \boldsymbol{b} = \begin{bmatrix} b_1 - \lambda_1 m_0 \\ b_2 \\ \vdots \\ b_{n-2} \\ b_{n-1} - \mu_{n-1} m_n \end{bmatrix}.$$

求解 $\boldsymbol{Am}=\boldsymbol{b}$ 得到 $m_i\ (i=1,2,\cdots,n-1)$ 的值, 将其代回原式便得到 $S_3(x)$ 的表达式 (分段形式), 即得到三次样条插值.

若边界条件给的是 (4.15), 而不是 "$m_0=y_0'$, $m_n=y_n'$", 假设 $S_3''(x_0)=M_0$, $S_3''(x_n)=M_n$ (即 M_0,M_n 已知), 由 $S_3''(x)$ 在 $[x_i,x_{i+1}]$ 上的表达式 (4.19) 得到

$$2m_0+m_1=3\frac{y_1-y_0}{h_1}-\frac{h_1}{2}M_0=3f(x_0,x_1)-\frac{h_1}{2}M_0,$$

$$m_{n-1}+2m_n=3\frac{y_n-y_{n-1}}{h_n}+\frac{h_n}{2}M_n=3f(x_{n-1},x_n)+\frac{h_n}{2}M_n.$$

于是可得关于变量 $\boldsymbol{m}=[m_0,m_1,\cdots,m_n]^{\mathrm{T}}$ 的线性方程组,

$$\begin{bmatrix}2 & 1 & & & \\ \lambda_1 & 2 & \mu_1 & & \\ & \ddots & \ddots & \ddots & \\ & & \lambda_{n-1} & 2 & \mu_{n-1}\\ & & & 1 & 2\end{bmatrix}\begin{bmatrix}m_0\\ m_1\\ \vdots\\ m_{n-1}\\ m_n\end{bmatrix}=\begin{bmatrix}3f(x_0,x_1)-\dfrac{h_1}{2}M_0\\ b_1\\ \vdots\\ b_{n-1}\\ 3f(x_{n-1},x_n)+\dfrac{h_n}{2}M_n\end{bmatrix}.$$

若给的是周期边界条件, 利用 $y_n=y_0$, $m_n=m_0$, $S''(x_0)=S''(x_n)$ 和 $S_3(x)$ 的表达式可得类似结论.

注 4.7 舍恩伯格 (Isaac Jacob Schoenberg, 1903—1990, 美国数学家) 在第二次世界大战期间, 从宾夕法尼亚大学请假到位于马里兰州阿伯丁的陆军弹道研究实验室工作, 在此, 他开展了关于样条曲线的研究工作. 他的工作涉及用样条数值求解微分方程的程序. 随着计算机的普及, 样条在数据拟合和计算机辅助几何设计领域的应用越来越广泛 (Burden and Faires, 2010).

例 4.8 给定函数表 (表 4.14), 求满足自然边界条件 $S''(x_0)=S''(x_n)=0$ 的三次样条插值函数 $S(x)$, 并计算 $f(3)$ 的近似值.

表 4.14

k	0	1	2	3
x_k	1	2	4	5
$y_k=f(x_k)$	1	3	4	2

解 (1) 根据边界条件, 未知量为 m_0,m_1,m_2,m_3, 它们是如下四阶方程组的解

$$\begin{bmatrix} 2 & 1 & & \\ \lambda_1 & 2 & \mu_1 & \\ & \lambda_2 & 2 & \mu_2 \\ & & 1 & 2 \end{bmatrix}\begin{bmatrix} m_0 \\ m_1 \\ m_2 \\ m_3 \end{bmatrix} = \begin{bmatrix} 3\dfrac{y_1-y_0}{h_0}-\dfrac{h_0}{2}y_0'' \\ b_1 \\ b_2 \\ 3\dfrac{y_3-y_2}{h_2}+\dfrac{h_2}{2}y_3'' \end{bmatrix},$$

根据前面的公式计算可以得到

$$\mu_1 = 1-\lambda_1 = \frac{1}{3}, \quad \mu_2 = 1-\lambda_2 = \frac{2}{3};$$

$$b_1 = \frac{9}{2}, \quad b_2 = -\frac{7}{2};$$

$$3\frac{y_1-y_0}{h_0}-\frac{h_0}{2}y_0'' = 6;$$

$$3\frac{y_3-y_2}{h_2}+\frac{h_2}{2}y_3'' = -6.$$

(2) 从而得到方程组

$$\begin{bmatrix} 2 & 1 & & \\ \dfrac{2}{3} & 2 & \dfrac{1}{3} & \\ & \dfrac{1}{3} & 2 & \dfrac{2}{3} \\ & & 1 & 2 \end{bmatrix}\begin{bmatrix} m_0 \\ m_1 \\ m_2 \\ m_3 \end{bmatrix} = \begin{bmatrix} 6 \\ \dfrac{9}{2} \\ -\dfrac{7}{2} \\ -6 \end{bmatrix}.$$

(3) 用追赶法得到

$$m_0 = \frac{17}{8}, \quad m_1 = \frac{7}{4}, \quad m_2 = -\frac{5}{4}, \quad m_3 = -\frac{19}{8}.$$

(4) 利用函数值和导数值根据分段三次 Hermite 插值得

$$S(x) = \begin{cases} -\dfrac{1}{8}x^3+\dfrac{3}{8}x^2+\dfrac{7}{4}x-1, & 1 \leqslant x \leqslant 2, \\ -\dfrac{1}{8}x^3+\dfrac{3}{8}x^2+\dfrac{7}{4}x-1, & 2 \leqslant x \leqslant 4, \\ \dfrac{3}{8}x^3-\dfrac{45}{8}x^2+\dfrac{103}{4}x-33, & 4 \leqslant x \leqslant 5, \end{cases}$$

从而 $f(3) \approx S(3) = \dfrac{17}{4} = 4.25$.

4.7 练 习 题

练习 4.1 给出 $y=f(x)$ 的数据表 (表 4.15).

表 4.15

k	0	1	2	3
x_k	0.46	0.47	0.48	0.49
$y_k=f(x_k)$	0.484	0.493	0.502	0.511

试分别用一次和二次 Lagrange 插值计算:

(1) 当 $x=0.472$ 时 $f(x)$ 的值;

(2) 当 x 为何值时函数值等于 0.5.

练习 4.2 已知 $y=\sin x$ 的函数表, 见表 4.16.

表 4.16

k	0	1	2
x_k	1.5	1.6	1.7
$y_k=f(x_k)$	0.9975	0.9996	0.9917

试构造差商表, 利用二次 Newton 插值公式计算 sin(1.65) 的值 (小数点后保留四位), 并估计其误差.

练习 4.3 已知函数 $y=f(x)$ 在 $x=1,2$ 处的函数值和导数值见表 4.17.

表 4.17

x_k	1	2
$y_k=f(x_k)$	1.0	2.7
$y'_k=f'(x_k)$	5	−2

求三次 Hermite 插值 $H_3(x)$ 以及 $f(1.25)$ 的近似值.

练习 4.4 已知函数表, 见表 4.18.

表 4.18

x_k	0	1	2	3
y_k	0	2	3	6
$y'_k=f(x_k)$	1			0

求区间 [0, 3] 上的三次样条插值函数.

练习 4.5 设 $f(x)$ 在 $[a,b]$ 上二次连续可微, 并且 $f(a)=f(b)=0$, 证明:

$$|f(x)|\leqslant\frac{1}{8}(b-a)^2\max_{a\leqslant x\leqslant b}|f''(x)|.$$

练习 4.6　设 $x_0, x_1, \cdots, x_n$ 为 $n+1$ 个互异的插值节点, $l_i(x)(i=0,1,2,\cdots,n)$ 为对应的 Lagrange 插值节点基函数, 证明:

(1) $\sum_{i=0}^{n} l_i(x) = 1$;

(2) $\sum_{i=0}^{n} x_i^j l_i(x) = x^j,\ j=1,2,\cdots,n$;

(3) $\sum_{i=0}^{n} (x_i - x)^j l_i(x) = 0,\ j=1,2,\cdots,n$.

练习 4.7　设函数 $f(x)$ 在 $[x_0, x_1]$ 上的三阶导数存在, 求作一个不高于二次的多项式 $p(x)$, 使其满足

$$p(x_0) = f(x_0), \quad p(x_1) = f(x_1), \quad p'(x_0) = f'(x_0).$$

练习 4.8　求被插值函数 $f(x) = \sin x$ 在点 $x_0 = 0, x_1 = \pi/2, x_2 = \pi$ 上的二次插值误差.

练习 4.9　设被插值函数 $f(x) = 2x^3 - 7x^2 + 5x - 2$, 试分析三次插值和二次插值的误差.

练习 4.10　对于给定的函数 $f(x)$, 设 $x_0 = 0, x_1 = 0.6$ 和 $x_2 = 0.9$. 构造一次、二次插值多项式, 使其逼近 $f(0.45)$, 并求出绝对误差. (1) $f(x) = \cos x$; (2) $f(x) = \ln(x+1)$; (3) $f(x) = \sqrt{1+x}$; (4) $f(x) = \tan x$.

练习 4.11　Lagrange 插值基函数与 Newton 插值基函数有何差异?

阶梯练习题

练习 4.12　设函数 $f(x) = 3x\mathrm{e}^x - \mathrm{e}^{2x}$.

(1) 根据 $x_0 = 1$ 和 $x_1 = 1.05$, 使用次数最多为三次的 Hermite 插值多项式近似 $f(1.03)$, 并将实际误差与误差界限进行比较.

(2) 根据 $x_0 = 1, x_1 = 1.05$ 和 $x_2 = 1.07$, 使用次数最多为五次的 Hermite 插值多项式近似 $f(1.03)$, 并将实际误差与误差界限进行比较.

练习 4.13　根据函数 $f(x)$ 在 $x = 0, 0.25, 0.5, 0.75$ 和 1.0 处给定的值, 构造一条自然三次样条曲线去近似 $f(x) = \cos \pi x$. 计算样条曲线在 $[0,1]$ 上的积分, 并将结果与 $\int_0^1 \cos(\pi x)\mathrm{d}x = 0$ 进行比较. 使用样条曲线的导数去近似 $f'(0.5)$ 和 $f''(0.5)$, 并将这些近似值与真实值进行比较.

练习 4.14　根据函数 $f(x)$ 在 $x = 0, 0.25, 0.5, 0.75$ 和 1.0 处给定的值, 构造一条自然三次样条曲线去近似 $f(x) = \mathrm{e}^{-x}$. 计算样条曲线在 $[0,1]$ 上的积分, 并将结果与 $\int_0^1 \mathrm{e}^{-x}\mathrm{d}x = 1 - 1/\mathrm{e}$ 进行比较. 使用样条曲线的导数去近似 $f'(0.5)$ 和 $f''(0.5)$, 并将这些近似值与真实值进行比较.

4.8 实 验 题

实验题 4.1　编写 Lagrange 插值公式、Newton 插值公式的 MATLAB 程序, 计算点 x 的函数值, 已知数据如表 4.19 所示.

表 4.19

x	75	76	77	78	79	80
y	2.768	2.833	2.903	2.979	3.062	3.153

求解 $x=79.2$ 时的五次插值多项式.

实验题 4.2 对区间 $[-5,5]$ 作等距划分 $x_i=-5+ih, h=\frac{10}{n}, i=0,1,\cdots,n$. 对函数

$$f(x)=\frac{1}{1+25x^2}$$

分别按下列算法作插值, 分析数值结果.

(1) 算法 1: 取 $n=10,20$ 作 Lagrange 插值.

(2) 算法 2: 取 $n=10,20$ 作分段三次 Hermite 插值.

(3) 算法 3: 取 $n=10,20$ 作三次样条插值.

第 5 章　最佳逼近

与多项式插值不同, 最佳逼近是寻找一类函数 $p(x)$ (通常是多项式或三角函数), 使得它与已知函数 $f(x)$ 在某种意义下最小. 最常用的有两种, 一种是求 $p^*(x)$ 使得

$$||p^*(x)-f(x)||_\infty=\max_{x\in[a,b]}|p^*(x)-f(x)|=\min_{p(x)}||p(x)-f(x)||,$$

在这种意义下的函数逼近称为**最佳一致逼近**. 另一种是求 $p^*(x)$ 使得

$$||p^*(x)-f(x)||_2=\sqrt{\int_a^b[p^*(x)-f(x)]^2\mathrm{d}x}=\min_{p(x)}||p(x)-f(x)||_2,$$

在这种意义下的函数逼近称为**最佳平方逼近**.

本章主要研究用多项式 $p_n(x)$ 逼近 $f(x)\in C[a,b]$ (定义在区间 $[a,b]$ 上的连续函数的集合), 也就是研究 $f(x)\in C[a,b]$ 的最佳一致逼近和最佳平方逼近.

引例 1　人口预测

表 5.1 是美国 2009 年 1 月至 2020 年 1 月的人口数量 (亿人) , 预测美国未来的人口数, 比如 2030 年的人口数量.

表 5.1

年度	数量	年度	数量
2009	3.058	2015	3.206
2010	3.085	2016	3.230
2011	3.111	2017	3.255
2012	3.136	2018	3.279
2013	3.160	2019	3.288
2014	3.183	2020	3.314

引例 2　给药方案

一种新药用于临床之前, 必须设计给药方案. 在快速静脉注射的给药方式下, 所谓给药方案是指每次注射剂量多大, 时间间隔多长.

药物进入机体后随血液输送到全身, 在这个过程中不断地被吸收、分布、代谢, 最终排出体外. 药物在血液中的浓度, 即单位体积血液中的药物含量. 在最简单的一室模型中, 将整个机体看作一个房室, 称中心室, 室内的血药浓度是均匀的.

快速静脉注射后, 可认为血药浓度上升到最大值, 然后逐渐下降. 当浓度太低时, 达不到预期的治疗效果; 血药浓度太高, 又可能导致药物中毒或副作用太强. 临床上, 每种药物有一个最小有效浓度 c_1 和一个最大治疗浓度 c_2. 设计给药方案时, 要使血药浓度保持在 c_1 到 c_2.

设此处研究的药物的最小有效浓度 $c_1=10\mu g/mL$, 最大治疗浓度 $c_2=25\mu g/mL$. 一种新药对某志愿者用快速静脉注射方式一次注入该药物 300mg 后, 在一定时刻 t (h) 采集血样, 测得血药浓度 c (μg/mL) 如表 5.2 所示. 根据这些数据, 请设计一个给药方案.

表 5.2

t	0.25	0.5	1	1.5	2	3	4	6	8
c	19.21	18.15	15.36	14.10	12.89	9.32	7.45	5.24	3.01

5.1 最佳一致逼近

用插值法求 $f(x) \in C[a,b]$ 的逼近多项式, 在某些点上可能没有误差, 但在整个区间 $[a,b]$ 上误差可能很大, Runge 现象就说明了这一点. 因此, 用 $p_n(x)$ 一致逼近 $f(x)$, 首先要考虑存在性问题, 即对于 $[a,b]$ 上的连续函数 $f(x)$, 是否存在多项式 $p_n(x)$ 一致收敛于 $f(x)$? 对此, Weierstrass 给出了如下结论.

定理 5.1 (Weierstrass 定理) *设 $f(x)\in C[a,b]$, 则对于任意给定的 $\varepsilon>0$, 总存在一个 n 次多项式 $p_n(x)$ (n 与 ε 有关), 使得 $\|f(x)-p(x)\|_\infty<\varepsilon$ 在 $[a,b]$ 区间上一致成立.*

该定理在“数学分析”中证明过. 这个定理的证明方法有很多, 在 1912 年, Bernstein 给出了一个构造性的证明, 构造多项式

$$B_n(f,x)=\sum_{k=0}^{n} f\left(\frac{k}{n}\right) \mathrm{C}_k^n x^k(1-x)^{n-k}, \tag{5.1}$$

其中 $\mathrm{C}_k^n=\dfrac{n!}{k!(n-k)!}$ 为二项式展开系数 (贾宪三角), 他证明了 $\lim\limits_{n\to\infty} B_n(f,x)=f(x)$ 在区间 $[a,b]$ 上一致成立, 若 $f(x)$ 在 $[a,b]$ 上 m 阶导数连续, 则还有 $\lim\limits_{n\to\infty} B_n^{(m)}(f,x)=f^{(m)}(x)$. 这从理论上给出了定理的构造性证明. 但是由于 Bernstein 多项式 $B_n(f,x)$ 收敛于 $f(x)$ 的速度很慢, 因此实际计算 $f(x)$ 的逼近时很少采用.

Chebyshev 从另外一个角度研究一致逼近问题. 他不让多项式的次数 n 趋于无穷, 而是固定 n, 记次数不大于 n 的多项式空间为 $\mathbb{R}_n[x]$, 次数不大于 n 的多项式 $p_n(x)$ 显然在 $[a,b]$ 上连续, $\{1,x,\cdots,x^n\}$ 为 $\mathbb{R}_n[x]$ 的一个基, 因此 $\mathbb{R}_n[x]$ 中的

元素可以表示为

$$p_n(x) = a_n x^n + a_{n-1} x^{n-1} + \cdots + a_1 x + a_0,$$

其中 $a_n, a_{n-1}, \cdots, a_1, a_0$ 为任意实数. Chebyshev 就是从 $\mathbb{R}_n[x]$ 中求 $p_n^*(x)$ 逼近 $f(x) \in C[a,b]$ 使得其误差

$$\max_{a \leqslant x \leqslant b} |f(x) - p_n^*(x)| = \min_{p_n \in \mathbb{R}_n[x]} \max_{a \leqslant x \leqslant b} |f(x) - p_n(x)|,$$

这就是通常所谓的最佳一致逼近问题. 为了说明这一概念, 先给出如下定义.

定义 5.1　*设 $f(x) \in C[a,b]$, $p(x) \in \mathbb{R}_n[x]$, 称*

$$\Delta(f, p_n) = ||f - p_n||_\infty = \max_{a \leqslant x \leqslant b} |f(x) - p_n(x)| = \mu \tag{5.2}$$

*为 $f(x)$ 与 $p_n(x)$ 在 $[a,b]$ 上的***偏差***. 若存在 x_0 使得*

$$|f(x_0) - p_n(x_0)| = \Delta(f, p_n) = \mu,$$

*则称 x_0 为 $p_n(x)$ 关于 $f(x)$ 的***偏差点***. 若 $p_n(x_0) - f(x_0) = \mu$, 则称 x_0 为 $p_n(x)$ 关于 $f(x)$ 的***正偏差点***; 若 $p_n(x_0) - f(x_0) = -\mu$, 则称 x_0 为 $p_n(x)$ 关于 $f(x)$ 的***负偏差点***.*

定义 5.2　*设 $f(x) \in C[a,b]$, 若存在 $p^*(x) \in \mathbb{R}_n[x]$ 使得*

$$\Delta(f, p_n^*) = \inf_{p \in \mathbb{R}_n[x]} \Delta(f, p) \triangleq E_n, \tag{5.3}$$

*则称 $p_n^*(x)$ 为 $f(x)$ 在 $[a,b]$ 上的***最佳一致逼近多项式***. E_n 称为 $p_n(x)$ 与 $f(x)$ 的***最小偏差***.*

显然有 $E_n \geqslant E_{n+1} \geqslant \cdots$, 定理 5.1 保证了 $\lim\limits_{n \to +\infty} E_n = 0$, 因此这样定义最佳一致逼近多项式是非常合理的. 接下来的问题是最佳一致逼近多项式是否存在? 如果存在, 是否唯一?

定理 5.2 (Borel 存在定理)　*若 $f(x) \in C[a,b]$, 则总存在 $p_n^*(x) \in \mathbb{R}_n[x]$ 使得*

$$\Delta(f, p_n^*) = \inf_{p \in \mathbb{R}_n[x]} \Delta(f, p) = E_n.$$

此定理说明了最佳一致逼近多项式的存在性, 其证明过程可见文献 (王德人和杨忠华, 1990), 此处从略. 若 p_n^* 是 $f(x) \in C[a,b]$ 的最佳一致逼近多项式, 则 $p_n^*(x)$ 与 $f(x)$ 同时存在正负偏差点 (证明可见文献 (李庆扬等, 2018)), 更进一步, 有如下 Chebyshev 定理.

定理 5.3 (Chebyshev 定理) $p^*(x) \in \mathbb{R}_n[x]$ 是 $f(x) \in C[a,b]$ 的最佳一致逼近多项式的充要条件: 在 $[a,b]$ 上至少有 $n+2$ 个轮流为正负的偏差点, 即至少有 $n+2$ 个点 $a \leqslant x_1 < x_2 < \cdots < x_{n+2} \leqslant b$, 使得对 $k=1,2,\cdots,n+2$ 有

$$p_n^*(x_k) - f(x_k) = (-1)^k \sigma ||f - p_n^*||_\infty, \quad \sigma = \pm 1. \tag{5.4}$$

定理 5.3 的点 $\{x_1, x_2, \cdots, x_{n+2}\}$ 称为 Chebyshev **交错点组**.

定理的证明可见文献 (王德人和杨忠华, 1990), 这个定理给出了最佳逼近多项式的基本特性, 它是求最佳逼近多项式的主要依据, 但最佳逼近多项式的计算是很困难的, 下面针对 $n=1$ 的情形进行讨论.

讨论用 $p_1(x) = a_0 + a_1 x$ 一致逼近 $f(x) \in C[a,b]$ 的求解方法. 假设 $f(x) \in C^2[a,b]$ 且 $f''(x)$ 在 $[a,b]$ 上不变号, 由定理 5.3 可知, 存在点 $a \leqslant x_1 < x_2 < x_3 \leqslant b$ 使得

$$p_1^*(x_k) - f(x_k) = (-1)^k \sigma E_1, \quad \sigma = \pm 1, \quad k = 1,2,3.$$

由于 $f''(x) \neq 0$ 且在 $[a,b]$ 上不变号, 故 $f'(x)$ 在 $[a,b]$ 上单调, 于是 $f'(x) - p_1'(x) = f'(x) - a_1 = 0$ 在 $[a,b]$ 上只有一个根 x_2, 故 $p_1(x)$ 对 $f(x)$ 的另外两个偏差点只能在 $[a,b]$ 的端点, 故有 $x_1 = a, x_3 = b$, 由此可得

$$p_1(a) - f(a) = -[p_1(x_2) - f(x_2)] = p_1(b) - f(b).$$

进而可得方程组

$$a_0 + a_1 a - f(a) = -[a_0 + a_1 x_2 - f(x_2)], \tag{5.5}$$

$$a_0 + a_1 a - f(a) = a_0 + a_1 b - f(b), \tag{5.6}$$

由 (5.6) 可得

$$a_1 = \frac{f(b) - f(a)}{b - a}, \tag{5.7}$$

将其代入 (5.5) 可得

$$a_0 = \frac{f(a) + f(x_2)}{2} - \left(\frac{a + x_2}{2}\right) \frac{f(b) - f(a)}{b - a}, \tag{5.8}$$

其中 x_2 可由 $f'(x_2) - a_1 = 0$ 得到, 由此则得 $f(x)$ 在 $[a,b]$ 上的最佳一致一次逼近多项式 $p_1(x) = a_0 + a_1 x$. 其几何意义如图 5.1 所示.

注 5.1 魏尔斯特拉斯 (Karl Weierstrass, 1815—1897, 德国数学家) 因在证明数学结论时严谨而被誉为“现代分析之父”, 他是第一个证明函数可以处处连续但不可微的人, 这一结果震惊了与他同时代的一些人. 魏尔斯特拉斯一生中几乎没有发表过他的作品, 但他的讲座, 特别是关于函数理论的讲座, 对整整一代学生产生了重大影响 (Burden and Faires, 2010).

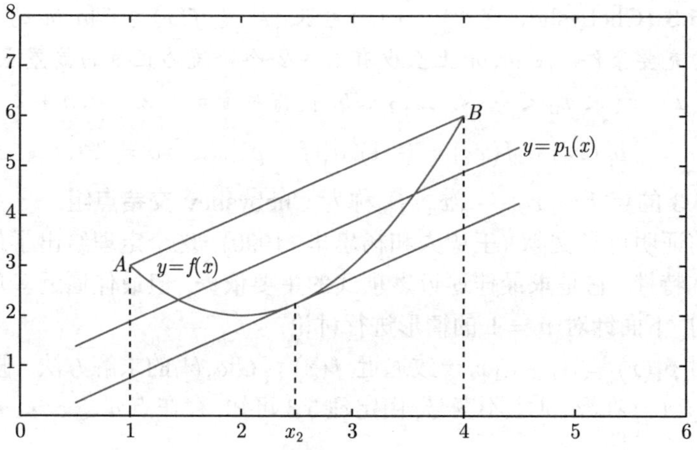

图 5.1 最佳一致一次逼近

注 5.2 伯恩斯坦 (Sergei Natanovich Bernstein, 1880—1968, 苏联数学家) 对偏微分方程、微分几何、概率论和多项式逼近论等方面都作出了贡献.

注 5.3 贾宪 (北宋数学家) 约于 1050 年左右完成《黄帝九章算经细草》, 原书佚失. 200 年后, 南宋数学家杨辉 (约 13 世纪中) 在其著作中采用了贾宪的一部分研究成果, 才开始有了“贾宪三角”或者“杨辉三角”的称谓. 贾宪的“增乘开方法”比霍纳 (William George Horner, 1786—1837, 英国数学家) 提出来的相同解法早 770 年.

注 5.4 博雷尔 (Félix Edouard Justin Émile Borel, 1871—1956, 法国数学家) 第一个创立了有效的点集测度理论, 这是现代实变函数理论的开端.

例 5.1 设 $f(x)=\sqrt{1+x^2}$, 求 $f(x)$ 在 $[0,1]$ 上的线性最佳一致逼近多项式 $p_1(x)=a_0+a_1x$.

解 由 (5.7) 求得

$$a_1=\frac{\sqrt{2}-1}{1}\approx 0.414.$$

由 $f'(x)=\dfrac{x}{\sqrt{1+x^2}}$ 得到 $f'(x_2)=\dfrac{x_2}{\sqrt{1+x_2^2}}=0.414$, 于是 $x_2=\sqrt{\dfrac{\sqrt{2}-1}{2}}\approx 0.4551$, $f(x_2)=\sqrt{1+x_2^2}=1.0986$. 由 (5.8) 可求得 $a_0=0.955$, 进而得到 $f(x)$ 的最佳逼近一次多项式为

$$p_1(x)=0.955+0.414x.$$

例 5.2 设 $f(x)=\mathrm{e}^x$, 求 $f(x)$ 在 $[0,1]$ 上的线性最佳一致逼近多项式 $p_1(x)=a_0+a_1x$.

解 由 (5.7) 求得

$$a_1=\frac{\mathrm{e}^1-\mathrm{e}^0}{1-0}=\mathrm{e}-1\approx 1.7183.$$

由 $f'(x)=\mathrm{e}^x$ 得到 $f'(x_2)=\mathrm{e}^{x_2}=\mathrm{e}-1$, 于是 $x_2=\ln(\mathrm{e}-1)\approx 0.5413$, 由 (5.8) 可求得

$$a_0=\frac{\mathrm{e}^0+\mathrm{e}^{0.5413}}{2}-1.7183\times\frac{0+0.5413}{2}\approx 0.8940,$$

进而得到 $f(x)$ 的最佳一致逼近的一次多项式为 $p_1(x)=0.8940+1.7183x$.

推论 5.1 若 $f(x)\in C[a,b]$, 则在 $\mathbb{R}_n[x]$ 中存在唯一的最佳一致逼近多项式.

证明 若 $\mathbb{R}_n[x]$ 中有两个最佳逼近多项式 $P(x)$ 与 $Q(x)$, 则对于任意 $x\in[a,b]$ 都有

$$-E_n\leqslant P(x)-f(x)\leqslant E_n,\quad -E_n\leqslant Q(x)-f(x)\leqslant E_n,$$

于是有

$$-E_n\leqslant\frac{P(x)+Q(x)}{2}-f(x)\leqslant E_n.$$

它表明 $R(x)=\dfrac{P(x)+Q(x)}{2}$ 也是 $\mathbb{R}_n[x]$ 中的最佳逼近多项式, 因而 $R(x)-f(x)$ 的 $n+2$ 点的交错点组 $\{x_k\}$ 满足 $R(x_k)-f(x_k)=(-1)^k\sigma E_n\ (k=1,2,\cdots,n+2)$ 和

$$E_n=|R(x_k)-f(x_k)|=\left|\frac{P(x_k)-f(x_k)}{2}+\frac{Q(x_k)-f(x_k)}{2}\right|.\tag{5.9}$$

由于 $|P(x_k)-f(x_k)|\leqslant E_n$, $|Q(x_k)-f(x_k)|\leqslant E_n$, 故当且仅当

$$\frac{P(x_k)-f(x_k)}{2}=\frac{Q(x_k)-f(x_k)}{2}=\pm\frac{E_n}{2}$$

时, (5.9) 才能成立, 于是 $P(x_k)-f(x_k)=Q(x_k)-f(x_k)$. 这就得到了 $P(x_k)=Q(x_k)\ (k=1,2,\cdots,n+2)$, 此即表明 $P(x)-Q(x)$ 有 $n+2$ 个不同的零点, 由于 $P(x)-Q(x)\in\mathbb{R}_n[x]$, 所以 $P(x)-Q(x)=0$, 这就说明了 $P(x)\equiv Q(x)$. □

推论 5.2 若 $f(x)\in C[a,b]$, 则其最佳逼近多项式 $p_n^*(x)\in\mathbb{R}_n[x]$ 就是 $f(x)$ 的一个 Lagrange 插值多项式.

证明 由定理 5.3 可知, $p_n^*(x)-f(x)$ 在 $[a,b]$ 上有 $n+2$ 个正负偏差点 $x_1,x_2,\cdots,x_{n+2}$, 由 $p_n^*(x),f(x)$ 在 $[a,b]$ 上的连续性可知存在 $n+1$ 个点 $\bar{x}_i\ (i=1,2,\cdots,n+1)$, 它们满足 $x_k\leqslant\bar{x}_k\leqslant x_{k+1}\ (k=1,2,\cdots,n+1)$ 并且 $p_n^*(\bar{x}_k)-f(\bar{x}_k)=0$, 因此以 $\bar{x}_k$ 为插值节点的 Lagrange 插值多项式就是 $p_n^*(x)$. □

5.2 最佳平方逼近

本节考虑函数 $f(x) \in C[a,b]$ 的最佳平方逼近, 即求 $p^*(x)$ 使得

$$||p^*(x)-f(x)||_2=\sqrt{\int_a^b [p^*(x)-f(x)]^2\mathrm{d}x}=\min_{p(x)}||p(x)-f(x)||_2.$$

在这种意义下的函数逼近称为**最佳平方逼近**. 这样的 $p^*(x)$ 是否存在, 如果存在, 怎样求解? 为此, 我们先介绍内积的相关概念.

5.2.1 内积相关概念

定义 5.3 设在 $[a,b]$ 区间内, 非负函数 $\rho(x)$ 满足: (1) $\int_a^b x^k\rho(x)\mathrm{d}x$ 对 $k=0,1,2,\cdots$ 都存在; (2) 对非负连续函数 $g(x)$, 若 $\int_a^b g(x)\rho(x)\mathrm{d}x=0$, 则 $g(x)\equiv 0$. 那么称函数 $\rho(x)$ 为区间 $[a,b]$ 上的**权函数**.

比如 $\rho(x)=1, \sqrt{1-x^2}$ 和 $\dfrac{1}{\sqrt{1-x^2}}$ 可以作为区间 $[-1,1]$ 上的权函数; $\rho(x)=\mathrm{e}^{-x}$ 可以作为区间 $[0,+\infty)$ 上的权函数; $\rho(x)=\mathrm{e}^{-x^2}$ 可以作为区间 $(-\infty,+\infty)$ 上的权函数.

定义 5.4 设 $f(x),g(x)\in C[a,b]$, $\rho(x)$ 为 $[a,b]$ 上的权函数, 我们称积分

$$\int_a^b f(x)g(x)\rho(x)\mathrm{d}x$$

为函数 $f(x)$ 与 $g(x)$ 的**带权内积**, 通常记为 (f,g), 即 $(f,g)=\int_a^b f(x)g(x)\rho(x)\mathrm{d}x$. 称 $||f(x)||_2=\sqrt{(f,f)}$ 为函数 $f(x)$ 的带权 **Euclid 范数**.

此定义给出的带权内积实际上是 n 维实向量空间 $\mathbb{R}^n$ 中两个向量 $\boldsymbol{x}=[x_1,x_2,\cdots,x_n]^{\mathrm{T}}$ 与 $\boldsymbol{y}=[y_1,y_2,\cdots,y_n]^{\mathrm{T}}$ 的数量积 $(\boldsymbol{x},\boldsymbol{y})=\sum_{i=1}^n x_iy_i$ 定义的推广. 此定义给出的带权范数是 n 维实向量空间 $\mathbb{R}^n$ 中向量 $\boldsymbol{x}=[x_1,x_2,\cdots,x_n]^{\mathrm{T}}$ 的长度 $\sqrt{(\boldsymbol{x},\boldsymbol{x})}=\sqrt{\sum_{i=1}^n x_i^2}$ 的推广.

定义 5.5 设 $\rho(x)$ 为 $[a,b]$ 上的权函数, 若 $f(x),g(x)\in C[a,b]$ 满足

$$(f,g)=\int_a^b \rho(x)f(x)g(x)\mathrm{d}x=0, \tag{5.10}$$

则称 f 与 g 在 $[a,b]$ 上带权 $\rho(x)$ 正交. 若函数族 $\{\varphi_1(x),\varphi_2(x),\cdots,\varphi_n(x),\cdots\}$ 满足关系

$$(\varphi_j,\varphi_k)=\int_a^b \rho(x)\varphi_j(x)\varphi_k(x)\mathrm{d}x=\begin{cases} c_k\neq 0, & j=k,\\ 0, & j\neq k,\end{cases}$$

则称 $\{\varphi_k(x)\}$ 是 $[a,b]$ 上的**正交函数族**. 若所有 $c_k=1$, 则称 $\{\varphi_k(x)\}$ 是 $[a,b]$ 上的**标准正交函数族**.

例 5.3 三角函数族 $\{1,\sin x,\cos x,\sin 2x,\cos 2x,\cdots\}$ 在 $[-\pi,\pi]$ 上是正交函数族 (权 $\rho(x)=1$). 事实上 $(1,1)=2\pi$, $(\sin(nx),\cos(mx))=\int_{-\pi}^{\pi}\sin(nx)\cos(mx)\mathrm{d}x$ $=0\ (m,n=0,1,\cdots)$,

$$(\sin(nx),\sin(mx))=\int_{-\pi}^{\pi}\sin(nx)\sin(mx)\mathrm{d}x=\begin{cases}\pi, & m=n,\\ 0, & m\neq n,\end{cases}\quad m,n=1,2,\cdots,$$

$$(\cos(nx),\cos(mx))=\int_{-\pi}^{\pi}\cos(nx)\cos(mx)\mathrm{d}x=\begin{cases}\pi, & m=n,\\ 0, & m\neq n,\end{cases}\quad m,n=1,2,\cdots.$$

注 5.5 傅里叶 (Joseph Fourier, 1768—1830, 法国数学家) 在《热的解析理论》中发表了他的三角级数理论, 以解决固体中稳态热分布的问题 (Burden and Faires, 2010).

定义 5.6 设 $\varphi_0(x),\varphi_1(x),\cdots,\varphi_n(x)$ 在 $[a,b]$ 上连续, 如果

$$l_0\varphi_0(x)+l_1\varphi_1(x)+\cdots+l_n\varphi_n(x)=0$$

当且仅当 $l_0=l_1=\cdots=l_n=0$ 时成立, 则称 $\varphi_0(x),\varphi_1(x),\cdots,\varphi_n(x)$ 在 $[a,b]$ 上是**线性无关的**. 若函数族 $\{\varphi_0(x),\varphi_1(x),\cdots,\varphi_n(x),\cdots\}$ 的任何有限个 $\varphi_k(x)$ 线性无关, 则称 $\{\varphi_0(x),\ \varphi_1(x),\ \cdots,\ \varphi_n(x),\ \cdots\}$ 为**线性无关函数族**.

比如 $\{1,x,x^2,\cdots,x^n,\cdots\}$ 就是 $[a,b]$ 上的线性无关函数族. 下面给出判断函数族 $\varphi_0(x),\ \varphi_1(x),\ \cdots,\ \varphi_n(x)$ 线性无关的充要条件.

定理 5.4 设 $\varphi_0(x),\ \varphi_1(x),\ \cdots,\ \varphi_n(x)\in C[a,b]$, 则 $\varphi_0(x),\ \varphi_1(x),\ \cdots,\ \varphi_n(x)$ 在 $[a,b]$ 上线性无关的充要条件是 $G_n\neq 0$, 其中

$$G_n=G(\varphi_0,\varphi_1,\cdots,\varphi_n)=\begin{vmatrix}(\varphi_0,\varphi_0) & (\varphi_0,\varphi_1) & \cdots & (\varphi_0,\varphi_n)\\ (\varphi_1,\varphi_0) & (\varphi_1,\varphi_1) & \cdots & (\varphi_1,\varphi_n)\\ \vdots & \vdots & & \vdots\\ (\varphi_n,\varphi_0) & (\varphi_n,\varphi_1) & \cdots & (\varphi_n,\varphi_n)\end{vmatrix}.$$

证明　由于 $G_n \neq 0$, 故线性方程组

$$\left(\sum_{i=0}^{n} l_i\varphi_i(x), \varphi_j(x)\right) = \sum_{i=0}^{n} l_i(\varphi_i, \varphi_j) = 0, \quad j = 0, 1, \cdots, n$$

只有零解, 即 $l_0\varphi_0(x)+l_1\varphi_1(x)+\cdots+l_n\varphi_n(x) = 0$ 只有零解 $l_0 = l_1 = \cdots = l_n = 0$, 所以 $\varphi_0(x), \varphi_1(x), \cdots, \varphi_n(x)$ 在 $[a, b]$ 上线性无关.

反之, 若 $\varphi_0(x), \varphi_1(x), \cdots, \varphi_n(x)$ 在 $[a, b]$ 上线性无关, 则 $l_0\varphi_0(x)+l_1\varphi_1(x)+\cdots+l_n\varphi_n(x) = 0$ 只有零解 $l_0 = l_1 = \cdots = l_n = 0$, 即线性方程组

$$\left(\sum_{i=0}^{n} l_i\varphi_i(x), \varphi_j(x)\right) = \sum_{i=0}^{n} l_i(\varphi_i, \varphi_j) = 0, \quad j = 0, 1, \cdots, n$$

只有零解, 所以 $G_n \neq 0$. □

5.2.2　函数的最佳平方逼近

本小节考虑在区间 $[a, b]$ 上一般的最佳平方逼近问题.

定义 5.7　对 $f(x) \in C[a, b]$ 及 $C[a, b]$ 的一个子集 $W = \text{span}\{\varphi_0, \varphi_1, \cdots, \varphi_n\}$, 这里 $\varphi_0, \varphi_1, \cdots, \varphi_n$ 线性无关, 若存在 $S^*(x) \in W$ 使得

$$||f(x) - S^*(x)||_2^2 = \inf_{S\in W} ||f - S||_2^2 = \inf_{S\in W} \int_a^b \rho(x)\left(f(x) - S(x)\right)^2 \mathrm{d}x, \quad (5.11)$$

则称 $S^*(x) \in W$ 是 $f(x)$ 在子集 $W \subseteq C[a, b]$ 中的**最佳平方逼近函数**.

为了求 $S^*(x)$, 由式 (5.11) 可知, 该问题等价于求多元函数

$$J(a_0, a_1, \cdots, a_n) = \int_a^b \rho(x)\left(f(x) - S(x)\right)^2 \mathrm{d}x$$

的最小值. 由于 $J(a_0, a_1, \cdots, a_n)$ 是关于 $a_0, a_1, \cdots, a_n$ 的二次函数, 利用多元函数极值的必要条件 $\dfrac{\partial J}{\partial a_k} = 0\ (k = 0, 1, \cdots, n)$, 即

$$\frac{\partial J}{\partial a_k} = 2\int_a^b \rho(x)\left[\sum_{j=0}^{n} a_j\varphi_j(x) - f(x)\right]\varphi_k(x)\mathrm{d}x = 0, \quad k = 0, 1, \cdots, n,$$

于是有

$$\sum_{j=0}^{n} a_j \int_a^b \rho(x)\varphi_j(x)\varphi_k(x)\mathrm{d}x = \sum_{j=0}^{n} a_j(\varphi_j, \varphi_k) = (f, \varphi_k), \quad k = 0, 1, \cdots, n. \quad (5.12)$$

将其写成矩阵形式为

$$\begin{bmatrix}(\varphi_0,\varphi_0) & (\varphi_0,\varphi_1) & \cdots & (\varphi_0,\varphi_n)\\(\varphi_1,\varphi_0) & (\varphi_1,\varphi_1) & \cdots & (\varphi_1,\varphi_n)\\ \vdots & \vdots & & \vdots\\(\varphi_n,\varphi_0) & (\varphi_n,\varphi_1) & \cdots & (\varphi_n,\varphi_n)\end{bmatrix}\begin{bmatrix}a_0\\a_1\\ \vdots\\a_n\end{bmatrix}=\begin{bmatrix}(f,\varphi_0)\\(f,\varphi_1)\\ \vdots\\(f,\varphi_n)\end{bmatrix}. \tag{5.13}$$

方程 (5.12) 或者方程 (5.13) 是关于 $a_0, a_1, \cdots, a_n$ 的线性方程组, 称为**法方程**. 由于 $\varphi_0, \varphi_1, \cdots, \varphi_n$ 线性无关, 由定理 5.4 知系数行列式 $G_n \neq 0$, 于是方程组 (5.13) 有唯一解 $a_k = a_k^*, k = 0, 1, \cdots, n$, 从而得到

$$S^* = a_0^*\varphi_0(x) + a_1^*\varphi_1(x) + \cdots + a_n^*\varphi_n(x).$$

以下说明 $S^*(x)$ 就是我们所要求的, 即要说明对任意 $S(x) \in W$ 有

$$\int_a^b \rho(x)[f(x) - S^*(x)]^2\mathrm{d}x \leqslant \int_a^b \rho(x)[f(x) - S(x)]^2\mathrm{d}x, \tag{5.14}$$

为此只需考虑

$$\begin{aligned}D &= \int_a^b \rho(x)[f(x) - S(x)]^2\mathrm{d}x - \int_a^b \rho(x)[f(x) - S^*(x)]^2\mathrm{d}x\\ &= \int_a^b \rho(x)[S(x) - S^*(x)]^2\mathrm{d}x + 2\int_a^b \rho(x)[S^*(x) - S(x)][f(x) - S^*(x)]\mathrm{d}x,\end{aligned}$$

由于 $S^*(x)$ 的系数 a_k^* 是方程 (5.12) 的解, 故有 $\int_a^b \rho(x)[f(x)-S^*(x)]\varphi_k(x)\mathrm{d}x = 0$, $k = 0,\ 1,\ \cdots,\ n$. 从而上式的第二项 $\int_a^b \rho(x)[S^*(x) - S(x)][f(x) - S^*(x)]\mathrm{d}x = 0$, 于是有

$$D = \int_a^b \rho(x)[S(x) - S^*(x)]^2\mathrm{d}x \geqslant 0,$$

故式 (5.14) 成立. 这就说明了 $S^*(x)$ 是 $f(x)$ 在 W 中的最佳平方逼近函数.

以下考虑误差, 令 $\delta = f(x) - S^*(x)$, 则误差的平方可表示为 $||\delta||_2^2 = (f - S^*, f - S^*) = (f - S^*, f) - (f - S^*, S^*) = (f - S^*, f) = (f, f) - (S^*, f)$. 所以误差的平方为

$$||\delta||_2^2 = \int_a^b \rho(x)(f(x) - S^*(x))^2\mathrm{d}x$$

$$= \int_a^b \left(\rho(x) f^2(x) - \sum_{k=0}^n a_k^* \rho(x) \varphi_k(x) f(x) \right) \mathrm{d}x. \tag{5.15}$$

给定 $f(x) \in C[0,1]$, 取权函数 $\rho(x) = 1$, 在 $\mathbb{R}_n[x]$ 中考虑 $f(x)$ 的最佳平方逼近. 取 $\mathbb{R}_n[x]$ 的基为 $\{1, x, x^2, \cdots, x^n\}$, 即 $\varphi_k(x) = x^k, k = 0, 1, \cdots, n$, 则 $f(x)$ 的最佳平方逼近函数可表示为

$$S^*(x) = a_0^* + a_1^* x + a_2^* x^2 + \cdots + a_n^* x^n,$$

此时 $(\varphi_j, \varphi_k) = \int_0^1 x^{j+k} \mathrm{d}x = \dfrac{1}{k+j+1}, (f, \varphi_k) = \int_0^1 x^k f(x) \mathrm{d}x \triangleq d_k$. 用 $\boldsymbol{H}_n$ 表示行列式 $G_n = G(1, x, x^2, \cdots, x^n)$ 对应的矩阵, 则

$$\boldsymbol{H}_n = \begin{bmatrix} 1 & 1/2 & \cdots & 1/(n+1) \\ 1/2 & 1/3 & \cdots & 1/(n+2) \\ \vdots & \vdots & & \vdots \\ 1/(n+1) & 1/(n+2) & \cdots & 1/(2n+1) \end{bmatrix},$$

此处的矩阵 $\boldsymbol{H}$ 通常称为 Hilbert 矩阵. 记 $\boldsymbol{a} = [a_0, a_1, \cdots, a_n]^{\mathrm{T}}$, $\boldsymbol{d} = [d_0, d_1, \cdots, d_n]^{\mathrm{T}}$, 则得法方程组 $\boldsymbol{H}\boldsymbol{a} = \boldsymbol{d}$. 解此法方程组便得 $a_k = a_k^*, k = 0, 1, \cdots, n$, 从而得到 $f(x)$ 的最佳平方逼近函数 $S^*(x)$.

注 5.6 希尔伯特 (David Hilbert, 1862—1943, 德国数学家) 是 20 世纪初占统治地位的数学家. 1900 年 8 月 8 日, 在巴黎第二届国际数学家大会上, 希尔伯特提出了新世纪数学家应当努力解决的 23 个数学问题, 被认为是 20 世纪数学的制高点. 对这些问题的研究有力推动了 20 世纪数学的发展, 在世界上产生了深远的影响 (Burden and Faires, 2010).

例 5.4 设 $f(x) = \sqrt{1+x^2}$, 求区间 $[0,1]$ 上的一次最佳平方逼近多项式, 权函数 $\rho(x) = 1$.

解 设最佳一次逼近多项式为 $P_1^*(x) = a_0 + a_1 x$, 则有

$$d_0 = \int_0^1 \sqrt{1+x^2} \mathrm{d}x = \frac{1}{2} \ln(1+\sqrt{2}) + \frac{\sqrt{2}}{2} \approx 1.147,$$

$$d_1 = \int_0^1 x\sqrt{1+x^2} \mathrm{d}x = \frac{2\sqrt{2}-1}{3} \approx 0.609.$$

从而得到法方程组

$$\begin{bmatrix} 1 & 1/2 \\ 1/2 & 1/3 \end{bmatrix} \begin{bmatrix} a_0 \\ a_1 \end{bmatrix} = \begin{bmatrix} 1.147 \\ 0.609 \end{bmatrix},$$

解方程得 $a_0 = 0.934, a_1 = 0.426$. 于是 $f(x)$ 在区间 $[0,1]$ 上的一次最佳平方逼近多项式为

$$P_1^*(x) = 0.934 + 0.426x.$$

其均方误差为 $||f(x) - P_1^*(x)||_2 = \sqrt{\int_0^1 (\sqrt{1+x^2} - P_1^*(x))^2 \mathrm{d}x} = 0.051.$

例 5.5 设 $f(x) = \sqrt{x}$, 求区间 $[1/4, 1]$ 上的一次最佳平方逼近多项式, 权函数 $\rho(x) = 1$.

解 设最佳一次逼近多项式为 $P_1^*(x) = a_0 + a_1 x$, 此时有 $\varphi_0(x) = 1$, $\varphi_1(x) = x$. $(\varphi_0, \varphi_0) = \int_{1/4}^1 \mathrm{d}x = 3/4$, $(\varphi_0, \varphi_1) = (\varphi_1, \varphi_0) = \int_{1/4}^1 x\mathrm{d}x = 15/32$, $(\varphi_1, \varphi_1) = \int_{1/4}^1 x^2 \mathrm{d}x = 21/64$. $d_0 = (\varphi_0, f) = \int_{1/4}^1 \sqrt{x}\mathrm{d}x = 7/12$, $d_1 = (\varphi_1, f) = \int_{1/4}^1 x\sqrt{x}\mathrm{d}x = 31/80$. 从而得到法方程组

$$\begin{bmatrix} 3/4 & 15/32 \\ 15/32 & 21/64 \end{bmatrix} \begin{bmatrix} a_0 \\ a_1 \end{bmatrix} = \begin{bmatrix} 7/12 \\ 31/80 \end{bmatrix},$$

解方程得 $a_0 = 10/27, a_1 = 88/135$. 于是 $f(x)$ 在区间 $[0,1]$ 上的一次最佳平方逼近多项式为

$$P_1^*(x) = \frac{10}{27} + \frac{88}{135}x.$$

其误差为

$$||f(x) - P_1^*(x)||_2^2 = \int_{1/4}^1 f^2 \mathrm{d}x - a_0(f, \varphi_0) - a_1(f, \varphi_1) = 0.00010803,$$

即得均方误差为 $||f(x) - P_1^*(x)||_2 = 0.0104$.

注 5.7 用 $\{1, x, x^2, \cdots, x^n\}$ 作为 $\mathbb{R}_n[x]$ 的基求最佳平方逼近多项式时, 当 n 较大时, 系数矩阵是稠密并且高度病态的, 求解法方程时误差很大, 因此一般当 $n \leqslant 2$ 时采用此方法. 对于 $n \geqslant 3$ 时, 采用正交多项式作为 $\mathbb{R}_n[x]$ 的基来求解最佳平方逼近多项式.

5.3 正交多项式

本节主要讨论正交多项式的构造、常见的正交多项式, 以及正交多项式在最佳逼近中的应用.

5.3.1 Gram-Schmidt 正交化

定义 5.8 设 $\varphi_n(x)$ 是首项系数 $a_n \neq 0$ 的 n 次多项式, 如果多项式序列 $\{\varphi_n(x)\}_0^\infty$ 满足

$$(\varphi_j, \varphi_k) = \int_a^b \rho(x)\varphi_j(x)\varphi_k(x)\mathrm{d}x = \begin{cases} c_k \neq 0, & j = k, \\ 0, & j \neq k. \end{cases}$$

则称多项式序列 $\{\varphi_n(x)\}_0^\infty$ 为在区间 $[a,b]$ 上带权 $\rho(x)$ 的**正交多项式族**, $\varphi_n(x)$ 称为 $[a,b]$ 上带权 $\rho(x)$ 的 n 次**正交多项式**.

由线性代数内积空间知识, 给定区间 $[a,b]$ 及权函数 $\rho(x)$, 可由线性无关的一个基 $\{1, x, x^2, \cdots, x^n, \cdots\}$ 利用 Gram-Schmidt 正交化方法构造出正交多项式 $\{\varphi_n(x)\}_0^\infty$:

$$\varphi_0(x) = 1, \quad \varphi_n(x) = x^n - \sum_{k=0}^{n-1} \frac{(x^n, \varphi_k)}{(\varphi_k, \varphi_k)}\varphi_k(x), \quad n = 1, 2, \cdots.$$

这样构造出来的正交多项式具有以下性质:

(1) $\varphi_n(x)$ 是最高项系数为 1 的 n 次多项式.

(2) 任何 n 次多项式 $p_n(x) \in \mathbb{R}_n[x]$ 均可表示为 $1, x, x^2, \cdots, x^n$ 的线性组合.

(3) 当 $n \neq m$ 时, $(\varphi_n, \varphi_m) = 0$, 并且 $\varphi_n(x)$ 与任一次数小于 n 的多项式正交.

(4) 有递推关系

$$\varphi_{n+1}(x) = (x - \alpha_n)\varphi_n(x) - \beta_n\varphi_{n-1}(x), \quad n = 0, 1, 2, \cdots, \tag{5.16}$$

其中 $\varphi_{-1} = 0, \varphi_0 = 1$; $\alpha_n = \dfrac{(x\varphi_n, \varphi_n)}{(\varphi_n, \varphi_n)}, n = 0, 1, \cdots$; $\beta_n = \dfrac{(\varphi_n, \varphi_n)}{(\varphi_{n-1}, \varphi_{n-1})}, n = 1, 2, \cdots$.

(5) 设 $\{\varphi_n(x)\}_0^\infty$ 是 $[a,b]$ 上带权 $\rho(x)$ 的正交多项式序列, 则 $\varphi_n(x)(n \geqslant 1)$ 的 n 个根都是单实根, 且都在区间 (a,b) 内.

以上性质的证明可以参看很多相关文献. 下面给出几类常见而又十分重要的正交多项式.

注 5.8 施密特 (Erhard Schmidt, 1876—1959, 德国数学家) 于 1905 年在希尔伯特的指导下获得博士学位, 研究涉及积分方程. 施密特在 1907 年发表了一篇论文, 文中给出了为一组函数构造正交基的 Gram-Schmidt 过程. 这个过程是格兰 (Jorgen Pedersen Gram, 1850—1916, 丹麦数学家) 在研究最小二乘法时得到的一般结果. 然而, 拉普拉斯 (Pierre-Simon Laplace, 1749—1827, 法国数学家) 提到了一个类似的过程, 时间比格兰或施密特早得多 (Burden and Faires, 2010).

5.3.2 几类常见的正交多项式

1. Legendre 多项式

在区间 $[-1,1]$ 上, 权函数 $\rho(x)=1$, 由 $1, x, x^2, \cdots, x^n, \cdots$ 正交化得到的正交多项式称为 **Legendre 多项式**, 其表达形式为

$$P_0(x)=1, \quad P_n(x)=\frac{1}{2^n n!}\frac{\mathrm{d}^n}{\mathrm{d}x^n}[(x^2-1)^n], \quad n=1,2,\cdots. \tag{5.17}$$

由于 $(x^2-1)^n$ 是 $2n$ 次多项式, 求 n 阶导数后得

$$P_n(x)=\frac{1}{2^n n!}(2n)(2n-1)\cdots(n+1)x^n+a_{n-1}x^{n-1}+\cdots+a_1x+a_0.$$

于是易知 $P_n(x)$ 的首项系数为 $\dfrac{(2n)!}{2^n(n!)^2}$, 由此易得最高项系数为 1 的 Legendre 多项式为

$$\tilde{P}_0(x)=1, \quad \tilde{P}_n(x)=\frac{n!}{(2n)!}\frac{\mathrm{d}^n}{\mathrm{d}x^n}[(x^2-1)^n], \quad n=1,2,\cdots. \tag{5.18}$$

Legendre 多项式具有以下性质.

(1) 正交性: $(P_n,P_m)=\displaystyle\int_{-1}^{1}P_m(x)P_n(x)\mathrm{d}x=\begin{cases}\dfrac{2}{2n+1}, & m=n,\\ 0, & m\neq n.\end{cases}$

(2) 奇偶性: $P_n(-x)=(-1)^nP_n(x)$.

(3) 递推公式: $P_{n+1}(x)=\dfrac{2n+1}{n+1}xP_n(x)-nP_{n-1}(x),\ n=1,2,\cdots$. 由此及定义可得一些 Legendre 多项式的具体表达形式, 具体见表 5.3.

表 5.3 Legendre 多项式

$P_0(x)=1$
$P_1(x)=x$
$P_2(x)=(3x^2-1)/2$
$P_3(x)=(5x^3-3x)/2$
$P_4(x)=(35x^4-30x^2+3)/8$
$P_5(x)=(63x^5-70x^3+15x)/8$
$P_6(x)=(231x^6-315x^4+105x^2-5)/16$
$\cdots\cdots$

(4) 在所有最高项系数为 1 的 n 次多项式中, 最高项系数为 1 的 Legendre 多项式 $\tilde{P}_n(x)$ 在 $[-1,1]$ 上与零的平方误差最小. 证明可见文献 (李庆扬等, 2018).

注 5.9 勒让德 (Adrien-Marie Legendre, 1752—1833, 法国数学家) 在 1785 年介绍了这一套多项式。他与高斯有过多次优先权纠纷, 主要是因为高斯在发现许多原创结果后很久才公布这些结果 (Burden and Faires, 2010).

2. Chebyshev 多项式

在区间 $[-1,1]$ 上, 权函数 $\rho(x)=\dfrac{1}{\sqrt{1-x^2}}$, 由 $1, x, x^2, \cdots, x^n, \cdots$ 正交化得到的正交多项式称为 **Chebyshev 多项式**, 其表达形式为

$$T_n(x)=\cos(n\arccos x),\quad n=0,1,2,\cdots. \tag{5.19}$$

若令 $x=\cos(\theta)$, 则 $T_n(x)=\cos(n\theta)$, $0\leqslant\theta\leqslant\pi$, 这是 $T_n(x)$ 的参数表达, 利用三角公式可将 $\cos(n\theta)$ 展开成 $\cos(\theta)$ 的一个 n 次多项式, 故 $T_n(x)$ 是 x 的 n 次多项式.

Chebyshev 多项式具有以下性质.

(1) 正交性: 对积分作变换 $x=\cos(\theta)$, 利用三角公式便可得到

$$(T_n,T_m)=\int_{-1}^{1}\frac{T_m(x)T_n(x)}{\sqrt{1-x^2}}\mathrm{d}x=\begin{cases}0, & m\neq n,\\ \dfrac{\pi}{2}, & m=n\neq 0,\\ \pi, & m=n=0.\end{cases}$$

(2) 奇偶性: $T_n(-x)=(-1)^nT_n(x)$.

(3) 递推公式. 由 $x=\cos(\theta)$, $T_{n+1}(x)=\cos((n+1)\theta)$, 用三角公式 $\cos((n+1)\theta)=2\cos(\theta)\cos(n\theta)-\cos((n-1)\theta)$ 可得公式 $T_{n+1}(x)=2xT_n(x)-T_{n-1}(x)$, $n=1,2,\cdots$, 其中 $T_0(x)=1, T_1(x)=x$. 一些 Chebyshev 多项式的具体表达形式可见表 5.4.

表 5.4 Chebyshev 多项式

$T_0(x)=1$
$T_1(x)=x$
$T_2(x)=2x^2-1$
$T_3(x)=4x^3-3x$
$T_4(x)=8x^4-8x^2+1$
$T_5(x)=16x^5-20x^3+5x$
$T_6(x)=32x^6-48x^4+18x^2-1$
……

(4) 在区间 $[-1,1]$ 上所有最高项系数为 1 的一切 n 次多项式中,

$$w_n(x)=\frac{1}{2^{n-1}}T_n(x)$$

与零的偏差最小, 其偏差为 $\frac{1}{2^{n-1}}$.

这里给出 (4) 的证明. 考虑到 $w(x) = \frac{1}{2^{n-1}}T_n(x) = x^n - P_{n-1}^*(x)$ 及

$$\max_{-1\leqslant x\leqslant 1}|w_n(x)| = \frac{1}{2^{n-1}}\max_{-1\leqslant x\leqslant 1}|T_{n-1}(x)| = \frac{1}{2^{n-1}}.$$

点 $x_k = \cos\left(\frac{2k+1}{2n}\pi\right)$ $(k=0,1,\cdots,n-1)$ 是 $T_n(x)$ 的 Chebyshev 交错点组, 由定理 5.3 可知在区间 $[-1,1]$ 上, x^n 在 $\mathbb{R}_n[x]$ 中最佳一致逼近多项式为 $P_{n-1}^*(x)$, 即 $w_n(x)$ 是与零偏差最小的多项式.

注 5.10 切比雪夫 (Pafnuty Lvovich Chebyshev, 1821—1894, 俄国数学家) 在数学的许多领域都做了杰出的工作, 包括应用数学、数论、近似理论和概率论. 1852 年, 他从圣彼得堡前往法国、英国和德国拜访数学家. 拉格朗日和勒让德已经研究了正交多项式的各个集合, 切比雪夫是第一个看到这些重要研究结果的人, 他用切比雪夫多项式来研究最小二乘近似和概率, 然后将其结果应用于插值、近似求积和其他领域 (Burden and Faires, 2010).

3. 第二类 Chebyshev 多项式

在区间 $[-1,1]$ 上, 权函数 $\rho(x) = \sqrt{1-x^2}$, 由 $1, x, x^2, \cdots, x^n, \cdots$ 正交化得到的正交多项式称为**第二类 Chebyshev 多项式**, 其表达式为

$$U_n(x) = \frac{\sin[(n+1)\arccos(x)]}{\sqrt{1-x^2}}.$$

作变换 $x = \cos(\theta)$ 可得正交性

$$\begin{aligned}(U_n, U_m) &= \int_{-1}^{1} U_n(x)U_m(x)\sqrt{1-x^2}\mathrm{d}x \\ &= \int_0^{\pi} \sin((n+1)\theta)\sin((m+1)\theta)\mathrm{d}\theta = \begin{cases} 0, & m\neq n, \\ \frac{\pi}{2}, & m=n. \end{cases}\end{aligned}$$

还可以得到递推关系

$$U_0(x)=1,\quad U_1(x)=2x,\quad U_{n+1}(x)=2xU_n(x)-U_{n-1}(x),\quad n=1,2,\cdots.$$

一些具体的第二类 Chebyshev 多项式可见表 5.5.

表 5.5　第二类 Chebyshev 多项式

$U_0(x)=1$
$U_1(x)=2x$
$U_2(x)=4x^2-1$
$U_3(x)=8x^3-4x$
$U_4(x)=16x^4-12x^2+1$
$U_5(x)=32x^5-32x^3+6x$
……

4. Laguerre 多项式

在区间 $[0,+\infty)$ 上, 权函数 $\rho(x)=\mathrm{e}^{-x}$, 由 $1, x, x^2, \cdots, x^n, \cdots$ 正交化得到的正交多项式称为 **Laguerre 多项式**, 其表达式为

$$L_n(x)=\mathrm{e}^n\frac{\mathrm{d}^n}{\mathrm{d}x^n}(x^n\mathrm{e}^{-x}).$$

它也具有正交性

$$(L_n,L_m)=\int_0^{+\infty}\mathrm{e}^{-x}L_n(x)L_m(x)\mathrm{d}x=\begin{cases}0, & m\neq n,\\(n!)^2, & m=n\end{cases}$$

和递推关系

$$L_0(x)=1,\quad L_1(x)=1-x,$$
$$L_{n+1}(x)=(1+2n-x)L_n(x)-n^2L_{n-1}(x),\quad n=1,2,\cdots.$$

一些具体的 Laguerre 多项式可见表 5.6.

表 5.6　Laguerre 多项式

$L_0(x)=1$
$L_1(x)=1-x$
$L_2(x)=2-4x+x^2$
$L_3(x)=6-18x+9x^2-x^3$
$L_4(x)=24-96x+72x^2-16x^3+x^4$
$L_5(x)=120-600x+600x^2-200x^3+25x^4-x^5$
……

注 5.11　拉盖尔 (Edmond Nicolas Laguerre, 1834—1886, 法国数学家) 提出的拉盖尔多项式在量子力学中有重要应用.

5. Hermite 多项式

在区间 $(-\infty,+\infty)$ 上, 权函数 $\rho(x)=\mathrm{e}^{-x^2}$, 由 1, x, x^2, $\cdots$, x^n, $\cdots$ 正交化得到的正交多项式称为 **Hermite 多项式**, 其表达式为

$$H_n(x)=(-1)^n\mathrm{e}^{x^2}\frac{\mathrm{d}^n}{\mathrm{d}x^n}(\mathrm{e}^{-x^2}).$$

它满足正交关系

$$(H_n,H_m)=\int_{-\infty}^{\infty}\mathrm{e}^{-x^2}H_n(x)H_m(x)\mathrm{d}x=\begin{cases}0, & m\neq n,\\ \sqrt{\pi}2^n n!, & m=n,\end{cases}$$

并且有递推关系

$$H_0(x)=1,\quad H_1(x)=2x,\quad H_{n+1}(x)=2xH_n(x)-2nH_{n-1}(x),\quad n=1,2,\cdots.$$

一些具体的 Hermite 多项式可见表 5.7.

表 5.7 Hermite 多项式

$H_0(x)=1$
$H_1(x)=2x$
$H_2(x)=4x^2-2$
$H_3(x)=8x^3-12x$
$H_4(x)=16x^4-48x^2+12$
$H_5(x)=32x^5-160x^3+120x$
$\cdots\cdots$

注 5.12 埃尔米特多项式在数学中, 是一种经典的正交多项式族. 概率论里的埃奇沃斯 (Francis Ysidro Edgeworth, 1845—1926, 英国统计学家) 级数的表达式中就要用到埃尔米特多项式; 在组合数学中, 埃尔米特多项式是阿佩尔 (Paul Appell, 1855—1930, 法国数学家) 方程的解; 物理学中, 埃尔米特多项式给出了量子谐振子的本征态.

5.3.3 正交多项式与最佳逼近

1. Chebyshev 多项式与最佳一致逼近

前面在求最佳一致逼近的时候, 是利用定理 5.3 来求的, 这在实际求解时是非常困难的. 在 Chebyshev 多项式的性质中有: 在区间 $[-1,1]$ 上所有最高项系数为 1 的一切 n 次多项式中, $w_n(x)=\dfrac{1}{2^{n-1}}T_n(x)$ 与零的偏差最小, 其偏差为 $\dfrac{1}{2^{n-1}}$. 这表明以 $T_n(x)$ 为余项的误差在整个区间 $[-1,1]$ 上分布是均匀的, 因此这一性质在求函数的近似最佳一致逼近多项式中有广泛应用.

例 5.6 设 $f(x)=x^4$, 在 $[-1,1]$ 上求 $f(x)$ 在 $\mathbb{R}_3[x]$ 中的最佳逼近多项式.

解 由题意, 所求最佳一致逼近多项式 $p_3^*(x)$ 应满足

$$\max_{-1\leqslant x\leqslant 1}|f(x)-p_3^*(x)|=\min,$$

因 $f(x)-p_3^*(x)$ 是 4 次多项式, 所以与零的偏差最小应该是 $w_4(x)=\dfrac{1}{2^{4-1}}T_4(x)$, 即有

$$f(x)-p_3^*(x)=\frac{1}{2^{4-1}}T_4(x)=\frac{1}{8}(8x^4-8x^2+1)=x^4-\left(x^2-\frac{1}{8}\right).$$

所以所求最佳一致逼近多项式为 $p_3^*(x)=x^2-\dfrac{1}{8}$.

根据 Chebyshev 多项式性质 (4) 及最佳一致逼近定理 5.3, 只要最佳逼近多项式 $p_{n-1}^*(x)$ 满足误差 $f(x)-p_{n-1}^*(x)=\dfrac{1}{2^n}T_n(x)$, 则 $p_{n-1}^*(x)\in\mathbb{R}_{n-1}[x]$ 是区间 $(-1,1)$ 上多项式 $f(x)$ 的最佳一致逼近多项式, 由于 $T_n(x)$ 有 n 个零点, 故此时有 $n+1$ 个轮流为正负的偏差点. 更一般地, 若在区间 $[-1,1]$ 上 $f(x)-p_n(x)\approx\dfrac{1}{2^n}T_{n+1}(x)$, 那么 $p_n(x)\in\mathbb{R}_n[x]$ 可作为 $f(x)$ 在 $\mathbb{R}_n[x]$ 中的近似最佳一致逼近多项式. 此时 $\dfrac{1}{2^n}T_{n+1}(x)$ 可看作 $p_n(x)$ 逼近 $f(x)$ 的误差表达式, 由于 T_{n+1} 有 $n+1$ 个零点

$$x_k=\cos\left[\frac{(2k+1)\pi}{2(n+1)}\right],\quad k=0,1,\cdots,n.$$

因此 $\dfrac{1}{2^n}T_{n+1}(x)$ 可写成 $W(x)=\alpha_{n+1}(x-x_0)(x-x_1)\cdots(x-x_n)$, 这和 Lagrange 插值误差类似, 由此结合定理 5.3 的推论 5.2, 利用这 $n+1$ 个点可以构造 $f(x)$ 的 n 次 Lagrange 插值 $L_n(x)$, 此 $L_n(x)$ 便为 $f(x)$ 的 n 次近似最佳一致逼近多项式.

利用 $T_n(x)$ 的零点 $x_i=\cos\left(\dfrac{2i+1}{2n}\right),i=0,1,\cdots,n-1$ 来考虑最佳一致逼近, 区间 $[-1,1]$ 是不可忽视的. 若考虑的是一般区间 $[a,b]$ 上的 $f(x)$ 的最佳一致逼近, 则需要作变换

$$x=\frac{b-a}{2}t+\frac{b+a}{2},\quad -1\leqslant t\leqslant 1;\quad g(t)\triangleq f\left(\frac{b-a}{2}t+\frac{b+a}{2}\right).$$

考虑 $g(t)$ 在 $[-1,1]$ 上的最佳一致逼近, 然后通过逆变换化为 $f(x)$ 在区间 $[a,b]$ 上的最佳一致逼近.

例 5.7 对 $f(x)=\dfrac{1}{1+x^2}$ 在 $[-5,5]$ 上构造等距节点 $x_i=-5+\dfrac{10i}{n}, i=0,1,\cdots,n$, 利用这些节点作插值, 会产生 Runge 现象, $L_{10}(x)$ 的图像在区间的两个端点附近会产生强烈的振荡现象. 如果选择 Chebyshev 多项式 $T_{n+1}(x)$ 的零点

$$x_k=\cos\left[\frac{(2k+1)}{2(n+1)}\pi\right],\quad k=0,1,\cdots,n$$

作插值节点, 取 $n=10$, 由此得到的插值多项式记为 $L_{10}^*(x)$ (图像见图 5.2), 它就比 $L_{10}(x)$ 好得多, 它的图像不会产生振荡现象.

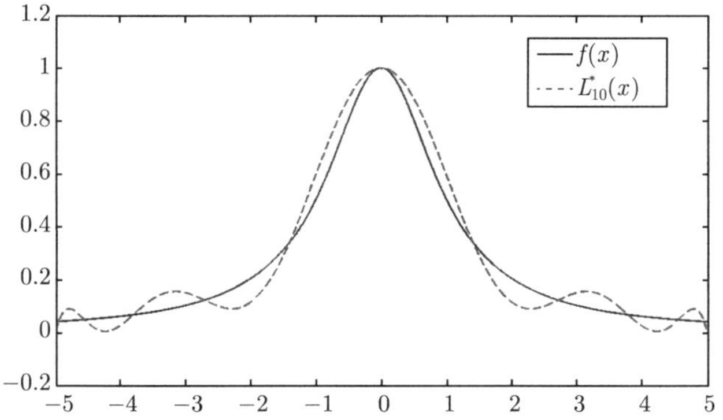

图 5.2 利用 11 次 Chebyshev 多项式的零点作的 $L_{10}^*(x)$ 的图像

2. 正交多项式与最佳平方逼近

前面考虑最佳平方逼近时通常需要求解一个法方程组, 而法方程组通常是稠密的、病态的, 有了正交多项式以后, 法方程的系数矩阵就变成了对角形矩阵, 这样法方程组就很容易求解. 设 $f(x)\in C[a,b]$, 用正交多项式 $\{\varphi_0(x),\varphi_1(x),\cdots,\varphi_n(x)\}$ 作为 $\mathbb{R}_n[x]$ 的基, 求最佳平方逼近多项式

$$S_n^*(x)=a_0^*\varphi_0(x)+a_1^*\varphi_1(x)+\cdots+a_n^*\varphi_n(x). \tag{5.20}$$

由 $\varphi_k(x)$ 的正交性及法方程 (5.13) 可求得系数

$$a_k^*=\frac{(f(x),\varphi_k(x))}{(\varphi_k(x),\varphi_k(x))},\quad k=0,1,\cdots,n. \tag{5.21}$$

于是 $f(x)\in C[a,b]$ 在 $[a,b]$ 上的最佳平方逼近多项式为

$$S_n^*(x)=\sum_{k=0}^{n}\frac{(f(x),\varphi_k(x))}{(\varphi_k(x),\varphi_k(x))}\varphi_k(x). \tag{5.22}$$

由 (5.15) 均方误差为

$$||\delta_n||_2=||f(x)-S_n^*(x)||_2=\sqrt{||f(x)||_2^2-\sum_{k=0}^{n}\frac{(f(x),\varphi_k(x))}{(\varphi_k(x),\varphi_k(x))}(f(x),\varphi_k(x))}. \quad (5.23)$$

设 $f(x)\in C[-1,1]$, 若用 Chebyshev 多项式作为 $\mathbb{R}_n[x]$ 的基, 即 $\mathbb{R}_n[x]=\text{span}\{T_0(x), T_1(x), \cdots, T_n(x)\}$, 则 $f(x)$ 在 $[-1,1]$ 上的最佳平方逼近多项式是

$$S_n^*(x)=\frac{a_0^*}{2}+\sum_{k=1}^{n}a_k^*T_k(x),$$

其中

$$a_k^*=\frac{(f(x),T_k(x))}{(T_k(x),T_k(x))}=\frac{2}{\pi}\int_{-1}^{1}\frac{f(x)T_k(x)}{\sqrt{1-x^2}}\mathrm{d}x,\quad k=0,1,\cdots,n. \quad (5.24)$$

如果 $f(x)\in C^1[-1,1]$, 则不但有 $\lim\limits_{n\to\infty}||f(x)-S_n^*(x)||_2=0$, 并且有 $\lim\limits_{n\to\infty}||f(x)-S_n^*(x)||_\infty=0$. 因此可以得到

$$f(x)-S_n^*(x)\approx\alpha_{n+1}^*T_{n+1}(x).$$

它表明用 $S_n^*(x)$ 逼近 $f(x)$, 其误差近似于 $\alpha_{n+1}^*T_{n+1}(x)$, 该误差是均匀分布的, 故 $S_n^*(x)$ 是 $f(x)$ 在 $[-1,1]$ 上**近似最佳一致逼近多项式** (它当然是最佳平方逼近多项式).

设 $f(x)\in C[-1,1]$, 若用 Legendre 多项式作为 $\mathbb{R}_n[x]$ 的基, 即 $\mathbb{R}_n[x]=\text{span}\{P_0(x), P_1(x), \cdots, P_n(x)\}$, 则 $f(x)$ 在 $[-1,1]$ 上的最佳平方逼近多项式是

$$S_n^*(x)=\frac{a_0^*}{2}+\sum_{k=1}^{n}a_k^*T_k(x),$$

其中

$$a_k^*=\frac{(f(x),P_k(x))}{(P_k(x),P_k(x))}=\frac{2k+1}{2}\int_{-1}^{1}f(x)P_k(x)\mathrm{d}x,\quad k=0,1,\cdots,n. \quad (5.25)$$

根据 (5.15) 知其平方误差为

$$||\delta_n||_2^2=||f(x)-S_n^*(x)||_2^2=\int_{-1}^{1}f^2(x)\mathrm{d}x-\sum_{k=0}^{n}\frac{2}{2k+1}a_k^{*2}.$$

例 5.8 设 $f(x)=\mathrm{e}^x$, 在 $[-1,1]$ 上利用 Chebyshev 多项式求 $f(x)$ 在 $\mathbb{R}_3[x]$ 中的最佳平方逼近多项式.

解 由 (5.24) 可得出

$$a_k^*=\frac{2}{\pi}\int_{-1}^{1}\frac{f(x)T_k(x)}{\sqrt{1-x^2}}\mathrm{d}x=\frac{2}{\pi}\int_0^{\pi}\mathrm{e}^{\cos\theta}\cos(k\theta)\mathrm{d}\theta,$$

通过计算可得

$$a_0^*=2.532132,\quad a_1^*=1.130318,\quad a_2^*=0.271495,\quad a_3^*=0.0443369.$$

于是得到

$$\begin{aligned}S_3^*(x)&=\frac{1}{2}a_0^*+a_1^*T_1(x)+a_2^*T_2(x)+a_3^*T_3(x)\\&=1.266066+1.130318T_1(x)+0.271495T_2(x)+0.0443369T_3(x)\\&=0.994571+0.99739x+0.542991x^2+0.177347x^3.\end{aligned}$$

注 5.13 直接计算可得 $\max\limits_{-1\leqslant x\leqslant 1}|\mathrm{e}^x-S_3^*(x)|=0.00607$. 这与 $f(x)$ 的最佳一致逼近多项式 $p_3^*(x)\in\mathbb{R}_3[x]$ 的误差 $\max\limits_{-1\leqslant x\leqslant 1}|\mathrm{e}^x-p_3^*(x)|=0.00553$ 相差很小. 而计算 $p_3^*(x)$ (最佳一致逼近多项式) 是相当困难的, 但是计算 $S_3^*(x)$ (最佳平方逼近多项式) 则容易得多, 并且效果较好.

例 5.9 设 $f(x)=\mathrm{e}^x$, 在 $[-1,1]$ 上利用 Legendre 多项式求 $f(x)$ 在 $\mathbb{R}_3[x]$ 中的最佳平方逼近多项式.

解 先计算 $(f,P_k),k=0,1,2,3$, 即

$$\begin{aligned}(f,P_0)&=\int_{-1}^{1}\mathrm{e}^x\mathrm{d}x=\mathrm{e}-\frac{1}{\mathrm{e}}\approx 2.3504,\\(f,P_1)&=\int_{-1}^{1}x\mathrm{e}^x\mathrm{d}x=2\mathrm{e}^{-1}\approx 0.7358,\\(f,P_2)&=\int_{-1}^{1}\left(\frac{3}{2}x^2-\frac{1}{2}\right)\mathrm{e}^x\mathrm{d}x=\mathrm{e}-\frac{7}{\mathrm{e}}\approx 0.1431,\\(f,P_3)&=\int_{-1}^{1}\left(\frac{5}{2}x^3-\frac{3}{2}x\right)\mathrm{e}^x\mathrm{d}x=\frac{37}{\mathrm{e}}-5\mathrm{e}\approx 0.02013.\end{aligned}$$

由 (5.25) 可得出

$$a_0^*=\frac{(f,P_0)}{2}\approx 1.1752,\quad a_1^*=\frac{3(f,P_1)}{2}\approx 1.1037,$$

$$a_2^* = \frac{5(f,P_2)}{2} \approx 0.3578, \quad a_3^* = \frac{7(f,P_0)}{2} \approx 0.07046.$$

于是得到

$$\begin{aligned}S_3^*(x) &= a_0^*P_0(x) + a_1^*P_1(x) + a_2^*P_2(x) + a_3^*P_3(x)\\ &= 1.1572 + 1.1037P_1(x) + 0.3578P_2(x) + 0.07046P_3(x)\\ &= 0.9783 + 0.9980x + 0.5367x^2 + 0.1762x^3.\end{aligned}$$

其均方误差为

$$||\delta||_2 = ||\mathrm{e}^x - S_3^*(x)||_2 = \sqrt{\int_{-1}^{1} \mathrm{e}^{2x}\mathrm{d}x - \sum_{k=0}^{3} \frac{2}{2k+1} a_k^{*2}} \leqslant 0.0084,$$

其最大误差为

$$||\delta||_\infty = ||\mathrm{e}^x - S_3^*(x)||_\infty \leqslant 0.0112.$$

3. 三角多项式与最佳平方逼近

设 $f(x) \in C[a,b]$, 我们想求 $f(x)$ 的一个形如

$$S_n(x) = \frac{a_0}{2} + a_n\cos(nx) + \sum_{k=1}^{n-1}(a_k\cos(kx) + b_k\sin(kx)) \tag{5.26}$$

的近似 (也可以再添加一项 $\sin(nx)$), 使得 $\int_{-\pi}^{\pi}(S_n(x) - f(x))^2\mathrm{d}x$ 最小. 这是一个最佳平方逼近问题, 需要根据法方程求解. 由例 5.3 知三角函数序列 $\{1, \cos x, \sin x, \cdots, \cos(n-1)x, \sin(n-1)x, \cos nx\}$ 在 $[-\pi,\pi]$ 上是正交函数列 (权 $\rho(x) = 1$). 因此根据法方程可得

$$a_k = \frac{\int_{-\pi}^{\pi} f(x)\cos(kx)\mathrm{d}x}{\int_{-\pi}^{\pi}(\cos(kx))^2\mathrm{d}x} = \frac{1}{\pi}\int_{-\pi}^{\pi} f(x)\cos(kx)\mathrm{d}x, \quad k = 0,1,2,\cdots,n, \tag{5.27}$$

$$b_k = \frac{\int_{-\pi}^{\pi} f(x)\sin(kx)\mathrm{d}x}{\int_{-\pi}^{\pi}(\sin(kx))^2\mathrm{d}x} = \frac{1}{\pi}\int_{-\pi}^{\pi} f(x)\sin(kx)\mathrm{d}x, \quad k = 1,2,\cdots,n-1. \tag{5.28}$$

对 $S_n(x)$ 关于 $n \to \infty$ 取极限, 它就是 $f(x)$ 的 Fourier 级数. Fourier 级数在物理上通常被用来表示各种常微分方程或偏微分方程的解.

例 5.10 求 $f(x)=|x|$ 在区间 $[-\pi,\pi]$ 上形如式 (5.26) 的逼近多项式 $S_n(x)$.

解 我们先来计算系数

$$a_0=\frac{1}{\pi}\int_{-\pi}^{\pi}|x|\mathrm{d}x=\frac{2}{\pi}\int_0^{\pi}x\mathrm{d}x=\pi,$$

$$\begin{aligned}a_k&=\frac{1}{\pi}\int_{-\pi}^{\pi}|x|\cos(kx)\mathrm{d}x\\&=\frac{1}{\pi}\int_0^{\pi}x\cos(kx)\mathrm{d}x=\frac{2}{\pi k^2}\left[(-1)^k-1\right],\quad k=1,2,\cdots,n,\end{aligned}$$

$$b_k=\frac{1}{\pi}\int_{-\pi}^{\pi}|x|\sin(kx)\mathrm{d}x=0,\quad k=1,2,\cdots,n-1,$$

其中 $b_k=0$ 是因为函数 $|x|\sin(kx)$ 是奇函数, 在对偶区间上的积分为 0. 因此 $f(x)=|x|$ 的三角函数逼近为

$$S_n(x)=\frac{\pi}{2}+\frac{2}{\pi}\sum_{k=1}^{n}\frac{(-1)^k-1}{k^2}\cos(kx). \tag{5.29}$$

分别取 $n=0,1,3,5$ 可得 $S_0(x)=\dfrac{\pi}{2}$, $S_1(x)=S_2(x)=\dfrac{\pi}{2}-\dfrac{4}{\pi}\cos x$, $S_3(x)=\dfrac{\pi}{2}-\dfrac{4}{\pi}\cos x-\dfrac{4}{9\pi}\cos(3x)$, $S_5(x)=\dfrac{\pi}{2}-\dfrac{4}{\pi}\cos x-\dfrac{4}{9\pi}\cos(3x)-\dfrac{4}{25\pi}\cos(5x)$.

5.4 数据的最佳平方逼近

前面考虑了区间 $[a,b]$ 上的连续函数的最佳逼近, 本节考虑离散数据的最佳平方逼近.

在科学实验和生产实践中, 经常要从一组大量的实验数据 (x_i,y_i) $(i=0,1,2,\cdots,m)$ 出发, 找出这组数据所反映的规律. 从数学上讲, 就是根据这些大量的数据, 在某种度量标准下, 求一个函数 $y=\phi(x)$, 使得它与这些数据在这种度量下的偏差最小. 怎样来求这个函数 $y=\phi(x)$ 呢? 为此, 定义**残差**

$$\delta_i=\phi(x_i)-y_i,\quad i=1,2,\cdots,m.$$

为了使近似曲线 $y=\phi(x)$ 能尽量反映出数据点的变化趋势, 要求 $|\delta_i|$ 都比较小, 为达到这一目标, 一般有很多途径, 常见的有以下三种方式可供选择:

(1) 选取 $\phi(x)$, 使得残差的绝对值之和最小, 即

$$求\ \phi(x), 使得\ \sum_{i=0}^{m}|\delta_i|=\sum_{i=0}^{m}|\phi(x_i)-y_i|\ 最小.$$

(2) 选取 $\phi(x)$, 使得残差的最大绝对值最小, 即

$$求\ \phi(x), 使得\ \max_{0\leqslant i\leqslant m}|\delta_i| = \max_{0\leqslant i\leqslant m}|\phi(x_i)-y_i|\ 最小.$$

(3) 选取 $\phi(x)$, 使得残差的平方和最小, 即

$$求\ \phi(x), 使得\ \sum_{i=0}^{m}|\delta_i|^2 = \sum_{i=0}^{m}|\phi(x_i)-y_i|^2\ 最小. \tag{5.30}$$

在实际计算中, 方式 (1) 和 (2) 的极值点很难求解, 通常采用第 (3) 种方式, 这种方式便是离散的最佳平方逼近, 也是我们下面考虑的最小二乘法.

5.4.1 最小二乘法

为了更好地描述和理解, 这里再次呈现要解决的问题: 已知大量数据 (x_i, y_i) $(i=0,1,2,\cdots,m)$, 根据这些数据求一个函数 $y=\phi(x)$, 使得残差的平方和最小. 这种求 $y=\phi(x)$ 的方法称为**数据拟合的最小二乘法**, 这里的 $y=\phi(x)$ 称为**拟合曲线**, 这里的数据 (x_i, y_i) $(i=0,1,2,\cdots,m)$ 称为**被拟合数据**.

怎样求 $\phi(x)$ 的表达式呢? 设函数 $y=\phi(x)$ 属于某一类函数 (比如多项式函数、三角函数等), 这类函数的基函数为 $\phi_0(x)$, $\phi_1(x)$, $\cdots$, $\phi_n(x)$ $(n<m)$, 于是 $y=\phi(x)$ 便可写成

$$\phi(x) = a_0\phi_0(x) + a_1\phi_1(x) + \cdots + a_n\phi_n(x). \tag{5.31}$$

记

$$J(a_0, a_1, \cdots, a_n) = \sum_{i=0}^{m}|\phi(x_i)-y_i|^2.$$

由于基函数 $\phi_0(x), \phi_1(x), \cdots, \phi_n(x)$ 已知, 则问题就变成求 $a_0^*, a_1^*, \cdots, a_n^*$, 使得

$$J(a_0^*, a_1^*, \cdots, a_n^*) = \min J(a_0, a_1, \cdots, a_n) = \min\sum_{i=0}^{m}|\phi(x_i)-y_i|^2.$$

换句话说, 即求 $J(a_0, a_1, \cdots, a_n)$ 的极小值点 $a_0^*, a_1^*, \cdots, a_n^*$. 根据微积分的知识知, a_0^*, a_1^*, $\cdots$, a_n^* 就是方程组

$$\frac{\partial J}{\partial a_k} = 0, \quad k=0,1,2,\cdots,n$$

的解, 也即 $a_0^*, a_1^*, \cdots, a_n^*$ (为方便仍记为 $a_0, a_1, \cdots, a_n$) 满足方程组

$$
\begin{aligned}
&a_0\left(\sum_{i=0}^{m}\phi_k(x_i)\phi_0(x_i)\right)+a_1\left(\sum_{i=0}^{m}\phi_k(x_i)\phi_1(x_i)\right)+\cdots\\
&+a_n\left(\sum_{i=0}^{m}\phi_k(x_i)\phi_n(x_i)\right)=\sum_{i=0}^{m}\phi_k(x_i)y_i,\quad k=0,1,\cdots,n.
\end{aligned}
$$

为方便书写, 对任意的函数 $g(x)$, $h(x)$ 引入记号

$$
(g,h)=\sum_{i=0}^{m}g(x_i)h(x_i).
$$

则上述方程可以写成

$$
a_0(\phi_k,\phi_0)+a_1(\phi_k,\phi_1)+\cdots+a_n(\phi_k,\phi_n)=(\phi_k,y),\quad k=0,1,\cdots,n.
$$

写成矩阵形式为

$$
\begin{bmatrix}
(\phi_0,\phi_0) & (\phi_0,\phi_1) & \cdots & (\phi_0,\phi_n)\\
(\phi_1,\phi_0) & (\phi_1,\phi_1) & \cdots & (\phi_1,\phi_n)\\
\vdots & \vdots & & \vdots\\
(\phi_n,\phi_0) & (\phi_n,\phi_1) & \cdots & (\phi_n,\phi_n)
\end{bmatrix}
\begin{bmatrix}a_0\\a_1\\\vdots\\a_n\end{bmatrix}
=
\begin{bmatrix}(\phi_0,y)\\(\phi_1,y)\\\vdots\\(\phi_n,y)\end{bmatrix},
\tag{5.32}
$$

方程组 (5.32) 称为**法方程**, 这个法方程与最佳平方逼近的法方程 (5.13) 类似, 只是这里是离散形式, 前面的 (5.13) 是连续形式. 可以证明它存在唯一解, 并且解 $a_0, a_1, \cdots, a_n$ 就是 $J(a_0, a_1, \cdots, a_n)$ 的最小值点.

5.4.2 多项式拟合

最简单也最常见的是多项式拟合, 即取基函数 $\phi_0(x)=1$, $\phi_1(x)=x$, $\phi_2(x)=x^2$, $\cdots$, $\phi_n(x)=x^n$, 也即表达式 (5.31) 为

$$
\phi(x)=a_0+a_1x+a_2x^2+\cdots+a_nx^n.
$$

若记

$$
\sum=\sum_{i=0}^{m},
$$

则相应的法方程为

$$\begin{bmatrix} m+1 & \sum x_i & \cdots & \sum x_i^n \\ \sum x_i & \sum x_i^2 & \cdots & \sum x_i^{n+1} \\ \vdots & \vdots & & \vdots \\ \sum x_i^n & \sum x_i^{n+1} & \cdots & \sum x_i^{2n} \end{bmatrix} \begin{bmatrix} a_0 \\ a_1 \\ \vdots \\ a_n \end{bmatrix} = \begin{bmatrix} \sum y_i \\ \sum x_i y_i \\ \vdots \\ \sum x_i^n y_i \end{bmatrix}.$$

例 5.11 炼钢就是要把钢液中的碳去掉, 钢液含碳量直接影响冶炼时间长短, 设通过实验已得到冶炼时间 y 与钢液含碳量 x 的一组数据, 见表 5.8. 求 y 与 x 的函数表达式.

表 5.8

x_i	165	123	150	158	123	141	132
y_i	187	126	172	180	125	148	138

解 用已知数据点 (x_i, y_i) $(i = 0, 1, \cdots, 6)$ 绘图, 其结果如图 5.3 所示.

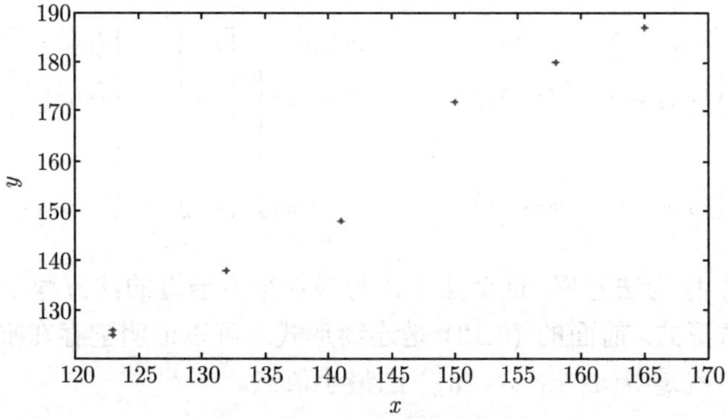

图 5.3 例 5.11 的数据图像

数据的分布大致呈一条直线, 故用直线 $P_1(x) = a + bx$ 去拟合这些数据. 从而得到关于 a, b 的法方程

$$\begin{cases} 5a + \left(\sum_{i=0}^{6} x_i\right) b = \sum_{i=0}^{6} y_i, \\ \left(\sum_{i=0}^{6} x_i\right) a + \left(\sum_{i=0}^{6} x_i^2\right) b = \sum_{i=0}^{6} y_i x_i, \end{cases}$$

代入计算得到

$$\begin{cases} 7a + 992b = 1076, \\ 992a + 142252b = 155052. \end{cases}$$

解得 $a = -63.9685, b = 1.5361$. 所以所求函数表达式为

$$y = P_1(x) = -63.9685 + 1.5361x.$$

例 5.12 在某化学反应中, 测得生成物浓度 y 与时间 t_i (小时) 的数据如表 5.9 所示. 用最小二乘法建立 y 与 t 的经验公式.

表 5.9

t_i	1	2	3	4	5	6	7	8
$y_i/(\%)$	4.00	6.40	8.00	8.80	9.22	9.50	9.70	9.86
t_i	9	10	11	12	13	14	15	16
$y_i/(\%)$	10.00	10.20	10.32	10.42	10.50	10.55	10.58	10.60

解 用已知数据点 (t_i, y_i) $(i = 1, 2, \cdots, 16)$ 绘图, 其结果如图 5.4 所示.

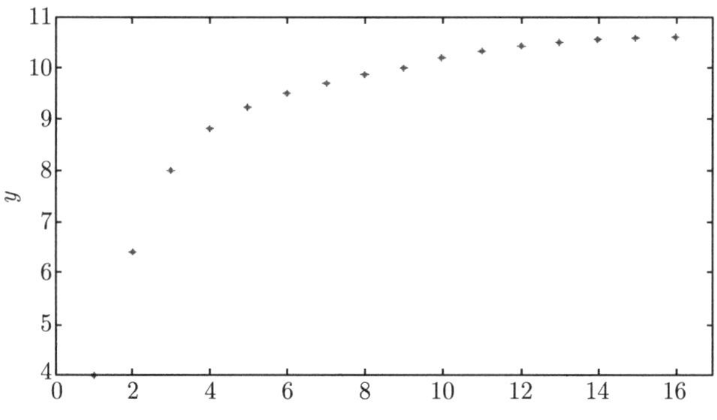

图 5.4 例 5.12 的数据图像

根据图像 (或经验), 用 $y = a\mathrm{e}^{b/t}$ 来拟合这些数据. 可以直接对它采用最小二乘法将得到一个非线性方程组, 为避免解非线性方程组, 对表达式两边取对数得

$$\ln y = \ln a + \frac{b}{t} \triangleq c_0 + c_1 t^{-1}.$$

根据最小二乘法, 问题变为求 c_0, c_1, 使得残差的平方和

$$J(c_0, c_1) = \sum_{i=1}^{16} (c_0 + c_1 t_i^{-1} - \ln y_i)^2$$

最小. 从而可以得到法方程

$$\begin{cases}16c_0+\left(\sum\limits_{i=1}^{16}t_i^{-1}\right)c_1=\sum\limits_{i=1}^{16}\ln y_i,\\ \left(\sum\limits_{i=1}^{16}t_i^{-1}\right)c_0+\left(\sum\limits_{i=1}^{16}(t_i^{-1})^2\right)c_1=\sum\limits_{i=1}^{16}t_i^{-1}\ln y_i.\end{cases}$$

把数据代入可以求得

$$\begin{cases}16c_0+3.3807c_1=35.2602,\\ 3.3807c_0+1.5843c_1=6.5310.\end{cases}$$

解这个方程组得 $c_0=2.4270,\ c_1=-1.0566$. 由于 $c_0=\ln a,\ c_1=b$, 经计算可得 $a=11.3249,\ b=-1.0566$, 代入得经验公式

$$y=11.3249\mathrm{e}^{-1.0566/t}.$$

5.4.3　最小二乘法的应用

例 5.13　用最小二乘法解方程组

$$\begin{cases}x+y=3,\\ 2x-y=0.2,\\ x+3y=7,\\ 3x+y=5.\end{cases}$$

解　系数矩阵的秩为 2, 增广矩阵的秩为 3, 方程组无解, 是一个矛盾方程, 因此没有通常意义下的解. 把第 i 个方程出现的偏差记为 e_i, 则有

$$\begin{cases}e_1=x+y-3,\\ e_2=2x-y-0.2,\\ e_3=x+3y-7,\\ e_4=3x+y-5.\end{cases}$$

偏差的平方和记为

$$Q(x,y)=\sum_{i=1}^{4}e_i^2$$

$$= (x+y-3)^2 + (2x-y-0.2)^2 + (x+3y-7)^2 + (3x+y-5)^2.$$

令

$$\frac{\partial Q(x,y)}{\partial x} = 0, \quad \frac{\partial Q(x,y)}{\partial y} = 0,$$

化简可得

$$\begin{cases} 15x + 5y = 25.4, \\ 5x + 12y = 28.8. \end{cases}$$

解得

$$x \approx 1.037, \quad y \approx 1.968.$$

多项式拟合问题可以先转化为矛盾方程组, 然后用最小二乘法求解.

5.5 快速 Fourier 变换 *

快速 Fourier 变换 (简记为 FFT) 具有计算量小的显著优点, 使得 FFT 在信号处理技术领域获得了广泛应用, 结合高速硬件就能实现对信号的实时处理. 例如, 对语音信号的分析和合成, 对通信系统中实现全数字化的时分制与频分制的复用转换, 在频域对信号滤波以及相关分析, 通过对雷达、声呐、振动信号的频谱分析以提高对目标的搜索和跟踪的分辨率等, 都要用到 FFT. 可以说 FFT 的出现, 对数字信号处理学科的发展起了重要的作用. 也因此, FFT 成为 20 世纪十大有影响的算法之一. 为更好地理解 FFT, 以下先介绍最佳平方三角逼近, 再介绍 FFT.

5.5.1 最佳平方三角逼近

设有 $2m$ 对数据 $\{(x_j, y_j)\}_{j=0}^{2m-1}$, 并假设 x_j 落在某个闭区间, 为方便, 我们假设闭区间为 $[-\pi, \pi]$, 并且 $x_j = -\pi + \dfrac{j\pi}{m}, j = 0, 1, 2, \cdots, 2m-1$. 求一个三角多项式 $S_n(x)$, 使得

$$J(a_0, \cdots, a_n, b_1, \cdots, b_{n-1}) = \sum_{j=0}^{2m-1} [y_j - S_n(x_j)]^2$$

最小, 这里 $S_n(x)$ 为如下形式的三角多项式,

$$S_n(x) = \frac{a_0}{2} + a_n \cos(nx) + \sum_{k=1}^{n-1} [a_k \cos(kx) + b_k \sin(kx)], \quad n < m. \tag{5.33}$$

为了得到 $J(a_0,\cdots,a_n,b_1,\cdots,b_{n-1})$ 的最小值点, 满足 $\min J$ 的 $S_n(x)$ 称为数据 $\{(x_j,y_j)_{j=0}^{2m-1}\}$ 的**最佳平方三角逼近**, 或**最小二乘三角多项式**. $S_n(x)$ 的得到需要通过求解与前面类似的法方程, 为此, 有如下事实需要先做了解.

定理 5.5　设 r 不是 $2m$ 的倍数, 则有

$$\sum_{j=0}^{2m-1}\cos(rx_j)=0,\quad \sum_{j=0}^{2m-1}\sin(rx_j)=0.$$

进一步, 若 r 不是 m 的倍数, 则有

$$\sum_{j=0}^{2m-1}[\cos(rx_j)]^2=m,\quad \sum_{j=0}^{2m-1}[\sin(rx_j)]^2=m.$$

证明可参见文献 (Burden and Faires, 2010) 的第 542 页. 有此结论后, 我们可以得到关于三角函数的一些正交性, 比如对 $k\neq l$ 有

$$\begin{aligned}\sum_{j=0}^{2m-1}\cos(kx_j)\sin(lx_j)&=\frac{1}{2}\left[\sum_{j=0}^{2m-1}\sin(l+k)x_j+\sum_{j=0}^{2m-1}\sin(l-k)x_j\right]\\&=\frac{1}{2}[0+0]=0.\end{aligned}$$

事实上, 我们将正交序列 $\{1,\cos x,\sin x,\cdots,\cos(n-1)x,\sin(n-1)x,\cos nx\}$ 看成 $\{\phi_0(x),\ \phi_1(x),\ \cdots,\ \phi_{2n-1}(x)\}$, 对区间 $[-\pi,\pi]$ 上的按照前面定义的等分点 x_j 只要 $l\neq k$ 就有

$$\sum_{j=0}^{2m-1}\phi_k(x_j)\phi_l(x_j)=0. \tag{5.34}$$

定理 5.6　设有数据 $\{(x_j,y_j)\}_{j=0}^{2m-1}$, 其中 x_j 是区间 $[-\pi,\pi]$ 的等分点, 则这些数据的最小二乘三角逼近

$$S_n(x)=\frac{a_0}{2}+a_n\cos nx+\sum_{k=1}^{n-1}[a_k\cos(kx)+b_k\sin(kx)]$$

满足

$$a_k=\frac{1}{m}\sum_{j=0}^{2m-1}y_j\cos(kx_j),\quad k=0,1,\cdots,n; \tag{5.35}$$

$$b_k = \frac{1}{m}\sum_{j=0}^{2m-1} y_j \sin(kx_j), \quad k = 1, \cdots, n-1. \tag{5.36}$$

此定理的结论可由法方程利用正交性得到. 下面只对 b_k 进行说明, 求 a_k 的方法类似. 由于 J 是一系列带参数数据的平方, 将其关于 b_k 求偏导数并令其等于零, 即

$$0 = \frac{\partial J}{\partial b_k} = 2\sum_{j=0}^{2m-1} [y_j - S_n(x_j)](-\sin(kx_j)).$$

因此有

$$\begin{aligned}
0 =& \sum_{j=0}^{2m-1} y_j \sin(kx_j) - \sum_{j=0}^{2m-1} S_n(x_j)\sin(kx_j) \\
=& \sum_{j=0}^{2m-1} y_j \sin(kx_j) - \frac{a_0}{2}\sum_{j=0}^{2m-1}\sin(kx_j) - a_n\sum_{j=0}^{2m-1}\sin(kx_j)\cos(nx_j) \\
& -\sum_{l=1}^{n-1} a_l \sum_{j=0}^{2m-1}\sin(kx_j)\cos(lx_j) - \sum_{l=1,l\neq k}^{n-1} b_l \sum_{j=0}^{2m-1}\sin(kx_j)\sin(lx_j) \\
& -b_k\sum_{j=0}^{2m-1}[\sin(kx_j)]^2.
\end{aligned}$$

利用正交性和定理 5.5 可得

$$0 = \sum_{j=0}^{2m-1} y_j \sin(kx_j) - mb_k.$$

这就得到了

$$b_k = \frac{1}{m}\sum_{j=0}^{2m-1} y_j \sin(kx_j).$$

作为最小二乘拟合, 一般要求 $n < m$. 当数据中的 m 与最小二乘三角多项式中的 n 相等时, 因为

$$\sum_{j=0}^{2m-1}[\cos(mx_j)]^2 = 2m,$$

我们对 $S_m(x)$ 稍作修改

$$S_m(x)=\frac{a_0+a_m\cos mx}{2}+\sum_{k=1}^{m-1}[a_k\cos(kx)+b_k\sin(kx)],$$

可以证明

$$J(a_0,\cdots,a_m,b_1,\cdots,b_{m-1})=\sum_{j=0}^{2m-1}[y_j-S_m(x_j)]^2=0,$$

即 $S_m(x_j)=y_j, j=0,1,\cdots,2m-1$. 因此可称 $S_m(x)$ 为这些数据的**三角插值多项式**, 系数仍由式 (5.35)—(5.36) 表示.

例 5.14 设有数据 $\{(x_j,y_j)\}_0^5$, 其中 $x_j=-\pi+\frac{j}{3}\pi, j=0,1,\cdots,5$, y_j 的数据见表 5.10. 求其最小二乘三角多项式 $S_2(x)$.

表 5.10

x_j	−3.1416	−2.0944	−1.0472	0	1.0472	2.0944
y_j	10.7392	−0.2270	−6.8068	−9.0000	−6.8068	−0.2270

解 这里的三角多项式为

$$S_2(x)=\frac{a_0}{2}+a_2\cos 2x+[a_1\cos x+b_1\sin x].$$

根据定理 5.6 可得

$$b_1=\frac{1}{3}\sum_{j=0}^{5}y_j\sin x_j=0,\quad a_0=\frac{1}{3}\sum_{j=0}^{5}y_j\cos(0x_j)=\frac{1}{3}\sum_{j=0}^{5}y_j=-4.1094,$$

$$a_1=\frac{1}{3}\sum_{j=0}^{5}y_j\cos x_j=-8.7730,\quad a_2=\frac{1}{3}\sum_{j=0}^{5}y_j\cos(2x_j)=2.9243.$$

所以 $S_2(x)=-2.0547-8.7730\cos x+2.9243\cos(2x)$.

前面的数据是 $[-\pi,\pi]$ 上的等分点, 如果数据 $\{(x_j,y_j)\}_{j=0}^{2m-1}$ 中的 x_j 是区间 $[a,b]$ 上的等分点, 则需要用变换

$$t=\frac{2\pi}{b-a}x-\frac{b+a}{b-a}\pi \tag{5.37}$$

化为 $[-\pi,\pi]$ 上的等分点 t_j, 此时数据为 $\{(t_j,y_j)\}_{j=0}^{2m-1}$.

例 5.15 设有数据 $\{(x_j, y_j)\}_0^9$, 其中 $x_j = j/5$, $y_j = f(x_j)$ 的数据见表 5.11. 求其最小二乘三角多项式 $S_3(x)$.

表 5.11

x_j	0	0.2	0.4	0.6	0.8
y_j	0	0.4340	0.8981	1.3172	1.5820
x_j	1.0	1.2	1.4	1.6	1.8
y_j	1.5574	1.1980	0.6452	0.1301	−0.1420

解 由数据 x_j 知其所涉及的区间是 $[0, 2]$, 将其作变换 $t_j = \pi(x_j - 1)$ 便得对应的数据见表 5.12.

表 5.12

t_j	3.1416	−2.5133	−1.885	−1.2566	−0.6283
y_j	0	0.4340	0.8981	1.3172	1.5820
t_j	0	0.6283	1.2566	1.885	2.5133
y_j	1.5574	1.1980	0.6452	0.1301	−0.1420

设最小二乘三角多项式为

$$S_3(t) = \frac{a_0}{2} + a_3 \cos 3t + \sum_{k=1}^{n-1} (a_k \cos kt + b_k \sin kt),$$

其中

$$a_k = \frac{1}{5} \sum_{j=0}^{9} y_j \cos(kt_j),\ k = 0, 1, 2, 3; \quad b_k = \frac{1}{5} \sum_{j=0}^{9} y_j \sin(kt_j),\ k = 1, 2.$$

通过计算得

$$\begin{aligned} S_3(t) = &0.76201 + 0.77177 \cos t + 0.017423 \cos(2t) + 0.0065673 \cos(3t) \\ &-0.38676 \sin t + 0.047806 \sin(2t). \end{aligned}$$

将变量转换为 x 得

$$\begin{aligned} S_3(x) = &0.76201 + 0.77177 \cos(\pi(x-1)) + 0.017423 \cos(2\pi(x-1)) \\ &+ 0.0065673 \cos(3\pi(x-1)) - 0.38676 \sin(\pi(x-1)) \\ &+ 0.047806 \sin(2\pi(x-1)). \end{aligned}$$

前面的数据量为 $2m$，现在考虑 $2m+1$ 个数据 $\{(x_j,y_j)\}_{j=0}^{2m}$. 假设 x_j 为闭区间 $[-\pi,\pi]$ 上的等分点, 并且

$$x_j=-\pi+\frac{2\pi j}{2m+1}\quad(j=0,1,2,\cdots,2m).$$

可以证明, 对任何 $0\leqslant k,l\leqslant m$ 有如下式子成立

$$\sum_{j=0}^{2m}\sin(lx_j)\sin(kx_j)=\begin{cases}0, & l\neq k, l=k=0,\\ \dfrac{2m+1}{2}, & l=k\neq 0;\end{cases}$$

$$\sum_{j=0}^{2m}\cos(lx_j)\cos(kx_j)=\begin{cases}0, & l\neq k,\\ \dfrac{2m+1}{2}, & l=k\neq 0,\\ 2m+1, & l=k=0;\end{cases}$$

$$\sum_{j=0}^{2m}\cos(lx_j)\sin(kx_j)=0,\quad 0\leqslant k,l\leqslant m.$$

这表明, 函数族 $\{1,\cos x,\sin x,\cdots,\cos(nx),\sin(nx),\cdots\}$ 在点集 $\{x_j=-\pi+2\pi j/(2m+1)\}$ 上正交, 则这些数据 $\{(x_j,y_j)\}_{j=0}^{2m}$ 的**最小二乘三角逼近**为

$$S_n(x)=\frac{a_0}{2}+\sum_{k=1}^{n}[a_k\cos(kx)+b_k\sin(kx)],\quad n<m,$$

其中

$$a_k=\frac{2}{2m+1}\sum_{j=0}^{2m}y_j\cos(kx_j),\quad k=0,1,\cdots,n; \tag{5.38}$$

$$b_k=\frac{2}{2m+1}\sum_{j=0}^{2m}y_j\sin(kx_j),\quad k=1,\cdots,n. \tag{5.39}$$

当 $n=m$ 时, 可以证明 $J(a_0,\cdots,a_n,b_1,\cdots,b_n)=\sum_{j=0}^{2m}[y_j-S_n(x_j)]^2=0$, 即 $S_n(x_j)=y_j$, $j=0,1,\cdots,2m$, 于是

$$S_n(x)=\frac{a_0}{2}+\sum_{k=1}^{n}[a_k\cos(kx)+b_k\sin(kx)]$$

就是这些数据 $\{(x_j,y_j)\}_{j=0}^{2m}$ 的三角插值多项式, 系数仍由式 (5.38)—(5.39) 表示.

例 5.16 设有数据 $\{(x_j, y_j)\}_0^4$, 其中 $x_j = -\pi + 2\pi j/5, j = 0, 1, \cdots, 4$, y_j 的数据见表 5.13. 求其最小二乘三角多项式 $S_2(x)$.

表 5.13

x_j	−3.1416	−1.8850	−0.6283	0.6283	1.8850
y_j	10.7392	−1.8939	−8.2104	−8.2104	−1.8939

解 这里的三角多项式为

$$S_2(x) = \frac{a_0}{2} + a_1 \cos x + b_1 \sin x + a_2 \cos(2x) + b_2 \sin(2x).$$

根据定理 5.6 可得

$$a_0 = \frac{2}{5}\sum_{j=0}^{4} y_j \cos(0x_j) = -3.7878, \quad a_1 = \frac{2}{5}\sum_{j=0}^{4} y_j \cos x_j = -9.1414,$$

$$a_2 = \frac{2}{5}\sum_{j=0}^{4} y_j \cos(2x_j) = 3.4917,$$

$$b_1 = \frac{2}{5}\sum_{j=0}^{4} y_j \sin x_j = 0, \quad b_2 = \frac{2}{5}\sum_{j=0}^{4} y_j \sin(2x_j) = 0.$$

所以 $S_2(x) = -1.8939 - 9.1414\cos x + 3.4917\cos 2x$.

5.5.2 FFT 方法

大量数据的三角插值会得到非常精确的逼近结果, 它是数据滤波、量子力学、光学等领域中非常理想的一种近似技巧. 但是 $2m$ 个数据的三角插值, 需要计算 $(2m)^2$ 次乘法和 $(2m)^2$ 次加法. 那么成千上万个数据的三角插值, 其计算量非常惊人, 这使得该方法不适用. 直到 1965 年, Colley 和 Tukey 在美国 *Mathematics of Computation* 杂志上发文提出了 **Colley-Tukey 算法**或者 FFT 之后, 该方法便得到了广泛的应用, 并成为 20 世纪十大有影响的算法之一. 接下来先介绍离散 Fourier 变换, 再介绍 FFT.

设 N 是一个正整数, 记 N 次单位主根为

$$\omega = \mathrm{e}^{-\frac{2\pi}{N}\mathrm{i}} = \cos\left(\frac{2\pi}{N}\right) - \mathrm{i}\sin\left(\frac{2\pi}{N}\right).$$

定义 $N \times N$ 矩阵 $\boldsymbol{F} = (f_{kj})$ 为

$$f_{kj} = \omega^{ij}, \quad i, j = 0, 1, \cdots, N-1. \tag{5.40}$$

称 $\boldsymbol{F}$ 为 N 阶 **Fourier 矩阵**. 对任意给定的 N 维向量 $\boldsymbol{a}=[a_0,a_1,\cdots,a_{N-1}]^{\mathrm{T}}$, 定义向量

$$\boldsymbol{b}=[b_0,b_1,\cdots,b_{N-1}]^{\mathrm{T}}=\boldsymbol{F}\boldsymbol{a}, \tag{5.41}$$

称向量 $\boldsymbol{b}$ 为向量 $\boldsymbol{a}$ 的**离散 Fourier 变换**. 将 (5.41) 写成分量形式为

$$b_k=\sum_{j=0}^{N-1} f_{kj}a_j=\sum_{j=0}^{N-1} a_j\omega^{kj}=\sum_{j=0}^{N-1} a_j\mathrm{e}^{-kj\frac{2\pi\mathrm{i}}{N}},\quad k=0,1,\cdots,N-1. \tag{5.42}$$

从 Fourier 矩阵的定义容易看出, $\boldsymbol{F}$ 是元素为复数的对称 Vandermonde 矩阵, 并且可得 $\boldsymbol{F}$ 可逆

$$\boldsymbol{F}^{-1}=\frac{1}{N}\boldsymbol{F}^*=\frac{1}{N}\overline{\boldsymbol{F}}, \tag{5.43}$$

其中 $\boldsymbol{F}^*$ 表示 $\boldsymbol{F}$ 的共轭转置矩阵, $\overline{\boldsymbol{F}}$ 表示 $\boldsymbol{F}$ 的共轭矩阵. 从而有 $\boldsymbol{a}=\boldsymbol{F}^{-1}\boldsymbol{b}$, 称 $\boldsymbol{a}$ 为向量 $\boldsymbol{b}$ 的**离散 Fourier 逆变换**. 由 (5.43) 可知, $\boldsymbol{F}^{-1}$ 是很容易得到的. 利用这一结果, 可将离散 Fourier 逆变换 $\boldsymbol{a}=\boldsymbol{F}^{-1}\boldsymbol{b}$ 写成分量形式

$$a_k=\frac{1}{N}\sum_{j=0}^{N-1} b_j\mathrm{e}^{kj\frac{2\pi\mathrm{i}}{N}},\quad k=0,1,\cdots,N-1. \tag{5.44}$$

另外, 令

$$p(x)=a_0+a_1x+\cdots+a_{N-1}x^{N-1},$$

由 (5.42) 式可知

$$b_k=p(\omega^k),\quad k=0,1,\cdots,N-1. \tag{5.45}$$

在介绍 FFT 之前, 我们首先回顾 $2m$ 个数据的三角插值 $S_m(x)$ 的表达式为

$$S_m(x)=\frac{a_0+a_m\cos(mx)}{2}+\sum_{k=1}^{m-1}[a_k\cos(kx)+b_k\sin(kx)], \tag{5.46}$$

其中 a_k 及 b_k 满足

$$a_k=\frac{1}{m}\sum_{j=0}^{2m-1} y_j\cos(kx_j),\quad k=0,1,\cdots,m; \tag{5.47}$$

$$b_k = \frac{1}{m}\sum_{j=0}^{2m-1} y_j \sin(kx_j), \quad k = 1, \cdots, m-1. \tag{5.48}$$

根据 Euler 公式 ($\sqrt{-1} = \mathrm{i}$):

$$\mathrm{e}^{\mathrm{i}z} = \cos z + \mathrm{i}\sin z, \tag{5.49}$$

在实现 S_m 的计算时, FFT 不是直接计算 a_k 和 b_k, 而是计算如下表达式中的 c_k,

$$\frac{1}{m}\sum_{k=0}^{2m-1} c_k \mathrm{e}^{\mathrm{i}kx}, \tag{5.50}$$

其中 c_k 满足

$$c_k = \sum_{j=0}^{2m-1} y_j \mathrm{e}^{\mathrm{i}\frac{k\pi j}{m}}, \quad k = 0, 1, 2, \cdots, 2m-1. \tag{5.51}$$

注意到按照式 (5.48) 计算得 $b_0 = b_m = 0$, 对每个 $k = 0, 1, \cdots, m$, 我们有

$$\begin{aligned}\frac{1}{m}c_k(-1)^k = \frac{1}{m}c_k \mathrm{e}^{-\mathrm{i}\pi k} &= \frac{1}{m}\sum_{j=0}^{2m-1} y_j \mathrm{e}^{\mathrm{i}k\pi j/m}\mathrm{e}^{-\mathrm{i}\pi k} = \frac{1}{m}\sum_{j=0}^{2m-1} y_j \mathrm{e}^{\mathrm{i}k(\pi j/m - \pi)} \\ &= \frac{1}{m}\sum_{j=0}^{2m-1} y_j \left[\cos k\left(\frac{\pi j}{m} - \pi\right) + \mathrm{i}\sin k\left(\frac{\pi j}{m} - \pi\right)\right] \\ &= \frac{1}{m}\sum_{j=0}^{2m-1} y_j \left[\cos(kx_k) + \mathrm{i}\sin(kx_j)\right].\end{aligned}$$

由此可以得到

$$\frac{1}{m}c_k(-1)^k = a_k + \mathrm{i}b_k, \quad k = 0, 1, \cdots, m. \tag{5.52}$$

利用此关系式, 只要将 c_k 求出来, 便可得到 a_k, b_k 的值, 怎样简化计算 c_k 呢?

设 $m = 2^p$, p 为一正整数. 对每个 $k = 0, 1, \cdots, m-1$, 我们有

$$c_k + c_{m+k} = \sum_{j=0}^{2m-1} y_j \mathrm{e}^{\mathrm{i}k\pi j/m} + \sum_{j=0}^{2m-1} y_j \mathrm{e}^{\mathrm{i}(m+k)\pi j/m} = \sum_{j=0}^{2m-1} y_j \mathrm{e}^{\mathrm{i}k\pi j/m}(1 + \mathrm{e}^{\mathrm{i}\pi j}).$$

注意到

$$1 + \mathrm{e}^{\mathrm{i}\pi j} = \begin{cases} 2, & j \text{ 为偶数}, \\ 0, & j \text{ 为奇数}. \end{cases}$$

因此, 在 $c_k + c_{m+k}$ 的计算中, 只有 m 个非零项参与求和. 如果我们在求和指标中将 j 替换为 $2j$, 求和 $c_k + c_{m+k}$ 可以写成

$$c_k + c_{m+k} = 2\sum_{j=0}^{m-1} y_{2j}\mathrm{e}^{\mathrm{i}k\pi(2j)/m} = 2\sum_{j=0}^{m-1} y_{2j}\mathrm{e}^{\mathrm{i}k\pi j/(m/2)}. \tag{5.53}$$

类似可得

$$c_k - c_{m+k} = 2\mathrm{e}^{\mathrm{i}k\pi/m}\sum_{j=0}^{m-1} y_{2j+1}\mathrm{e}^{\mathrm{i}k\pi j/(m/2)}. \tag{5.54}$$

由表达式(5.53) 和 (5.54) 可以完全确定 c_k 的值, 并且所有 c_k 都满足这样的关系. 再注意到式 (5.53) 和式 (5.54) 中的求和与式 (5.51) 的求和相同, 只是将 m 替换为 $m/2$ 罢了. 由此我们可以充分利用此关系, 简化计算, 下面我们用例子来说明.

注 5.14 欧拉 (Leonhard Euler, 1707—1783, 瑞士数学家) 于 1748 年在 "Introductio in Analysin Infinitorum" (无穷小分析引论) 中首次给出了 Euler 公式(5.49), 这使伯努利 (Johann Bernoulli) 的相关概念更加精确. 欧拉的这项工作是以初等函数理论而不是曲线理论为基础 (Burden and Faires, 2010).

例 5.17 设有数据 $\{(x_j, y_j)\}_{j=0}^{7}$, 此处 $x_j = -\pi + j\pi/4$. 考虑利用 FFT 求其三角插值

$$S_4(x) = \frac{a_0 + a_4\cos 4x}{2} + \sum_{k=1}^{3}\left[a_k\cos(kx) + b_k\sin(kx)\right],$$

其中

$$a_k = \frac{1}{4}\sum_{j=0}^{7} y_j\cos(kx_j), \quad b_k = \frac{1}{4}\sum_{j=0}^{7} y_j\sin(kx_j), \quad j = 0, 1, \cdots, 7.$$

分析 此处 $m = 4$, 定义 Fourier 变换为

$$\frac{1}{4}\sum_{j=0}^{7} c_k\mathrm{e}^{\mathrm{i}kx},$$

其中

$$c_k = \sum_{j=0}^{7} y_j\mathrm{e}^{\mathrm{i}k\pi j/4}, \quad k = 0, 1, \cdots, 7.$$

则由方程 (5.52) 可得, 对于 $k=0,1,2,3,4$, 我们有 $\frac{1}{4}c_k\mathrm{e}^{\mathrm{i}k\pi}=a_k+\mathrm{i}b_k$. 通过直接计算, 可以得到复数 c_k 的具体形式:

$$
\begin{aligned}
c_0&=y_0+y_1+y_2+y_3+y_4+y_5+y_6+y_7;\\
c_1&=y_0+\left(\frac{\mathrm{i}+1}{\sqrt{2}}\right)y_1+\mathrm{i}y_2+\left(\frac{\mathrm{i}-1}{\sqrt{2}}\right)y_3-y_4-\left(\frac{\mathrm{i}+1}{\sqrt{2}}\right)y_5-\mathrm{i}y_6-\left(\frac{\mathrm{i}-1}{\sqrt{2}}\right)y_7;\\
c_2&=y_0+\mathrm{i}y_1-y_2-\mathrm{i}y_3+y_4+\mathrm{i}y_5-y_6-\mathrm{i}y_7;\\
c_3&=y_0+\left(\frac{\mathrm{i}-1}{\sqrt{2}}\right)y_1-\mathrm{i}y_2+\left(\frac{\mathrm{i}+1}{\sqrt{2}}\right)y_3-y_4-\left(\frac{\mathrm{i}-1}{\sqrt{2}}\right)y_5+\mathrm{i}y_6-\left(\frac{\mathrm{i}+1}{\sqrt{2}}\right)y_7;\\
c_4&=y_0-y_1+y_2-y_3+y_4-y_5+y_6-y_7;\\
c_5&=y_0-\left(\frac{\mathrm{i}+1}{\sqrt{2}}\right)y_1+\mathrm{i}y_2-\left(\frac{\mathrm{i}-1}{\sqrt{2}}\right)y_3-y_4+\left(\frac{\mathrm{i}+1}{\sqrt{2}}\right)y_5-\mathrm{i}y_6+\left(\frac{\mathrm{i}-1}{\sqrt{2}}\right)y_7;\\
c_6&=y_0-\mathrm{i}y_1-y_2+\mathrm{i}y_3+y_4-\mathrm{i}y_5-y_6+\mathrm{i}y_7;\\
c_7&=y_0-\left(\frac{\mathrm{i}-1}{\sqrt{2}}\right)y_1-\mathrm{i}y_2-\left(\frac{\mathrm{i}+1}{\sqrt{2}}\right)y_3-y_4+\left(\frac{\mathrm{i}-1}{\sqrt{2}}\right)y_5+\mathrm{i}y_6+\left(\frac{\mathrm{i}+1}{\sqrt{2}}\right)y_7.
\end{aligned}
$$

对 c_k 乘以 $\mathrm{e}^{\mathrm{i}k\pi}/4$ 取实部便得到 a_k, 取虚部得到 b_k. 只从计算 $S_4(x)$ 的角度来讲, 不包括 $\cos(kx_j)$ 和 $\sin(kx_j)$ 的计算量, 但包含乘以 1 和 -1 的乘法, 总共需要 $5\times 8=40$ 次乘法, 需要 $5\times 7=35$ 次加法. 若计算得到 $c_0,c_1,\cdots,c_7$ 的计算量, 它需要 $8\times 8=64$ 次乘法, $8\times 7=56$ 次加法. 现在利用 (5.53) 和 (5.54) 的关系来分析计算. 我们首先定义 $d_0,d_1,\cdots,d_7$:

$$
\begin{aligned}
&d_0=\frac{c_0+c_4}{2}=y_0+y_2+y_4+y_6; \quad d_1=\frac{c_0-c_4}{2}=y_1+y_3+y_5+y_7;\\
&d_2=\frac{c_1+c_5}{2}=y_0+\mathrm{i}y_2-y_4-\mathrm{i}y_6; \quad d_3=\frac{c_1-c_5}{2}=\left(\frac{\mathrm{i}+1}{\sqrt{2}}\right)(y_1+\mathrm{i}y_3-y_5-\mathrm{i}y_7);\\
&d_4=\frac{c_2+c_6}{2}=y_0-y_2+y_4-y_6; \quad d_5=\frac{c_2-c_6}{2}=\mathrm{i}(y_1-y_3+y_5-y_7);\\
&d_6=\frac{c_3+c_7}{2}=y_0-\mathrm{i}y_2-y_4+\mathrm{i}y_6; \quad d_7=\frac{c_3-c_7}{2}=\left(\frac{\mathrm{i}-1}{\sqrt{2}}\right)(y_1-\mathrm{i}y_3-y_5+\mathrm{i}y_7).
\end{aligned}
$$

再定义新量 $e_0,e_1,\cdots,e_7$:

$$
\begin{aligned}
&e_0=\frac{d_0+d_4}{2}=y_0+y_4; \quad e_1=\frac{d_0-d_4}{2}=y_2+y_6;\\
&e_2=\frac{\mathrm{i}d_1+d_5}{2}=\mathrm{i}(y_1+y_5); \quad e_3=\frac{\mathrm{i}d_1-d_5}{2}=\mathrm{i}(y_3+y_7);
\end{aligned}
$$

$$e_4=\frac{d_2+d_6}{2}=y_0-y_4;\quad e_5=\frac{d_2-d_6}{2}=\mathrm{i}(y_2-y_6);$$
$$e_6=\frac{\mathrm{i}d_3+d_7}{2}=\left(\frac{\mathrm{i}-1}{\sqrt{2}}\right)(y_1-y_5);\quad e_7=\frac{\mathrm{i}d_3-d_7}{2}=\left(\frac{\mathrm{i}-1}{\sqrt{2}}\right)(y_3-y_7).$$

最后, 定义如下变量

$$f_0=\frac{e_0+e_4}{2}=y_0;\quad f_1=\frac{e_0-e_4}{2}=y_4;$$
$$f_2=\frac{\mathrm{i}e_1+e_5}{2}=\mathrm{i}y_2;\quad f_3=\frac{\mathrm{i}e_1-e_5}{2}=\mathrm{i}y_6;$$
$$f_4=\frac{((\mathrm{i}+1)/\sqrt{2})e_2+e_6}{2}=\left(\frac{\mathrm{i}-1}{\sqrt{2}}\right)y_1;$$
$$f_5=\frac{((\mathrm{i}+1)/\sqrt{2})e_2-e_6}{2}=\left(\frac{\mathrm{i}-1}{\sqrt{2}}\right)y_5;$$
$$f_6=\frac{((\mathrm{i}-1)/\sqrt{2})e_3+e_7}{2}=\left(\frac{-\mathrm{i}-1}{\sqrt{2}}\right)y_3;$$
$$f_7=\frac{((\mathrm{i}-1)/\sqrt{2})e_3-e_7}{2}=\left(\frac{-\mathrm{i}-1}{\sqrt{2}}\right)y_7.$$

有了这些准备工作以后, 便可以开展 FFT 的方法求解此例题的三角插值.

解 首先按如下方法计算 $f_k, k=0,1,\cdots,7$,

$$f_0=y_0;\quad f_1=y_4;\quad f_2=\mathrm{i}y_2;\quad f_3=\mathrm{i}y_6;$$
$$f_4=\left(\frac{\mathrm{i}-1}{\sqrt{2}}\right)y_1;\quad f_5=\left(\frac{\mathrm{i}-1}{\sqrt{2}}\right)y_5;\quad f_6=-\left(\frac{\mathrm{i}+1}{\sqrt{2}}\right)y_3;\quad f_7=-\left(\frac{\mathrm{i}+1}{\sqrt{2}}\right)y_7.$$

其次按如下方法计算 $e_k, k=0,1,\cdots,7$,

$$e_0=f_0+f_1;\quad e_1=-\mathrm{i}(f_2+f_3);\quad e_2=-\left(\frac{\mathrm{i}-1}{\sqrt{2}}\right)(f_4+f_5);$$
$$e_3=-\left(\frac{\mathrm{i}+1}{\sqrt{2}}\right)(f_6+f_7);\quad e_4=f_0-f_1;$$
$$e_5=f_2-f_3;\quad e_6=f_4-f_5;\quad e_7=f_6-f_7.$$

然后按如下方法计算 $d_k, k=0,1,\cdots,7$,

$$d_0=e_0+e_1;\quad d_1=-\mathrm{i}(e_2+e_3);\quad d_2=e_4+e_5;\quad d_3=-\mathrm{i}(e_6+e_7);$$

$$d_4=e_0-e_1;\quad d_5=e_2-e_3;\quad d_6=e_4-e_5;\quad d_7=e_6-e_7.$$

最后按如下方法计算 $c_k, k=0,1,\cdots,7$,

$$\begin{aligned}&c_0=d_0+d_1;\quad c_1=d_2+d_3;\quad c_2=d_4+d_5;\quad c_3=d_6+d_7;\\&c_4=d_0-d_1;\quad c_5=d_2-d_3;\quad c_6=d_4-d_5;\quad c_7=d_6-d_7.\end{aligned}$$

只需对 $c_k, k=0,1,\cdots,4$ 取实部和虚部便得到 $a_k, b_k, k=0,1,\cdots,4$ 的值, 从而得到三角插值 $S_4(x)$ 的表达式. 其计算量包含 $8+8+8+0=24$ 次乘除法, $0+8+8+8=24$ 次加减法. 这与非 FFT 方法相比, 节省了计算量.

事实上, FFT 的本质是充分减少计算中的重复计算, 为实现 FFT, 主要有递归的办法, 但是递归在计算机中效率不够高, 实际进行 FFT 时, 分两个步骤进行: (1) 分割; (2) 组装. 我们仍然以前面的例 5.17 进行说明 (张平文和李铁军, 2007). 设 $\boldsymbol{a}=[y_0,y_1,\cdots,y_7]^{\mathrm{T}}$, 则

(1) 分割 (重新排序).

(i) 第一步分割:

$$\boldsymbol{T}_0=[y_0,y_2,y_4,y_6]^{\mathrm{T}},\quad \boldsymbol{T}_1=[y_1,y_3,y_5,y_7]^{\mathrm{T}}.$$

(ii) 第二步分割:

$$\begin{aligned}&\boldsymbol{T}_{00}=[y_0,y_4]^{\mathrm{T}},\quad \boldsymbol{T}_{01}=[y_2,y_6]^{\mathrm{T}};\\&\boldsymbol{T}_{10}=[y_1,y_5]^{\mathrm{T}},\quad \boldsymbol{T}_{11}=[y_3,y_7]^{\mathrm{T}}.\end{aligned}$$

(iii) 第三步分割:

$$\begin{aligned}&\boldsymbol{T}_{000}=y_0,\quad \boldsymbol{T}_{001}=y_4;\quad \boldsymbol{T}_{010}=y_2,\quad \boldsymbol{T}_{011}=y_6;\\&\boldsymbol{T}_{100}=y_1,\quad \boldsymbol{T}_{101}=y_5;\quad \boldsymbol{T}_{110}=y_3,\quad \boldsymbol{T}_{111}=y_7.\end{aligned}$$

(2) 组装 ($\omega_k=\mathrm{e}^{\mathrm{i}2\pi/k}$ 为 k 次单位根的主根).

(i) 第一步组装:

$$\begin{aligned}&\boldsymbol{C}_{00}=[y_0+\omega_2^0y_4,\ y_0-\omega_2^0y_4]^{\mathrm{T}},\quad \boldsymbol{C}_{01}=[y_2+\omega_2^0y_6,\ y_2-\omega_2^0y_6]^{\mathrm{T}};\\&\boldsymbol{C}_{10}=[y_1+\omega_2^0y_5,\ y_1-\omega_2^0y_5]^{\mathrm{T}},\quad \boldsymbol{C}_{11}=[y_3+\omega_2^0y_7,\ y_3-\omega_2^0y_7]^{\mathrm{T}}.\end{aligned}$$

(ii) 第二步组装 (定义 $\boldsymbol{W}_4=[\omega_4^0,\omega_4^1]^{\mathrm{T}}$):

$$\boldsymbol{C}_0=\begin{bmatrix}\boldsymbol{C}_{00}+\boldsymbol{W}_4\cdot*\boldsymbol{C}_{01}\\\boldsymbol{C}_{00}-\boldsymbol{W}_4\cdot*\boldsymbol{C}_{01}\end{bmatrix},\quad \boldsymbol{C}_1=\begin{bmatrix}\boldsymbol{C}_{10}+\boldsymbol{W}_4\cdot*\boldsymbol{C}_{11}\\\boldsymbol{C}_{10}-\boldsymbol{W}_4\cdot*\boldsymbol{C}_{11}\end{bmatrix}.$$

(iii) 第三步组装 (定义 $\boldsymbol{W}_8 = [\omega_8^0, \omega_8^1, \omega_8^2]^{\mathrm{T}}$):

$$[c_0, c_1, \cdots, c_7] = \boldsymbol{C} = \begin{bmatrix} \boldsymbol{C}_0 + \boldsymbol{W}_8 \cdot * \boldsymbol{C}_1 \\ \boldsymbol{C}_0 - \boldsymbol{W}_8 \cdot * \boldsymbol{C}_1 \end{bmatrix}.$$

这里 $\boldsymbol{X} \cdot * \boldsymbol{Y}$ 表示 $\boldsymbol{X} = [x_1, \cdots, x_m]^{\mathrm{T}}$ 与 $\boldsymbol{Y} = [y_1, \cdots, y_m]^{\mathrm{T}}$ 的对应元素分别相乘形成新的向量 $[x_1 y_1, \cdots, x_m y_m]^{\mathrm{T}}$.

整个计算过程, **分割**步就相当于重新排序, 将 $[y_0, y_1, \cdots, y_7]^{\mathrm{T}}$ 重新排序成 $[y_0, y_4, y_2, y_6, y_1, y_5, y_3, y_7]^{\mathrm{T}}$. 不难发现 $0, 1, \cdots, 7$ 的二进制表示 "000, 001, 010, 011, 100, 101, 110, 111" 进行左右翻转为 "000, 100, 010, 110, 001, 101, 011, 111", 翻转后所对应的数为 "0, 4, 2, 6, 1, 3, 5, 7", 该关系可以用表 5.14 展示. 另外, 从组装的计算过程来看, 每一步都用了 8 次乘除法、8 次加减法, 总共 24 次乘除法和 24 次加减法.

表 5.14

y_j	y_0	y_1	y_2	y_3	y_4	y_5	y_6	y_7
二进制	000	001	010	011	100	101	110	111
二进制翻转	000	100	010	110	001	101	011	111
排序后	y_0	y_4	y_2	y_6	y_1	y_5	y_3	y_7

此处是从三角插值的角度来考虑快速计算, 实际上是离散 Fourier 反变换. 快速离散 Fourier 变换也可采用相同的 "分割-组装" 方法来实现, 只是在组装过程中所乘的相应因子为 $\omega_k = \mathrm{e}^{-\mathrm{i}2\pi/k}$.

5.6　神经网络方法 *

作为人工智能 (artificial intelligence, AI) 的一种思想方法, 机器学习 (machine learning, ML) 利用算法分析数据, 从中学习并进一步作出判断和预测. 随着数据和计算资源的迅速增长, 深度学习 (deep learning, DL) 作为目前最热的机器学习方法, 利用深度神经网络来解决特征表达, 可大致理解为包含多个隐含层 (又称隐层) 的神经网络结构, 通过对神经元的连接方式、激活函数选取和损失函数表达等作出相应调整来提高深层神经网络的训练效果, 实现模仿人脑的机制分析数据. 三者关系如图 5.5 所示.

我们知道, 对于任意一个连续函数 f, 都存在连续分段线性函数 g, 使得对于任意正实数 ε, 有 $|f(x) - g(x)| < \varepsilon$. 这说明任意连续函数可以由连续分段线性函数无限逼近, 而任意的分段线性函数可通过神经网络表示, 即从数学上函数逼近论的角度来看, 神经网络具有通用逼近能力 (Huang et al., 2006; Wong et al., 2018).

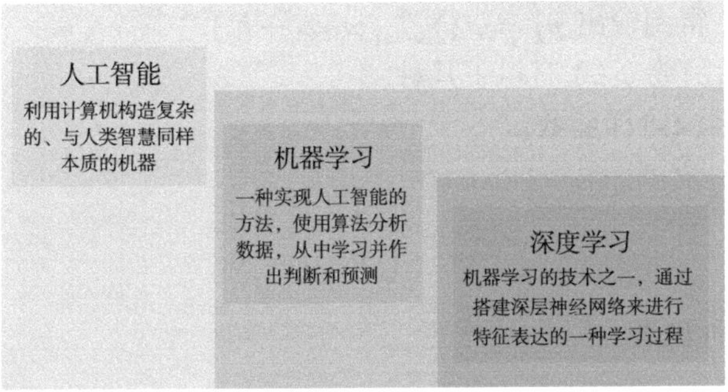

图 5.5　人工智能、机器学习和深度学习

随着神经网络学习的发展, 美国布朗大学 Karniadakis 教授及其合作者提出了一套深度学习算法框架. 深度学习算法离不开大量训练数据, 对一些复杂的实际问题, 数据的可获得性是一大难题. 另外, 一些经典的深度神经网络、卷积神经网络、递归神经网络等机器学习算法易陷入过拟合, 从而导致泛化能力较差.

下面首先介绍单隐层神经网络算法, 进一步介绍深层神经网络模型的构建及算法, 通过少量的训练数据, 得出满足约束条件的模型.

1. 单隐层神经网络

单隐层前馈神经网络是一种比较简单的浅层神经网络模型, 通常包含三层: 输入层、隐层和输出层, 其拓扑结构如图 5.6 所示. 其所示的神经网络可以任意精度逼近任一连续函数.

下面通过一个单隐层神经网络来说明函数逼近的神经网络方法.

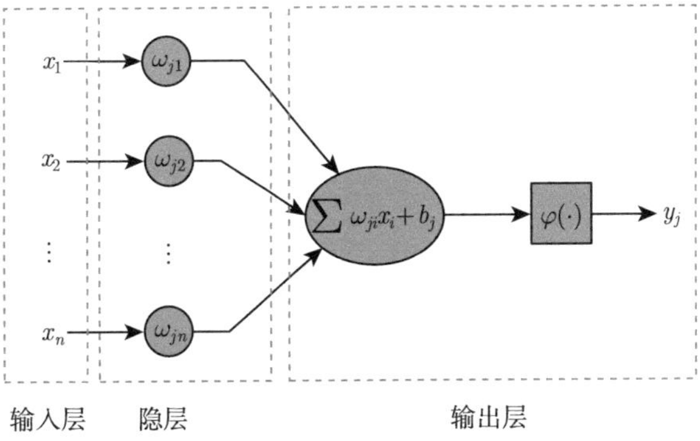

图 5.6　单隐层神经网络拓扑结构

对一组给定的数据集 $x_1, x_2, \cdots, x_n$, 其中 n 为输入样本数, $\omega_1, \omega_2, \cdots, \omega_n$ 表示连接输入节点 i 与隐层神经元 j 的权值, b_j 表示隐层神经元偏置, 通过激活函

数 $\varphi(\cdot)$ 的处理, 得到输出 $y_j=\varphi\left(\sum_{i=1}^{n}\omega_{ji}x_i+b_j\right)$.

常见的激活函数 $\varphi(\cdot)$ 有以下几种.

(1) 阈值函数 (阶梯函数):

$$\varphi(x)=\begin{cases}1, & x\geqslant 0,\\ 0, & x<0.\end{cases}$$

(2) 分段线性函数:

$$\varphi(x)=\begin{cases}1, & x\geqslant 1,\\ \dfrac{1}{2}(1+x), & -1<x<1,\\ 0, & x\leqslant -1.\end{cases}$$

(3) Sigmoid 函数

$$\varphi(x)=\frac{1}{1+\mathrm{e}^{-\alpha v}},$$

其中参数 $\alpha>0$ 可控制斜率.

(4) 双曲正切函数

$$\varphi(x)=\tanh\left(\frac{x}{2}\right).$$

这类函数具有平滑和渐近性, 并保持单调性.

一般情况下, 我们期望神经网络输出 y_j 尽可能接近真实值 d_j $(j=1,\cdots,m)$, 因此基于神经网络方法的函数逼近是一类用于解决有监督学习任务的神经网络. 网络训练的目的是: 通过调节各神经元的自由参数 (权值和偏置), 使网络产生期望的行为. 接下来介绍网络权值调整算法.

定义目标函数

$$E_j=\frac{1}{2}\sum_{j=1}^{m}(d_j-y_j)^2.$$

以连接权值 ω_{ji} 为例, 调整网络权值的迭代公式为

$$\omega_{ji}^{k+1}=\omega_{ji}^{k}-\eta\frac{\partial E_j}{\partial\omega_{ji}^{k}},$$

这里 η 为学习率, 且其经验值满足 $0<\eta<1$. 其他一些常用的神经网络权值迭代更新公式如自适应学习率法为

$$\omega_{ji}^{k+1}=\omega_{ji}^{k}-\eta(k)\frac{\partial E_j}{\partial\omega_{ji}^{k}},$$

其中

$$\eta(k)=\min\left\{\frac{E_j-E_0}{\|\Delta E_j\|_2^2},\eta_{\max}\right\},$$

该式中 $\eta_{\max}$ 表示最大学习率, E_0 表示一个最小的误差偏移量, 其经验值通常为 $0.01\leqslant E_0\leqslant 0.1$.

神经网络可看作一个通用的非线性函数逼近器. Huang 于 2006 年首次提出了 ELM 算法, 用来训练网络输出权值. 该算法是一种无监督、没有采用任何优化技术的算法.

考虑含 m 个点的样本集 (x_j,d_j), $x_j\in\mathbb{R}^d$, $d_j\in\mathbb{R}$, 则包含 n 个隐层神经元的单隐层前馈神经网络的输出可表示如下

$$\sum_{i=1}^{n}\omega_i g(a_i x_j+b_i),\quad j\in[1,m],$$

其中 a_i, b_i 分别表示神经网络的输入权值和偏置, g 为隐层基函数, ω_i 表示网络输出权值.

当单隐层前馈神经网络的输出逼近已知样本值 d_j 时, 即网络输出 y_j 零误差逼近样本值 d_j, 可得

$$\sum_{i=1}^{n}\omega_i g(a_i x_j+b_i)=d_j,\quad j\in[1,m].\tag{5.55}$$

上式可以表示成如下矩阵形式:

$$\boldsymbol{H}\boldsymbol{\beta}=\boldsymbol{Y},\tag{5.56}$$

矩阵 $\boldsymbol{H}$ 称为**网络输出矩阵**, 定义如下

$$\boldsymbol{H}=\begin{bmatrix} g(a_1x_1+b_1) & \cdots & g(a_nx_1+b_n)\\ \vdots & & \vdots\\ g(a_1x_m+b_1) & \cdots & g(a_nx_m+b_n)\end{bmatrix},$$

且

$$\boldsymbol{\beta}=[\omega_1,\cdots,\omega_n]^{\mathrm{T}},\quad \boldsymbol{Y}=[d_1,\cdots,d_m]^{\mathrm{T}}.$$

随机选择第一层权重 a_i 和偏置 b_i, 则网络输出矩阵 $\boldsymbol{H}$ 已知, 此时方程 (5.56) 具有唯一解, 即通过求解方程 (5.56) 可以得到网络输出权值. 事实上, 由矩阵分析广义逆矩阵相关知识, 方程 (5.56) 的解是存在的, 即

$$\boldsymbol{\beta}=\boldsymbol{H}^{\dagger}\boldsymbol{Y},$$

这里 $\boldsymbol{H}^{\dagger}$ 表示 $\boldsymbol{H}$ 的广义逆, 称该网络输出权值训练方法为 **ELM 算法**.

随后相继提出训练网络权值的 I-ELM 算法、CI-ELM 算法、EI-ELM 算法等, 极限学习机算法得到不断完善并被应用到分类和回归问题的处理中. 近来, 为了减少输出矩阵不可逆时的计算误差, 获得好的泛化特性, Wong 提出一种基于核和 ELM 算法的新方法, 该方法称为 K-ELM 算法, 这里不作详细介绍.

例 5.18　设 $f(x)=\sin(x)+\cos(x)$, 采用单隐层神经网络求 $[-1,4]$ 上的逼近函数.

解　本题需要逼近的函数是 $f(x)=\sin(x)+\cos(x)$, 选取步长 $h=0.05$, 选择合适的隐层神经元数目, 这里设置为 n (n 可以调整), 分别选择 $n=5, n=10$ 进行实验, 结果如图 5.7 所示.

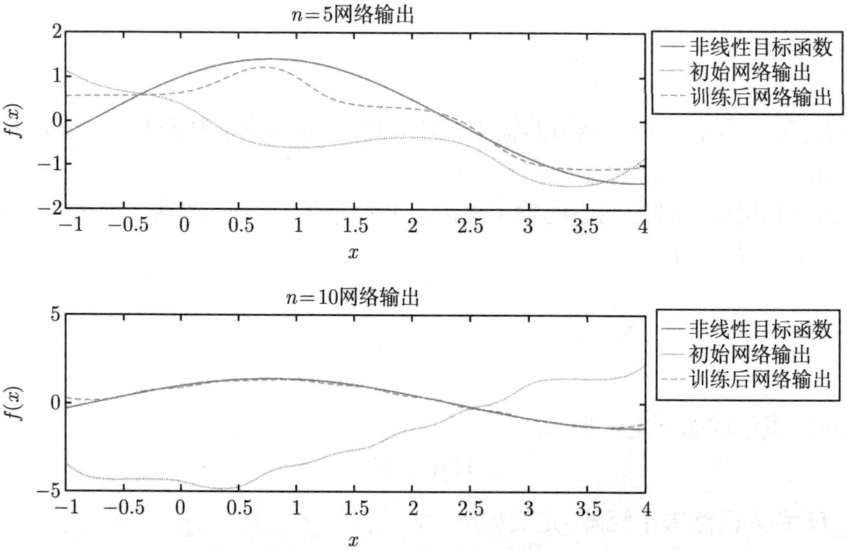

图 5.7　例 5.18 隐层节点对网络的逼近效果

一般来说, 单隐层前馈神经网络的隐层神经元数目越多, 逼近非线性函数的能力越强. 本例中隐层神经元数目对神经网络的逼近能力影响很大, 因此隐层数目可以根据经验公式或实际情况确定, 使得网络的逼近效果最佳.

2. 深度神经网络

深度神经网络可以简单地理解为有很多隐层的神经网络, 也称为多层神经网络. 一般来说, 按照不同层的位置来划分, 第一层是输入层, 最后一层是输出层, 中间部分都是隐层. 图 5.8 是含有 5 个隐层的深度神经网络拓扑结构. 由于深度神经网络层数较多, 因此网络权值和偏置的数量也较大.

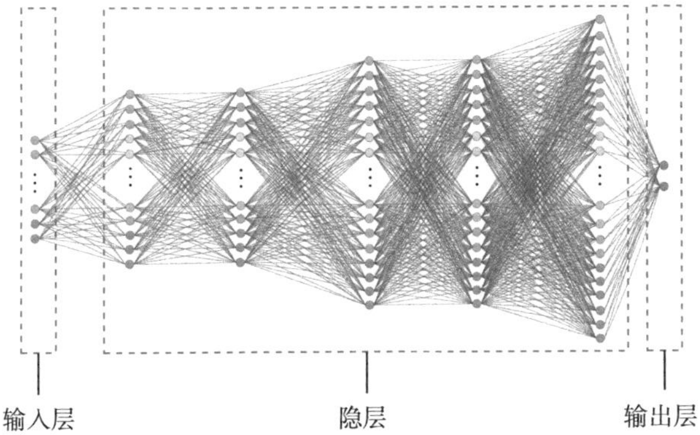

图 5.8 深层神经网络拓扑结构

深度神经网络至少具备一个以上的隐层. 与单隐层神经网络类似, 深度神经网络能够为复杂非线性系统提供建模, 较高的层数提供了更高的抽象层次, 从而提高了网络模型的能力.

一些较为经典的深度神经网络有卷积神经网络 (CNN)、自编码神经网络、深度置信网络 (DBN), 主要应用领域包括计算机视觉、语音识别、自然语言处理等.

深度神经网络的权值更新常采用随机梯度下降方法计算:

$$\Delta\omega_{ij}(t+1) = \Delta\omega_{ij}(t) + \eta\frac{\partial C}{\partial\omega_{ij}},$$

其中 η 为学习率, C 为损失函数, 损失函数设计与神经网络学习以及激活函数有关系.

关于深度神经网络逼近的实例, 此处不再举例, 神经网络可以作为通用的非线性函数逼近器, 这与偏微分方程数值解的本质 (寻找满足约束条件的非线性函数) 具有共通性. 将在以后的章节讨论.

5.7 练 习 题

练习 5.1 如表 5.15 所示, 试用多项式拟合这些数据.

表 5.15

t_i	-3	-1	0	1	3	5	7	9
y_i	-6	-3	-1	0	1	3	4	7

练习 5.2 在某化学反应中, 测得生成物浓度 y 与时间 t_i (小时) 的数据见表 5.16. 用最小二乘法建立 y 与 t 的经验公式 (要求与例子中的拟合函数不同).

表 5.16

t_i	1	2	3	4	5	6	7	8
$y_i/(\%)$	4.00	6.40	8.00	8.80	9.22	9.50	9.70	9.86
t_i	9	10	11	12	13	14	15	16
$y_i/(\%)$	10.00	10.20	10.32	10.42	10.50	10.55	10.58	10.60

练习 5.3　已知实验数据, 见表 5.17, 利用最小二乘法求解一个形如 $y = A\mathrm{e}^{Bx}$ 的拟合函数.

表 5.17

x	1	2	3	4
y	60	30	20	15

练习 5.4　利用最小二乘法求解超定方程组

$$\begin{cases} 2x + 4y = 11, \\ 3x - 5y = 3, \\ x + 2y = 6, \\ 4x + 2y = 14. \end{cases}$$

练习 5.5　在区间 $[0,1]$ 上给定函数 $f(x) = \arctan x$, 求其一次最佳一致逼近多项式.

练习 5.6　在区间 $[0,1]$ 上给定函数 $f(x) = \mathrm{e}^x$, 求其一次最佳一致逼近多项式.

练习 5.7　在区间 $[1/4,1]$ 上给定函数 $f(x) = \sqrt{x}$, 求其在集合 $\mathrm{span}\{1,x\}$ 上 $\rho(x) = 1$ 的最佳平方逼近多项式.

练习 5.8　设 $f(x) = \sqrt{x}$, 求区间 $[0,1]$ 上的二次最佳平方逼近多项式, 权函数 $\rho(x) = 1$.

练习 5.9　在区间 $[-1,1]$ 上给定函数 $f(x) = \mathrm{e}^x$, 求其用 Legendre 多项式和 Chebyshev 多项式作 $f(x)$ 的三次最佳平方逼近多项式.

练习 5.10　求下列函数在区间 $[-1,1]$ 上的一次最佳平方逼近多项式.

(1) $f(x) = x^2 - 2x + 3$;　(2) $f(x) = x^3$;　(3) $f(x) = \dfrac{1}{x+2}$;

(4) $f(x) = \mathrm{e}^x$; (5) $f(x) = \dfrac{1}{2}\cos x + \dfrac{1}{3}\sin 2x$; (6) $f(x) = \ln(x+2)$.

练习 5.11　利用 Legendre 多项式的递推公式

$$p_0(x) = 1,$$

$$p_1(x) = x,$$

$$p_{n+1}(x) = \frac{(2n+1)xp_n(x) - np_{n-1}(x)}{n+1}, \quad n \geqslant 2,$$

绘制 $p_0(x), p_1(x), p_2(x), p_3(x), p_4(x)$ 的函数图像, $x \in [-1,1]$.

练习 5.12 利用 Chebyshev 多项式的递推公式

$$T_0(x) = 1,$$

$$T_1(x) = x,$$

$$T_{n+1}(x) = 2xT_n(x) - T_{n-1}(x), \quad n \geqslant 2,$$

绘制 $T_0(x), T_1(x), T_2(x), T_3(x), T_4(x)$ 的函数图像, $x \in [-1, 1]$.

阶梯练习题

练习 5.13 在区间 $x \in [-\pi, \pi]$ 上求解关于函数 $f(x) = 2x^2 - 9$ 的二次离散最小二乘三角多项式 $S_2(x)$.

练习 5.14 在区间 $x \in [-\pi, \pi]$ 上求解关于函数 $f(x) = x^2$ 的连续最小二乘三角多项式 $S_2(x)$.

练习 5.15 在区间 $x \in [-\pi, \pi]$ 上求解关于函数 $f(x) = x$ 的连续最小二乘三角多项式 $S_n(x)$.

练习 5.16 在区间 $x \in [-\pi, \pi]$ 上求解关于函数 $f(x) = \mathrm{e}^x$ 的连续最小二乘三角多项式 $S_3(x)$.

练习 5.17 求关于函数 $f(x)$ 的连续最小二乘三角多项式 $S_n(x)$.

$$f(x) = \begin{cases} -1, & -\pi < x < 0. \\ 1, & 0 \leqslant x \leqslant \pi. \end{cases}$$

练习 5.18 在区间 $[-\pi, \pi]$ 上求解函数 $f(x) = \mathrm{e}^x \cos 2x$ 且 $m = 4$ 的离散最小二乘三角多项式 $S_3(x)$, 同时计算误差 $E(S_3)$.

练习 5.19 根据数据 $\{(x_j, f(x_j))\}_{j=0}^{3}$ 求函数 $f(x) = 2x^2 - 9$ 在区间 $[-\pi, \pi]$ 上的二次三角插值多项式.

练习 5.20 利用快速 Fourier 变换算法求下列函数在区间 $[-\pi, \pi]$ 上的 4 次三角插值多项式.

(1) $f(x) = \pi(x - \pi)$; (2) $f(x) = |x|$;

(3) $f(x) = \cos \pi x - 2 \sin \pi x$; (4) $f(x) = x \cos x^2 + \mathrm{e}^x \cos(\mathrm{e}^x)$.

练习 5.21 利用快速 Fourier 变换算法求函数 $f(x) = x^2 \cos x$ 在区间 $[-\pi, \pi]$ 上的 16 次三角插值多项式.

5.8 实 验 题

实验题 5.1 应变计是一种测量伸长率并用于推断力的装置. 一个测量仪已连接到钢梁上, 正在校准. 应变计的电阻被转换成仪表上显示的电压. 施加已知力 (X, 单位为 kN), X 与电压表测量值 (Y, 单位为 V), 分别如表 5.18 所示.

表 5.18

X	1	2	3	4	5	6	7	8	9	10	11	12	13
Y	4.4	4.9	6.4	7.3	8.8	10.3	11.7	13.2	14.8	15.3	16.5	17.2	18.9

分别使用多项式逼近和最小二乘拟合求出该组数据的拟合函数 $Y = a + bX$, 当仪表读数为 13.8V 时, 估计梁中的张力, 编写 MATLAB 程序, 绘制结果的图形.

实验题 5.2 求解函数

$$y = \operatorname{sech}(x-5) + \frac{\operatorname{sech}^2(2(x-8))}{2}$$

在区间 $[0,10]$ 上的最佳逼近多项式, 其中 $\operatorname{sech}(x)$ 是双曲正割函数

$$\operatorname{sech}(x) = \frac{1}{\cosh(x)} = \frac{2}{\mathrm{e}^x + \mathrm{e}^{-x}}.$$

可以调用 MATLAB sech 函数.

(1) 绘制函数 $y(x)$ 的图形, 并使用 11 个等距节点 $0,1,2,3,\cdots,10$ 上的 10 次多项式拟合. 拟合效果如何? 你能找到更好的方法吗?

(2) 使用 Chebyshev 点作为节点, 重新做 10 次多项式拟合, 采用 l_1 或 l_2 范数比较拟合效果. 这里 Chebyshev 点在区间 $(-1,1)$ 上满足

$$x_k = \cos\left(\frac{2k-1}{2n}\pi\right), \quad k = 1,2,\cdots,n.$$

第 6 章　数值积分与微分

微积分的发明是科学史上的一项重大贡献, 对速度的积分可以得到变速运动的物体所做的功, 对边际函数的积分可以得到经济效益, 对随机变量与密度函数乘积的积分可以得到该随机变量的期望, 等等. 这些相应问题的解决, 得益于微积分学基本定理 Newton-Leibniz 公式

$$\int_a^b f(x)\mathrm{d}x = F(b) - F(a),$$

其中 $F(x)$ 是 $f(x)$ 的一个原函数. 理论上, 只要被积函数在积分区间 $[a,b]$ 上连续, 其原函数 $F(x)$ 就存在. 但是实际计算时遇到的被积函数往往很复杂, 找不到相应的原函数; 即使是一些简单的函数, 比如 $\mathrm{e}^{-x^2}, \dfrac{1}{\ln x}, \sin x^2$ 等都找不到用初等函数表示的原函数; 另外, 在一些计算问题中, $f(x)$ 的值是通过观测或数值计算得到的一组数据表. 此时, 显然不能用 Newton-Leibniz 公式计算积分. 所有这些因素, 促使人们去研究定积分的近似计算, 即数值积分.

反过来, 求函数 $f(x)$ 在某一点 x_0 的导数也是非常重要的, 比如前面求非线性方程根时的线性化方法, 后面求常微分方程数值近似时, 也要用到函数在某一点的导数等. 但是当 $f(x)$ 的解析表达式非常复杂时, 或者本身就没有表达式 (比如第一类 0 阶 Bessel 函数) , 或者 $f(x)$ 本身就只是一些数据时, 这时要考虑 $f(x)$ 在某一点 x_0 的导数就只能考虑它们的近似 (数值微分近似). 事实上, 数值微分是有限差分法的基础, 有限差分法是微分方程数值近似的一种非常简单也非常重要的方法.

本章主要介绍一元函数定积分的数值近似方法: 基于插值的数值积分公式、复化求积公式、外推算法和高精度公式等. 此外, 介绍数值微分的基本原理 (Kincaid and Cheney, 2003; 杨一都, 2008).

引例 1　人造地球卫星轨道长度

人造地球卫星轨道可视为平面上的椭圆, 我国第一颗人造地球卫星近地点距离地球表面 439km, 远地点距离地球表面 2384km, 地球半径为 6371km. 求该卫星的轨道长度.

本问题可用椭圆参数方程

$$\begin{cases} x = a\cos t, \\ y = b\sin t \end{cases} \quad (0 \leqslant t \leqslant 2\pi; a, b > 0)$$

来描述人造地球卫星的轨道. 式中 $a = 8755\text{km}$, $b = 6810\text{km}$, 分别为椭圆的长、短半轴. 该轨道的长度 L 就是如下的参数方程的弧长积分

$$L = 4\int_0^{\pi/2} \left(a^2\sin^2 t + b^2\cos^2 t\right)^{\frac{1}{2}} \mathrm{d}t,$$

这个积分是椭圆积分, 不能用解析方法计算 (图 6.1).

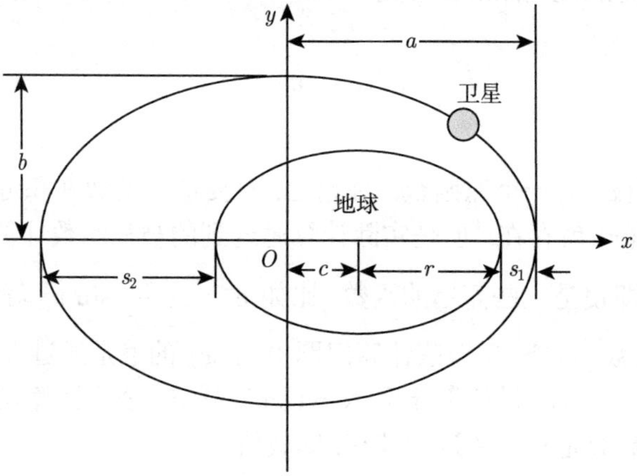

图 6.1　人造地球卫星轨道长度

引例 2　炮弹射击命中的概率

炮弹射击的目标为一椭圆形区域, 在 x 方向半轴长 120m, y 方向半轴长 80m. 当瞄准目标的中心发射炮弹时, 在众多随机因素的影响下, 弹着点与目标中心有随机偏差, 可以合理地假设弹着点围绕中心呈二维正态分布, 且偏差在 x 方向和 y 方向相互独立. 设弹着点偏差的均方差在 x 方向和 y 方向分别为 60m 和 40m, 求炮弹落在椭圆形区域内的概率.

建立平面直角坐标系, 设目标中心为 $x = 0, y = 0$, 记 $a = 120, b = 80$, 将椭圆形区域表示为

$$\frac{x^2}{a^2} + \frac{y^2}{b^2} \leqslant 1.$$

弹着点为 (x, y) 的概率密度为

$$p(x, y) = \frac{1}{2\pi\sigma_x\sigma_y} \mathrm{e}^{-\frac{1}{2}\left(\frac{x^2}{\sigma_x^2} + \frac{y^2}{\sigma_y^2}\right)},$$

其中 $\sigma_x = 60$, $\sigma_y = 40$, 炮弹命中椭圆形区域的概率为二重积分

$$P = \iint_\Omega p(x,y)\mathrm{d}x\mathrm{d}y = \iint_\Omega \frac{1}{2\pi\sigma_x\sigma_y}\mathrm{e}^{-\frac{1}{2}\left(\frac{x^2}{\sigma_x^2}+\frac{y^2}{\sigma_y^2}\right)}\mathrm{d}x\mathrm{d}y,$$

其中 $\Omega: \dfrac{x^2}{a^2}+\dfrac{y^2}{b^2} \leqslant 1$. 这个积分不能用解析方法计算, 只能用后面的数值近似方法来求解.

6.1 数值积分的基本思想

我们知道, 定积分 $\int_a^b f(x)\mathrm{d}x$ 的几何意义为曲边梯形的面积, 即由曲线 $x=a$, $x=b, y=0, y=f(x)$ 所围成的曲边梯形的面积. 根据几何意义, 从直观上我们可以用矩形或梯形的面积作为曲边梯形面积的近似 (见图 6.2), 具体有以下方法.

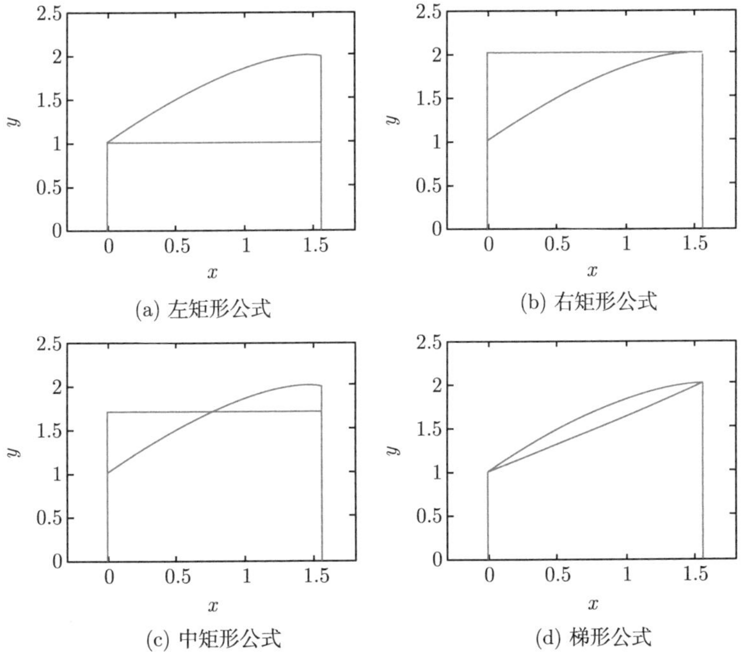

(a) 左矩形公式 (b) 右矩形公式

(c) 中矩形公式 (d) 梯形公式

图 6.2 曲边梯形面积的近似

(1) 左矩形公式: $\int_a^b f(x)\mathrm{d}x \approx (b-a)f(a)$.

(2) 右矩形公式: $\int_a^b f(x)\mathrm{d}x \approx (b-a)f(b)$.

(3) 中矩形公式: $\int_a^b f(x)\mathrm{d}x \approx (b-a)f(c)$.

(4) 梯形公式: $\int_a^b f(x)\mathrm{d}x \approx (b-a)\left(\frac{1}{2}f(a)+\frac{1}{2}f(b)\right)$.

当分别以 $a, b, c=\frac{a+b}{2}$ 三点高度 $f(a)$, $f(b)$, $f(c)$ 的加权平均值

$$\frac{f(a)+4f(c)+f(b)}{6}$$

作为曲边梯形的 "平均高度" 时, 则可得到 Simpson 公式为

$$\int_a^b f(x)\mathrm{d}x \approx (b-a)\left(\frac{1}{6}f(a)+\frac{4}{6}f(c)+\frac{1}{6}f(b)\right).$$

从前面的几个近似公式来看, 它们都是一些点上函数值的线性组合. 为对此加深认识, 我们考虑定积分的数学定义: 设区间 $[a,b]$ 上有 $n+1$ 个点, 依次为

$$a=x_0<x_1<\cdots<x_{n-1}<x_n=b,$$

它们把区间 $[a,b]$ 分成 n 个小区间 $[x_{i-1},x_i], i=1,\cdots,n$. 记区间长度 $\Delta x_i = x_i - x_{i-1}$, 定义 $\Delta x=\max\Delta x_i$. 取点 $\xi_i\in[x_{i-1},x_i]$, 并作和式 $\sum_{i=1}^n f(\xi_i)\Delta x_i$. 此和式为 Riemann 和, 则 Riemann 和的极限便为定积分的值, 即

$$\int_a^b f(x)\mathrm{d}x = \lim_{\Delta x\to 0}\sum_{i=1}^n f(\xi_i)\Delta x_i. \tag{6.1}$$

在 (6.1) 中, 当 Δx 很小时, 可用 Riemann 和 $\sum_{i=1}^n f(\xi_i)\Delta x_i$ 作为定积分 $\int_a^b f(x)\mathrm{d}x$ 的近似, 这就是数值积分的基本思想.

定义 6.1　设 $a=x_0<x_1<\cdots<x_{n-1}<x_n=b$, 称形如

$$Q_n[f]=\sum_{j=0}^n \omega_j f(x_j) \tag{6.2}$$

且具有性质

$$\int_a^b f(x)\mathrm{d}x = Q_n[f]+E_n[f] \tag{6.3}$$

的公式 (6.2) 为**数值积分公式**. 其中 $E_n[f]$ 称为**截断误差**, $\{x_j\}_{j=0}^n$ 称为**求积节点**, $\{\omega_j\}_{j=0}^n$ 称为**积分权或权系数**.

根据应用的需要, 求积节点 $\{x_j\}_{j=0}^n$ 和权系数 $\{\omega_j\}_{j=0}^n$ 的选择有很多方法.

注 6.1 黎曼 (Georg Friedrich Berhard Riemann, 1826—1866, 德国著名数学家) 在可积函数类方面有许多重要贡献. 他在几何学和复变函数理论方面也做过一些基础性工作, 被认为是 19 世纪最有影响力的数学家之一 (Burden and Faires, 2010).

例 6.1 分别使用左矩形、右矩形、中矩形、梯形、Simpson 公式近似计算 $\int_0^1 x^3\mathrm{d}x$ 的值 (积分参考值为 0.25).

解 由左矩形公式可得

$$\int_0^1 x^3\mathrm{d}x \approx 1\times 0^3 = 0.$$

由右矩形公式可得

$$\int_0^1 x^3\mathrm{d}x \approx 1\times 1^3 = 1.$$

由中矩形公式可得

$$\int_0^1 x^3\mathrm{d}x \approx 1\times \left(\frac{1}{2}\right)^3 = 0.125.$$

由梯形公式可得

$$\int_0^1 x^3\mathrm{d}x \approx \frac{1}{2}\times \left(0^3+1^3\right) = 0.5.$$

由 Simpson 公式可得

$$\int_0^1 x^3\mathrm{d}x \approx \frac{1}{6}\times \left(0^3+4\times\left(\frac{1}{2}\right)^3+1^3\right) = 0.25.$$

在上例中, 由 Simpson 公式计算的近似值与参考值完全吻合. 而其他几种方法得到与此不同的结果. 为了解释这一现象, 我们引入“代数精度”的概念.

定义 6.2 如果数值积分公式 (6.2) 对所有小于等于 m 次的多项式是准确的, 但是对于 $m+1$ 次多项式是不准确的, 则称该公式具有 m **次代数精度**.

上述定义表明代数精度越高的数值积分公式对“更多”的多项式是准确成立的, 但是也需要注意的是代数精度高的数值积分公式不一定比代数精度低的数值积分公式更准确.

一般地, 为了使数值积分公式 (6.2) 的代数精度大于等于 m, 只要令它对于多项式 $1, x, \cdots, x^m$ 都准确成立即可, 即使得下列等式成立

$$\begin{cases} b-a=\sum_{j=0}^{n}\omega_j x_j^0, \\ \frac{1}{2}(b^2-a^2)=\sum_{j=0}^{n}\omega_j x_j^1, \\ \qquad\cdots\cdots \\ \frac{1}{m+1}(b^{m+1}-a^{m+1})=\sum_{j=0}^{n}\omega_j x_j^m. \end{cases}$$

注 6.2 辛普森 (Thomas Simpson, 1710—1761, 英国数学家) 是一位自学成才的数学家, 他早年当织布工养活自己. 尽管 1750 年出版了一套两卷的微积分书, 但他的主要兴趣是概率论 (Burden and Faires, 2010).

例 6.2 试计算左矩形、右矩形、中矩形、梯形、Simpson 公式的代数精度.

解 在定积分 $\int_a^b f(x)\mathrm{d}x$ 中考虑 $f(x)=1$, 则积分的准确值为 $b-a$, 而左矩形、右矩形、中矩形、梯形、Simpson 公式的计算结果均为 $b-a$.

如果 $f(x)=x$, 则积分的准确值为 $\frac{b^2}{2}-\frac{a^2}{2}$, 而左矩形、右矩形的计算结果分别为 $ab-a^2$, b^2-ba, 中矩形、梯形、Simpson 公式的计算结果均为 $\frac{b^2}{2}-\frac{a^2}{2}$. 所以左矩形、右矩形公式的代数精度为 0.

如果 $f(x)=x^2$, 则积分的准确值为 $\frac{b^3}{3}-\frac{a^3}{3}$, 而中矩形、梯形公式的计算结果分别为 $\frac{1}{4}(b^3-a^2b+ab^2-a^3)$, $\frac{1}{2}(b^3+a^2b-ab^2-a^3)$, Simpson 公式的计算结果为 $\frac{b^3}{3}-\frac{a^3}{3}$, 所以中矩形、梯形公式的代数精度为 1.

如果 $f(x)=x^3$, 则积分的准确值为 $\frac{b^4}{4}-\frac{a^4}{4}$, Simpson 公式的计算结果为 $\frac{b^4}{4}-\frac{a^4}{4}$.

如果 $f(x)=x^4$, 则积分的准确值为 $\frac{b^5}{5}-\frac{a^5}{5}$, Simpson 公式的计算结果为 $\frac{1}{24}ba^4+\frac{5}{24}b^5-\frac{1}{12}a^3b^2+\frac{1}{12}a^2b^3-\frac{1}{24}ab^4-\frac{5}{24}b^5$, 所以 Simpson 公式的代数精度为 3.

例 6.3 构造形如 $\int_0^3 f(x)\mathrm{d}x \approx \omega_0 f(0)+\omega_1 f(1)+\omega_2 f(2)+\omega_3 f(3)$ 的求积公式, 使其代数精度尽可能高, 并指出其代数精度.

解 假设求积公式对 $f(x)=1,x,x^2,x^3$ 准确成立, 则有

$$\begin{cases}\omega_0+\omega_1+\omega_2+\omega_3=3,\\ \omega_1+2\omega_2+3\omega_3=4.5,\\ \omega_1+4\omega_2+9\omega_3=9,\\ \omega_1+8\omega_2+27\omega_3=20.25,\end{cases}$$

求解上述线性方程组可得 $\omega_0=0.375,\omega_1=1.125,\omega_2=1.125,\omega_3=0.375$. 当 $f(x)=x^4$ 时, 积分的准确值为 48.6, 而求积公式的计算结果为 49.5, 所以该求积公式具有三次代数精度.

定义 6.3 如果数值积分公式 (6.2) 中求积系数满足存在常数 C 使得当 $n\to\infty$ 时

$$\sum_{j=0}^{n}|\omega_j|<C,$$

则称该求积公式是**稳定的**.

注意当数值积分公式 (6.2) 稳定时, 设 $f(x_j)$ 的舍入误差为 ϵ_j, $j=0,1,\cdots,n$, 令 $\epsilon=\max\limits_{0\leqslant j\leqslant n}\{|\epsilon_j|\}$, 则数值积分公式 (6.2) 在计算中产生的误差为

$$\left|\sum_{j=0}^{n}\omega_j f(x_j)-\sum_{j=0}^{n}\omega_j(f(x_j)+\epsilon_j)\right|=\left|\sum_{j=0}^{n}\omega_j\epsilon_j\right|\leqslant\epsilon\sum_{j=0}^{n}|\omega_j|\leqslant C\epsilon,$$

所以 $f(x_j)$ 的舍入误差对计算的影响是有限的.

6.2 插值型求积公式

6.2.1 Lagrange 插值型求积公式

数值积分公式的推导有时是基于多项式插值的. 在区间 $[a,b]$ 上取 $n+1$ 个点, 依次为

$$a\leqslant x_0<x_1<\cdots<x_{n-1}<x_n\leqslant b,$$

利用被积函数 f 在这些点处的函数值 $f(x_0),\cdots,f(x_n)$ 作 Lagrange 插值多项式

$$L_n(x)=\sum_{j=0}^{n}f(x_j)l_j(x),\quad l_j(x)=\prod_{i=0,i\neq j}^{n}\frac{x-x_i}{x_j-x_i},$$

则原积分问题可以近似为

$$\int_a^b f(x)\mathrm{d}x \approx \int_a^b L_n(x)\mathrm{d}x = \sum_{j=0}^n f(x_j)\int_a^b l_j(x)\mathrm{d}x = \sum_{j=0}^n A_j f(x_j),$$

这里 $A_j = \displaystyle\int_a^b l_j(x)\mathrm{d}x,\ j=0,1,\cdots,n$. 这类数值积分公式称为 **Lagrange 插值型求积公式**. 由于在同样条件下, Lagrange 插值与 Newton 插值相同, 因此常简称其为**插值型求积公式**.

值得注意的是, 利用 Lagrange 插值余项, 可以推导出相应的**积分余项**, 即

$$\begin{aligned}\int_a^b f(x)\mathrm{d}x - \sum_{j=0}^n A_j f(x_j) &= \int_a^b f(x)\mathrm{d}x - \int_a^b L_n(x)\mathrm{d}x \\ &= \int_a^b \frac{f^{(n+1)}(\xi)}{(n+1)!}\prod_{j=0}^n (x-x_j)\mathrm{d}x.\end{aligned}$$

当 $f(x)$ 是不超过 n 次的多项式时, 由于 $f^{(n+1)}(x)=0$, 积分余项为 0, 因此此类数值积分公式的代数精度不低于 n. 另一方面, 如果数值积分公式 $\sum_{j=0}^n \omega_j f(x_j)$ 的代数精度不低于 n, 那么它对基函数 $l_j(x) = \displaystyle\prod_{i=0,i\neq j}^n \frac{x-x_i}{x_j-x_i}$ 是准确的, 即

$$\int_a^b l_j(x)\mathrm{d}x = \sum_{i=0}^n l_j(x_i)\omega_i = \omega_j.$$

所以求积公式 $\sum_{j=0}^n \omega_j f(x_j)$ 是 Lagrange 插值型的. 综上所述, 有如下结论.

定理 6.1　数值积分公式 $\sum_{j=0}^n \omega_j f(x_j)$ 的代数精度不低于 n 的充要条件是它是 Lagrange 插值型的.

当 $x_0 = a, x_1 = b$ 时, Lagrange 插值型求积公式即为梯形公式. 此时可得梯形公式的积分余项为

$$\int_a^b f(x)\mathrm{d}x - \frac{b-a}{2}(f(a)+f(b)) = \int_a^b \frac{f''(\xi)}{2!}(x-a)(x-b)\mathrm{d}x.$$

由于函数 $(x-a)(x-b)$ 在区间 $[a,b]$ 上不变号, 根据积分第一中值定理存在常数 $\hat{\xi}\in[a,b]$ 使得

$$\int_a^b f(x)\mathrm{d}x - \frac{b-a}{2}(f(a)+f(b))$$

$$= \frac{f''(\hat{\xi})}{2} \int_a^b (x-a)(x-b)\mathrm{d}x = -\frac{f''(\hat{\xi})}{12}(b-a)^3. \tag{6.4}$$

此即**梯形公式余项**.

当 $x_0 = a, x_1 = \dfrac{a+b}{2}, x_2 = b$ 时, Lagrange 插值型求积公式即为 Simpson 公式. 设 $f(x)$ 在 $[a,b]$ 上具有 4 阶连续导数, 可以构造不超过三次的多项式 $H(x)$ 使得

$$\begin{aligned}
&H(a) = f(a), \quad H(b) = f(b), \\
&H\left(\frac{a+b}{2}\right) = f\left(\frac{a+b}{2}\right), \quad H'\left(\frac{a+b}{2}\right) = f'\left(\frac{a+b}{2}\right).
\end{aligned}$$

进一步可计算插值余项为

$$f(x) - H(x) = \frac{f^{(4)}(\eta)}{4!}(x-a)(x-b)\left(x - \frac{a+b}{2}\right)^2, \quad \eta \in (a,b).$$

由于 Simpson 公式的代数精度为 3, 它对不超过三次的多项式总是准确的. 因此

$$\begin{aligned}
&\int_a^b f(x)\mathrm{d}x - \frac{b-a}{6}\left(f(a) + 4f\left(\frac{a+b}{2}\right) + f(b)\right) \\
=&\int_a^b f(x)\mathrm{d}x - \frac{b-a}{6}\left(H(a) + 4H\left(\frac{a+b}{2}\right) + H(b)\right) \\
=&\int_a^b f(x)\mathrm{d}x - \int_a^b H(x)\mathrm{d}x \\
=&\int_a^b \frac{f^{(4)}(\eta)}{4!}(x-a)(x-b)\left(x - \frac{a+b}{2}\right)^2 \mathrm{d}x \\
=&\frac{f^{(4)}(\hat{\eta})}{4!}\int_a^b (x-a)(x-b)\left(x - \frac{a+b}{2}\right)^2 \mathrm{d}x \\
=&-\frac{f^{(4)}(\hat{\eta})}{2880}(b-a)^5,
\end{aligned}$$

这里 $\hat{\eta}$ 是区间 $[a,b]$ 上的常数, 即得 **Simpson 公式余项**:

$$\int_a^b f(x)\mathrm{d}x - \frac{b-a}{6}\left(f(a) + 4f\left(\frac{a+b}{2}\right) + f(b)\right) = -\frac{f^{(4)}(\hat{\eta})}{2880}(b-a)^5. \tag{6.5}$$

6.2.2 Newton-Cotes 公式

在 $[a,b]$ 上取 n 个等分点, 即 $x_j = a + jh,\ j = 0,1,\cdots,n,\ h = \dfrac{b-a}{n}$. 作变量替换 $x = a + th$, 则 Lagrange 插值型求积公式为

$$
\begin{aligned}
\int_a^b f(x)\mathrm{d}x &\approx \sum_{j=0}^{n} f(x_j)\int_a^b \prod_{i=0,i\neq j}^{n} \frac{x-x_i}{x_j-x_i}\mathrm{d}x \\
&= \sum_{j=0}^{n} f(x_j)\int_0^n \prod_{i=0,i\neq j}^{n} \frac{t-i}{j-i}\mathrm{d}t \\
&= (b-a)\sum_{j=0}^{n} f(x_j)\left[\frac{(-1)^{n-j}}{nj!(n-j)!}\int_0^n \prod_{i=0,i\neq j}^{n}(t-i)\mathrm{d}t\right] \\
&= (b-a)\sum_{j=0}^{n} f(x_j)C_j^{(n)}.
\end{aligned}
$$

上述公式称为 **Newton-Cotes 公式**, 这里 $C_j^{(n)}$ 称为 **Cotes 系数**.

注意 Cotes 系数与积分 $\int_a^b f(x)\mathrm{d}x$ 无关, 它只与 n 和 j 有关, 通常将不同的 Cotes 系数列成一个表 (见表 6.1). 由表中可看出, 当 $n = 1$ 时的 Newton-Cotes 公式为梯形公式; 当 $n = 2$ 时的 Newton-Cotes 公式即为 Simpson 公式. 当 $n = 4$ 时的 Newton-Cotes 公式称为 **Cotes 公式**. 当 $n = 6$ 时的 Newton-Cotes 公式称为 **Romberg 公式**.

从表 6.1 可以看出, Cotes 系数具有对称性, 即 $C_j^{(n)} = C_{n-j}^{(n)},\ j = 0,\cdots,n$. 事实上,

$$
\begin{aligned}
C_{n-j}^{(n)} &= \frac{(-1)^{n-(n-j)}}{n(n-j)!(n-(n-j))!}\int_0^n \prod_{i=0,i\neq n-j}^{n}(t-i)\mathrm{d}t \\
&= -\frac{(-1)^{n-(n-j)}}{n(n-j)!(n-(n-j))!}\int_n^0 \prod_{i=0,i\neq n-j}^{n}(n-u-j)\mathrm{d}u \\
&= \frac{(-1)^{n+j}}{n(n-j)!j!}\int_0^n \prod_{i=0,i\neq n-j}^{n}(u-(n-j))\mathrm{d}u \\
&= \frac{(-1)^{n-j}}{n(n-j)!j!}\int_0^n \prod_{i=0,k\neq j}^{n}(u-k)\mathrm{d}u = C_j^{(n)}.
\end{aligned}
$$

表 6.1 Cotes 系数

n	$C_0^{(n)}$	$C_1^{(n)}$	$C_2^{(n)}$	$C_3^{(n)}$	$C_4^{(n)}$	$C_5^{(n)}$	$C_6^{(n)}$	$C_7^{(n)}$	$C_8^{(n)}$
1	$\frac{1}{2}$	$\frac{1}{2}$							
2	$\frac{1}{6}$	$\frac{4}{6}$	$\frac{1}{6}$						
3	$\frac{1}{8}$	$\frac{3}{8}$	$\frac{3}{8}$	$\frac{1}{8}$					
4	$\frac{7}{90}$	$\frac{32}{90}$	$\frac{12}{90}$	$\frac{32}{90}$	$\frac{7}{90}$				
5	$\frac{19}{288}$	$\frac{75}{288}$	$\frac{50}{288}$	$\frac{50}{288}$	$\frac{75}{288}$	$\frac{19}{288}$			
6	$\frac{41}{840}$	$\frac{216}{840}$	$\frac{27}{840}$	$\frac{272}{840}$	$\frac{27}{840}$	$\frac{216}{840}$	$\frac{41}{840}$		
7	$\frac{751}{17280}$	$\frac{3577}{17280}$	$\frac{1323}{17280}$	$\frac{2989}{17280}$	$\frac{2989}{17280}$	$\frac{1323}{17280}$	$\frac{3577}{17280}$	$\frac{751}{17280}$	
8	$\frac{989}{28350}$	$\frac{5888}{28350}$	$\frac{-928}{28350}$	$\frac{10496}{28350}$	$\frac{-4540}{28350}$	$\frac{10496}{28350}$	$\frac{-928}{28350}$	$\frac{5888}{28350}$	$\frac{989}{28350}$

另一方面, 由于 Newton-Cotes 公式是 $n \geqslant 1$ 的插值型求积公式, 其代数精度大于 0, 所以它对 $f(x)=1$ 总是准确的. 因此 $\int_a^b 1\mathrm{d}x = (b-a)\sum_{j=0}^n 1C_j^{(n)}$, 即 $\sum_{j=0}^n C_j^{(n)} = 1$.

需要指出的是当 $n \to \infty$ 时, $\sum_{j=0}^n |C_j^{(n)}| \to \infty$, 即 Newton-Cotes 公式是不稳定的. 所以在实际计算中一般不采用高阶 $(n \geqslant 8)$ 的 Newton-Cotes 公式.

注 6.3 科茨 (Roger Cotes, 1682—1716, 英国数学家) 出身于一个普通家庭, 1704 年成为剑桥大学第一位普卢姆教授 (Plumian Professor). 他在许多数学领域取得了进步, 包括插值和积分的数值方法. 牛顿曾说过, "科茨 …… 如果他活着, 我们可能会知道一些事情." (Burden and Faires, 2010)

例 6.4 分别使用 $n = 1, 2, 4, 8$ 阶 Newton-Cotes 公式近似计算积分 $\int_{-4}^{4} \frac{\mathrm{d}x}{x^2+1}$ (参考值为 2.6516).

解 当 $n = 1$ 时, Newton-Cotes 公式的计算结果为

$$\int_{-4}^{4} \frac{\mathrm{d}x}{x^2+1} \approx \frac{8}{2}\left(\frac{1}{(-4)^2+1} + \frac{1}{4^2+1}\right) \approx 0.4706.$$

当 $n = 2$ 时, Newton-Cotes 公式的计算结果为

$$\int_{-4}^{4} \frac{\mathrm{d}x}{x^2+1} \approx \frac{8}{6}\left(\frac{1}{(-4)^2+1} + \frac{4}{0^2+1} + \frac{1}{4^2+1}\right) \approx 5.4902.$$

当 $n=4$ 时, Newton-Cotes 公式的计算结果为

$$\int_{-4}^{4}\frac{\mathrm{d}x}{x^2+1}\approx\frac{8}{90}\left(\frac{7}{(-4)^2+1}+\frac{32}{(-2)^2+1}+\frac{12}{0^2+1}+\frac{32}{2^2+1}+\frac{7}{4^2+1}\right)$$
$$\approx 2.2776.$$

当 $n=8$ 时, Newton-Cotes 公式的计算结果为

$$\int_{-4}^{4}\frac{\mathrm{d}x}{x^2+1}\approx\frac{8}{28350}\left(\frac{989}{(-4)^2+1}+\frac{5888}{(-3)^2+1}-\frac{928}{(-2)^2+1}+\frac{10496}{(-1)^2+1}\right.$$
$$\left.-\frac{4540}{0^2+1}+\frac{10496}{1^2+1}-\frac{928}{2^2+1}+\frac{5888}{3^2+1}+\frac{989}{4^2+1}\right)$$
$$\approx 1.9083.$$

作为 Lagrange 插值型求积公式, n 阶 Newton-Cotes 公式的代数精度不低于 n. 但是也注意到 Simpson 公式 ($n=2$) 具有三次代数精度. 一般地, 可以证明以下定理.

定理 6.2 当 n 为偶数时, n 阶 Newton-Cotes 公式代数精度不低于 $n+1$.

证明 事实上只要验证当 n 为偶数时, n 阶 Newton-Cotes 公式对 $f(x)=x^{n+1}$ 准确. 由 Lagrange 插值型求积公式的余项可得

$$\begin{aligned}\int_a^b f(x)\mathrm{d}x-(b-a)\sum_{j=0}^{n}f(x_j)C_j^{(n)}&=\int_a^b\frac{(n+1)!}{(n+1)!}\prod_{j=0}^{n}(x-x_j)\mathrm{d}x\\&=h^{n+2}\int_0^n\prod_{j=0}^{n}(t-j)\mathrm{d}t\\&=h^{n+2}\int_{-n/2}^{n/2}\prod_{j=0}^{n}\left(u+\frac{n}{2}-j\right)\mathrm{d}u\\&=0,\end{aligned}$$

这里 $t=u+\frac{n}{2}$, 函数 $\prod_{j=0}^{n}\left(u+\frac{n}{2}-j\right)$ 是区间 $\left[-\frac{n}{2},\frac{n}{2}\right]$ 上的奇函数. □

6.3 复化求积公式

从上节可以看出, n 稍大一点的 Newton-Cotes 公式虽然稳定, 但是公式稍有点复杂, 不容易记忆; 更高阶的 Newton-Cotes 公式不具备稳定性, 因此不能期望

使用高阶 Newton-Cotes 公式精确计算定积分. 在实际计算中, 一般需要先将积分区间作等分, 再在每个区间上使用低阶 Newton-Cotes 公式近似计算.

6.3.1 复化梯形公式

在 $[a,b]$ 上取 $n>1$ 个等分点, 即 $x_j=a+jh,\ j=0,1,\cdots,n,\ h=\dfrac{b-a}{n}$, 则

$$\begin{aligned}\int_a^b f(x)\mathrm{d}x &= \int_{x_0}^{x_1} f(x)\mathrm{d}x+\int_{x_1}^{x_2} f(x)\mathrm{d}x+\cdots+\int_{x_{n-1}}^{x_n} f(x)\mathrm{d}x\\ &\approx \frac{h}{2}(f(x_0)+f(x_1))+\frac{h}{2}(f(x_1)+f(x_2))+\cdots+\frac{h}{2}(f(x_{n-1})+f(x_n))\\ &= \frac{h}{2}\left(f(x_0)+f(x_n)+2\sum_{j=1}^{n-1}f(x_j)\right):=T_n[f,a,b].\end{aligned}$$

称 $T_n[f,a,b]$ 为近似定积分 $\displaystyle\int_a^b f(x)\mathrm{d}x$ 的**复化梯形公式**, 有时也简记为 $T_n[f]$ (见图 6.3).

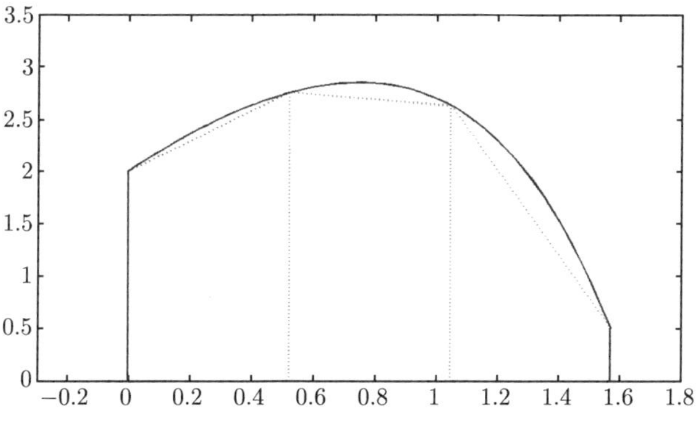

图 6.3 复化梯形公式的几何意义

以下为复化梯形求积的计算方法.

算法 6.1 复化梯形公式

输入: 函数 f, 积分上下限 a,b, 子区间个数 M.

输出: 数值积分值 s.

初始化: $h=(b-a)/M, s=0$.

For $j=1,2,\cdots,M-1$ **do**

  $x=a+h\times j$,

$s = s + f(x)$.

EndFor

计算积分值: $s = h \times (2s + f(a) + f(b))/2$.

可以验证, 如果基于等距节点 $x_0, x_1, \cdots, x_n$ 构造 $f(x)$ 的分段线性插值函数 $s_1(x)$, 那么 $T_n[f] = \int_a^b s_1(x)\mathrm{d}x$. 由于梯形公式的代数精度是 1, 可以验证复化梯形公式的代数精度也为 1. 另外, 注意到复化梯形公式的求积系数绝对值之和为

$$\frac{h}{2} + \frac{h}{2} + \sum_{j=1}^{n-1} h = b - a,$$

所以复化梯形公式一定是稳定的.

最后考虑复化梯形公式的积分余项. 由梯形公式的积分余项公式, 可以计算

$$\begin{aligned}\int_a^b f(x)\mathrm{d}x - T_n[f] &= \left(\int_{x_0}^{x_1} f(x)\mathrm{d}x - \frac{h}{2}(f(x_0) + f(x_1))\right) + \cdots \\ &\quad + \left(\int_{x_{n-1}}^{x_n} f(x)\mathrm{d}x - \frac{h}{2}(f(x_{n-1}) + f(x_n))\right) \\ &= -\frac{h^3}{12}(f''(\xi_1) + \cdots + f''(\xi_n)).\end{aligned}$$

假设 $f(x)$ 在区间 $[a,b]$ 上有二阶连续导数, 由连续函数的介值定理可得存在 $\xi \in [a,b]$ 使得

$$f''(\xi) = \frac{f''(\xi_1) + \cdots + f''(\xi_n)}{n}.$$

因此**复化梯形公式的积分余项**为

$$\int_a^b f(x)\mathrm{d}x - T_n[f] = -\frac{b-a}{12} f''(\xi)h^2. \tag{6.6}$$

可以看出, 当 $f(x)$ 在区间 $[a,b]$ 上有二阶连续导数时, 复化梯形公式的积分余项随着步长 h 的减小也会趋于 0.

6.3.2 复化 Simpson 公式

在 $[a,b]$ 上取 $n > 1$ 等分点, 即 $x_j = a + jh, j = 0, 1, \cdots, n$, $h = \dfrac{b-a}{n}$, 则

$$\int_a^b f(x)\mathrm{d}x = \int_{x_0}^{x_1} f(x)\mathrm{d}x + \int_{x_1}^{x_2} f(x)\mathrm{d}x + \cdots + \int_{x_{n-1}}^{x_n} f(x)\mathrm{d}x$$

$$
\begin{aligned}
&\approx \frac{h}{6}(f(x_0)+4f(x_{1/2})+f(x_1))+\frac{h}{6}(f(x_1)+4f(x_{3/2})+f(x_2))+\cdots \\
&\quad+\frac{h}{6}(f(x_{n-1})+4f(x_{n-1/2})+f(x_n)) \\
&=\frac{h}{6}\left(f(x_0)+f(x_n)+2\sum_{j=1}^{n-1}f(x_j)+4\sum_{j=0}^{n-1}f(x_{j+1/2})\right):=S_n[f,a,b].
\end{aligned}
$$

称 $S_n[f,a,b]$ 为近似定积分 $\int_a^b f(x)\mathrm{d}x$ 的**复化 Simpson 公式**, 有时也简记为 $S_n[f]$.

以下为复化 Simpson 求积的计算方法.

算法 6.2 复化 Simpson 公式

输入: 函数 f, 积分上下限 a,b, 子区间个数 M.

输出: 数值积分值 s.

初始化: $h=h=(b-a)/(2M), s_1=0, s_2=0$.

For $j=1,2,\cdots,M$ **do**

  $x=a+h\times(2j-1)$,

  $s_1=s_1+f(x)$.

EndFor

For $j=1,2,\cdots,M-1$ **do**

  $x=a+h\times 2j$,

  $s_2=s_2+f(x)$.

EndFor

计算积分值: $s=h\times(f(a)+f(b)+4s_1+2s_2)/3$.

可以验证, 如果基于等距节点 $x_0,x_1,\cdots,x_n$ 以及中间点 $x_{1/2},\cdots,x_{n-1/2}$ 构造 $f(x)$ 的分段抛物插值函数 $s_3(x)$, 那么 $S_n[f]=\int_a^b s_3(x)\mathrm{d}x$. 由于 Simpson 公式的代数精度是 3, 可以验证复化 Simpson 公式的代数精度也为 3. 另外, 注意到复化 Simpson 公式的求积系数绝对值之和为

$$
\frac{h}{6}+\frac{h}{6}+\sum_{j=1}^{n-1}\frac{h}{3}+\sum_{j=0}^{n-1}\frac{2h}{3}=b-a,
$$

所以复化 Simpson 公式一定是稳定的.

最后考虑复化 Simpson 公式的积分余项. 由 Simpson 公式的积分余项公式, 可以计算

$$\int_a^b f(x)\mathrm{d}x - S_n[f] = -\frac{h^5}{2880}(f^{(4)}(\eta_1) + \cdots + f^{(4)}(\eta_n)),$$

假设 $f(x)$ 在区间 $[a,b]$ 上有 4 阶连续导数, 由连续函数的介值定理可得存在 $\eta \in [a,b]$ 使得

$$f^{(4)}(\eta) = \frac{f^{(4)}(\eta_1) + \cdots + f^{(4)}(\eta_n)}{n}.$$

因此**复化 Simpson 公式的积分余项**为

$$\int_a^b f(x)\mathrm{d}x - S_n[f] = -\frac{b-a}{2880} f^{(4)}(\eta) h^4. \tag{6.7}$$

可以看出, 当 $f(x)$ 在区间 $[a,b]$ 上有 4 阶连续导数时, 复化 Simpson 公式的积分余项随着步长 h 的减小也会趋于 0.

例 6.5　分别使用 $T_{10}[f]$ 以及 $S_5[f]$ 近似计算积分 $\int_1^6 (2+\sin(2\sqrt{x}))\mathrm{d}x$ (积分参考值为 8.1835).

解　取步长 $h = \frac{5}{10} = 0.5$, 求积节点 $x_k = 1 + kh, k = 0, 1, \cdots, 10$, 则复化梯形公式 $T_{10}[f]$ 的计算结果为

$$\begin{aligned}\int_1^6 (2+\sin(2\sqrt{x}))\mathrm{d}x &\approx \sum_{k=0}^{9} \int_{x_k}^{x_{k+1}} (2+\sin(2\sqrt{x}))\mathrm{d}x \\ &= \sum_{k=0}^{9} \frac{h}{2}\left(2+\sin(2\sqrt{x_k}) + 2 + \sin(2\sqrt{x_{k+1}})\right) \\ &\approx 8.1939.\end{aligned}$$

取步长 $h = \frac{5}{5} = 1.0$, 求积节点 $x_k = 1 + kh, k = 0, 1, \cdots, 5$, 以及 $x_{k+\frac{1}{2}} = x_k + 0.5h$, 则复化 Simpson 公式 $S_5[f]$ 的计算结果为

$$\begin{aligned}&\int_1^6 (2+\sin(2\sqrt{x}))\mathrm{d}x \\ \approx &\sum_{k=0}^{4} \int_{x_k}^{x_{k+1}} (2+\sin(2\sqrt{x}))\mathrm{d}x\end{aligned}$$

$$
\begin{aligned}
&= \sum_{k=0}^{4} \frac{h}{6}\left(2+\sin(2\sqrt{x_k})+4(2+\sin(2\sqrt{x_{k+\frac{1}{2}}}))+2+\sin(2\sqrt{x_{k+1}})\right) \\
&\approx 8.1830.
\end{aligned}
$$

类似地可以得到复化 Cotes 公式 $C_n[f]$ (这里不给出具体公式) 的积分余项 (误差)

$$
\int_a^b f(x)\mathrm{d}x - C_n[f] = -\frac{2(b-2)}{945}\left(\frac{h}{4}\right)^6 f^{(6)}(\eta) = O(h^6), \quad \eta \in (a,b). \tag{6.8}
$$

6.4 外 推 法

复化梯形法算法简单, 但精度很低, 收敛速度缓慢. 能否设计一种方法, 在复化梯形法的基础上, 使得其精确度提高, 收敛速度加快呢? 这是可以达到的, 以下先介绍 Richardson 外推算法, 再介绍以外推算法为基础的 Romberg 算法.

6.4.1 Richardson 外推法

将区间 $[a,b]$ 等分为 n 等份, 步长 $h=\dfrac{b-a}{n}$, 节点为 $x_j=a+jh$ ($j=0,1,\cdots,n$), 区间 $[x_j,x_{j+1}]$ 的中点记为 $x_{j+\frac{1}{2}}$, 令 $I=\displaystyle\int_a^b f(x)\mathrm{d}x$. 考虑复化梯形公式

$$
T_n[f] = \frac{h}{2}\left(f(x_0)+f(x_n)+2\sum_{j=1}^{n-1} f(x_j)\right)
$$

以及

$$
T_{2n}[f] = \frac{h}{4}\left(f(x_0)+f(x_n)+2\sum_{j=1}^{n-1} f(x_j)+2\sum_{j=0}^{n-1} f(x_{j+1/2})\right).
$$

可以看出

$$
T_{2n}[f] = \frac{1}{2}T_n + \frac{h}{2}\sum_{j=0}^{n-1} f(x_{j+1/2}). \tag{6.9}
$$

上式 (6.9) 称为复化梯形公式的**递推形式**.

由复化梯形公式的积分余项 (6.6) 可得

$$I - T_n[f] = -\frac{b-a}{12}h^2 f^{(2)}(\eta_1), \quad \eta_1 \in (a,b),$$

$$I - T_{2n}[f] = -\frac{b-a}{12}\left(\frac{h}{2}\right)^2 f^{(2)}(\eta_2), \quad \eta_2 \in (a,b).$$

从而可得

$$I - T_n[f] - 4(I - T_{2n}[f]) = (4T_{2n}[f] - T_n[f]) - 3I = o(h^2),$$

这里 $o(h^2)$ 表示 h^2 的高阶小量. 此式表明, 如果用

$$\frac{4}{3}T_{2n}[f] - \frac{1}{3}T_n[f] \tag{6.10}$$

来近似 I, 即近似 $\int_a^b f(x)\mathrm{d}x$, 其误差至少是 $o(h^2)$. 事实上, 通过计算得

$$\frac{4}{3}T_{2n}[f] - \frac{1}{3}T_n[f] = S_n[f], \tag{6.11}$$

我们知道

$$I - \left(\frac{4}{3}T_{2n}[f] - \frac{1}{3}T_n[f]\right) = I - S_n[f] = -\frac{b-a}{2880}f^{(4)}(\eta)h^4 = O(h^4).$$

这种用两个误差为 $O(h^2)$ 的 $T_n[f]$ 和 $T_{2n}[f]$ 通过简单的组合得到误差为 $O(h^4)$ 的近似 $\frac{4}{3}T_{2n}[f] - \frac{1}{3}T_n[f]$ 的方法称为计算积分的 **Richardson 外推法**.

注 6.4 理查森 (Lewis Fry Richardson, 1881—1953, 英国数学家、物理学家和气象学家) 在英国气象局工作时, 是第一个系统地将数学应用于天气预报的人. 在第一次世界大战期间, 作为一名依良心拒服兵役的人, 他写了大量关于战争在经济上徒劳的文章, 使用微分方程系统来模拟国家之间的理性互动. 以他的名字命名的外推技术是这种技术的一个重新发现, 其思想在惠更斯 (Christiaan Huygens, 1629—1695, 荷兰物理学家、天文学家、数学家) 和阿基米德 (Archimedes, 公元前 287—前 212 年, 古希腊数学家、物理学家) 那里都有体现 (Burden and Faires, 2010).

例 6.6 分别使用 $T_{20}[f]$ 以及 $S_{10}[f]$ 近似计算积分 $\int_1^6 (2+\sin(2\sqrt{x}))\mathrm{d}x$, 并与例 6.5 的结果作比较 (积分参考值为 8.1835).

解 取步长 $h=\dfrac{5}{10}=0.5$, 求积节点 $x_k=1+kh, k=0,1,\cdots,10$, 以及 $x_{k+\frac{1}{2}}=x_k+0.5h$, 由复化梯形公式的递推公式以及例 6.5 中的计算结果 $T_{10}[f]=8.1939$ 可得

$$T_{20}[f]=\frac{1}{2}\left(T_{10}[f]+h\sum_{k=0}^{9}f(x_{k+\frac{1}{2}})\right)\approx 8.1860.$$

利用外推方法得

$$\frac{4T_{20}[f]}{3}-\frac{T_{10}[f]}{3}\approx 8.1834.$$

$T_{10}[f]=8.1939$ 和 $T_{20}[f]=8.1860$ 与参考值 8.1835 相比误差都还是比较大, 但是通过外推 (6.10) 之后得 8.1834, 它与 8.1835 已经非常接近了.

由复化 Simpson 公式的积分余项 (6.7) 可得

$$\begin{aligned}
I-S_n[f]&=-\frac{b-a}{2880}h^4f^{(2)}(\eta_1),\quad \eta_1\in(a,b),\\
I-S_{2n}[f]&=-\frac{b-a}{2880}\left(\frac{h}{2}\right)^4f^{(2)}(\eta_2),\quad \eta_2\in(a,b).
\end{aligned}$$

从而可得

$$(I-S_n[f])-16\,(I-S_{2n}[f])=(16T_{2n}[f]-S_n[f])-15I=o(h^4),$$

我们可用 $\dfrac{16S_{2n}[f]}{15}-\dfrac{S_n[f]}{15}$ 来近似 I. 通过计算可得

$$\frac{16S_{2n}[f]}{15}-\frac{S_n[f]}{15}=C_n[f]. \tag{6.12}$$

复化 Simpson 公式的余项为 $O(h^4)$, 而复化 Cotes 公式 $C_n[f]$ 的余项为 $O(h^6)$.

利用 Cotes 公式的余项 (6.8) 可类似地得到

$$\frac{64C_{2n}[f]}{63}-\frac{C_n[f]}{63}=R_n[f]. \tag{6.13}$$

复化 Cotes 公式的余项为 $O(h^6)$, 而复化 Romberg 公式 $R_n[f]$ 的余项为 $O(h^8)$. 复化 Romberg 公式 $R_n[f]$ 本身比较复杂, 但是它已经是可用的代数精度最高的复化 Newton-Cotes 公式了.

6.4.2 Romberg 算法

结合 6.4.1 节的递推公式 (6.9) 和外推公式 (6.11)—(6.13), 我们便得到了 Romberg 积分法. 表 6.2 给出了 Romberg 积分法的计算过程.

表 6.2 Romberg 算法过程

T_1								
$\downarrow$	$\searrow$							
T_2	$\to$	S_1						
$\downarrow$	$\searrow$		$\searrow$					
T_4	$\to$	S_2	$\to$	C_1				
$\downarrow$	$\searrow$		$\searrow$		$\searrow$			
T_8	$\to$	S_4	$\to$	C_2	$\to$	R_1		
$\downarrow$	$\searrow$		$\searrow$		$\searrow$			
T_{16}	$\to$	S_8	$\to$	C_4	$\to$	R_2		
$\downarrow$	$\searrow$		$\searrow$		$\searrow$			
$\cdots$	$\to$	$\cdots$	$\to$	$\cdots$	$\to$	$\cdots$		

以下为 Romberg 积分计算的具体步骤.

算法 6.3 Romberg 求积公式

输入: 函数 f, 积分上下限 a, b, Romberg 表的最大列数 n, 容忍误差 tol.

输出: Romberg 表 $\boldsymbol{R}$, 积分值 quad, 数值误差 err.

初始化: $M=1, h=b-a, \text{err}=1, J=0, \boldsymbol{R}=\text{zeros}(4,4)$.

计算 $\boldsymbol{R}(1,1)=h\times(f(a)+f(b))/2$.

While err $>$ tol 且 $J<n$, 或者 $J<4$ **do**

  $J=J+1$,

  $h=h/2$,

  $s=0$.

  For $p=1,2,\cdots,M$ **do**

    $x=a+h\times(2p-1)$,

    $s=s+f(x)$.

  EndFor

  $\boldsymbol{R}(j+1,1)=\boldsymbol{R}(j,1)/2+h\times s$,

  $M=2\times M$.

  For $K=1,2,\cdots,J$ **do**

    $\boldsymbol{R}(J+1,K+1)=\boldsymbol{R}(J+1,K)+(\boldsymbol{R}(J+1,K)-\boldsymbol{R}(J,K))/(4^K-1)$.

  EndFor

  计算 $\boldsymbol{R}(J,J)$ 与 $\boldsymbol{R}(J+1,J+1)$ 的误差.

EndWhile

计算积分值: quad $= R(J+1, J+1)$.

注 6.5 龙贝格 (Werner Romberg, 1909—2003, 德国数学家和物理学家) 在 1955 年设计了该程序, 通过消除渐近展开式中的连续项来提高梯形法则的准确性 (Burden and Faires, 2010).

例 6.7 使用 Romberg 积分法近似计算积分 $\int_0^1 \mathrm{e}^{-x^2}\mathrm{d}x$, 容忍误差为 1×10^{-5}.

解 令 $f(x)=\mathrm{e}^{-x^2}$, 由 Romberg 算法可依次计算

$$
\begin{aligned}
T_1[f] &= \frac{1}{2}(f(0)+f(1)) \approx 0.68393972,\\
T_2[f] &= \frac{1}{2}(T_1[f]+f(0.5)) \approx 0.73137025,\\
S_1[f] &= \frac{4T_2[f]-T_1[f]}{3} \approx 0.74718043,\\
T_4[f] &= \frac{1}{2}\left(T_2[f]+\frac{1}{2}(f(0.25)+f(0.75))\right) \approx 0.74298410,\\
S_2[f] &= \frac{4T_4[f]-T_2[f]}{3} \approx 0.74685538,\\
C_1[f] &= \frac{16S_2[f]-S_1[f]}{15} \approx 0.74683371,\\
T_8[f] &= \frac{1}{2}\left(T_4[f]+\frac{1}{4}(f(0.125)+f(0.375)+f(0.625)+f(0.875))\right)\\
&\approx 0.74586561,\\
S_4[f] &= \frac{4T_8[f]-T_4[f]}{3} \approx 0.74682611,\\
C_2[f] &= \frac{16S_4[f]-S_2[f]}{15} \approx 0.74682611.
\end{aligned}
$$

因为 $|C_1[f]-C_2[f]| = |0.74683371-0.74682611| \approx 7.6\times10^{-6}$, 所以

$$\int_0^1 \mathrm{e}^{-x^2}\mathrm{d}x \approx C_2[f] \approx 0.74682611.$$

6.5 高精度求积公式

6.5.1 Gauss 求积公式

考虑计算定积分 $\int_a^b f(x)\mathrm{d}x$ 的数值积分公式 $\sum_{j=0}^n \omega_j f(x_j)$. 由前面的讨论可知当求积节点 x_j 一旦固定, 可以通过选择积分权 ω_j 使得该公式的代数精度不

低于 n. 假设可以自由选择求积节点 x_j, 那么如何选择 x_j,ω_j 使得数值积分公式 $\sum_{j=0}^{n}\omega_j f(x_j)$ 的代数精度尽可能高呢？Gauss 在 1816 年建立了选取积分节点与积分权的方法.

定义 6.4　数值积分公式 $\int_a^b f(x)\mathrm{d}x \approx \sum_{j=0}^{n}\omega_j f(x_j)$ 的代数精度不低于 $2n+1$ 时, 该公式称为 **Gauss 求积公式** (简称 Gauss 公式), 对应求积节点 $x_0,\cdots,x_n$ 称为 **Gauss 节点**.

当 $n=0$ 时, 数值积分公式为

$$\int_a^b f(x)\mathrm{d}x \approx \omega_0 f(x_0).$$

为了使该公式对 $f(x)=1,x$ 准确成立, 它必须满足

$$\int_a^b 1\mathrm{d}x = b-a = \omega_0,$$

$$\int_a^b x\mathrm{d}x = \frac{b^2-a^2}{2} = \omega_0 x_0.$$

所以有 $\omega_0 = b-a, x_0 = \dfrac{a+b}{2}$, 即单点 Gauss 公式为

$$\int_a^b f(x)\mathrm{d}x \approx (b-a)f\left(\frac{a+b}{2}\right).$$

当 $n=1$ 时, 尝试同样的构造方法可得

$$\int_a^b 1\mathrm{d}x = b-a = \omega_0+\omega_1,$$

$$\int_a^b x\mathrm{d}x = \frac{b^2-a^2}{2} = \omega_0 x_0+\omega_1 x_1,$$

$$\int_a^b x^2\mathrm{d}x = \frac{b^3-a^3}{3} = \omega_0 x_0^2+\omega_1 x_1^2.$$

上述非线性方程组的求解是比较困难的. 因此, 对于更大的 n, 使用这种方式构造 Gauss 求积公式是不现实的. 一般地, Gauss 公式的构造需要借助正交多项式.

可以证明 $[a,b]$ 上正交多项式 (Legendre 多项式) $q_n(x)$ 在 (a,b) 上恰有 n 个互异的零点. 下面的定理说明正交多项式与 Gauss 求积公式之间的关系.

定理 6.3　设 $q_{n+1}(x)$ 是 $[a,b]$ 上的 $n+1$ 次正交多项式, $x_0,x_1,\cdots,x_n$ 是 $q_{n+1}(x)$ 的零点, 那么公式

$$\int_a^b f(x)\mathrm{d}x \approx \sum_{j=0}^{n}\omega_j f(x_j) \tag{6.14}$$

是 **Gauss 公式**, 其中 $\omega_j = \int_a^b \prod_{i=0,i\neq j}^{n} \frac{x-x_i}{x_j-x_i}\mathrm{d}x$.

证明 设 $f(x)$ 是不超过 $2n+1$ 次的多项式, 由带余除法存在多项式 $p(x), r(x)$ 使得

$$f(x) = p(x)q_{n+1}(x) + r(x),$$

这里 $p(x), r(x)$ 的次数不超过 n. 所以有

$$\int_a^b f(x)\mathrm{d}x = \int_a^b p(x)q_{n+1}(x)\mathrm{d}x + \int_a^b r(x)\mathrm{d}x.$$

由 $q_{n+1}(x)$ 是 $[a,b]$ 上的正交多项式以及 $p(x)$ 次数不超过 n 可得 $\int_a^b p(x)q_{n+1}(x)\mathrm{d}x = 0$. 注意到求积公式 (6.14) 是插值型的, 它对积分 $\int_a^b r(x)\mathrm{d}x = 0$ 是准确的. 由 $f(x_j) = p(x_j)q_{n+1}(x_j) + r(x_j) = r(x_j)$ 可得

$$\int_a^b f(x)\mathrm{d}x = \int_a^b r(x)\mathrm{d}x = \sum_{j=0}^{n} \omega_j r(x_j) = \sum_{j=0}^{n} \omega_j f(x_j).$$

所以求积公式 $\int_a^b f(x)\mathrm{d}x \approx \sum_{j=0}^{n} \omega_j f(x_j)$ 是 Gauss 公式. □

考虑区间 $[-1,1]$, 由 Gram-Schmidt 正交化可得 $q_1(x) = x^2 - \frac{1}{3}$. 所以两点 Gauss 公式的求积节点为 $-\frac{\sqrt{3}}{3}, \frac{\sqrt{3}}{3}$, 对应积分权为 $1, 1$, 即 $[-1,1]$ 上的两点 Gauss 公式为

$$\int_{-1}^{1} f(x)\mathrm{d}x \approx f\left(-\frac{\sqrt{3}}{3}\right) + f\left(\frac{\sqrt{3}}{3}\right).$$

需要注意高次多项式的零点一般不容易计算, 因此在多点 Gauss 公式的构造中, 常常借助 Chebfun 算法或者渐近迭代法 (可以参考牛津大学数值分析团队开发的 Chebfun 工具箱).

注 6.6 高斯在 1814 年提交给哥廷根学会的一篇论文中证明了他的有效数值积分方法. 他让求和公式中的节点和函数的系数参数化, 找到了节点的最佳位置. 哥尔斯廷 (Herman Heine Goldstine, 1913—2004, 美国数学家和计算机科学家) 在他的著作《从 16 世纪到 19 世纪数值分析的历史》中对高斯的这个发展有一个有趣的描述 (Burden and Faires, 2010).

例 6.8 利用两点 Gauss 公式近似计算积分 $\int_{-1}^{1}\frac{\mathrm{d}x}{x+2}$ (积分参考值为 1.09861).

解 两点 Gauss 公式的求积节点和积分权分别为 $x_0\approx -0.5774, x_1\approx 0.5774$, $\omega_0=1, \omega_1=1$, 所以对应 Gauss 公式的计算结果为

$$\int_{-1}^{1}\frac{\mathrm{d}x}{x+2}\approx\frac{\omega_0}{x_0+2}+\frac{\omega_1}{x_1+2}\approx 1.0909.$$

由于 Gauss 公式的代数精度不低于 $2n+1$, 注意 $\left(\prod_{i=0,i\neq j}^{n}\frac{x-x_i}{x_j-x_i}\right)^2$ 的次数不超过 $2n$, 可得

$$0<\int_a^b\left(\prod_{i=0,i\neq j}^{n}\frac{x-x_i}{x_j-x_i}\right)^2\mathrm{d}x=\omega_j.$$

又因为 Gauss 公式对 $f(x)=1$ 准确成立, 所以

$$b-a=\int_a^b\mathrm{d}x=\sum_{j=0}^{n}\omega_j.$$

综上所述有 $\sum_{j=0}^{n}|\omega_j|=\sum_{j=0}^{n}\omega_j=b-a$, 所以 **Gauss 公式是稳定的**.

进一步可以讨论加权 Gauss 公式以及加权正交多项式.

定义 6.5 当数值积分公式 $\int_a^b\omega(x)f(x)\mathrm{d}x\approx\sum_{j=0}^{n}\omega_jf(x_j)$ 的代数精度不低于 $2n+1$ 时, 该公式称为**加权 Gauss 求积公式**, 对应求积节点 $x_0,\cdots,x_n$ 称为**加权 Gauss 节点**.

定义 6.6 对于区间 $[a,b]$ 上的非负函数 $\omega(x)$, 定义多项式 $p(x),q(x)$ 的加权内积

$$(p(x),q(x))_\omega=\int_a^b\omega(x)p(x)q(x)\mathrm{d}x.$$

如果 $(p(x),q(x))_\omega=0$, 那么多项式 $p(x),q(x)$ 称为**关于权函数 $\boldsymbol{\omega(x)}$ 是正交的**.

与定理 6.3 类似可证如下定理.

定理 6.4 设 $\omega(x)$ 是区间 $[a,b]$ 上的非负函数, $q_{n+1}(x)$ 是 $[a,b]$ 上的正交多项式, $x_0,x_1,\cdots,x_n$ 是 $q_{n+1}(x)$ 的零点, 那么公式

$$\int_a^b\omega(x)f(x)\mathrm{d}x\approx\sum_{j=0}^{n}\omega_jf(x_j)\tag{6.15}$$

是**加权 Gauss 求积公式**, 其中 $\omega_j = \int_a^b \omega(x) \prod_{i=0,i\neq j}^{n} \frac{x-x_i}{x_j-x_i}\mathrm{d}x$.

例 6.9 考虑区间 $[-1,1]$ 以及权函数 $\omega(x)=(1-x^2)^{-0.5}$, 求两点加权 Gauss 求积公式.

解 考虑多项式 $p_0(x)=1, p_1(x)=x, p_2(x)=x^2$, 由 Gram-Schmidt 正交化可得

$$
\begin{aligned}
&q_0(x)=p_0(x)=1,\\
&q_1(x)=p_1(x)-\frac{(p_1(x),q_0(x))_\omega}{(q_0(x),q_0(x))_\omega}q_0(x)=x,\\
&q_2(x)=p_2(x)-\frac{(p_2(x),q_0(x))_\omega}{(q_0(x),q_0(x))_\omega}q_0(x)-\frac{(p_2(x),q_1(x))_\omega}{(q_1(x),q_1(x))_\omega}q_1(x)=x^2-\frac{1}{2}.
\end{aligned}
$$

所以两点加权 Gauss 节点为 $x_0=-\frac{\sqrt{2}}{2}, x_1=\frac{\sqrt{2}}{2}$, 对应的权系数为

$$
\begin{aligned}
\omega_0 &= \int_{-1}^{1}\frac{x-x_1}{x_0-x_1}\mathrm{d}x \approx 1.5708,\\
\omega_1 &= \int_{-1}^{1}\frac{x-x_0}{x_1-x_0}\mathrm{d}x \approx 1.5708.
\end{aligned}
$$

所以两点加权 Gauss 求积公式为

$$
\int_{-1}^{1}(1-x^2)^{-0.5}f(x)\mathrm{d}x \approx 1.5708f(-0.7071)+1.5708f(0.7071).
$$

6.5.2 Clenshaw-Curtis 求积公式

Newton-Cotes 公式是基于等距节点处的 Lagrange 插值多项式, Gauss 公式是基于 Legendre 多项式零点的 Lagrange 插值多项式. 因此, 可以期望通过选取特殊求积节点, 构造高精度数值积分公式. Clenshaw-Curtis 求积公式即是一类基于 Chebyshev 点处 Lagrange 插值多项式的高精度公式. 以区间 $[-1,1]$ 上的 Chebyshev 点作为插值节点, 即 $x_j=\cos\frac{j\pi}{n}, j=0,1,\cdots,n$, 构造相应的 Lagrange 插值多项式 $L_n(x)=\sum_{j=0}^{n} f(x_j)\prod_{i=0,i\neq j}^{n}\frac{x-x_i}{x_j-x_i}$. 利用快速 Fourier 变换 (FFT), 可以将 $L_n(x)$ 表示为 $L_n(x)=\sum_{j=0}^{n} a_jT_j(x)$, 这里 $T_j(x)=\cos(j\arccos(x))$ 是第一类

Chebyshev 多项式. 注意到 $T_j(x)$ 在 $[-1,1]$ 上的积分为

$$\int_{-1}^{1}\cos(j\arccos(x))\mathrm{d}x=\begin{cases}0, & j\ \text{为奇数},\\ \dfrac{2}{1-j^2}, & j\ \text{为偶数},\end{cases}$$

可以计算

$$\int_{-1}^{1}f(x)\mathrm{d}x\approx\sum_{j=0}^{n}a_j\int_{-1}^{1}T_j(x)\mathrm{d}x.$$

上式称为 $n+1$ 点 Clenshaw-Curtis 求积公式.

虽然在代数精度的范畴内 Gauss 公式是最优的, 但是 Clenshaw-Curtis 求积公式同样具有高精度的特点, 并且通过 FFT 加速了 Clenshaw-Curtis 求积公式的计算速度.

例 6.10　分别使用 Gauss 公式与 Clenshaw-Curtis 求积公式近似计算积分 $\displaystyle\int_{-1}^{1}|x|^3\mathrm{d}x$ 并比较二者的精度 (积分参考值为 0.5).

解　取求积节点的个数 $N=2,4,8,16$, 计算结果见表 6.3.

表 6.3

求积节点个数	2	4	8	16
Gauss	0.3849	0.4955	0.4997	0.5000
Clenshaw-Curtis	0.6667	0.5105	0.5004	0.5000

6.6　振荡数值积分公式 *

本节介绍 Fourier 变换 $\displaystyle\int_0^1 f(x)\mathrm{e}^{\mathrm{i}\omega x}\mathrm{d}x$ 的数值积分方法, 这里 $\mathrm{i}=\sqrt{-1}$, $|\omega|\gg 1$. 当 $|\omega|\to\infty$ 时, 该被积函数是一个高振荡函数, 即使使用 Gauss 公式计算广义 Fourier 变换也是十分困难的. 表 6.4 列出了 Gauss 公式计算积分 $\displaystyle\int_0^1 \mathrm{e}^{-x}\mathrm{e}^{\mathrm{i}\omega x}\mathrm{d}x$ 的截断误差.

表 6.4

节点数	$\omega=100$	$\omega=1000$	$\omega=2000$
32	7.3×10^{-5}	1.6×10^{-1}	5.4×10^{-2}
64	4.1×10^{-15}	6.5×10^{-2}	8.9×10^{-2}

可以看出, 对于含高振荡被积函数的积分, 由于频率的增加, Gauss 公式会损失大量的计算精度, 这严重影响了数值积分的计算效率. 解决这一问题的一个有效途径是构造 Filon 型振荡数值积分公式.

设 $f(x)$ 是区间 $[0,1]$ 上充分光滑的函数, 在区间 $[0,1]$ 上取插值节点

$$0=x_0<x_1<\cdots<x_n=1.$$

那么由 Lagrange 插值法可得不超过 n 次的多项式 $L_n(x)=\sum_{j=0}^{n}a_jx^j$, 使得 $L_n(x_j)=f(x_j)$. 所以可以计算

$$\int_0^1 f(x)\mathrm{e}^{\mathrm{i}\omega x}\mathrm{d}x\approx\int_0^1 L_n(x)\mathrm{e}^{\mathrm{i}\omega x}\mathrm{d}x=\sum_{j=0}^{n}a_j\int_0^1 x^j\mathrm{e}^{\mathrm{i}\omega x}\mathrm{d}x. \tag{6.16}$$

该式称为 Filon 求积公式, 这里 $M_j=\displaystyle\int_0^1 x^j\mathrm{e}^{\mathrm{i}\omega x}\mathrm{d}x$ 可通过递推计算,

$$\begin{cases} M_0=\dfrac{1}{\mathrm{i}\omega}\left(\mathrm{e}^{\mathrm{i}\omega}-1\right), \\ M_j=\dfrac{1}{\mathrm{i}\omega}(\mathrm{e}^{\mathrm{i}\omega}-jM_{j-1}), \quad j=1,2,\cdots. \end{cases}$$

设 $f(x)$ 是区间 $[0,1]$ 上充分光滑的函数, 在区间 $[0,1]$ 上取插值节点

$$0=x_0<x_1<\cdots<x_n=1.$$

那么由 Hermite 插值法可得不超过 $n+2s$ 次的多项式 $P_{n+2s}(x)=\sum_{j=0}^{n+2s}a_jx^j$ 使得 $P_{n+2s}(x_j)=f(x_j)$ 且 $P_{n+2s}^{(v)}(0)=f^{(v)}(0)$, $P_{n+2s}^{(v)}(1)=f^{(v)}(1)$, $v=1,\cdots,s$. 所以可以计算

$$\int_0^1 f(x)\mathrm{e}^{\mathrm{i}\omega x}\mathrm{d}x\approx\int_0^1 P_{n+2s}(x)\mathrm{e}^{\mathrm{i}\omega x}\mathrm{d}x=\sum_{j=0}^{n+2s}a_j\int_0^1 x^j\mathrm{e}^{\mathrm{i}\omega x}\mathrm{d}x. \tag{6.17}$$

该式称为 Filon 型求积公式.

例 6.11 取点 $x_0=0, x_1=1$, 分别使用 Filon 求积公式以及两端取一阶导数的 Filon 型方法计算振荡积分 $\displaystyle\int_0^1 \mathrm{e}^{-x}\mathrm{e}^{\mathrm{i}\omega x}\mathrm{d}x$, 这里 $\omega=100,1000,2000$ (积分参考值分别为 $-1.7944\times10^{-3}+6.8456\times10^{-3}\mathrm{i}$, $3.0498\times10^{-4}+7.9281\times10^{-4}\mathrm{i}$, $1.7135\times10^{-4}+5.6750\times10^{-4}\mathrm{i}$).

解 由 Filon 求积公式的近似计算结果见表 6.5.

表 6.5

ω	结果
100	$-1.8541\times10^{-3}+6.8597\times10^{-3}\mathrm{i}$
1000	$3.0447\times10^{-4}+7.9259\times10^{-4}\mathrm{i}$
2000	$1.7129\times10^{-4}+5.6750\times10^{-4}\mathrm{i}$

两端取一阶导数的 Filon 型公式的近似计算结果见表 6.6.

表 6.6

ω	结果
100	$-1.7944\times10^{-3}+6.8456\times10^{-3}\mathrm{i}$
1000	$3.0498\times10^{-4}+7.9281\times10^{-4}\mathrm{i}$
2000	$1.7135\times10^{-4}+5.6750\times10^{-4}\mathrm{i}$

6.7 数值微分

$f(x)$ 在区间 $[a,b]$ 上有定义, 并假定

$$a\leqslant x_0<x_1<\cdots<x_n\leqslant b$$

是区间 $[a,b]$ 中的 $n+1$ 个给定的节点, $f(x_i)$ $(i=0,1,2,\cdots,n)$ 为函数在上述节点处的函数值. 本节考虑的是利用上述节点及节点所对应的函数值求 $f'(x_i)$ (或 $f''(x_i)$, $f'''(x_i)$ 等) 的近似值. 构造方法主要有 Taylor 展开法及多项式插值法.

6.7.1 数值微分公式

从数学分析或高等数学, 针对等距节点 $x_i=a+ih, i=0,1,\cdots,n$, 我们有以下结论:

$$\lim_{h\to0}\frac{f(x_{i+1})-f(x_i)}{h}=\lim_{h\to0}\frac{f(x_i)-f(x_{i-1})}{h}=\lim_{h\to0}\frac{f(x_{i+1})-f(x_{i-1})}{2h}=f'(x_i),$$

$$\lim_{h\to0}\frac{f(x_{i-1})-2f(x_i)+f(x_{i+1})}{h^2}=f''(x_i).$$

当 h 比较小时, 我们有

$$f'(x_i)\approx\frac{f(x_{i+1})-f(x_i)}{h},\tag{6.18}$$

$$f'(x_i)\approx\frac{f(x_i)-f(x_{i-1})}{h},\tag{6.19}$$

$$f'(x_i) \approx \frac{f(x_{i+1}) - f(x_{i-1})}{2h}, \tag{6.20}$$

$$f''(x_i) \approx \frac{f(x_{i+1}) - 2f(x_i) + f(x_{i-1})}{h^2}. \tag{6.21}$$

(6.18) 称为一阶导数的**向前差商**公式, (6.19) 称为一阶导数的**向后差商**公式, (6.20) 称为一阶导数的**中心差商**公式, (6.21) 称为二阶导数的**中心差商**公式.

假定 $f(x)$ 有 k 阶的导数, 对 $1 \leqslant i \leqslant n-1$ 有如下的 Taylor 展开式

$$f(x_{i+1}) = f(x_i) + hf'(x_i) + \cdots + \frac{h^k}{k!}f^{(k)}(\xi_1), \quad \xi_1 \in (a,b),$$

$$f(x_{i-1}) = f(x_i) - hf'(x_i) + \cdots + \frac{(-h)^k}{k!}f^{(k)}(\xi_2), \quad \xi_2 \in (a,b),$$

分别在上两式中取 $k = 2,3,4$, 并且作简单的代数运算可得

$$f'(x_i) = \frac{f(x_{i+1}) - f(x_i)}{h} - \frac{h}{2}f''(\xi_1),$$

$$f'(x_i) = \frac{f(x_i) - f(x_{i-1})}{h} + \frac{h}{2}f''(\xi_2),$$

$$f'(x_i) = \frac{f(x_{i+1}) - f(x_{i-1})}{2h} - \frac{h^2}{6}f'''(\xi_3),$$

$$f''(x_i) = \frac{f(x_{i+1}) - 2f(x_i) + f(x_{i-1})}{h^2} - \frac{h^2}{12}f^{(4)}(\xi_4).$$

由此, 我们可以得到向前差商、向后差商公式的截断误差为 $O(h)$. 一阶导数和二阶导数的中心差商公式的截断误差为 $O(h^2)$.

注 6.7 17 世纪最后 25 年, 牛顿使用并推广了差分方程, 但其中许多技术之前是由哈里奥特 (Thomas Harriot, 1560—1621, 英国数学家) 和布里格斯 (Henry Briggs, 1561—1630, 英国数学家) 建立的. 哈里奥特在导航技术方面取得了重大进展, 布里格斯出版了纳皮尔对数表, 他对科学家接受对数方面作了非常大的贡献 (Burden and Faires, 2010).

例 6.12 分别使用向前差商公式、向后差商公式、中心差商公式以及步长 $h = 2^{-1}$, $h = 2^{-3}$, $h = 2^{-6}$, $h = 2^{-12}$, $h = 2^{-40}$, 近似计算 $f(x) = \mathrm{e}^x$ 在 $x = 1$ 处的一阶导数值 (导数参考值为 2.7183).

解 当步长 $h = 2^{-1}$ 时, 向前差商公式、向后差商公式、中心差商公式的计算结果分别为

$$f'(1) \approx \frac{f(1+h) - f(1)}{h} \approx 3.5268,$$

$$f'(1) \approx \frac{f(1)-f(1-h)}{h} \approx 2.1391,$$

$$f'(1) \approx \frac{f(1+h)-f(1-h)}{2h} \approx 2.8330.$$

当步长 $h=2^{-3}$ 时, 向前差商公式、向后差商公式、中心差商公式的计算结果分别为

$$f'(1) \approx \frac{f(1+h)-f(1)}{h} \approx 2.8955,$$

$$f'(1) \approx \frac{f(1)-f(1-h)}{h} \approx 2.5553,$$

$$f'(1) \approx \frac{f(1+h)-f(1-h)}{2h} \approx 2.7254.$$

当步长 $h=2^{-6}$ 时, 向前差商公式、向后差商公式、中心差商公式的计算结果分别为

$$f'(1) \approx \frac{f(1+h)-f(1)}{h} \approx 2.7396,$$

$$f'(1) \approx \frac{f(1)-f(1-h)}{h} \approx 2.6972,$$

$$f'(1) \approx \frac{f(1+h)-f(1-h)}{2h} \approx 2.7184.$$

当步长 $h=2^{-12}$ 时, 向前差商公式、向后差商公式、中心差商公式的计算结果分别为

$$f'(1) \approx \frac{f(1+h)-f(1)}{h} \approx 2.7186,$$

$$f'(1) \approx \frac{f(1)-f(1-h)}{h} \approx 2.7180,$$

$$f'(1) \approx \frac{f(1+h)-f(1-h)}{2h} \approx 2.7183.$$

当步长 $h=2^{-20}$ 时, 向前差商公式、向后差商公式、中心差商公式的计算结果分别为

$$f'(1) \approx \frac{f(1+h)-f(1)}{h} \approx 2.7178,$$

$$f'(1) \approx \frac{f(1)-f(1-h)}{h} \approx 2.7188,$$

$$f'(1) \approx \frac{f(1+h)-f(1-h)}{2h} \approx 2.7183.$$

当步长 $h=2^{-40}$ 时, 向前差商公式、向后差商公式、中心差商公式的计算结果分别为

$$f'(1) \approx \frac{f(1+h)-f(1)}{h} \approx 2.6250,$$
$$f'(1) \approx \frac{f(1)-f(1-h)}{h} \approx 2.7500,$$
$$f'(1) \approx \frac{f(1+h)-f(1-h)}{2h} \approx 2.6875.$$

从上述计算结果可以看出, 当 $h=2^{-12}$ 时, 三个公式的计算结果最接近参考值, 当 h 更小时, 误差反而增大了. 由此知, 虽然这三个公式的截断误差分别为 $O(h)$, $O(h)$, $O(h^2)$, 但并不意味着 h 越小, 误差就越小, 过小的 h 会增大分子的舍入误差. 在使用差商公式计算时, 应综合两种误差影响选取最优步长, 可以证明中心差商公式的最优步长 $h^*=\sqrt[3]{\dfrac{3e}{M}}$, 这里的 e 是计算 $f(x_{i+1})$ 和 $f(x_{i-1})$ 时产生的舍入误差, $M=\max\limits_{x_{i-1}\leqslant x\leqslant x_{i+1}}|f'''(x)|$.

除了利用 Taylor 展开可以得到导数的近似公式, 利用线性插值也可以得到前面的一阶导数差商公式. 此处考虑二次 Lagrange 插值 $L_2(x)$, 用 $L_2(x)$ 的导数 $L_2'(x)$ 近似 $f(x)$. 数据 $(x_{i-1},f(x_{i-1}))$, $(x_i,f(x_i))$ 和 $(x_{i+1},f(x_{i+1}))$ 的二次 Lagrange 插值

$$\begin{aligned}L_2(x)=&\frac{(x-x_i)(x-x_{i+1})}{(x_{i-1}-x_i)(x_{i-1}-x_{i+1})}f(x_{i-1})\\&+\frac{(x-x_{i-1})(x-x_{i+1})}{(x_i-x_{i-1})(x_i-x_{i+1})}f(x_i)+\frac{(x-x_{i-1})(x-x_i)}{(x_{i+1}-x_{i-1})(x_{i+1}-x_i)}f(x_{i+1}).\end{aligned}$$

由此容易算出

$$\begin{aligned}L_2'(x)=&\frac{2x-x_i-x_{i+1}}{2h^2}f(x_{i-1})\\&-\frac{2x-x_{i-1}-x_{i+1}}{h^2}f(x_i)+\frac{2x-x_{i-1}-x_i}{2h^2}f(x_{i+1}).\end{aligned}$$

由此便可导出数值微分公式

$$f'(x_{i-1}) \approx L_2'(x_{i-1})=\frac{-3f(x_{i-1})+4f(x_i)-f(x_{i+1})}{2h}, \tag{6.22}$$

$$f'(x_i) \approx L_2'(x_i) = \frac{f(x_{i+1}) - f(x_{i-1})}{2h}, \tag{6.23}$$

$$f'(x_{i+1}) \approx L_2'(x_{i+1}) = \frac{f(x_{i-1}) - 4f(x_i) + 3f(x_{i+1})}{2h}. \tag{6.24}$$

由 Lagrange 插值余项, 我们可以得到如下表达式

$$\begin{aligned}
f'(x_{i-1}) &= \frac{-3f(x_{i-1}) + 4f(x_i) - f(x_{i+1})}{2h} + \frac{f'''(\xi)}{3}h^2, \\
f'(x_i) &= \frac{f(x_{i+1}) - f(x_{i-1})}{2h} - \frac{f'''(\xi)}{6}h^2, \\
f'(x_{i+1}) &= \frac{f(x_{i-1}) - 4f(x_i) + 3f(x_{i+1})}{2h} + \frac{f'''(\xi)}{3}h^2.
\end{aligned}$$

由此得到 (6.22), (6.23) 和 (6.24) 这三个公式都是截断误差为 $O(h^2)$ 的一阶导数近似公式.

6.7.2 微分矩阵方法 *

下面以区间 $[-1,1]$ 为例介绍计算多点导数的微分矩阵方法. 在 $[-1,1]$ 上取 $n+1$ 次 Legendre 多项式的零点 $x_0, x_1, \cdots, x_n$. 构造 Lagrange 插值多项式

$$L_n(x) = \sum_{j=0}^{n} f(x_j) l_j(x) = l(x) \sum_{j=0}^{n} f(x_j) \frac{1}{x - x_j} \prod_{i=0, i\neq j}^{n} \frac{1}{x_j - x_i}.$$

这里 $l_j(x) = \prod\limits_{i=0,i\neq j}^{n} \dfrac{x - x_i}{x_j - x_i}$, $l(x) = \prod\limits_{i=0}^{n}(x - x_i)$. 由 4.2.4 节内容可得它的第二重心形式

$$L_n(x) = \frac{\displaystyle\sum_{j=0}^{n} \frac{f(x_j)\lambda_j}{x - x_j}}{\displaystyle\sum_{k=0}^{n} \frac{\lambda_k}{x - x_k}}, \tag{6.25}$$

其中重心权 $\lambda_0, \cdots, \lambda_n$ 可由 Chebfun 工具箱计算. 显然原 Lagrange 基函数可表示为

$$l_j(x) = \frac{\dfrac{\lambda_j}{x - x_j}}{\displaystyle\sum_{k=0}^{n} \frac{\lambda_k}{x - x_k}}.$$

当 $i \neq j$ 时, 使用 $x - x_i$ 乘基函数可得

$$l_j(x) \sum_{k=0}^{n} \lambda_k \frac{x - x_i}{x - x_k} = \lambda_k \frac{x - x_i}{x - x_j}. \tag{6.26}$$

令 $s(x) = \sum_{k=0}^{n} \lambda_k \dfrac{x - x_i}{x - x_k}$, 并对式 (6.26) 两边求一阶导数可得

$$l_j'(x)s(x) + l_j(x)s'(x) = \lambda_j \left(\frac{x - x_i}{x - x_j}\right)'.$$

在上式中令 $x = x_i$ 并取极限可得

$$l_j'(x_i)\lambda_i = \frac{\lambda_j}{x_i - x_j},$$

即 $l_j'(x_i) = \dfrac{\lambda_j}{\lambda_i}(x_i - x_j)$. 另一方面, 由 $\sum_{j=0}^{n} l_j(x) = 1$ 可得 $\sum_{j=0}^{n} l_j'(x_i) = 0$, 即 $l_i'(x_i) = -\sum_{j=0, j\neq i}^{n} l_j'(x_i)$. 综上所述可得

$$f'(x_i) \approx L_n'(x_i) = \sum_{j=0}^{n} f(x_i) l_j'(x_i), \quad i = 0, \cdots, n.$$

它的矩阵形式为

$$\begin{bmatrix} f'(x_0) \\ f'(x_1) \\ \vdots \\ f'(x_n) \end{bmatrix} \approx \begin{bmatrix} l_0'(x_0) & l_1'(x_0) & \cdots & l_n'(x_0) \\ l_0'(x_1) & l_1'(x_1) & \cdots & l_n'(x_1) \\ \vdots & \vdots & & \vdots \\ l_0'(x_n) & l_1'(x_n) & \cdots & l_n'(x_n) \end{bmatrix} \begin{bmatrix} f(x_0) \\ f(x_1) \\ \vdots \\ f(x_n) \end{bmatrix},$$

这里的矩阵

$$\begin{bmatrix} l_0'(x_0) & l_1'(x_0) & \cdots & l_n'(x_0) \\ l_0'(x_1) & l_1'(x_1) & \cdots & l_n'(x_1) \\ \vdots & \vdots & & \vdots \\ l_0'(x_n) & l_1'(x_n) & \cdots & l_n'(x_n) \end{bmatrix}$$

称为 Legendre 微分矩阵, 其元素可通过 Legendre 重心权计算, 即

$$l_j'(x_i) = \begin{cases} \dfrac{\lambda_j}{x_i - x_j}, & i \neq j, \\ -\displaystyle\sum_{k=0, k\neq i}^{n} l_k'(x_i), & i = j. \end{cases}$$

6.8 练　习　题

练习 6.1　利用求积节点 $0, \frac{1}{3}, \frac{2}{3}, 1$ 对积分 $\int_0^1 f(x)\mathrm{d}x$ 导出 Newton-Cotes 公式.

练习 6.2　分别使用梯形公式、Simpson 公式近似计算下面定积分

(1) $\int_1^2 \sqrt{x}\mathrm{d}x$;　(2) $\int_0^1 \frac{x}{4+x^2}\mathrm{d}x$;　(3) $\int_0^1 \frac{\sqrt{1-\mathrm{e}^{-0.5}}}{x}\mathrm{d}x$.

练习 6.3　求数值积分公式

$$\int_0^1 f(x)\mathrm{d}x \approx \frac{1}{3}\left(2f\left(\frac{1}{4}\right) - f\left(\frac{1}{2}\right) + 2f\left(\frac{3}{4}\right)\right)$$

的代数精度.

练习 6.4　确定下列公式中的参数使得所构造的求积公式代数精度尽可能高, 并指出其代数精度.

(1) $\int_{-1}^1 f(x)\mathrm{d}x \approx \omega_0 f(-1) + \omega_1 f\left(-\frac{1}{3}\right) + \omega_2 f\left(\frac{1}{3}\right)$.

(2) $\int_{-1}^1 f(x)\mathrm{d}x \approx \omega_0 f(-1) + \omega_1 f(0) + \omega_2 f(1)$.

(3) $\int_{-2}^2 f(x)\mathrm{d}x \approx \omega_0 f(-1) + \omega_1 f(0) + \omega_2 f(1)$.

(4) $\int_0^1 f(x)\mathrm{d}x \approx \frac{1}{2}(f(0) + f(1)) + a(f'(0) - f'(1))$.

练习 6.5　求系数 ω_0, ω_1 使得求积公式

$$\int_0^1 f(x)\mathrm{d}x \approx \omega_0 f(0) + \omega_1 f(1)$$

对所有形如 $f(x) = a\mathrm{e}^x + b\cos\left(\frac{\pi}{2}x\right)$ 的函数准确.

练习 6.6　分别使用复化梯形公式 $(T_5[f])$、复化 Simpson 公式 $(S_3[f])$ 计算定积分

$$\int_0^1 \frac{\sin x}{x}\mathrm{d}x.$$

练习 6.7　利用 Romberg 积分法计算积分 $\int_0^1 \sqrt{x}\mathrm{d}x$, 要求容忍误差不超过 10^{-2}.

练习 6.8　利用 Romberg 积分法计算积分 $\int_0^1 \mathrm{e}^{-x^2}\mathrm{d}x$, 要求容忍误差不超过 10^{-6}.

练习 6.9　如果 $f''(x) > 0$, 证明利用梯形公式计算积分 $\int_a^b f(x)\mathrm{d}x$ 所得结果比准确值大, 并说明其几何意义.

练习 6.10 已知函数 $f(x)=\dfrac{1}{(x+1)^2}$ 的一组数据如表 6.7 所示. 试利用三点插值型数值微分公式求 $f'(x)$ 在 $x=1,1.1,1.2$ 处的近似值.

表 6.7

x	1	1.1	1.2
$f(x)$	0.25	0.2266	0.2066

练习 6.11 已知函数 $f(x)=\mathrm{e}^x$ 的一组数据如表 6.8 所示.

表 6.8

x	0	0.9	0.99	1	1.01	1.1	2
$f(x)$	1	2.46	2.691	2.718	2.746	3.004	7.389

(1) 分别取步长 $h=1,0.1,0.01$, 应用中心差商微分公式

$$f'(x)\approx\frac{f(x+h)-f(x-h)}{2h}$$

近似计算 $f'(1)$, 并由计算结果分析算法的稳定性.

(2) 利用插值多项式推导二阶中心差商微分公式

$$f''(x)\approx\frac{f(x+h)-2f(x)+f(x-h)}{h^2},$$

并取步长 $h=0.1$ 近似计算 $f''(1)$.

练习 6.12 试计算 4 阶导数的数值微分公式

$$f^{(4)}(x)\approx\frac{f(x+2h)-4f(x+h)+6f(x)-4f(x-h)+f(x-2h)}{h^4}$$

的截断误差.

练习 6.13 考虑对二阶导数的数值微分公式

$$f''(x)\approx Af(x)+Bf(x+h)+Cf(x+2h).$$

利用 Taylor 展开计算系数 A,B,C, 使得截断误差尽可能小.

练习 6.14 二元函数 $f(x,y)$ 关于 x 的偏导数 $f_x(x,y)$ 可以通过固定 y 并对 x 求导得到. 同理 $f(x,y)$ 关于 y 的偏导数 $f_y(x,y)$ 可以通过固定 x 并对 y 求导得到. 利用中心差商微分公式可得

$$f_x(x,y)\approx\frac{f(x+h,y)-f(x-h,y)}{2h},$$

$$f_y(x,y)\approx\frac{f(x,y+h)-f(x,y-h)}{2h}.$$

设 $f(x,y)=\dfrac{xy}{x+y}$, 步长为 $h=0.1,0.01,0.001$. 利用上述公式近似计算 $f_x(2,3)$, $f_y(2,3)$. 通过对 $f(x,y)$ 求偏导与数值结果作比较.

阶梯练习题

练习 6.15　第一类 Chebyshev 多项式 $T_j(x) = \cos(j\arccos(x)), j = 0, 1, \cdots$, 在区间 $[-1, 1]$ 上关于权函数 $(1-x^2)^{-0.5}$ 是正交的. 进一步由线性无关集 $\{1, x, x^2\}$ 出发利用 Gram-Schmidt 正交化构造关于这个权函数的前三个正交多项式, 并证明它们是 $T_0(x), T_1(x), T_2(x)$ 的常数倍.

练习 6.16　分别利用复化梯形公式 ($T_{10}[f]$)、复化 Simpson 公式 ($S_5[f]$) 计算下面曲线 $y = f(x)$ 在区间 $[a, b]$ 上的弧长. (1) $f(x) = x^3, a = 0, b = 1$; (2) $f(x) = \sin(x), a = 0, b = \dfrac{\pi}{4}$; (3) $f(x) = \mathrm{e}^{-x}, a = 0, b = 1$.

练习 6.17　证明多项式

$$p(x) = \sum_{j=0}^{n} a_j T_j(x), \quad a_n \neq 0$$

的根恰是矩阵

$$C = \begin{bmatrix} 0 & 1 & 0 & \cdots & 0 & 0 \\ \frac{1}{2} & 0 & \frac{1}{2} & \cdots & 0 & 0 \\ 0 & \frac{1}{2} & 0 & \cdots & 0 & 0 \\ \vdots & \vdots & \vdots & & \vdots & \vdots \\ 0 & 0 & 0 & \cdots & 0 & \frac{1}{2} \\ 0 & 0 & 0 & \cdots & \frac{1}{2} & 0 \end{bmatrix} - \frac{1}{2a_n} \begin{bmatrix} 0 & 0 & 0 & \cdots & 0 & 0 \\ 0 & 0 & 0 & \cdots & 0 & 0 \\ 0 & 0 & 0 & \cdots & 0 & 0 \\ \vdots & \vdots & \vdots & & \vdots & \vdots \\ 0 & 0 & 0 & \cdots & 0 & 0 \\ a_0 & a_1 & a_2 & \cdots & a_{n-2} & a_{n-1} \end{bmatrix}$$

的特征值 (计重数). 注: 本结论说明 Legendre 多项式求根问题可以转化为矩阵特征值计算问题.

练习 6.18　假设在点 $x^* + h$ 和 $x^* - h$ 上给定 $f(x), f'(x)$ 的值, 求系数 a, b 使得下面公式的截断误差为 $O(h^4)$,

$$f'(x^*) \approx a\frac{f'(x^*+h) + f'(x^*-h)}{2} + b\frac{f(x^*+h) - f(x^*-h)}{2h}.$$

练习 6.19　设 $f(x) = \cos(x)$, 取步长 $h = 0.02, 0.01$, 利用中心差商微分公式近似计算 $f'(0.8)$, 并利用 Richardson 外推法重新计算 $f'(0.8)$ (参考值为 -0.717356091).

练习 6.20　已知近似计算 $f'(x^*)$ 的数值微分公式

$$f'(x^*) \approx \frac{af(x^*-h) + bf(x^*) + cf(x^*+h) + df(x^*+2h)}{h},$$

请回答 (1) 当 a, b, c, d 满足什么条件时, 该积分公式具有 $O(h^3)$ 的截断误差; (2) 利用 LU 分解计算满足上述条件的 a, b, c, d.

练习 6.21 试证明关于 Chebyshev 多项式的不定积分满足

$$\int T_n(x)\mathrm{d}x=\begin{cases}\dfrac{1}{2}\left(\dfrac{T_{n+1}(x)}{n+1}-\dfrac{T_{|1-n|}(x)}{n-1}\right), & n\neq 1,\\ \dfrac{1}{4}T_2(x), & n=1.\end{cases}$$

6.9 实 验 题

实验题 6.1 用复化梯形公式、复化 Simpson 公式、Romberg 公式和 Gauss 公式计算下列定积分的近似值, 使得绝对误差不超过 0.5×10^{-6}, 编写 MATLAB 程序, 比较各种数值方法的计算量.

(1) $\displaystyle\int_0^4\frac{x\mathrm{d}x}{\sqrt{x^2+9}}$; (2) $\displaystyle\int_0^1\frac{x^3\mathrm{d}x}{\sqrt{x^2+1}}$; (3) $\displaystyle\int_{-3}^3\mathrm{e}^{-x^2/2}\mathrm{d}x$.

实验题 6.2 编写步长逐次减半梯形公式和步长逐次减半 Simpson 公式的 MATLAB 程序, 计算积分 $\displaystyle\int_0^1\frac{\sin x}{x}\mathrm{d}x$ 的近似值, 使得计算误差不超过 0.5×10^{-6}.

实验题 6.3 设计自适应的 Simpson 公式计算积分 $\displaystyle\int_0^1\frac{\sin x}{x}\mathrm{d}x$ 的近似值, 即对不同的子区间按照精度要求来确定合适的步长, 计算各子区间上的积分近似值, 然后将各近似值求和, 要求近似值的绝对误差限为 0.5×10^{-6}.

实验题 6.4 设区间 $[-1,1]$ 上的函数 $f(x)=\mathrm{e}^x$, 使用 7 个 Legendre 点构造相应微分矩阵, 并近似计算 $f(x)$ 在这些点处的导数值 (提示: 借助 Chebfun 工具箱计算 Legendre 点) .

实验题 6.5 考虑包含两个反常积分的简单等式

$$\begin{aligned}\ln\Gamma(z)&=\int_0^{\infty}\left[(z-1)\,\mathrm{e}^{-t}-\frac{\mathrm{e}^{-t}-\mathrm{e}^{-zt}}{1-\mathrm{e}^{-t}}\right]\frac{\mathrm{d}t}{t}\quad(\mathrm{Re}(z)>0)\\&=(z-1)\ln(z)-z+\frac{1}{2}\ln2\pi+2\int_0^{\infty}\frac{\arctan(t/z)}{\mathrm{e}^{2\pi t}-1}\mathrm{d}t\quad(\mathrm{Re}(z)>0),\end{aligned}$$

计算两个反常积分的近似值来验证这两个等式成立. 绘制函数在 $z\in(0,10]$ 上的图形.

实验题 6.6 统计热力学中用于研究固体热容量的 Debye 函数

$$D_n(x)=\frac{n}{x^n}\int_0^x\frac{t^n}{\mathrm{e}^t-1}\mathrm{d}t.$$

由于不存在 $D_n(x)$ 的解析表达, 工程师和科学家常常依靠数值方法得到其近似值. 设 $n=1$, 表 6.9 列出了 $D_1(x)$ 在区间 $[1,10]$ 上一些点处的近似值, 这些近似值是利用复化梯形公式计算得到的. 参照此数据, 请用复化 Simpson 公式计算区间 $[1,10]$ 上一些点处的近似值.

表 6.9

x	1	2	3	4	5
近似值	0.7775	0.6070	0.4805	0.3882	0.3209
x	6	7	8	9	10
近似值	0.2713	0.2340	0.2053	0.1827	0.1645

实验题 6.7　对于积分方程

$$u(x)=x^2+0.1\int_0^1 (x^2+t)u(t)\mathrm{d}t,$$

令 $[0,1]$ 上的二次 Legendre 点为 x_0,x_1,x_2, 则

$$\int_0^1 (x^2+t)u(t)\mathrm{d}t \approx (x^2+x_0)u(x_0)\int_0^1 l_0(t)\mathrm{d}t+(x^2+x_1)u(x_1)\int_0^1 l_1(t)\mathrm{d}t \\ +(x^2+x_2)u(x_2)\int_0^1 l_2(t)\mathrm{d}t,$$

这里 $l_j(t)=\prod\limits_{i=0,i\neq j}^{2}\dfrac{t-x_i}{x_j-x_i}, j=0,1,2.$ 解线性方程组

$$\begin{cases} u_0=(x_0^2+x_0)u_0\displaystyle\int_0^1 l_0(t)\mathrm{d}t+(x_0^2+x_1)u_1\int_0^1 l_1(t)\mathrm{d}t+(x_0^2+x_2)u_2\int_0^1 l_2(t)\mathrm{d}t,\\ u_1=(x_1^2+x_0)u_0\displaystyle\int_0^1 l_0(t)\mathrm{d}t+(x_1^2+x_1)u_1\int_0^1 l_1(t)\mathrm{d}t+(x_1^2+x_2)u_2\int_0^1 l_2(t)\mathrm{d}t,\\ u_2=(x_2^2+x_0)u_0\displaystyle\int_0^1 l_0(t)\mathrm{d}t+(x_2^2+x_1)u_1\int_0^1 l_1(t)\mathrm{d}t+(x_2^2+x_2)u_2\int_0^1 l_2(t)\mathrm{d}t, \end{cases}$$

可得 $u(x_j)$ 的近似 u_j, $j=0,1,2$, 进一步可得 $u(x)$ 的近似

$$\hat{u}(x)=u_0l_0(x)+u_1l_1(x)+u_2l_2(x).$$

试根据上述过程计算 $\hat{u}(x)$.

第 7 章　常微分方程初边值问题的数值方法

微分方程是包含连续变化的自变量、未知函数及其导数的方程式. 在自然科学与工程技术的许多领域中, 描述研究对象的动态变化过程通常会建立微分方程模型, 即经常会遇到常微分方程定解问题, 具体可分为常微分方程初值问题和边值问题.

数学史上出现的第一例常微分方程是 Galileo 于 1638 年得到的 $x''(t)=g$, 他是在研究自由落体运动时, 发现物体的加速度 $x''(t)$ 为常数, $x(t)$ 作为该微分方程的解, 得出物体的运动定律: $x(t)=\dfrac{1}{2}gt^2$. 微分方程自出现以来, 有着深刻而生动的实际背景, 它从实际中产生, 又成为实际生活与现代科学技术中分析问题与解决问题的一个强有力的工具. 针对实际问题中的常微分方程定解问题, 只有很少一部分能够得到其解析解, 大部分都没办法求出准确解, 因此需要研究数值计算方法来求解常微分方程定解问题的近似解.

本章主要介绍 Euler 法及其有关的方法, 误差估计、收敛性与稳定性分析; Runge-Kutta 方法; Adams 线性多步法, 一阶方程组的数值解法. 最后针对两点边值问题, 介绍打靶法和有限差分法.

注 7.1　伽利略 (Galileo Galilei, 1564—1642, 意大利数学家、物理学家、天文学家) 的主要成就包括自由落体定律、惯性定律和伽利略相对性原理等等, 且被誉为“近代力学之父”和“近代科学之父”, 其工作为牛顿理论体系的建立奠定了基础.

注 7.2　有限差分法是微分方程数值近似方法中比较重要的方法. 周毓麟 (1923—2021, 中国数学家、应用数学家) 早年从事拓扑学研究, 后赴莫斯科大学留学, 主攻非线性偏微分方程, 1960 年奉调参加我国的核武器理论研究, 主要从事核武器理论研究中的数值模拟和流体力学方面的研究工作 (《计算数学》执行编委会, 1993; 吴明静, 2017).

引例 1　海上缉私

我国是世界上重要的海洋国家, 大陆海岸线长度约 1.8 万千米. 濒临我国陆地的海域, 从北到南依次是渤海、黄海、东海、南海和台湾以东的太平洋的一部分, 我国领海的宽度是 12 海里①. 根据《联合国海洋法公约》, 我国主张管辖的海

---

① 1 海里 =1.852 千米.

域面积约为 300 万平方千米. 国内消费市场庞大, 商品海上走私时有发生.

针对海上走私 (萧树铁等, 1999), 我国海警派出海上缉私船. 假设某部缉私船上的雷达发现正东方向 c 海里处有一艘走私船正以一定速度 a 向正北方向行驶, 缉私船立即以最大速度 b 前往拦截 $(b>a)$. 用雷达进行跟踪时, 可保持缉私船的速度方向始终指向走私船. 建立任意时刻缉私船的位置和缉私船航线的数学模型, 确定缉私船追上走私船的位置, 求出追上的时间.

建立直角坐标系如图 7.1 所示, 设在 $t=0$ 时刻缉私船发现走私船, 此时缉私船的位置在 $(0,0)$, 走私船的位置在 $(c,0)$. 走私船以速度 a 平行于 y 轴正向行驶, 缉私船以速度 b 按指向走私船的方向行驶. 在任意时刻 t 缉私船位于 $P(x,y)$ 点, 而走私船到达 $Q(c,at)$ 点, 直线 PQ 与缉私船航线相切, 切线与 x 轴正向夹角为 α.

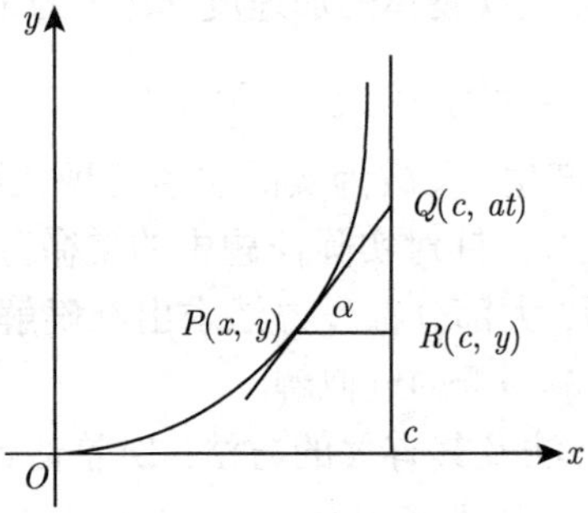

图 7.1 海上缉私

缉私船在 x,y 方向的速度分别为 $\dfrac{\mathrm{d}x}{\mathrm{d}t}=b\cos\alpha$, $\dfrac{\mathrm{d}y}{\mathrm{d}t}=b\sin\alpha$, 由直角三角形 PQR 写出 $\sin\alpha$ 和 $\cos\alpha$ 的表达式, 得到微分方程

$$
\begin{aligned}
&\frac{\mathrm{d}x}{\mathrm{d}t}=\frac{b(c-x)}{\sqrt{(c-x)^2+(at-y)^2}},\\
&\frac{\mathrm{d}y}{\mathrm{d}t}=\frac{b(at-y)}{\sqrt{(c-x)^2+(at-y)^2}},\\
&x(0)=y(0)=0.
\end{aligned}
$$

这就是缉私船位置 $(x(t),y(t))$ 的数学模型. 但由于无法得到它们的解析解, 只能用数值方法求解.

引例 2 斜拉桥

随着我国桥梁建设技术的发展和提高, 除悬索桥之外, 斜拉桥由于其外形美观、施工便捷、跨越能力强等优点越来越多地被采用, 比如北盘江第一桥. 这类桥的结构简图如图 7.2 所示.

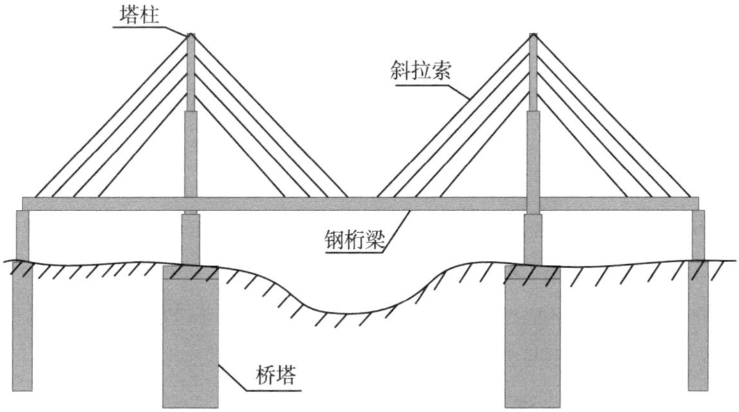

图 7.2 斜拉桥简单结构图

近年来, 新建斜拉桥的跨径越来越大, 跨径增加必然引起斜拉索长度和直径的增加, 对斜拉索的要求也越来越高. 由于斜拉索锚固端弯曲应力对斜拉索的使用寿命影响很大, 因此对斜拉索弯曲应力的计算至关重要. 弯曲刚度水平放置拉索的平衡方程为

$$\frac{\mathrm{d}^4y}{\mathrm{d}x^4}\mathrm{EI}+\frac{\mathrm{d}^2y}{\mathrm{d}x^2}N+P_\varepsilon=0,$$

其中 EI 为斜拉索抗弯刚度; N 为斜拉索轴向拉力; P_ε 为斜拉索线密度; x 为斜拉索水平坐标; y 为斜拉索竖向坐标. 这是一个高阶的微分方程模型.

7.1 Euler 方法

一阶常微分方程初值问题的一般形式为

$$\begin{cases} y'=f(x,y), \\ y(a)=y_0, \end{cases} \quad a\leqslant x\leqslant b, \tag{7.1}$$

其中 f 为 x,y 的已知函数, y_0 是给定的初值.

根据常微分方程的理论, 如果函数 $f(x,y)$ 是连续函数, 关于变量 y 满足 Lipschitz 条件, 即存在正常数 L 使得对任意两点 $(x,y_1),(x,y_2)$, 有不等式 $|f(x,y_1)-f(x,y_2)|\leqslant L|y_1-y_2|$ 成立, 则初值问题 (7.1) 的解存在且唯一, 而且连续依赖于初始条件.

考虑初值问题 (7.1) 的数值解法, 基本思想是将该连续问题离散化. 将定解区域 $[a,b]$ 离散, 引入点列 $\{x_n\}$, 这里 $x_n=x_{n-1}+h_n, n=1,2,\cdots$, h_n 为步长, 通常取等距节点, 即 $h_n = h$, 则 $x_n = x_{n-1} + h, n = 1, 2, \cdots$. 求问题 (7.1) 的数值解即求 (7.1) 的准确解 $y(x)$ 在离散点 x_n $(n = 0, 1, \cdots)$ 上的近似值 y_n, 也即用 y_n 来近似 $y(x_n)$. 本节讨论形如 (7.1) 式初值问题的简单数值方法 (韩旭里, 2011; 徐萃薇和孙绳武, 2015).

注 7.3 利普希茨 (Rudolf Lipschitz, 1832—1903, 德国数学家) 从事数学的许多分支的研究, 包括数论、傅里叶级数、微分方程、分析力学和势理论. 他最著名的工作 (Lipschitz 条件) 是对柯西 (Augustin Louis Cauchy, 1789—1857, 法国数学家) 和佩亚诺 (Guiseppe Peano, 1856—1932, 意大利数学家和逻辑学家) 相关工作的推广 (Burden and Faires, 2010).

7.1.1 几种简单的数值方法

对于 $y(x)$ 在 x_n 处用向前差商近似代替 (7.1) 式中的导数, 可得

$$\frac{y(x_{n+1}) - y(x_n)}{h} \approx y'(x_n).$$

设 y_n, y_{n+1} 分别是 $y(x_n), y(x_{n+1})$ 的近似值, 由于 $y'(x_n) = f(x_n, y(x_n))$, 于是可得

$$y_{n+1} = y_n + hf(x_n, y_n). \tag{7.2}$$

利用 (7.2) 式从 x_0 处的初值 y_0 出发, 可逐步求出离散节点上的近似值 $y_1, y_2, \cdots, y_n, \cdots$. 称 (7.2) 式为初值问题 (7.1) 的 **Euler 公式** (**或显式 Euler 公式**) .

Euler 公式的几何意义: 用 Euler 公式求解问题 (7.1) 的过程实际上是在 xOy 平面上, 从初始点 $P_0(x_0, y_0)$ 出发, 沿斜率 $y'(x_0) = f(x_0, y_0)$ 方向推进到 $P_1(x_1, y_1)$, 然后从 $P_1(x_1, y_1)$ 出发, 沿斜率 $y'(x_1) = f(x_1, y_1)$ 方向推进到 $P_2(x_2, y_2)$, 循此依次前进得到一条折线 $P_0P_1 \cdots P_N$, 以此折线逼近曲线, 折线上的点 $P_n(x_n, y_n)(n = 1, 2, \cdots, N)$ 的纵坐标 y_n 作为 $y(x_n)$ 的近似值 (见图 7.3). 因此, 人们常把 Euler 法称作**折线法**, 或 **Euler 折线法**.

以下为 Euler 折线法的计算方法.

算法 7.1 Euler 公式算法

输入: 点列 $\{x_n\}$, 初始值 y_0, 右端项 $f(x, y)$.

输出: 点列 $\{y_n\}$.

For $k = 1, 2, \cdots, n$ **do**

  $h = x(k+1) - x(k)$,

  $y(k+1) = y(k) + h * f(x(k), y(k))$.

End

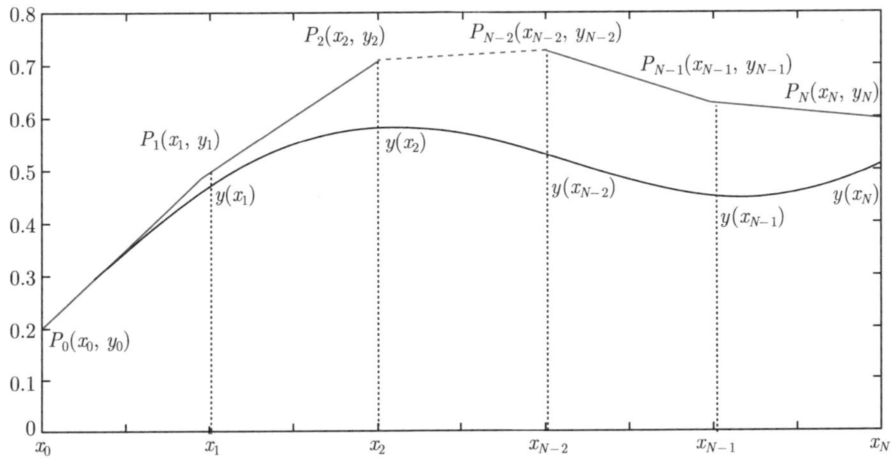

图 7.3 Euler 折线法

在 x_{n+1} 处用差商近似代替 (7.1) 式中的导数, 即用

$$\frac{y(x_{n+1})-y(x_n)}{h} \approx y'(x_{n+1}),$$

由此可得计算公式

$$y_{n+1} = y_n + hf(x_{n+1}, y_{n+1}). \tag{7.3}$$

因公式 (7.3) 右端含有待求解的函数值 y_{n+1}, 不能直接进行逐步显式计算, 因此称 (7.3) 式为**隐式 Euler 公式**.

把 (7.2) 式和 (7.3) 式作算术平均, 由此可以建立 y_n 与 y_{n+1} 的关系式

$$y_{n+1} = y_n + \frac{h}{2}\left[f(x_n, y_n) + f(x_{n+1}, y_{n+1})\right]. \tag{7.4}$$

(7.4) 式就是求解问题 (7.1) 的**梯形公式**, 它也是隐式公式.

以上公式每计算一个近似值 y_{n+1} 只用了前一步的近似值 y_n, 因此均为单步法. 另外, 在具体计算中, 步长不必是等距的.

例 7.1 用显式 Euler 方法、隐式 Euler 方法和梯形方法求解初值问题

$$\begin{cases} y' = x + y, \\ y(0) = 1, \end{cases} \quad 0 < x \leqslant 0.5.$$

取步长 $h = 0.1$ 计算, 该问题的准确解为 $y(x) = 2\mathrm{e}^x - x - 1$.

解　由已知条件, 有 $f(x,y)=x+y$, $y_0=1$, $h=0.1$. 采用显式 Euler 方法计算, 可得计算公式

$$y_{n+1}=0.1x_n+1.1y_n.$$

同理, 采用隐式 Euler 方法有

$$y_{n+1}=\frac{1}{9}x_{n+1}+\frac{10}{9}y_n.$$

采用梯形公式有

$$y_{n+1}=\frac{1}{19}x_{n+1}+\frac{1}{19}x_n+\frac{21}{19}y_n.$$

三种方法的数值解及准确解 $y(x)=2\mathrm{e}^x-x-1$ 如表 7.1 所示. 取误差为 $|y(x_n)-y_n|$. 由计算结果可知, 在 $x_n=0.5$ 处, 显式 Euler 方法和隐式 Euler 方法的误差分别是 7.6423×10^{-2} 和 8.9575×10^{-2}, 而梯形方法的误差是 1.3763×10^{-3}, 如图 7.4 所示.

表 7.1

x_n	显式 Euler 方法	隐式 Euler 方法	梯形方法	准确解
0	1	1	1	1
0.1	1.1000	1.1222	1.1105	1.1103
0.2	1.2200	1.2691	1.2432	1.2428
0.3	1.3620	1.4435	1.4004	1.3997
0.4	1.5282	1.6483	1.5846	1.5836
0.5	1.7210	1.8870	1.7988	1.7974

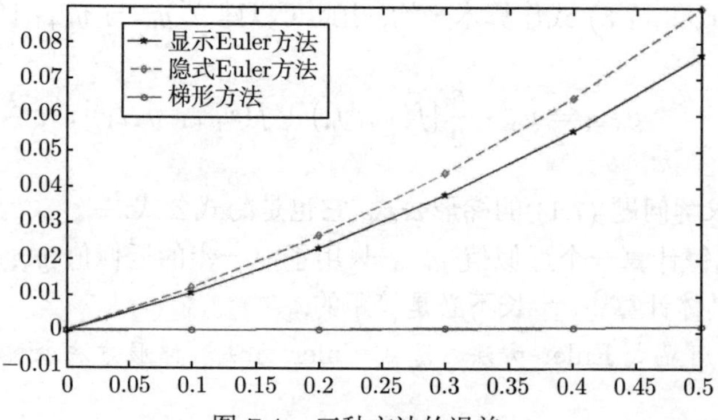

图 7.4　三种方法的误差

对于隐式公式如 (7.3) 式和 (7.4) 式, 当 $f(x,y)$ 是 y 的非线性函数时, 不能由公式直接计算 y_{n+1}, 通常可以采用预估-校正技术. 先用显式公式计算得到预估

值, 作为隐式公式的迭代初值, 再用隐式公式迭代进行校正. 比如选择显式 Euler 公式进行预估, 代入梯形公式右端作校正, 这种方法称为**改进 Euler 公式**, 它等价于如下显式公式

$$y_{n+1} = y_n + \frac{h}{2}\left[f(x_n, y_n) + f(x_{n+1}, y_n + hf(x_n, y_n))\right]. \tag{7.5}$$

该公式也可以写成以下两种等价形式

$$\begin{cases} \bar{y}_{n+1} = y_n + hf(x_n, y_n), \\ y_{n+1} = y_n + \dfrac{h}{2}\left[f(x_n, y_n) + f(x_{n+1}, \bar{y}_{n+1})\right] \end{cases} \tag{7.6}$$

或

$$\begin{cases} K_1 = y_n + hf(x_n, y_n), \\ K_2 = y_n + hf(x_{n+1}, K_1), \\ y_{n+1} = \dfrac{1}{2}(K_1 + K_2). \end{cases} \tag{7.7}$$

以下为改进 Euler 法计算方法.

算法 7.2 改进 Euler 公式算法

输入: 点列 $\{x_n\}$, 初始值 y_0, 右端项 $f(x, y)$.

输出: 点列 $\{y_n\}$.

For $k = 1, 2, \cdots, n$ **do**

$h = x(k+1) - x(k)$,

$\bar{y}(k+1) = y(k) + h * f(x(k), y(k))$,

$y(k+1) = y(k) + \dfrac{h}{2} * [f(x(k), y(k)) + f(x(k+1), \bar{y}(k+1))]$.

End

例 7.2 用改进 Euler 公式求解初值问题

$$\begin{cases} y' = \dfrac{xy - y^2}{x^2}, \\ y(1) = 2, \end{cases} \quad 1 \leqslant x \leqslant 2.$$

取步长 $h = 0.1$ 计算, 该微分方程的准确解为 $y(x) = \dfrac{x}{0.5 + \ln x}$.

解 由已知条件, 有 $f(x, y) = \dfrac{xy - y^2}{x^2}$, $y_0 = 2$, $h = 0.1$. 采用改进 Euler

公式有

$$\begin{cases} \bar{y}_{n+1} = y_n + hf(x_n, y_n), \\ y_{n+1} = y_n + \dfrac{h}{2}\left[f(x_n, y_n) + f(x_{n+1}, \bar{y}_{n+1})\right]. \end{cases}$$

由初值 $y_0 = 2$ 和步长 $h = 0.1$, 计算可得节点上的近似值如表 7.2 所示.

表 7.2

n	x_n	y_n	$y(x_n)$	误差
0	1.0000	2.0000	2.0000	0
1	1.1000	1.8479	1.8478	1.5765×10^{-4}
2	1.2000	1.7587	1.7587	8.8668×10^{-6}
3	1.3000	1.7050	1.7052	1.7408×10^{-4}
4	1.4000	1.6734	1.6737	2.9640×10^{-4}
5	1.5000	1.6562	1.6566	3.8123×10^{-4}
6	1.6000	1.6490	1.6495	4.3908×10^{-4}
7	1.7000	1.6490	1.6495	4.7841×10^{-4}
8	1.8000	1.6542	1.6547	5.0517×10^{-4}
9	1.9000	1.6634	1.6640	5.2338×10^{-4}
10	2.0000	1.6757	1.6762	5.3571×10^{-4}

7.1.2 误差估计、收敛性与稳定性

以上所述初值问题 (7.1) 的简单数值方法, 可以用下式统一表示

$$y_{n+1} = y_n + \varphi(x_n, x_{n+1}, y_n, y_{n+1}, h), \tag{7.8}$$

其中 φ 与 f 及步长 h 有关. 对于不同的数值方法, 近似解 y_{n+1} 与准确解 $y(x_{n+1})$ 的误差不相同, 接下来讨论方法的误差.

定义 7.1 *设 $y(x)$ 是初值问题的准确解, 则称*

$$e_{n+1} = y(x_{n+1}) - y_{n+1} \tag{7.9}$$

*为某方法在点 x_{n+1} 处的***整体截断误差***; 称*

$$T_{n+1} = y(x_{n+1}) - y(x_n) - \varphi(x_n, x_{n+1}, y(x_n), y(x_{n+1}), h) \tag{7.10}$$

*为方法 (7.8) 的***局部截断误差***, 这里假设 x_n 处没有误差, 即 $y_n = y(x_n)$.*

值得注意的是, 整体截断误差 e_{n+1} 在计算的时候, 不仅与 x_{n+1} 步的计算有关, 与前面各步的计算均有关. 因此求解整体截断误差 e_{n+1} 比较困难, 通常考虑方法的局部截断误差.

定义 7.2 若一种数值方法的局部截断误差 $T_{n+1}=O(h^{p+1})$, 其中 $p\geqslant 1$ 为整数, 则称该方法是 p 阶的, 或称该方法具有 p 阶精度.

收敛性是指用某种方法得到的初值问题 (7.1) 的数值解 y_n 是否收敛到准确解 $y(x_n)$. 若数值解误差的绝对值随着步长 h 的减小而不断减小, 则称**该数值方法是收敛的**, 否则是**不收敛的**.

稳定性是指误差的传播. 如果误差在计算过程中迅速增长不受控制, 则称该数值方法是**不稳定的**, 否则是**稳定的**. 因此在计算过程中需要选择稳定的方法. 接下来讨论前面介绍的几种简单数值方法的误差估计、收敛性与稳定性.

1. Euler 公式

对于 Euler 公式, $\varphi(x_n,x_{n+1},y_n,y_{n+1},h)=hf(x_n,y_n)$, 首先将 $y(x_{n+1})$ 在 x_n 处作 Taylor 展开可得

$$
\begin{aligned}
y(x_{n+1})&=y(x_n)+hy'(x_n)+\frac{h^2}{2}y''(\xi)\\
&=y(x_n)+hf(x_n,y(x_n))+\frac{h^2}{2}y''(\xi),\quad x_n\leqslant\xi\leqslant x_{n+1}.
\end{aligned}
$$

由定义 7.1 及上式可得

$$
\begin{aligned}
T_{n+1}&=y(x_{n+1})-y(x_n)-hf(x_n,y(x_n))\\
&=\frac{h^2}{2}y''(\xi)=O(h^2).
\end{aligned}
$$

因此 Euler 公式的局部截断误差为 $O(h^2)$, 这是一种一阶的方法.

记 $e_{n+1}=y(x_{n+1})-y_{n+1}$, 由局部截断误差的定义,

$$
y(x_{n+1})=y(x_n)+hf(x_n,y(x_n))+T_{n+1}.
$$

由 Euler 公式 $y_{n+1}=y_n+hf(x_n,y_n)$, 与上式相减得

$$
e_{n+1}=e_n+h\left[f(x_n,y(x_n))-f(x_n,y_n)\right]+T_{n+1}.
$$

设 $f(x,y)$ 关于 y 满足 Lipschitz 条件, 且 Euler 公式的局部截断误差 $|T_{n+1}|\leqslant Ch^2$, 可得

$$
|e_{n+1}|\leqslant|e_n|+hL\,|e_n|+Ch^2=(1+hL)\,|e_n|+Ch^2.
$$

简便起见, 记 $\alpha=1+hL$, $\beta=Ch^2$, 递推可得

$$
|e_{n+1}|\leqslant\alpha\,|e_n|+\beta\leqslant\alpha^2\,|e_{n-1}|+\alpha\beta+\beta\leqslant\cdots
$$

$$\leqslant \alpha^{n+1}|e_0| + \beta\left(1+\alpha+\cdots+\alpha^n\right).$$

注意到 $e_0 = y(x_0) - y_0 = 0$, 可得

$$|e_{n+1}| \leqslant \frac{1\times(1-\alpha^n)}{1-\alpha}\beta = \left[(1+hL)^n - 1\right]ChL^{-1}.$$

利用关系式

$$\mathrm{e}^x = 1 + x + \frac{x^2}{2} + \cdots \geqslant 1 + x,$$

可推出 $1 + hL \leqslant \mathrm{e}^{hL}$. 从而

$$|e_{n+1}| \leqslant \left(\mathrm{e}^{nhL} - 1\right)ChL^{-1} = \left(\mathrm{e}^{(b-a)L} - 1\right)ChL^{-1}.$$

于是有 $e_{n+1} = O(h)$. 当 $h \to 0$ 时, x_{n+1} 处的整体截断误差 e_{n+1} 趋于零, 从而 Euler 公式是收敛的.

对于某种收敛的数值方法, 截断误差并非误差的唯一来源, 计算过程中舍入误差总是存在的, 有必要讨论方法的数值稳定性. 稳定性问题主要考虑计算过程中舍入误差的传播问题, 该问题比较复杂, 这里可通过以下试验方程

$$y' = \lambda y \tag{7.11}$$

来讨论数值方法的稳定性.

现在讨论 Euler 公式的稳定性. 采用 Euler 公式求解试验方程 (7.11), 则有

$$y_{n+1} = y_n + h\lambda y_n = (1 + h\lambda)\, y_n.$$

假设 y_n 有舍入误差, y_n^* 为其近似值, 记 $e_n = y_n - y_n^*$ 为舍入误差, 则

$$y_{n+1}^* = (1 + h\lambda)\, y_n^*.$$

从而可得误差传播方程

$$e_{n+1} = (1 + h\lambda)\, e_n \Rightarrow e_{n+m} = (1 + h\lambda)^m e_n.$$

因此, 只要 $|1 + h\lambda| \leqslant 1$, 有 $|e_{n+m}| \leqslant |e_n|$, Euler 公式是稳定的.

2. 隐式 Euler 公式

对于隐式 Euler 公式, $\varphi(x_n, x_{n+1}, y_n, y_{n+1}, h) = hf(x_{n+1}, y_{n+1})$, 首先将 $y(x_n)$ 在 x_{n+1} 处作 Taylor 展开可得

$$y(x_n) = y(x_{n+1}) - hy'(x_{n+1}) + \frac{h^2}{2}y''(\xi)$$

$$= y(x_{n+1}) - hf(x_{n+1}, y(x_{n+1})) + \frac{h^2}{2}y''(\xi), \quad x_n \leqslant \xi \leqslant x_{n+1}.$$

可得其局部截断误差

$$T_{n+1} = y(x_{n+1}) - y(x_n) - hf(x_{n+1}, y(x_{n+1})) = -\frac{h^2}{2}y''(\xi) = O(h^2).$$

所以隐式 Euler 公式的局部截断误差为 $O(h^2)$, 这也是一种一阶方法. 注意到, 一种数值方法的整体截断误差比局部截断误差低一阶. 因此, 隐式 Euler 公式的整体截断误差 $e_{n+1} = O(h)$, 也是收敛的.

将隐式 Euler 公式应用于求解试验方程 (7.11), 可得

$$y_{n+1} = y_n + h\lambda y_{n+1}.$$

整理可得

$$y_{n+1} = \frac{1}{1 - h\lambda}y_n.$$

类似 Euler 公式稳定性讨论, 可得隐式 Euler 公式的误差传播方程

$$e_{n+1} = \frac{1}{1 - h\lambda}e_n.$$

因此当 $\left|\frac{1}{1 - h\lambda}\right| \leqslant 1$ 时, 隐式 Euler 公式是稳定的.

3. 梯形公式

类似地, 可得梯形公式的局部截断误差

$$\begin{aligned} T_{n+1} &= y\left(x_{n+1}\right) - y(x_n) - \frac{h}{2}\left(f(x_n, y(x_n)) + f\left(x_{n+1}, y(x_{n+1})\right)\right) \\ &= -\frac{h^3}{12}y'''(\xi) = O\left(h^3\right). \end{aligned}$$

可见梯形公式具有二阶精度, 其整体截断误差 $e_{n+1} = O\left(h^2\right)$, 该方法收敛.

将梯形公式应用于求解试验方程 (7.11), 可得

$$y_{n+1} = y_n + \frac{h}{2}\left(\lambda y_n + \lambda y_{n+1}\right),$$

整理可得

$$y_{n+1} = \frac{1 + \dfrac{h\lambda}{2}}{1 - \dfrac{h\lambda}{2}}y_n.$$

类似 Euler 公式 (隐式 Euler 公式) 稳定性讨论, 可得梯形公式的误差传播方程

$$e_{n+1}=\frac{1+\dfrac{h\lambda}{2}}{1-\dfrac{h\lambda}{2}}e_n.$$

因此当 $\left|\dfrac{1+\dfrac{h\lambda}{2}}{1-\dfrac{h\lambda}{2}}\right|\leqslant 1$, 即 $\lambda\leqslant 0$ 时梯形公式是稳定的.

4. 改进 Euler 公式

可以证明, 改进 Euler 公式与梯形公式同阶, 其整体截断误差为 $e_{n+1}=O(h^2)$, 该方法收敛.

将改进 Euler 公式应用于求解试验方程 (7.11), 可得

$$y_{n+1}=y_n+\frac{h}{2}\left(\lambda y_n+\lambda\left(y_n+h\lambda y_n\right)\right),$$

整理可得

$$y_{n+1}=\left(1+h\lambda+\frac{(h\lambda)^2}{2}\right)y_n.$$

类似前面稳定性讨论, 可得改进 Euler 公式的误差传播方程

$$e_{n+1}=\left(1+h\lambda+\frac{(h\lambda)^2}{2}\right)e_n.$$

因此当 $\left|1+h\lambda+\dfrac{(h\lambda)^2}{2}\right|\leqslant 1$ 时, 改进 Euler 公式是稳定的.

例 7.3 证明如下格式

$$y_{n+1}=y_n+\frac{h}{6}\left(4f(x_n,y_n)+2f\left(x_{n+1},y_{n+1}\right)+hf'(x_n,y_n)\right)$$

是三阶的.

证明 设 $y_n=y(x_n)$, 则对于题中给出的隐式单步法公式, 其局部截断误差有

$$T_{n+1}=y(x_{n+1})-y_{n+1}.$$

由已知

$$f(x_n, y_n) = y'(x_n), \quad f'(x_n, y_n) = y''(x_n),$$

且

$$\begin{aligned} f(x_{n+1}, y_{n+1}) &= y'(x_{n+1}) \\ &= y'(x_n) + hy''(x_n) + \frac{h^2}{2}y'''(x_n) + \frac{h^3}{6}y^{(4)}(x_n) + O(h^4), \end{aligned}$$

可得

$$\begin{aligned} y_{n+1} &= y(x_n) + \frac{h}{6}\left(4f(x_n, y(x_n)) + 2f(x_{n+1}, y_{n+1}) + hf'(x_n, y(x_n))\right) \\ &= y(x_n) + hy'(x_n) + \frac{h^2}{2}y''(x_n) + \frac{h^3}{6}y'''(x_n) + \frac{h^4}{18}y^{(4)}(x_n) + O(h^5). \end{aligned}$$

将 $y(x_{n+1})$ 在 x_n 处作 Taylor 展开, 可得

$$y(x_{n+1}) = y(x_n) + hy'(x_n) + \frac{h^2}{2}y''(x_n) + \frac{h^3}{6}y'''(x_n) + \frac{h^4}{24}y^{(4)}(x_n) + O(h^5).$$

将上述式子代入局部截断误差, 整理可得

$$T_{n+1} = y(x_{n+1}) - y_{n+1} = -\frac{1}{72}h^4y^{(4)}(x_n) + O(h^5) = O(h^4).$$

所以, 题中给出的隐式单步法公式是三阶的. □

7.2 Runge-Kutta 方法

7.2.1 单步法的加速

Euler 公式是最简单的一阶单步法, 它可以看作将 Taylor 公式取前两项. 设 $y(x)$ 是初值问题 (7.1) 的解, 并且 $y(x)$ 在 $[a,b]$ 上充分光滑, 由 Taylor 公式

$$y(x_{n+1}) = y(x_n) + hy'(x_n) + \cdots + \frac{h^p}{p!}y^{(p)}(x_n) + \frac{h^{p+1}}{(p+1)!}y^{(p+1)}(\xi). \tag{7.12}$$

基于 Taylor 级数展开, 可写出求 (7.1) 近似解的 p 阶方法. 由 $y'(x) = f(x,y)$ 有

$$y'(x) = f(x,y),$$

$$
\begin{aligned}
y''(x) &= f_x(x,y) + f_y(x,y)y'(x),\\
y'''(x) &= f_{xx}(x,y) + 2f_{xy}(x,y)f(x,y) + f_{yy}(x,y)[f(x,y)]^2\\
&\quad + f_y(x,y)[f_x(x,y) + f_y(x,y)f(x,y)],\\
&\cdots\cdots
\end{aligned}
\tag{7.13}
$$

略去高阶项

$$
\frac{h^{p+1}}{(p+1)!}y^{(p+1)}(\xi).
$$

把 (7.13) 代入 (7.12) 并用 y_n 代替 (7.12) 中的 $y(x_n)$ 就可得到方程

$$
\begin{aligned}
y_{n+1} &= y_n + hf(x_n,y_n) + \frac{h^2}{2}[f_x(x_n,y_n) + f_y(x_n,y_n)f(x_n,y_n)]\\
&\quad + \cdots + \frac{h^p}{p!}\frac{\mathrm{d}^p}{\mathrm{d}x^p}[f(x_n,y_n)].
\end{aligned}
\tag{7.14}
$$

(7.14) 是一个求解问题 (7.1) 的 p 阶单步法. 当 $p=1$ 时, 得到一阶单步法 (又称一阶 Taylor 级数法)

$$
y_{n+1} = y_n + hf(x_n,y_n).
$$

它就是 Euler 公式. 当 $p=2$ 时, 得到二阶单步法 (又称二阶 Taylor 级数法)

$$
y_{n+1} = y_n + hf(x_n,y_n) + \frac{h^2}{2}[f_x(x_n,y_n) + f_y(x_n,y_n)f(x_n,y_n)].
$$

原则上讲, 由基于 Taylor 展开的 (7.14) 可以建立任意阶的单步法, 但是需要计算 $f(x,y)$ 的高阶导数. 一般情况下求解 $f(x,y)$ 的高阶导数相当麻烦, 方法的截断误差提高一阶, 增加的计算量很大. 因此这个方法并不实用. Runge 和 Kutta 在 (7.14) 的基础上建立了一种新的数值方法: Runge-Kutta (R-K) 法.

从理论上讲, 只要函数 $f(x,y)$ 足够光滑, 那么它的各阶导数值就可用它在一些点上的函数值的线性组合近似表示出来. 基于这个原理, Runge 和 Kutta 不是用数学分析中求微商的方法, 而是计算若干个点上的函数值, 然后用这些函数值的线性组合来逼近 Taylor 级数法中的导数项, 以此构造出高精度的计算格式.

7.2.2 二阶 Runge-Kutta 方法

Runge-Kutta 方法的一般形式为

$$
y_{n+1} = y_n + h\sum_{i=1}^{L} c_iK_i,
\tag{7.15}
$$

其中

$$K_1 = f(x_n, y_n),$$

$$K_i = f\left(x_n + a_i h, y_n + a_i h \sum_{j=1}^{i-1} b_{ij} K_j\right), \quad i = 2, 3, \cdots, L.$$

适当的选择参数 c_i, a_i, b_{ij}, 使得 (7.15) 式右端在点 $(x_n, y(x_n))$ 处作 Taylor 展开并按 h 的幂次整理, 得到

$$\tilde{y}_{n+1} = y(x_n) + d_1 h + \frac{1}{2!} d_2 h^2 + \frac{1}{3!} d_3 h^3 + \cdots.$$

将 $y(x_{n+1})$ 在 x_n 处作 Taylor 展开, 可得

$$y(x_{n+1}) = y(x_n) + hy'(x_n) + \frac{1}{2!} h^2 y''(x_n) + \frac{1}{3!} h^3 y'''(x_n) + \cdots.$$

它的局部截断误差是

$$T_{n+1} = y(x_{n+1}) - y(x_n) - h \sum_{i=1}^{L} c_i K_i^* = y(x_{n+1}) - \tilde{y}_{n+1}.$$

在 K_i 中用 $y(x_n)$ 代替 y_n 即为 K_i^*. 为使近似公式的误差阶尽可能高, $\tilde{y}_{n+1}$ 与 $y(x_{n+1})$ 需要有尽可能多的项重合, 即 T_{n+1} 的首项中 h 的幂次尽量高, 比如 $T_{n+1} = O\left(h^{p+1}\right)$, 则公式 (7.15) 为 L 级 p 阶显式 Runge-Kutta 方法.

以两个点的情形为例, 讨论二阶 Runge-Kutta 公式. 在 xOy 平面上取两个点, 一个点为 (x_n, y_n), 另一个点为 $(x_n + a_2 h, y_n + b_{21} h f(x_n, y_n))$, 计算这两个点上的函数值

$$K_1 = f(x_n, y_n),$$

$$K_2 = f(x_n + a_2 h, y_n + b_{21} h K_1) = f(x_n + a_2 h, y_n + b_{21} h f(x_n, y_n)).$$

用它们的线性组合近似导数项, 即

$$y_{n+1} = y_n + h(c_1 K_1 + c_2 K_2), \tag{7.16}$$

其中 c_1, c_2, a_2, b_{21} 待定. 这些数据的选取原则为: 尽可能使 (7.16) 有较好的精度, 使其局部截断误差有较高的阶.

把 K_2 在 (x_n, y_n) 处 Taylor 展开

$$\begin{aligned} K_2 &= f(x_n + a_2 h, y_n + b_{21} h K_1) \\ &= f(x_n, y_n) + f_x(x_n, y_n) a_2 h + f_y(x_n, y_n) b_{21} h K_1 + O(h^2). \end{aligned}$$

假设 $y_n = y(x_n)$ 下, 按照 (7.16) 得出的结果记为 $\tilde{y}_{n+1}$, 则

$$\begin{aligned}\tilde{y}_{n+1} =& y(x_n) + h[c_1 f(x_n, y(x_n)) + c_2 f(x_n, y(x_n)) + c_2 f_x(x_n, y(x_n)) a_2 h \\ & + c_2 f_y(x_n, y(x_n)) b_{21} h K_1 + c_2 O(h^2)] \\ =& y(x_n) + h(c_1 + c_2) f(x_n, y(x_n)) + h^2 c_2 a_2 f_x(x_n, y(x_n)) \\ & + h^2 c_2 b_{21} f_y(x_n, y(x_n)) f(x_n, y(x_n)) + c_2 O(h^3). \\ y(x_{n+1}) =& y(x_n) + h f(x_n, y(x_n)) + \frac{1}{2} h^2 f_x(x_n, y(x_n)) \\ & + \frac{1}{2} h^2 f_y(x_n, y(x_n)) f(x_n, y(x_n)) + O(h^3).\end{aligned}$$

以上两式相减得

$$\begin{aligned}\tilde{y}_{n+1} - y(x_{n+1}) =& h(c_1 + c_2 - 1) f(x_n, y(x_n)) + h^2 \left(a_2 c_2 - \frac{1}{2}\right) f_x(x_n, y(x_n)) \\ & + h^2 \left(c_2 b_{21} - \frac{1}{2}\right) f_y(x_n, y(x_n)) f(x_n, y(x_n)) + O(h^3).\end{aligned}$$

当参数 c_1, c_2, a_2, b_{21} 满足

$$\begin{cases} c_1 + c_2 = 1, \\ c_2 a_2 = \dfrac{1}{2}, \\ c_2 b_{21} = \dfrac{1}{2} \end{cases} \tag{7.17}$$

时, (7.16) 的局部截断误差为 $O(h^3)$, 这是二阶方法. 因此称满足 (7.17) 的公式 (7.16) 为二阶 Runge-Kutta 公式.

当取 $c_1 = c_2 = \dfrac{1}{2}, a_2 = b_{21} = 1$ 时, 由 (7.17) 便得**经典二阶 Runge-Kutta 公式**

$$\begin{cases} y_{n+1} = y_n + \dfrac{h}{2}(K_1 + K_2), \\ K_1 = f(x_n, y_n), \\ K_2 = f(x_n + h, y_n + hK_1), \end{cases} \tag{7.18}$$

这个公式即为改进的 Euler 公式.

当取 $c_1 = \dfrac{1}{4}, c_2 = \dfrac{3}{4}, a_2 = b_{21} = \dfrac{2}{3}$ 时, 由 (7.17) 便得二阶 **Heun 公式**

$$
\begin{cases}
y_{n+1} = y_n + \dfrac{h}{4}(K_1 + 3K_2), \\
K_1 = f(x_n, y_n), \\
K_2 = f\left(x_n + \dfrac{2}{3}h, y_n + \dfrac{2}{3}hK_1\right).
\end{cases}
\tag{7.19}
$$

注 7.4 在 19 世纪后期, 龙格 (Carl Runge, 1856—1927, 德国数学家) 使用了与本节类似的方法, 推导出了许多公式, 用于近似初值问题的解. 1901 年, 为了求解一阶微分方程组, 库塔 (Martin Wilhelm Kutta, 1867—1944, 德国工程师) 推广了龙格在 1895 年建立的方法. 这些技术与我们目前的 Runge-Kutta 方法略有不同 (Burden and Faires, 2010).

7.2.3 高阶 Runge-Kutta 方法

仿照二阶方法的构造可以构造出一般的 m 阶 Runge-Kutta 方法, 其格式可写成

$$
\begin{cases}
y_{n+1} = y_n + h(c_1K_1 + c_2K_2 + \cdots + c_mK_m), \\
K_1 = f(x_n, y_n), \\
K_2 = f(x_n + a_2h, y_n + b_{21}hK_1), \\
\qquad \cdots\cdots \\
K_m = f\left(x_n + a_mh, y_n + h\displaystyle\sum_{i=1}^{m-1} b_{mi}K_i\right).
\end{cases}
\tag{7.20}
$$

(7.20) 式中的待定参数 $\{a_i\},\{c_i\}$ 和 $\{b_{ij}\}$ 的出现为构造高阶数值方法创造了条件, 类似于二阶 Runge-Kutta 方法的推导, 可以得到三阶的方法及更高阶的方法. 参数的确定需要求解非线性方程组, 通常解不唯一, 求解有一定的困难. 以下仅列举几个常用的三阶、四阶 Runge-Kutta 方法的计算公式.

对于 $L=3$ 的情形, 常见的三阶方法有以下两种.

(1) 三阶 Kutta 公式.

$$
\begin{cases}
y_{n+1} = y_n + \dfrac{h}{6}[K_1 + 4K_2 + K_3], \\
K_1 = f(x_n, y_n), \\
K_2 = f\left(x_n + \dfrac{1}{2}h, y_n + \dfrac{1}{2}hK_1\right), \\
K_3 = f(x_n + h, y_n - hK_1 + 2hK_2).
\end{cases}
\tag{7.21}
$$

(2) 三阶 Heun 公式.

$$\begin{cases} y_{n+1} = y_n + \dfrac{h}{4}[K_1 + 3K_3], \\ K_1 = f(x_n, y_n), \\ K_2 = f\left(x_n + \dfrac{1}{3}h, y_n + \dfrac{1}{3}hK_1\right), \\ K_3 = f\left(x_n + \dfrac{2}{3}h, y_n + \dfrac{2}{3}hK_2\right). \end{cases} \tag{7.22}$$

注 7.5 霍伊恩 (Karl Heun, 1859—1929, 德国数学家) 在 1900 年发表的一篇论文中介绍了这个公式, 他最著名的工作是推广超几何微分方程而得到的霍伊恩微分方程 (Heun differential equation).

对于 $L = 4$ 的情形, 最常见的四阶方法有以下两种.

(1) 经典四阶 Runge-Kutta 公式.

$$\begin{cases} y_{n+1} = y_n + \dfrac{h}{6}[K_1 + 2K_2 + 2K_3 + K_4], \\ K_1 = f(x_n, y_n), \\ K_2 = f\left(x_n + \dfrac{1}{2}h, y_n + \dfrac{1}{2}hK_1\right), \\ K_3 = f\left(x_n + \dfrac{1}{2}h, y_n + \dfrac{1}{2}hK_2\right), \\ K_4 = f(x_n + h, y_n + hK_3). \end{cases} \tag{7.23}$$

(2) 四阶 Kutta 公式.

$$\begin{cases} y_{n+1} = y_n + \dfrac{h}{8}[K_1 + 3K_2 + 3K_3 + K_4], \\ K_1 = f(x_n, y_n), \\ K_2 = f\left(x_n + \dfrac{1}{3}h, y_n + \dfrac{1}{3}hK_1\right), \\ K_3 = f\left(x_n + \dfrac{2}{3}h, y_n - \dfrac{1}{3}hK_1 + hK_2\right), \\ K_4 = f(x_n + h, y_n + hK_1 - hK_2 + hK_3). \end{cases} \tag{7.24}$$

以下为经典四阶 Runge-Kutta 法计算方法.

算法 7.3 经典四阶 Runge-Kutta 方法

输入: 点列 $\{x_n\}$, y_0, 右端项 $f(x,y)$.

输出: 点列 $\{y_n\}$.

For $k=1,2,\cdots,n$ **do**

$$h=x(k+1)-x(k),$$

$$K_1=f(x(k),y(k)),$$

$$K_2=f\left(x(k)+\frac{1}{2}h,y(k)+\frac{1}{2}hK_1\right),$$

$$K_3=f\left(x(k)+\frac{1}{2}h,y(k)+\frac{1}{2}hK_2\right),$$

$$K_4=f\left(x(k)+h,y(k)+hK_3\right),$$

$$y(k+1)=y(k)+\frac{h}{6}\left(K_1+2K_2+2K_3+K_4\right).$$

End

例 7.4 考虑初值问题

$$\begin{cases}y'=-y+1,\\ y(0)=0,\end{cases}$$

其解析解为 $y(x)=1-\mathrm{e}^{-x}$. 取 $h=0.1$, 分别利用二阶 Heun 公式 (7.19)、三阶 Kutta 公式 (7.21)、经典四阶 Runge-Kutta 公式 (7.23) 求解该初值问题.

解 由已知 $f(x,y)=-y+1,y_0=0,h=0.1$, 采用不同方法计算结果见表 7.3.

表 7.3

x_n	$y(x_n)$	二阶方法		三阶方法		四阶方法	
		y_n	$\lvert y(x_n)-y_n\rvert$	y_n	$\lvert y(x_n)-y_n\rvert$	y_n	$\lvert y(x_n)-y_n\rvert$
0	0.000	0.0000	0.0000	0.0000	0.0000	0.0000	0.0000
0.1	0.0952	0.0950	1.6258e−4	0.0952	4.0847e−6	0.0952	8.1964e−8
0.2	0.1813	0.1810	2.9425e−4	0.1813	7.3920e−6	0.1813	1.4833e−7
0.3	0.2592	0.2588	3.9940e−4	0.2592	1.0033e−5	0.2592	2.0132e−7
0.4	0.3297	0.3292	4.8190e−4	0.3297	1.2104e−5	0.3297	2.4288e−7
0.5	0.3935	0.3929	5.4511e−4	0.3935	1.3690e−5	0.3935	2.7471e−7

从例 7.4 的计算结果看四阶 Runge-Kutta 方法的精度比三阶 Runge-Kutta 方法要高, 三阶 Runge-Kutta 方法比二阶 Runge-Kutta 方法的精度高. 然而值得

注意的是, 这些方法的推导都是基于 Taylor 展开的方法, 因此它们对问题 (7.1) 的解的光滑性都有一定的要求, 如果解的光滑性差, 则采用四阶 Runge-Kutta 方法所得的数值解, 其精度可能不及二阶方法. 因此在实际计算中, 应根据问题的具体情况选择合适的算法.

例 7.5　考虑初值问题

$$\begin{cases} y' = -y + x - \mathrm{e}^{-1}, \\ y(1) = 0, \end{cases}$$

其解析解为 $y(x) = \mathrm{e}^{-x} + x - 1 - \mathrm{e}^{-1}$. 分别用 $h = 0.025$ 的显式 Euler 方法, $h = 0.05$ 的改进 Euler 方法和 $h = 0.1$ 的经典四阶 Runge-Kutta(R-K) 方法计算到 $x = 1.5$.

解　由已知 $f(x,y) = -y+x-\mathrm{e}^{-1}, y_0 = 0$, 采用不同步长, Error $= |y_n-y(x_n)|$ 三种方法的计算结果列于表 7.4.

表 7.4

x_n	$y(x_n)$	显式 Euler 方法		改进 Euler 方法		经典四阶 R-K 方法	
		$h = 0.025$		$h = 0.05$		$h = 0.1$	
		y_n	Error	y_n	Error	y_n	Error
0	0.000	0.000	0.000	0.000	0.000	0.0000	0.000
0.1	0.064992	0.064569	0.4e−3	0.065006	1.4e−5	0.064992	0.1e−7
0.2	0.133315	0.132550	0.8e−3	0.133341	2.6e−5	0.133315	0.3e−7
0.3	0.204652	0.203615	1.0e−3	0.204688	3.6e−5	0.204652	0.4e−7
0.4	0.278718	0.277467	1.3e−3	0.278760	4.2e−5	0.278718	0.8e−7
0.5	0.355251	0.353837	1.4e−3	0.355299	4.8e−5	0.355251	1.0e−7

三种方法在 x 方向每前进 0.1 都要计算 4 个右端函数值, 计算量相当. 从计算结果看, 在工作量大致相同的情况下, 还是经典四阶 Runge-Kutta 方法比其他两种方法的结果好得多. 在 $x = 0.5$ 处, 三种方法的误差分别是 1.4×10^{-3}, 4.8×10^{-5} 和 1.0×10^{-7}, 经典四阶 Runge-Kutta 方法的效果较好.

7.3　线性多步法

Runge-Kutta 方法每一步都需要先计算几个点上的函数值, 这就增加了计算量, 考虑到计算 y_{n+1} 之前已经得到一些点 $x_n, x_{n-1}, \cdots$ 上的近似值和导数值, 利用这些信息来预测下一步的值, 减少计算量, 这就是多步法的基本原理. 多步法中最常用的是线性多步法. 线性多步法是利用已求出若干节点 $x_n, x_{n-1}, \cdots$ 上的

$y_n, y_{n-1}, \cdots$ 和其一阶导数 $y'_n, y'_{n-1}, \cdots$ 的线性组合来求出下一个节点 x_{n+1} 处的近似值 y_{n+1}, 其一般形式为

$$y_{n+1} = \sum_{i=0}^{k-1} A_i y_{n-i} + h \sum_{i=-1}^{k-1} B_i y'_{n-i}, \quad n = k, k+1, \cdots, \tag{7.25}$$

其中 A_i, B_i 为待定常数. 若 $A_{k-1}^2 + B_{k-1}^2 \neq 0$, 称为线性 k 步法, 计算时用到前面已算出的 k 个导数值 $y'_{n-k+1}, y'_{n-k+2}, \cdots, y'_{n-1}, y'_n$. 当 $B_{-1} = 0$ 时, 右端是已知的, 称为显示多步法. 当 $B_{-1} \neq 0$ 时, 右端有未知的 $y'_{n+1} = f(x_{n+1}, y_{n+1})$, 因此是隐式多步法.

构造线性多步法公式常用的有数值积分法和 Taylor 展开法. 下面以简单的例子进行说明, 进而推广到一般情况.

7.3.1 Adams 法

在线性多步法中, 非常著名的就是 Adams 线性多步法, 其 k 步法取为如下的形式

$$y_{n+1} = y_n + h \sum_{i=-1}^{k-1} B_i y'_{n-i}. \tag{7.26}$$

当 $B_{-1} = 0$ 时为**显式 Adams 线性 k 步法**, 当 $B_{-1} \neq 0$ 时为**隐式 Adams 线性 k 步法**.

1. 基于数值积分的方法

对常微分方程初值问题 (7.1) 在区间 $[x_n, x_{n+1}]$ 上进行积分得

$$y(x_{n+1}) = y(x_n) + \left(\int_{x_n}^{x_{n+1}} f(x, y(x)) \mathrm{d}x \right), \tag{7.27}$$

给定步长 h, 假如已经计算得 $y(x)$ 在等距节点 $x_m = x_0 + mh = a + mh\,(m = 0, 1, 2, \cdots, N, h = (b-a)/N)$ 处的近似值 y_m, 以 $f_m = f(x_m, y_m)$, $m = 0, 1, 2, \cdots, N$ 作为 $f(x_m, y(x_m))$ 的近似值, 用经过 $k+1$ 个点

$$(x_n, f_n),\ (x_{n-1}, f_{n-1}),\ \cdots,\ (x_{n-k}, f_{n-k})$$

的插值多项式 $P_k(x)\,(k \leqslant n)$ 作为 $f(x, y(x))$ 在 x_n 与 x_{n+1} 之间的近似, 并将 (7.27) 换成

$$y_{n+1} = y_n + \int_{x_n}^{x_{n+1}} P_k(x) \mathrm{d}x.$$

取 $P_k(x)$ 为等距节点的 Newton 向后插值多项式, 可得

$$y_{n+1} = y_n + h\sum_{j=0}^{k} B_{kj} f_{n-j}, \tag{7.28}$$

其中

$$B_{kj} = (-1)^j \sum_{m=j}^{k} \begin{pmatrix} m \\ j \end{pmatrix} (-1)^m \int_0^1 \begin{pmatrix} -s \\ m \end{pmatrix} \mathrm{d}s, \quad j = 0, 1, \cdots, k,$$

且 $s = (x - x_n)/h$, 它只依赖于两个参数 k, j, 公式 (7.28) 是线性 $k+1$ 步的显式公式, 称为**显式 Adams 公式** (也称为 **Adams-Bashforth 显格式**). 经计算不难得到 B_{kj} 的值, 见表 7.5.

表 7.5

j	0	1	2	3	4	5
B_{0j}	1					
$2B_{1j}$	3	-1				
$12B_{2j}$	23	-16	5			
$24B_{3j}$	55	-59	37	-9		
$720B_{4j}$	1901	-2774	2616	-1274	251	
$1440B_{5j}$	4277	-7923	9982	-7298	2877	-475

当 $k = 1$ 时, 得到二步公式 (Adams-Bashforth 两步显式格式)

$$y_{n+1} = y_n + \frac{h}{2}(3f_n - f_{n-1}).$$

当 $k = 2$ 时, 得到三步公式 (Adams-Bashforth 三步显式格式)

$$y_{n+1} = y_n + \frac{h}{12}(23f_n - 16f_{n-1} + 5f_{n-2}).$$

给定步长 h, 假如已经计算得 $y(x)$ 在等距节点 $x_m = x_0 + mh = a + mh\,(m = 0, 1, 2, \cdots, N, h = (b-a)/N)$ 处的近似值 y_m, 以 $f_m = f(x_m, y_m)$, $m = 0, 1, 2, \cdots, N$ 作为 $f(x_m, y(t_m))$ 的近似值, 用经过 $k+1$ 个点

$$(x_{n+1}, f_{n+1}),\ (x_n, f_n),\ \cdots,\ (x_{n-k+1}, f_{n-k+1})$$

的插值多项式 $P_k(x)(k \leqslant n)$ 作为 $f(x,y(x))$ 在 x_n 与 x_{n+1} 之间的近似, 并将 (7.27) 换成

$$y_{n+1} = y_n + \int_{x_n}^{x_{n+1}} P_k(x)\mathrm{d}x.$$

取 $P_k(x)$ 为等距节点的 Newton 向后插值多项式, 经计算可得

$$y_{n+1} = y_n + h\sum_{j=0}^{k} B_{kj}^* f_{n-j+1}, \tag{7.29}$$

其中

$$B_{kj}^* = (-1)^j \sum_{m=j}^{k} \begin{pmatrix} m \\ j \end{pmatrix} (-1)^m \int_{-1}^{0} \begin{pmatrix} -s \\ m \end{pmatrix} \mathrm{d}s, \quad j = 0,1,\cdots,k,$$

这里 $s = (x - x_{n+1})/h$, 它只依赖于两个参数 k, j, 公式 (7.29) 称为**隐式 Adams 公式** (也称为 **Adams-Moulton 隐格式**), 它是线性 k 步法. 经计算不难得到 B_{kj}^* 的部分值见表 7.6.

表 7.6

j	0	1	2	3	4	5
B_{0j}^*	1					
$2B_{1j}^*$	1	1				
$12B_{2j}^*$	5	8	−1			
$24B_{3j}^*$	9	19	−5	1		
$720B_{4j}^*$	251	646	−264	106	−19	
$1440B_{5j}^*$	475	1427	−798	482	−173	27

当 $k=1$ 时, 得到一步公式 (梯形公式)

$$y_{n+1} = y_n + \frac{h}{2}\left(f_n + f_{n+1}\right).$$

当 $k=2$ 时, 得到二步公式 (Adams-Moulton 两步隐格式)

$$y_{n+1} = y_n + \frac{h}{12}\left(5f_{n+1} + 8f_n - f_{n-1}\right).$$

注 7.6 亚当斯 (John Couch Adams, 1819—1892, 英国天文学家和数学家) 对利用精确数值计算来研究行星的轨道特别感兴趣. 他通过分析天王星的不

规则性来预测海王星的存在, 并建立了各种数值积分技术来帮助近似求解微分方程 (Burden and Faires, 2010).

注 7.7　Adams-Bashforth 方法归功于亚当斯在数学和天文学方面做的重要工作. 他建立了用这些数值方法来近似求解巴什福思 (Francis Bashforth, 1819—1912, 英国应用数学家) 提出的流体流动问题.

注 7.8　第一次世界大战期间, 莫尔顿 (Forest Ray Moulton, 1872—1952, 美国天文学家) 负责马里兰阿伯丁试验场的弹道学试验. 他是一位多产的科学家, 在数学和天文学方面写了许多书, 并建立了求解弹道方程的改进多步方法.

2. 基于 Taylor 展开的方法

以上是采用数值积分的方法构造 Adams 公式, 可以得到一系列求解常微分方程的数值方法, 采用 Taylor 展开的方法也可以得到相应的公式. 基本思路是先将线性多步法的表达式在 x_n 处作 Taylor 展开, 并与真实值 $y(x_{n+1})$ 在 x_n 处的 Taylor 展开形式相比较, 使其局部截断误差为 $O(h^{k+1})$. 以此确定格式中的系数, 便得到 k 阶 Adams 格式.

设用 x_{n-1}, x_n 两点的斜率值加权平均作为区间 $[x_n, x_{n+1}]$ 上的平均斜率, 有计算格式

$$y_{n+1} = y_n + h[(1-\lambda)f(x_n, y_n) + \lambda f(x_{n-1}, y_{n-1})],$$

选取参数, 使上述格式二阶收敛.

假设 $y_{n-1} = y(x_{n-1})$, $y_n = y(x_n)$. 注意到 $f(x_{n-1}, y_{n-1}) = y'(x_{n-1})$, 将 $y'(x_{n-1})$, $y(x_{n+1})$ 分别在 x_n 点 Taylor 展开得

$$\begin{aligned} y'_{n-1} &= y'(x_{n-1}) = y'(x_n) + y''(x_n)(-h) + \frac{h^2}{2}y'''(x_n) + \cdots, \\ y(x_{n+1}) &= y(x_n) + hy'(x_n) + \frac{h^2}{2}y''(x_n) + \frac{h^3}{6}y'''(x_n) + \cdots. \end{aligned}$$

将 $y'(x_{n-1})$ 代入表达式并利用假设可得

$$y_{n+1} = y(x_n) + hy'(x_n) - \lambda h^2 y''(x_n) + \lambda\frac{h^3}{2}y'''(x_n) + \cdots,$$

与 $y(x_{n+1})$ 相比较, 只需要取 $\lambda = -1/2$ 便可使计算格式具有二阶收敛性. 这样就导出二阶 Adams 格式

$$y_{n+1} = y_n + \frac{h}{2}(3f_n - f_{n-1}). \tag{7.30}$$

类似可导出三阶**显式** Adams 格式

$$y_{n+1}=y_n+\frac{h}{12}\left(23f_n-16f_{n-1}+5f_{n-2}\right). \tag{7.31}$$

例 7.6 用二步 Adams 方法解初值问题

$$y'=1-y,\quad 0\leqslant x\leqslant 1,\quad y(0)=0.$$

解 取 $h=0.2, y_0=0$, 用改进 Euler 法计算得 $y_1=0.18$. 由于 $f(x,y)=1-y$, 根据二步 Adams 格式可得

$$\begin{aligned}y_{n+1}&=y_n+\frac{h}{2}\left(3f_n-f_{n-1}\right)\\&=y_n+0.1(3-3y_n-1+y_{n-1})\\&=y_n+0.1(2-3y_n+y_{n-1}),\end{aligned}$$

计算结果见表 7.7 (准确解为 $y(x)=1-\mathrm{e}^{-x}$).

表 7.7

t_n	y_n	$y(x_n)$	$y(x_n)-y_n$
0	0	0	0
0.2	0.180000	0.18126924692202	0.00126924692202
0.4	0.326000	0.32967995396436	0.00367995396436
0.6	0.446200	0.45118836390597	0.00498836390597
0.8	0.544940	0.55067103588278	0.00573103588278
1.0	0.626078	0.63212055882856	0.00604255882856

例 7.7 设有计算格式

$$y_{n+1}=y_n+h[(1-\lambda)f(x_{n+1},y_{n+1})+\lambda f(x_n,y_n)],$$

选取参数 λ, 使上述格式二阶收敛.

解 假设 $y_{n+1}=y(x_{n+1}), y_n=y(x_n)$. 注意到 $f(x_{n+1},y_{n+1})=y'(x_{n+1})$, 将 $y'(x_{n+1})$, $y_{n+1}=y(x_{n+1})$ 分别在 x_n 点 Taylor 展开得

$$y'_{n+1}=y'(x_{n+1})=y'(x_n)+hy''(x_n)+\frac{h^2}{2}y'''(x_n)+\cdots,$$

$$y(x_{n+1})=y(x_n)+hy'(x_n)+\frac{h^2}{2}y''(x_n)+\frac{h^3}{6}y'''(x_n)+\cdots.$$

代入表达式并利用假设可得

$$y_{n+1}=y(x_n)+hy'(x_n)+(1-\lambda)h^2y''(x_n)+(1-\lambda)\frac{h^3}{2}y'''(x_n)+\cdots,$$

与 $y(x_{n+1})$ 相比较, 只需要取 $\lambda=1/2$ 便可使计算格式具有二阶收敛性. 这样就导出二阶隐式 Adams 格式

$$y_{n+1}=y_n+\frac{h}{2}(f_n+f_{n+1}).$$

类似可导出三阶**隐式** Adams 格式

$$y_{n+1}=y_n+\frac{h}{12}(5f_{n+1}+8f_n-f_{n-1}).$$

对于隐式 Adams 格式, 除了一些特殊 (线性方程) 的情况, 在计算的过程中需要采用 Newton 迭代法来计算 y_{n+1}.

7.3.2 预估-校正公式

隐式 Adams 方法是内插方法, 它比显式 Adams 方法更准确, 同时稳定性又好, 但是隐式方法计算量很大 (迭代法求解 y_{n+1}). 通常采用预估-校正技术, 将显式 Adams 格式和隐式 Adams 格式结合起来使用, 比如前面提到的改进 Euler 法

$$\bar{y}_{n+1}=y_n+hf_n,$$

$$y_{n+1}=y_n+\frac{h}{2}\left[f_n+f(x_{n+1},\bar{y}_{n+1})\right]$$

是用一步显式 Adams 格式 (Euler 公式) 对 y_{n+1} 作预估, 用一步隐式 Adams 格式 (梯形公式) 对 y_{n+1} 进行校正的方法. 像这样的数值方法, 通常称为**预估-校正方法**. 除了上面的预估-校正公式, 将四步显式 Adams 格式和三步隐式 Adams 格式结合起来, 形成四阶 Adams 预估-校正公式如下

$$\bar{y}_{n+1}=y_n+\frac{h}{24}\left[55f_n-59f_{n-1}+37f_{n-2}-9f_{n-3}\right], \tag{7.32}$$

$$y_{n+1}=y_n+\frac{h}{24}\left[9f(x_{n+1},\bar{y}_{n+1})+19f_n-5f_{n-1}+f_{n-2}\right]. \tag{7.33}$$

对此四阶预估-校正公式, 通常采用四阶 Runge-Kutta 方法计算初始值 y_1,y_2,y_3.

例 7.8 用四阶 Adams 预估-校正方法解初值问题

$$y'=1-y,\quad 0\leqslant x\leqslant 1,\quad y(0)=0,$$

取 $h=0.1,\ y_0=0$.

解 用四阶 Runge-Kutta 方法计算 $y_1 = 0.0951, y_2 = 0.1811, y_3 = 0.2590$. 由于 $f(x,y) = 1 - y$, 根据四阶 Adams 预估-校正公式可得

$$\bar{y}_{n+1} = y_n + \frac{h}{24}\left[55(1-y_n) - 59(1-y_{n-1}) + 37(1-y_{n-2}) - 9(1-y_{n-3})\right],$$

$$y_{n+1} = y_n + \frac{h}{24}\left[9(1-\bar{y}_{n+1}) + 19(1-y_n) - 5(1-y_{n-1}) + 1 - y_{n-2}\right].$$

计算结果见表 7.8 (准确解为 $y(x) = 1 - \mathrm{e}^{-x}$).

表 7.8

t_n	y_n	$y(x_n)$	$y(x_n) - y_n$	t_n	y_n	$y(x_n)$	$y(x_n) - y_n$
0.1	0.0951	0.0952	0.0001	0.6	0.4510	0.4512	0.0001
0.2	0.1811	0.1813	0.0001	0.7	0.5033	0.5034	0.0001
0.3	0.2590	0.2592	0.0002	0.8	0.5506	0.5507	0.0001
0.4	0.3295	0.3297	0.0002	0.9	0.5933	0.5934	0.0001
0.5	0.3933	0.3935	0.0002	1.0	0.6320	0.6321	0.0001

7.4 一阶方程组的数值解法

7.4.1 一阶方程组

考虑一阶常微分方程组初值问题

$$\begin{cases} y_i' = f_i(x, y_1, y_2, \cdots, y_n), \\ y_i(a) = y_{i0}, \quad i = 1, 2, \cdots, n, \end{cases} \quad a \leqslant x \leqslant b. \tag{7.34}$$

若把其中的未知函数, 方程右端都表示成向量的形式

$$\boldsymbol{Y} = [y_1, y_2, \cdots, y_n]^{\mathrm{T}}, \quad \boldsymbol{F} = [f_1, f_2, \cdots, f_n]^{\mathrm{T}},$$

并将初值条件也表示成向量形式

$$\boldsymbol{Y}(a) = \boldsymbol{Y}_0 = [y_{10}, y_{20}, \cdots, y_{n0}]^{\mathrm{T}},$$

则方程组可以写成

$$\begin{cases} \boldsymbol{Y}' = \boldsymbol{F}(x, \boldsymbol{Y}), \\ \boldsymbol{Y}(a) = \boldsymbol{Y}_0, \end{cases} \quad a \leqslant x \leqslant b. \tag{7.35}$$

可见(7.35)式在形式上与一阶微分方程初值问题相同, 前面介绍的初值问题的数值方法都可以用来求解一阶方程组, 相应的理论分析也可类似讨论. 以如下两种方法为例来说明.

1. Euler 方法

$$\boldsymbol{Y}_{n+1}=\boldsymbol{Y}_n+\frac{h}{2}\boldsymbol{F}(x_n,\boldsymbol{Y}_n)$$

或者分量形式

$$y_{n+1,i}=y_{n,i}+\frac{h}{2}f_i(x_n,\boldsymbol{Y}_n),$$

其中 $y_{n,i}$ 是第 i 个因变量 $y_i(x)$ 在节点 x_n 处的近似值,

$$f_i(x_n,\boldsymbol{Y}_n)=f_i(x_n,y_{n,1},y_{n,2},\cdots,y_{n,n}),\quad i=1,2,\cdots,n.$$

2. 梯形方法

$$\boldsymbol{Y}_{n+1}=\boldsymbol{Y}_n+\frac{h}{2}(\boldsymbol{F}(x_n,\boldsymbol{Y}_n)+\boldsymbol{F}(x_{n+1},\boldsymbol{Y}_{n+1})),$$

或者分量形式

$$y_{n+1,i}=y_{n,i}+\frac{h}{2}(f_i\,(x_n,\boldsymbol{Y}_n)+f_i(x_{n+1},\boldsymbol{Y}_{n+1})),$$

其中 $y_{n,i}$ 是第 i 个因变量 $y_i(x)$ 在节点 x_n 处的近似值,

$$f_i(x_n,\boldsymbol{Y}_n)=f_i(x_n,y_{n,1},y_{n,2},\cdots,y_{n,n}),\quad i=1,2,\cdots,n.$$

例 7.9 取 $h=0.1$, 用 Euler 法解初值问题

$$\begin{cases}y_1'=3y_1+2y_2, & y_1(0)=0,\\ y_2'=4y_1+y_2, & y_2(0)=1,\end{cases}\quad 0<x\leqslant 0.2.$$

解 根据题意, 需要求节点 $x_1=0.1,x_2=0.2$ 上的近似解 $y_{1,1},y_{2,1}$ 和 $y_{1,2}$, $y_{2,2}$. 对此问题应用 Euler 公式可得

$$\begin{cases}y_{n+1,1}=y_{n,1}+\dfrac{h}{2}f_1(x_n,y_{n,1},y_{n,2}),\\[2ex] y_{n+1,2}=y_{n,2}+\dfrac{h}{2}f_2(x_n,y_{n,1},y_{n,2}).\end{cases}$$

取 $y_{0,1}=0,y_{0,2}=1$, 用上式逐步计算得

$$y_{1,1}=y_{0,1}+\frac{h}{2}(3y_{0,1}+2y_{0,2})=0.1,$$

$$y_{1,2} = y_{0,2} + \frac{h}{2}(4y_{0,1} + y_{0,2}) = 1.05,$$

$$y_{2,1} = y_{1,1} + \frac{h}{2}(3y_{1,1} + 2y_{1,2}) = 0.22,$$

$$y_{2,2} = y_{1,2} + \frac{h}{2}(4y_{1,1} + y_{1,2}) = 1.1225.$$

7.4.2 高阶方程

对于高阶常微分方程初值问题

$$\begin{cases} y^{(n)} = f(x, y', y'', \cdots, y^{(n-1)}), \\ y(a) = y_0,\ y'(a) = y'_0,\ \cdots,\ y^{(n-1)}(a) = y_0^{(n-1)}, \end{cases} \quad a \leqslant x \leqslant b, \tag{7.36}$$

可以考虑引进新的未知函数

$$y_1 = y,\ y_2 = y'_1,\ \cdots,\ y_n = y^{(n-1)}.$$

从而把上述高阶方程初值问题变成一阶方程组初值问题

$$\begin{cases} y'_1 = y_2, \\ y'_2 = y_3, \\ \cdots\cdots \\ y'_{n-1} = f(x, y_1, \cdots, y_{n-1}), \\ y_1(a) = y_0,\ y_2(a) = y'_0, \cdots, y_n(a) = y_0^{(n-1)}. \end{cases} \tag{7.37}$$

譬如, 对下列二阶方程初值问题

$$\begin{cases} y'' = f(x, y, y'), \\ y(x_0) = y_0,\ y'(x_0) = y'_0, \end{cases}$$

可引入新的变量 $z = y'$, 便将该初值问题化为一阶方程组初值问题

$$\begin{cases} y' = z, \\ z' = f(x, y, z), \\ y(x_0) = y_0,\ z(x_0) = y'_0. \end{cases}$$

针对这个问题, 可以采用 Euler 法或 Runge-Kutta 法进行计算.

例 7.10　求微分方程

$$\begin{cases} y'' + 4xyy' + 2y^2 = 0, \\ y(0) = 1, \\ y'(0) = 0 \end{cases}$$

的解 ($0 < x \leqslant 0.2$), 取步长 $h = 0.1$.

解　作变换 $z = y'$, 则上述问题转化为一阶方程组

$$\begin{cases} y' = z, \\ z' = -4xyz - 2y^2, \\ y(0) = 1, \\ z(0) = 0. \end{cases}$$

取 $y_0 = 1, z_0 = 0$, 用 Euler 法求解

$$\begin{aligned} y_1 &= y_0 + hz_0 = 1, \\ z_1 &= z_0 + h(-4x_0y_0z_0 - 2y_0^2) = -0.2, \\ y_2 &= y_1 + hz_1 = 0.98, \\ z_2 &= z_1 + h(-4x_1y_1z_1 - 2y_1^2) = -2.12. \end{aligned}$$

同样可以采用其他方法来求解, 比如四阶 Runge-Kutta 法.

7.5　两点边值问题的数值解法

当常微分方程满足因变量在指定边界点的多个条件时, 称为边值问题. 对于二阶常微分方程

$$y'' = f(x, y, y'),$$

其边界条件通常有以下三类.

(1) 第一边界条件: $y(a) = \alpha, y(b) = \beta$.

(2) 第二边界条件: $y'(a) = \alpha, y'(b) = \beta$.

(3) 第三边界条件: $\begin{cases} \alpha_0 y(a) + \alpha_1 y'(a) = \alpha, \\ \beta_0 y(b) + \beta_1 y'(b) = \beta, \end{cases}$ 其中 $\alpha, \beta, \alpha_0, \beta_0, \alpha_1, \beta_1$ 均为已知常数, 且满足 $|\alpha_0| + |\alpha_1| \neq 0, |\beta_0| + |\beta_1| \neq 0$.

最简单的二阶常微分方程两点边值问题的一般形式是

$$\begin{cases} y'' = f(x, y, y'), \\ y(a) = \alpha, \quad y(b) = \beta, \end{cases} \qquad a \leqslant x \leqslant b. \tag{7.38}$$

本节主要介绍求解两点边值问题的数值方法.

7.5.1 打靶法

考虑二阶常微分方程

$$y'' = f(x, y, y')$$

边值问题, 边界条件为第一边界条件: $y(a) = \alpha, y(b) = \beta$. 假设 $y'(a) = m$, 该问题可以转化为如下形式的初值问题

$$\begin{cases} y'' = f(x, y, y'), \\ y(a) = \alpha, \quad y'(a) = m. \end{cases} \tag{7.39}$$

令 $y_1 = y, y_2 = y'$, 将上述二阶微分方程转化为一阶微分方程组

$$\begin{cases} {y_1}' = y_2, \\ {y_2}' = f(x, y_1, y_2), \\ y_1(a) = \alpha, \quad y_2(a) = m. \end{cases} \tag{7.40}$$

这样就把二阶常微分方程边值问题的数值解问题转化为一阶方程组初值问题的数值解问题, 即如何选择合适的初始值 m, 使得方程组初值问题的解满足原边值问题的边界条件 $y(b) = \beta$ (即 $y_1(b) = \beta$).

对于给定的初始值 m, 可以使用方程组初值问题的所有数值方法找出方程组的解, 设方程组初值问题(7.39)的解为 $y_1(m, x)$, 它是初始值 m 的函数. 则问题转化为求解超越方程

$$y_1(m, b) = \beta$$

的根. 方程求根的迭代法这里均可以使用, 比如使用 Newton 迭代法有

$$m_{k+1} = m_k - \frac{y_1(m_k, b) - \beta}{(y_1(m_k, b) - \beta)'}. \tag{7.41}$$

Newton 迭代法由于每步计算都需要求函数的导数值, 当函数比较复杂时往往非常困难, 为了回避导数值的计算, 这里建议使用割线法

$$m_{k+1}=m_k-\frac{m_k-m_{k-1}}{(y_1(m_k,b)-\beta)-(y_1(m_{k-1},b)-\beta)}(y_1(m_k,b)-\beta),\quad k=1,2,\cdots$$

求根.

总的来说, 可以按照以下计算过程来求解两点边值问题.

(1) 给定初值 m_0,m_1, 采用一阶方程组的数值解法得到方程组的解 $y_1(m_0,b)$, $y_1(m_1,b)$, 再判断是否满足精度要求 $|y_1(m_0,b)-\beta|<\varepsilon, |y_1(m_1,b)-\beta|<\varepsilon$.

(2) 如果满足精度要求, 则 $y_1(m_0,x),y_1(m_1,x)$ 即为两点边值问题的解; 否则, 采用割线法求解 m_2. 同理求解一阶方程组得到 $y_1(m_2,b)$, 判断是否满足精度要求 $|y_1(m_2,b)-\beta|<\varepsilon$.

(3) 若不满足精度要求, 如此重复, 直到某个 m_k, 满足 $|y_1(m_k,b)-\beta|<\varepsilon$, 此时, 得到的 $y_1(x)$ 即为原边值问题的解 $y(x)$, $y_2(x)$ 即为边值问题解函数的一阶导数值.

整个计算过程就像打靶问题: 寻找到正确的角度来瞄准靶, 以便击中目标. 这里 m_k 相当于射击的角度, 而 $y_1(b)=\beta$ 为目标, 因此该方法称为打靶法, 其基本思想是把边值问题作为初值问题来求解, 从满足初值条件的解集中寻找同时满足右端边界条件的解.

例 7.11 用打靶法求解线性边值问题

$$\begin{cases} y''+xy'-4y=12x^2-3x, \\ y(0)=0,\quad y(1)=2, \end{cases}\qquad 0\leqslant x\leqslant 1,$$

其解析解为 $y(x)=x^4+x$, 要求误差不超过 0.5×10^{-6}.

解 作变换 $z=y'$, 则上述问题可转化为一阶方程组

$$\begin{cases} y'=z, \\ z'=-xz+4y+12x^2-3x, \\ y(0)=0, \\ z(0)=m_k. \end{cases}$$

取步长 $h=0.01$, 对每一个 m_k, 用经典 Runge-Kutta 方法求解. 选取初值 $m_0=0$, 求得 $|y(m_0,1)-y(1)|=1.5244>0.5\times10^{-6}$, 再选取初值 $m_1=0.5$, 求得 $|y(m_1,1)-y(1)|=0.7622>0.5\times10^{-6}$, 以 m_0,m_1 作为割线法的迭代初值, 由割线法计算 m_k, 重复这个过程, 直到得到满足要求的边值问题的解, 计算结果列于表 7.9.

表 7.9

n	x_n	y_n	$y(x_n)$	误差
0	0	0	0	0
1	0.2	0.2016	0.2016	3.3805×10^{-10}
2	0.4	0.4256	0.4256	5.1204×10^{-10}
3	0.6	0.7296	0.7296	5.3073×10^{-10}
4	0.8	1.2096	1.2096	3.7507×10^{-10}
5	1.0	2.0000	2.0000	4.4409×10^{-16}

例 7.12 用打靶法求解非线性边值问题

$$\begin{cases} 4y'' + yy' = 3x^5 + 40x, \\ y(1) = 9, \quad y(2) = 12, \end{cases} \quad 1 \leqslant x \leqslant 2,$$

其解析解为 $y(x) = x^3 + \dfrac{8}{x}$, 要求误差不超过 0.5×10^{-6}.

解 作变换 $z = y'$, 则上述问题可转化为一阶方程组

$$\begin{cases} y' = z, \\ z' = -\dfrac{1}{4}yz + \dfrac{3}{4}x^5 + 10x, \\ y(1) = 9, \\ z(1) = m_k. \end{cases}$$

取步长 $h = 0.01$, 对每一个 m_k, 用经典 Runge-Kutta 方法求解. 选取初值 $m_0 = -4$, 求得 $|y(m_0, 2) - y(2)| = 0.3576 > 0.5 \times 10^{-6}$, 再选取初值 $m_1 = -4.5$, 求得 $|y(m_1, 2) - y(2)| = 0.1800 > 0.5 \times 10^{-6}$, 以 m_0, m_1 作为割线法的迭代初值, 由割线法计算 m_k, 重复这个过程, 直到得到满足要求的边值问题的解, 计算结果列于表 7.10.

表 7.10

n	x_n	y_n	$y(x_n)$	误差
0	1	9	9	0
1	1.2	8.3936	8.3947	1.1×10^{-3}
2	1.4	8.4565	8.4583	1.8×10^{-3}
3	1.6	9.0937	9.0960	2.3×10^{-3}
4	1.8	10.2740	10.2764	2.5×10^{-3}
5	2.0	11.9976	12.0000	2.4×10^{-3}

打靶法对初始值的选取具有依赖性, 实际应用具有一定的局限.

7.5.2 差分法

差分法的基本思想是把区间 $[a,b]$ 离散化, 在节点上用差商代替导数, 把微分方程边值问题转化为离散的差分方程求解.

考虑二阶微分方程两点边值问题

$$\begin{cases} y''=f(x,y,y'), \\ y(a)=\alpha, \quad y(b)=\beta. \end{cases}$$

将区间 $[a,b]$ 进行 n 等分, 步长 $h=\dfrac{b-a}{n}$, 即 $x_i=a+ih\ (i=0,1,\cdots,n)$, 由数值微分知识可知

$$y'(x_i)=\frac{y(x_{i+1})-y(x_{i-1})}{2h}+O(h^2),$$

$$y''(x_i)=\frac{y(x_{i+1})-2y(x_i)+y(x_{i-1})}{h^2}+O(h^2).$$

将差商代入 (7.38) 式中节点 x_i 处的一阶和二阶导数, 由此可将 $y''=f(x,y,y')$ 离散化为

$$\frac{y(x_{i+1})-2y(x_i)+y(x_{i-1})}{h^2}\approx f\left(x_i,y(x_i),\frac{y(x_{i+1})-y(x_{i-1})}{2h}\right).$$

边界条件为

$$y(x_0)=\alpha, \quad y(x_n)=\beta.$$

令 y_i 为 $y(x_i)$ 的近似值, 将上面的近似式写成等式, 整理后可得

$$\begin{cases} \dfrac{y_{i+1}-2y_i+y_{i-1}}{h^2}=f\left(x_i,y_i,\dfrac{y_{i+1}-y_{i-1}}{2h}\right), \quad i=1,2,\cdots,n-1, \\ y_0=\alpha, \quad y_n=\beta. \end{cases} \tag{7.42}$$

如果 $f(x,y,y')$ 是 y,y' 的非线性函数, 则 (7.42) 式是非线性方程组, 可用求解非线性方程组的方法求解. 这里只考虑线性边值问题

$$y''=p(x)y'(x)+q(x)y(x)+r(x), \tag{7.43}$$

$$y(a)=\alpha, \quad y(b)=\beta. \tag{7.44}$$

利用边界条件 $y_0=\alpha, y_n=\beta$, 整理后得到关于 $y_1, y_2, \cdots, y_{n-1}$ 的线性方程组

$$\begin{cases} (-2-h^2q_1)\,y_1+\left(1+\dfrac{h}{2}p_1\right)y_2=h^2r_1-\left(1-\dfrac{h}{2}p_1\right)\alpha, \\ \left(1-\dfrac{h}{2}p_i\right)y_{i-1}+(-2-h^2q_i)\,y_i+\left(1+\dfrac{h}{2}p_i\right)y_{i+1}=h^2r_i, \quad i=2,3,\cdots,n-2, \\ \left(1-\dfrac{h}{2}p_{n-1}\right)y_{n-2}+(-2-h^2q_{n-1})\,y_{n-1}=h^2r_{n-1}-\left(1+\dfrac{h}{2}p_{n-1}\right)\beta, \end{cases} \tag{7.45}$$

其中, $p_i=p(x_i), q_i=q(x_i), r_i=r(x_i)$, 这是一个三对角线性方程组.

当 $q(x)\geqslant 0, x\in[a,b]$, 且步长满足 $|hp_k|<2$ 时, 方程组的系数矩阵严格对角占优, 此时方程组 (7.45) 的解存在且唯一. 线性方程组的数值解法在这里都可以使用, 如 Jacobi 迭代法、Gauss-Seidel 迭代法、追赶法等.

针对具体问题, 当遇到其他边界条件时, 比如以下形式

$$y'(a)=\alpha_0y(a)+\beta_0, \quad y'(b)=\alpha_1y(b)+\beta_1,$$

其中 $\alpha_0, \alpha_1, \beta_0, \beta_1$ 均为已知常数, 边界条件中的导数也要替换成相应的差商

$$\frac{y_1-y_0}{h}=\alpha_0y_0+\beta_0, \quad \frac{y_n-y_{n-1}}{h}=\alpha_1y_n+\beta_1.$$

这些边界条件所对应的方程和节点 $x_1, x_2, \cdots, x_{n-1}$ 上的差分方程一起, 构成包含 $n+1$ 个未知数的线性方程组.

例 7.13 用差分法求解线性边值问题

$$\begin{cases} y''-y'=-2\cos x, \\ y(0)=1, \quad y\left(\dfrac{\pi}{2}\right)=1, \end{cases} \quad 0\leqslant x\leqslant \frac{\pi}{2},$$

其解析解为 $y=\sin x+\cos x$.

解 将方程转化为一般形式

$$y''=p(x)y'(x)+q(x)y(x)+r(x),$$

则 $y''=y'-2\cos x$, 这里 $p(x)=1, q(x)=0, r(x)=-2\cos x$, 可得离散化格式

$$-2y_1+\left(1-\frac{h}{2}\right)y_2=-2h^2\cos x_1-\left(1+\frac{h}{2}\right)y_0,$$

$$\left(1+\frac{h}{2}\right)y_{i-1}-2y_i+\left(1-\frac{h}{2}\right)y_{i+1}=-2h^2\cos x_i, \quad i=2,3,\cdots,n-2,$$

$$\left(1-\frac{h}{2}\right)y_{n-2}-2y_{n-1}=-2h^2\cos x_{n-1}-\left(1-\frac{h}{2}\right)y_2y_n.$$

取 $h=\pi/10$, 注意到 $y_0=y_n=1$, 可得关于节点上函数值的方程组,

$$\begin{bmatrix} -2 & 0.9215 & 0 & \cdots & 0 & 0 \\ 1.0785 & -2 & 0.9215 & \cdots & 0 & 0 \\ \vdots & \vdots & \vdots & & \vdots & \vdots \\ 0 & 0 & 0 & \cdots & -2 & 0.9215 \\ 0 & 0 & 0 & \cdots & 1.0785 & -2 \end{bmatrix}\begin{bmatrix} y_1 \\ y_2 \\ \vdots \\ y_8 \\ y_9 \end{bmatrix}=\begin{bmatrix} -1.1272 \\ -0.0469 \\ \vdots \\ -0.0152 \\ -0.9292 \end{bmatrix},$$

数值计算结果如表 7.11 所示.

表 7.11

n	x_n	y_n	$y(x_n)$	误差
0	0.0000	1.000000	1.000000	0
1	0.1571	1.144126	1.144122	3.6281×10^{-6}
2	0.3142	1.260080	1.260074	6.3329×10^{-6}
3	0.4712	1.345005	1.344997	8.1010×10^{-6}
4	0.6283	1.396811	1.396802	8.9506×10^{-6}
5	0.7854	1.414222	1.414214	8.9336×10^{-6}
6	0.9425	1.396810	1.396802	8.1351×10^{-6}
7	1.0996	1.345004	1.344997	6.6743×10^{-6}
8	1.2566	1.260078	1.260074	4.7032×10^{-6}
9	1.4137	1.144252	1.144123	2.4066×10^{-6}
10	1.5708	1.000000	1.000000	0

求解微分方程的差分法在实际使用时, 计算结果的精度依赖步长的选取, 因此存在如何选择步长的问题. 单从每一步来看, 步长越小, 局部截断误差越小, 但是随着步长的逐渐缩小, 一来满足要求的步数增加, 导致计算量增大; 二来会导致舍入误差的累积. 因此需要合理衡量计算结果的精度选取步长.

针对两点边值问题, 除有限差分法外, 还可以用有限元法来求解.

注 7.9 冯康 (1920—1993, 中国数学家) 于 20 世纪 60 年代独立于西方开创了有限元法, 是中国计算数学研究的奠基人和开拓者, 中国科学院计算中心创始人. 1965 年发表论文《基于变分原理的差分格式》, 被国际学术界视为中国独立发展“有限元方法”的重要里程碑 (宁肯和汤涛, 2019).

7.6 练 习 题

练习 7.1 用改进的 Euler 法解初值问题

$$\begin{cases} y' = x^2 + x - y, \\ y(0) = 0. \end{cases}$$

取步长 $h = 0.1$, 计算 $y(0.5)$, 并与准确解 $y = x^2 - x + 1 - \mathrm{e}^{-x}$ 相比较.

练习 7.2 给定初值问题

$$\begin{cases} y' = \dfrac{2y}{x} + x^2\mathrm{e}^x, \\ y(1) = 0, \end{cases} \quad 1 \leqslant x \leqslant 2,$$

其精确解为 $y(x) = x^2(\mathrm{e}^x - \mathrm{e})$.

(1) 分别利用 Euler 法 ($h = 0.1$) 和改进 Euler 法 ($h = 0.2$) 求其数值解, 并同精确解比较;

(2) 应用 (1) 的答案和线性插值法求 y 的下列近似值, 并同精确解比较

$$y(1.03), \quad y(1.56), \quad y(1.97).$$

练习 7.3 用改进 Euler 法计算积分

$$\int_0^x \mathrm{e}^{-t^2}\mathrm{d}t$$

在 $x = 0.5, 0.75, 1$ 时的近似值 (至少保留四位小数).

练习 7.4 对初值问题

$$\begin{cases} y' = -y, \\ y(0) = 1, \end{cases}$$

证明 Euler 公式和梯形公式求得的近似解分别为

$$y_n = (1-h)^n, \quad y_n = \left(\frac{2-h}{2+h}\right)^n,$$

并证明当 $h \to 0$ 时, 它们都收敛于准确解 $y(x) = \mathrm{e}^{-x}$.

练习 7.5 试证明 Euler 法的总体截断误差可表示成

$$e_n = z(x_n)h + O(h^2),$$

这里 $z(x)$ 满足

$$\begin{cases} z' = f_y\left(x, y(x)\right) z + \dfrac{1}{2}y''(x), \\ z(a) = 0, \end{cases} \quad a \leqslant x \leqslant b.$$

练习 7.6 取 $h = 0.2$, 用经典四阶 Runge-Kutta 方法求解下列初值问题

(1) $\begin{cases} y' = \dfrac{3y}{1+x}, & 0 < x \leqslant 1; \\ y(0) = 1, \end{cases}$

(2) $\begin{cases} y' = x + y, & 0 < x \leqslant 1. \\ y(0) = 1. \end{cases}$

练习 7.7 讨论求解初值问题

$$\begin{cases} y' = -\lambda y, \\ y(0) = a \end{cases}$$

的二阶中点公式

$$y_{n+1} = y_n + hf\left(x_n + \frac{h}{2}, y_n + \frac{h}{2} f(x_n, y_n)\right)$$

的稳定性 ($\lambda > 0$ 为实数).

练习 7.8 求下列多步法的局部截断误差, 并指出是几阶方法.

(1) $y_{i+1} = y_i + \dfrac{h}{2}[3f(x_i, y_i) - f(x_{i-1}, y_{i-1})]$;

(2) $y_{i+1} = y_{i-1} + \dfrac{h}{3}[f(x_{i+1}, y_{i+1}) + 4f(x_i, y_i) + f(x_{i-1}, y_{i-1})]$.

练习 7.9 考虑二阶初值问题

$$\begin{cases} x''(t) + 4x'(t) + 5x(t) = 0, \\ x(0) = 3, \\ x'(0) = -5. \end{cases}$$

(1) 写出等价的两个一阶问题组成的方程组;

(2) 用二阶 Runge-Kutta 方法 ($h = 0.1$) 计算其数值解, 并与精确解 $x(t) = 3\mathrm{e}^{-2t}\cos(t) + \mathrm{e}^{-2t}\sin(t)$ 比较.

练习 7.10 证明两点边值问题

$$\begin{cases} y'' = p(x)y' + q(x)y + r(x), \\ y(a) = \alpha, \quad y(b) = \beta, \end{cases} \quad a \leqslant x \leqslant b$$

的解 $y = y(x)$ 可由该方程在初始条件

$$y_1(a) = \alpha, \quad y_1'(a) = 0$$

下的解 $y_1(x)$ 和该方程在初始条件

$$y_2(a) = 0, \quad y_2'(a) = 1$$

下的解 $y_2(x)$ 表示成

$$y(x) = y_1(x) + \frac{\beta - y_1(b)}{y_2(b)} y_2(x).$$

练习 7.11 取适当的步长, 用打靶法解边值问题

$$\begin{cases} y'' + xy' - 3y = 4x, \\ y(0) = 0, \quad y(1) = 2, \end{cases} \quad 0 < x < 1.$$

练习 7.12 取 $h = 0.5$, 用差分法解边值问题

$$\begin{cases} y'' = \left(1 + x^2\right) y, \\ y(-1) = y(1) = 1, \end{cases} \quad -1 < x < 1.$$

练习 7.13 取 $h = 0.2$, 用差分法解边值问题

$$\begin{cases} \left(1 + x^2\right) y'' - xy' - 3y = 6x - 3, \\ y(0) - y'(0) = 1, \quad y(1) = 2, \end{cases} \quad 0 < x < 1.$$

阶梯练习题

练习 7.14 考虑常微分方程初值问题

$$\begin{cases} y' = 2y - 2x + 1, \\ y(0) = -1, \end{cases} \quad 0 < x \leqslant 1.$$

(1) 选取一个合适的步长 h, 用几种不同的数值方法求解, 要求写出部分节点上的函数值;

(2) 选取不同的步长值, 比如 h 在稳定区域内和稳定区域外, 分别用几种不同的方法计算, 列表说明.

练习 7.15 常微分方程初值问题

$$\begin{cases} y' = -y + \sin 2x + 2x\mathrm{e}^{-x} + 2\cos 2x, \\ y(0) = 0, \end{cases} \quad 0 < x \leqslant 2$$

有准确解 $y(x) = x^2\mathrm{e}^{-x} + \sin 2x$. 选择一个合适的步长 h, 使四阶 Adams 预估-校正方法和经典 Runge-Kutta 方法均稳定, 分别用这两种方法求解该问题, 并比较计算精度, 计算结果以表格和图形形式列出.

练习 7.16 (Lorenz 问题与混沌) 考虑著名的 Lorenz 方程

$$\begin{cases} \dfrac{\mathrm{d}x}{\mathrm{d}t} = \alpha\left(y - x\right), \\ \dfrac{\mathrm{d}y}{\mathrm{d}t} = \beta x - y - xz, \\ \dfrac{\mathrm{d}z}{\mathrm{d}t} = xy - \gamma z, \end{cases}$$

其中 α, β, γ 为变化区域有一定限制的实参数. 该方程形式简单, 但揭示出许多现象, 促使 "混沌" 成为数学研究的新领域, 在实际应用中也产生了很大影响.

选取适当的参数值 α, β, γ, 以及不同的初值, 选择一种数值方法求解 Lorenz 方程, 观察计算结果.

练习 7.17　考虑一个简单的两点边值问题

$$\begin{cases} y''(x) + y(x) = x^4 + 12x^2, \\ y(0) = 1, \quad y(\pi) = -1 + \pi^4, \end{cases} \quad 0 < x < \pi.$$

(1) 验证该边值问题的解为 $y(x) = \cos x + x^4$, 画出解析解的图形;

(2) 选取一个合适的步长, 采用差分法将该问题离散化为差分方程, 选择不同的算法求解, 并比较不同算法的收敛速率;

(3) 选取不同的步长, 求解差分方程得到两点边值问题的近似解, 比较说明计算结果的精度与步长之间的关系.

7.7 实验题

实验题 7.1　考虑常微分方程初值问题

$$\begin{cases} \dfrac{\mathrm{d}y}{\mathrm{d}x} = xy^2 + y, \\ y(0) = 1, \end{cases} \quad 0 \leqslant x \leqslant 0.5.$$

(1) 选取一个合适的步长 h, 用几种不同的数值方法求解, 编写 MATLAB 程序, 要求写出部分节点上的函数值;

(2) 选取不同的步长值, 比如 h 在稳定区域内和稳定区域外, 分别用几种不同的方法计算, 计算结果用图形展示.

实验题 7.2　常微分方程初值问题

$$\begin{cases} y' = 2\mathrm{e}^{t/2} - \dfrac{y}{2}, \\ y(0) = 2, \end{cases} \quad 0 \leqslant t \leqslant 4$$

有准确解 $y = 2\mathrm{e}^{-t/2}\mathrm{e}^{t}$. 选择一个合适的步长 h, 使四阶 Adams 预估-校正方法和经典 Runge-Kutta 方法均稳定, 编写两种方法的 MATLAB 程序求解该问题, 并比较计算精度, 计算结果以表格和图形形式展示.

实验题 7.3　用打靶法求解两点边值问题

$$\begin{cases} y_1' = \dfrac{4 - 2y_2}{t^3}, & y_1(1) = 0, \\ y_2' = -\mathrm{e}^{y_1}, & y_2(2) = 0, \end{cases}$$

其中 $1 \leqslant t \leqslant 2$. 编写 MATLAB 程序, 观察计算效果, 分析计算精度与步长 h 及试射值之间的关系.

实验题 7.4　考虑一个简单的两点边值问题

$$\begin{cases} y'' - y' = -2\sin x, \\ y(0) = -1, \quad y\left(\dfrac{\pi}{2}\right) = 1. \end{cases}$$

(1) 验证该边值问题的解为 $y = \sin x - \cos x$, 画出解析解的图形;

(2) 选取一个合适的步长 h, 采用差分法将该问题离散化为差分方程, 选择不同的算法求解, 并比较不同算法的收敛速率;

(3) 选取不同的步长 h , 求解差分方程得到两点边值问题的近似解, 比较说明计算结果的精度与步长之间的关系.

第 8 章　矩阵特征值问题的数值方法

特征值问题产生于许多科学与工程应用领域. 例如人脸的面部识别、弹簧振动问题、网页搜索等. 如同前面的线性方程组一样, 高阶的特征值问题不可能人工求解, 只能借助于计算机近似求解.

目前, 已有不少非常成熟的数值方法用于计算矩阵的特征值和特征向量, 而全面系统地介绍这些重要的数值方法远远超出这门课的范围, 这里仅介绍幂法、反幂法、QR 方法和实对称矩阵特征值的 Jacobi 方法 (Heath, 2018; Kincaid and Cheney, 2003).

引例 1　Sturm-Liouville 特征值问题

有一个弹性杆, 其局部刚度为 $p(x)$, 密度为 $\rho(x)$, 该弹性杆的纵向振动可由如下微分方程描述

$$\rho(x)\frac{\partial^2 v}{\partial t^2}(x,t)=\frac{\partial}{\partial x}\left[p(x)\frac{\partial v}{\partial x}(x,t)\right],$$

式中 $v(x,t)$ 是杆在时间 t 时, 从其平衡位置 x 处的平均纵向位移. 此振动可以写成简单谐振动的总和

$$v(x,t)=\sum_{k=0}^{\infty}c_k u_k(x)\cos\sqrt{\lambda_k}(t-t_0),$$

其中 $u_k(x)$ 和 λ_k 满足

$$\frac{\mathrm{d}}{\mathrm{d}x}\left[p(x)\frac{\mathrm{d}u_k}{\mathrm{d}x}(x)\right]+\lambda_k\rho(x)u_k(x)=0.$$

如果该杆的长度为 l, 并且两端固定, 则此微分方程对 $0<x<l$ 和 $v(0)=v(l)=0$ 成立. 这些微分方程组被称为 Sturm-Liouville 系统, 这些数 λ_k 称为对应于特征函数 $u_k(x)$ 的特征值.

假设杆的长度为 1 米, 刚度是均匀的 $p(x)=p$, 密度是均匀的 $\rho(x)=\rho$. 为了数值近似 u 和 λ, 设步长 $h=0.2$, 则 $x_j=0.2j, j=0,1,\cdots,5$. 用中心差商公式近似导数可以得到如下的线性系统

$$\boldsymbol{A}\boldsymbol{w}=\begin{bmatrix}2&-1&0&0\\-1&2&-1&0\\0&-1&2&-1\\0&0&-1&2\end{bmatrix}\begin{bmatrix}w_1\\w_2\\w_3\\w_4\end{bmatrix}=-0.04\frac{\rho}{p}\lambda\begin{bmatrix}w_1\\w_2\\w_3\\w_4\end{bmatrix}=-0.04\frac{\rho}{p}\lambda\boldsymbol{w}.$$

在这个系统中, 对 $j=1,2,3,4$ 有 $w_j\approx u(x_j)$, $w_0=w_5=0$. $\boldsymbol{A}$ 的 4 个特征值是 Sturm-Liouville 系统特征值的近似.

注 8.1 刘维尔 (Joseph Liouville, 1809—1882, 法国数学家) 一生从事数学、力学和天文学的研究, 涉足广泛, 成果丰富, 尤其对双周期椭圆函数、微分方程边值问题和数论中的超越数问题有深入研究. 斯图姆 (Jacques Charles François Sturm, 1803—1855, 法国数学家) 于 1829 年解决了在变量的给定范围内确定实系数代数方程的实根数 (即斯图姆定理), 首次考虑了数学物理中出现的二阶常微分方程的特征值与特征函数问题, 后与刘维尔合作得到若干重要结果, 现称二阶常微分方程的边值问题为 Sturm-Liouville 问题.

引例 2 多项式的根

设有实系数多项式

$$f(x)=x^n+a_{n-1}x^{n-1}+\cdots+a_2x^2+a_1x+a_0$$

和对应的友矩阵

$$\boldsymbol{A}=\begin{bmatrix}0&0&0&\cdots&0&0&-a_0\\1&0&0&\cdots&0&0&-a_1\\0&1&0&\cdots&0&0&-a_2\\\vdots&\vdots&\vdots&&\vdots&\vdots&\vdots\\0&0&0&\cdots&0&1&-a_{n-1}\end{bmatrix}.$$

因为 $f(x)=|x\boldsymbol{E}-\boldsymbol{A}|$, 故 n 次多项式 $f(x)$ 的零点与矩阵 $\boldsymbol{A}$ 的特征值相同, 因此虽然对于 5 次以上的方程没有求根公式去求全部根, 但是可以利用求特征值的方式求出 $f(x)$ 的全部根.

8.1 特征值与特征向量

8.1.1 特征值的概念与性质

定义 8.1 设 $\boldsymbol{A}$ 为 n 阶方阵, 对于数 λ, 非零向量 $\boldsymbol{x}\in\mathbb{R}^n$, 若满足 $\boldsymbol{A}\boldsymbol{x}=\lambda\boldsymbol{x}$, 则称 λ 为 $\boldsymbol{A}$ 的**特征值**, 非零解向量 $\boldsymbol{x}$ 称为矩阵 $\boldsymbol{A}$ 的对应于 λ 的**特征向量**.

设 $\boldsymbol{x}$ 是 $\boldsymbol{A}$ 对应于 λ 的特征向量, c 是一个常数, 易知 $c\boldsymbol{x}$ 也是 $\boldsymbol{A}$ 对应于 λ 的特征向量. 因此为了保证对应于 λ 的特征向量在某种意义下的唯一性, 人们常把特征向量按某种范数归一化, 比如按 $\|\cdot\|_\infty$ 范数、$\|\cdot\|_1$ 范数或 $\|\cdot\|_2$ 范数归一化.

定义 8.2 设 $\boldsymbol{A}$ 与 $\boldsymbol{B}$ 都是 n 阶方阵, 如果有非奇异 n 阶方阵 $\boldsymbol{P}$, 使得 $\boldsymbol{A}=\boldsymbol{P}^{-1}\boldsymbol{B}\boldsymbol{P}$, 则称 $\boldsymbol{A}$ 与 $\boldsymbol{B}$ **相似**.

定理 8.1 相似矩阵具有相同的特征多项式, 因此具有相同的特征值.

定理 8.2 设 n 阶方阵 $\boldsymbol{A}$ 与一个对角矩阵 $\boldsymbol{D}=\operatorname{diag}(\lambda_1,\lambda_2,\cdots,\lambda_n)$ 相似, 即有 $\boldsymbol{P}=[\boldsymbol{p}_1,\boldsymbol{p}_2,\cdots,\boldsymbol{p}_n]$, 使得

$$\boldsymbol{P}^{-1}\boldsymbol{A}\boldsymbol{P}=\boldsymbol{D},$$

则 $\boldsymbol{D}$ 的对角元素 $\lambda_1,\lambda_2,\cdots,\lambda_n$ 是 $\boldsymbol{A}$ 的 n 个特征值, $\boldsymbol{P}$ 的 n 个列 $\boldsymbol{p}_1,\boldsymbol{p}_2,\cdots,\boldsymbol{p}_n$ 依次是 $\boldsymbol{A}$ 的对应于 $\lambda_1,\lambda_2,\cdots,\lambda_n$ 的 n 个特征向量, 且这 n 个特征向量是线性无关的.

8.1.2 特征值定位

以下定理给出了矩阵特征值位置的简单计算方法.

定理 8.3 (Gershgorin 圆盘定理) 设 $\boldsymbol{A}=(a_{ij})_{n\times n}$, G_i 表示复平面上以 a_{ii} 为中心, 以 $\sum_{j=1,j\neq i}^{n}|a_{ij}|$ 为半径的圆, 即

$$G_i=\left\{z\in\mathbb{C}:|z-a_{ii}|\leqslant\sum_{j=1,j\neq i}^{n}|a_{ij}|\right\},\quad i=1,2,\cdots,n,$$

其中 $\mathbb{C}$ 表示复数域, 则

(1) $\boldsymbol{A}$ 的所有特征值都包含在 n 个圆盘的并 $G=\bigcup_{i=1}^{n}G_i$ 中;

(2) 若有 m 个圆盘形成一个连通域, 且这个区域与其他 $n-m$ 个圆盘都不相交, 则在这个连通域中恰有 $\boldsymbol{A}$ 的 m 个 (计算重数) 特征值.

证明 以下对 (1) 给出证明. 设 λ 是 $\boldsymbol{A}$ 的任一特征值, 而 x 是它对应的特征向量,

$$\boldsymbol{x}=[x_1,x_2,\cdots,x_n]^{\mathrm{T}},$$

则由 $\boldsymbol{A}\boldsymbol{x}=\lambda\boldsymbol{x}$ 展开可得

$$\sum_{j=1}^{n}a_{ij}x_j=\lambda x_i,\quad i=1,2,\cdots,n,$$

即

$$\sum_{j\neq i}^{n}a_{ij}x_j+a_{ii}x_i=\lambda x_i.$$

移项可得

$$\sum_{j\neq i}^{n} a_{ij}x_j = (\lambda - a_{ii})x_i. \tag{8.1}$$

令 x_{i_0} 是 $\boldsymbol{x}$ 的诸分量中绝对值最大者, 则 $x_{i_0} \neq 0, |x_i/x_{i_0}| \leqslant 1$, 而 (8.1) 对 i_0 也成立

$$\sum_{j\neq i_0}^{n} a_{i_0 j}x_j = (\lambda - a_{i_0 i_0})x_{i_0}.$$

所以

$$|\lambda - a_{i_0 i_0}|\ |x_{i_0}| = \left|\sum_{j\neq i_0}^{n} a_{i_0 j}x_j\right| \leqslant \sum_{j\neq i_0}^{n} |a_{i_0 j}|\ |x_j|.$$

两边除以 $|x_{i_0}|$, 即得

$$|\lambda - a_{i_0 i_0}| \leqslant \sum_{j\neq i_0}^{n} |a_{i_0 j}| = R_{i_0}.$$

由于对任意的 λ, 都存在 i_0, 所以 λ 在圆 $|z - a_{ii}| \leqslant R_i$ 的并集中. □

注 8.2 格什戈林 (Semyon Aranovich Gershgorin, 1901—1933, 白俄罗斯数学家) 于 1931 年发表的论文《关于矩阵特征值的定界》中包括了现在被称为圆盘定理的内容 (Burden and Faires, 2010).

例 8.1 估计矩阵

$$\boldsymbol{A} = \begin{bmatrix} 3 & 0 & -1 \\ 1 & 2 & 0 \\ 1 & 1 & 7 \end{bmatrix}$$

的特征值范围.

解 Gershgorin 圆盘是

$$\begin{aligned} G_1 &= \{z \in \mathbb{C} : |z-3| \leqslant 1\}, \\ G_2 &= \{z \in \mathbb{C} : |z-2| \leqslant 1\}, \\ G_3 &= \{z \in \mathbb{C} : |z-7| \leqslant 2\}. \end{aligned}$$

所以其特征值的范围是 $\lambda_1 \in G_1$, $\lambda_2 \in G_2$, $\lambda_3 \in G_3$.

注 8.3 对于给定 n 阶矩阵 $\boldsymbol{A}$, 定义 2.14 给出了谱半径的定义, 定义 2.12 给出了矩阵范数的定义. 若 $\boldsymbol{A}$ 是对称矩阵, 则 $\rho(\boldsymbol{A}) = ||\boldsymbol{A}||_2$.

8.2　幂法与反幂法

8.2.1　幂法

在一些工程和物理问题中, 通常只需要求出矩阵按模最大的特征值和对应的特征向量. 矩阵的按模最大的特征值称为矩阵的主特征值, 对于求这种特征值问题, 可以使用幂法. 幂法是一种计算矩阵 $\boldsymbol{A}$ 的主特征值的一种迭代法.

设 n 阶实矩阵 $\boldsymbol{A}$ 可对角化, 其特征值为 λ_i, 对应的特征向量为 $\boldsymbol{e}_i$, 即

$$\boldsymbol{A}\boldsymbol{e}_i=\lambda_i\boldsymbol{e}_i. \tag{8.2}$$

设 $\boldsymbol{A}$ 的主特征值 λ_1 为实数, 且满足条件 $|\lambda_1|>|\lambda_2|\geqslant|\lambda_3|\geqslant\cdots\geqslant|\lambda_n|$. 以下用幂法求 λ_1 与 $\boldsymbol{e}_1$.

任取一非零初始向量 $\boldsymbol{v}_0$, 用矩阵 $\boldsymbol{A}$ 反复加工得

$$\boldsymbol{v}_k=\boldsymbol{A}\boldsymbol{v}_{k-1}\quad(k=1,2,\cdots). \tag{8.3}$$

这样就得出了向量序列 $\{\boldsymbol{v}_k\}$.

由于 $\boldsymbol{e}_1,\boldsymbol{e}_2,\cdots,\boldsymbol{e}_n$ 线性无关, 其可构成 $\mathbb{C}^n$ 的一组基, 在这组基下 $\boldsymbol{v}_0$ 可表示成

$$\boldsymbol{v}_0=\sum_{i=1}^{n}a_i\boldsymbol{e}_i.$$

设 $a_1\neq0$, 于是

$$\begin{aligned}\boldsymbol{v}_k=\boldsymbol{A}^k\boldsymbol{v}_0&=\sum_{i=1}^{n}a_i\boldsymbol{A}^k\boldsymbol{e}_i=\sum_{i=1}^{n}a_i\lambda_i^k\boldsymbol{e}_i\\&=\lambda_1^k\left(a_1\boldsymbol{e}_1+\sum_{i=2}^{n}a_i\left(\frac{\lambda_i}{\lambda_1}\right)^k\boldsymbol{e}_i\right).\end{aligned} \tag{8.4}$$

由假设知

$$\left|\frac{\lambda_i}{\lambda_1}\right|<1\quad(i=2,3,\cdots,n).$$

所以当 k 充分大时有

$$\boldsymbol{v}_k\approx\lambda_1^k a_1\boldsymbol{e}_1. \tag{8.5}$$

由 (8.5) 知 $\boldsymbol{v}_k$ 约等于 $\boldsymbol{A}$ 的对应于 λ_1 的特征向量 (除一个常数因子外), 用 $(\boldsymbol{v}_k)_i$

表示向量 $\boldsymbol{v}_k$ 的第 i 个分量, 由 (8.5) 知

$$\frac{(\boldsymbol{v}_{k+1})_i}{(\boldsymbol{v}_k)_i} \approx \lambda_i. \tag{8.6}$$

这说明两个相邻迭代向量分量的比值约等于主特征值 λ_1.

这种用已知非零向量作初始向量, 用 (8.3) 构造的向量序列 $\{\boldsymbol{v}_k\}$ 来计算特征值 λ_1 及相应特征向量 $\boldsymbol{e}_1$ 的方法称为**幂法**.

注 8.4 若直接用 (8.3) 计算, 当 $|\lambda_1| > 1$ (或 $|\lambda_1| < 1$) 时, 迭代向量 $\boldsymbol{v}_k$ 的各个不等于零的分量将随 $k \to \infty$ 而趋向无穷 (或零), 这样在计算机上计算时就可能产生"溢出"或"机器零"的情况, 为了避免这种现象, 在计算过程中常采用"归一化"措施. 设有一向量 $\boldsymbol{u} \neq \boldsymbol{0}$, 取 $\boldsymbol{v} = \dfrac{\boldsymbol{u}}{\max(\boldsymbol{u})}$ 称为将 $\boldsymbol{u}$"**归一化**", 其中 $\max(\boldsymbol{u})$ 表示向量 $\boldsymbol{u}$ 的绝对值最大的.

"**归一化**" **幂法**的计算格式为: 设 $\boldsymbol{A}$ 是 n 阶实矩阵, 取 $\boldsymbol{v}_0 \neq \boldsymbol{0}$, 对 $k = 1, 2, 3, \cdots$, 作

$$\begin{cases} \boldsymbol{u}_k = \boldsymbol{A}\boldsymbol{v}_{k-1}, \\ m_k = \max(\boldsymbol{u}_k), \\ \boldsymbol{v}_k = \boldsymbol{u}_k / m_k. \end{cases} \tag{8.7}$$

当 $|m_k - m_{k-1}| \leqslant \varepsilon$ 时, 迭代结束, 并计算 $\boldsymbol{u}_k$; 否则继续迭代.

定理 8.4 按照 (8.7) 构造的 $\boldsymbol{v}_k$ 和 $\boldsymbol{u}_k$ 分别满足

$$\lim_{k\to\infty} \boldsymbol{v}_k = \frac{\boldsymbol{e}_1}{\max(\boldsymbol{e}_1)}, \quad \lim_{k\to\infty} \max(\boldsymbol{u}_k) = \lambda_1. \tag{8.8}$$

证明可见文献 (杨一都, 2008). 以下为"归一法"幂法的算法.

算法 8.1 "归一化" 幂法

输入: 矩阵 $\boldsymbol{A}$, 非零初始化向量 $\boldsymbol{v}_0$, 允许误差 ε.

输出: 向量 $\boldsymbol{v}_k$, 数 m_k.

For $k = 1, 2, \cdots$ **do**

  $\boldsymbol{u}_k = \boldsymbol{A}\boldsymbol{v}_{k-1}$,

  $m_k = \max(\boldsymbol{u}_k)$,

  $\boldsymbol{v}_k = \boldsymbol{u}_k / m_k$.

  If $|m_k - m_{k-1}| < \varepsilon$ **then**

    输出: m_k, $\boldsymbol{v}_k$, 终止计算.

  EndIf

EndFor

例 8.2 求方阵 $\boldsymbol{A}$ 的按模最大的特征值和相应的特征向量

$$\boldsymbol{A}=\begin{bmatrix}2 & 4 & 6\\ 3 & 9 & 15\\ 4 & 16 & 36\end{bmatrix}.$$

解 用 (8.7) 计算. 取 $\boldsymbol{v}_0=[1,1,1]^{\mathrm{T}}$, 其计算结果见表 8.1.

表 8.1

k	0	1	2	3	4	5
		12	8.357	8.168	8.157	8.156
$\boldsymbol{u}_k$		27	19.98	19.60	19.57	19.57
		56	44.57	43.92	43.88	43.88
$\max(\boldsymbol{u}_k)$		56	44.57	43.92	43.88	43.88
	1	0.2143	0.1875	0.1860	0.1859	0.1859
$\boldsymbol{v}_k$	1	0.4820	0.4483	0.4463	0.4460	0.4460
	1	1.0000	1.0000	1.0000	1.0000	1.0000

从表 8.1 可知, 若 $\boldsymbol{v}_k$ 保留小数点后四位, 则 $\boldsymbol{v}_4$ 与 $\boldsymbol{v}_5$ 已完全相同, 故所求特征值为 $\lambda_1=\max(\boldsymbol{u}_5)=43.88$, 对应的特征向量为 $[8.156,19.57,43.88]^{\mathrm{T}}$, 按向量的 $\|\cdot\|_\infty$ 归一的特征向量为 $[0.1859,\ 0.4460,\ 1.0000]^{\mathrm{T}}$.

8.2.2 幂法 Aitken 加速

从前面的讨论可知, 由幂法求按模最大特征值, 可归结为求数列 $\{m_k\}$ 的极限值, 其收敛速度由 $|\lambda_2/\lambda_1|$ 确定. 当 $|\lambda_2/\lambda_1|$ 接近 1 时, 收敛速度相当缓慢, 为了提高收敛速度, 可以采用外推法进行加速.

因为序列 $\{m_k\}$ 的收敛速度由 $|\lambda_2/\lambda_1|$ 确定, 所以若 $\{m_k\}$ 收敛, 当 k 充分大时, 则有

$$m_k-\lambda_1\approx C\left(\frac{\lambda_2}{\lambda_1}\right)^k,$$

其中 C 是与 k 无关的常数, 由此可得

$$\frac{m_{k+1}-\lambda_1}{m_k-\lambda_1}\approx\frac{\lambda_2}{\lambda_1}. \tag{8.9}$$

这表明幂法是线性收敛的. 由 (8.9) 可得

$$\frac{m_{k+1}-\lambda_1}{m_k-\lambda_1}\approx\frac{m_{k+2}-\lambda_1}{m_{k+1}-\lambda_1},$$

由此式解出 λ_1, 并记为 $\widetilde{m}_{k+2}$, 即

$$\widetilde{m}_{k+2}=\frac{m_{k+2}m_k-m_{k+1}^2}{m_{k+2}-2m_{k+1}+m_k}=m_k-\frac{(m_{k+1}-m_k)^2}{m_{k+2}-2m_{k+1}+m_k}. \tag{8.10}$$

这就是计算按模最大特征值的加速公式 (Aitken 加速).

幂法 Aitken 加速的计算格式为: 设 $\boldsymbol{A}$ 是 n 阶实矩阵, 取 $\boldsymbol{v}_0\neq\boldsymbol{0}$, 对 $k=1,2$ 用迭代公式

$$\begin{cases}\boldsymbol{u}_k=\boldsymbol{A}\boldsymbol{v}_{k-1},\\ m_k=\max(\boldsymbol{u}_k),\\ \boldsymbol{v}_k=\boldsymbol{u}_k/m_k.\end{cases}$$

求出 m_1,m_2 及 $\boldsymbol{v}_1,\boldsymbol{v}_2$. 再对 $k=3,4,\cdots$ 作如下迭代

$$\begin{cases}\boldsymbol{u}_k=\boldsymbol{A}\boldsymbol{v}_{k-1},\\ m_k=\max(\boldsymbol{u}_k),\\ \tilde{m}_k=m_{k-2}-\dfrac{(m_{k-1}-m_{k-2})^2}{m_k-2m_{k-1}+m_{k-2}},\\ \boldsymbol{v}_k=\boldsymbol{u}_k/\tilde{m}_k.\end{cases} \tag{8.11}$$

当 $|\tilde{m}_k-\tilde{m}_{k-1}|\leqslant\varepsilon$ 时, 迭代结束, 并计算 $\boldsymbol{u}_k$; 否则继续迭代, 直到满足迭代停止条件 $|\tilde{m}_k-\tilde{m}_{k-1}|\leqslant\varepsilon$.

8.2.3 反幂法

幂法是求矩阵按模最大特征值的方法, 反幂法是求矩阵按模最小特征值的方法.

基本思想: 设 $\boldsymbol{A}$ 为 n 阶非奇异矩阵, 由特征值性质知, 0 不是 $\boldsymbol{A}$ 的特征值; 若 λ 是 $\boldsymbol{A}$ 的特征值, 则 $1/\lambda$ 是 $\boldsymbol{A}^{-1}$ 的特征值, 所以 $\boldsymbol{A}$ 的按模最小特征值就是 $\boldsymbol{A}^{-1}$ 的按模最大特征值. 反幂法就是对 $\boldsymbol{A}^{-1}$ 实行幂法从而得到 $\boldsymbol{A}$ 的按模最小特征值.

由幂法与反幂法之间的上述关系, 易得其计算格式: 取 $\boldsymbol{v}_0\neq\boldsymbol{0}$, 对 $k=1,2,3,\cdots$, 作

$$\begin{cases}\boldsymbol{A}\boldsymbol{u}_k=\boldsymbol{v}_{k-1},\\ m_k=\max(\boldsymbol{u}_k),\\ \boldsymbol{v}_k=\boldsymbol{u}_k/m_k.\end{cases} \tag{8.12}$$

$\boldsymbol{u}_k$ 可通过解方程组 $\boldsymbol{A}\boldsymbol{u}_k=\boldsymbol{v}_{k-1}$ 求得.

定理 8.5 设 $\boldsymbol{A}$ 是一个可对角化的非奇异矩阵, 且

$$|\lambda_1| \geqslant |\lambda_2| \geqslant \ldots \geqslant |\lambda_{n-1}| > |\lambda_n| > 0,$$

则

$$\lim_{k\to\infty} \boldsymbol{v}_k = \frac{\boldsymbol{e}_n}{\max(\boldsymbol{e}_n)}, \quad \lim_{k\to\infty} \max(\boldsymbol{u}_k) = \frac{1}{\lambda_n}. \tag{8.13}$$

收敛速度取决于比值 $\dfrac{\lambda_n}{\lambda_{n-1}}$.

算法 8.2 反幂法

输入: 矩阵 $\boldsymbol{A}$, 非零初始化向量 $\boldsymbol{v}_0$.

输出: 向量 $\boldsymbol{v}_k$, 数 m_k.

For $k = 1, 2, \cdots$ **do**

  解线性方程组 $\boldsymbol{A}\boldsymbol{u}_k = \boldsymbol{v}_{k-1}$ 得向量 $\boldsymbol{u}_k$,

  $m_k = \max(\boldsymbol{u}_k)$,

  $\boldsymbol{v}_k = \boldsymbol{u}_k / m_k$.

EndFor

例 8.3 用反幂法求方阵

$$\boldsymbol{A} = \begin{bmatrix} 3 & 2 \\ 4 & 5 \end{bmatrix}$$

的按模最小的特征值和相应的特征向量.

解 通过计算可得

$$\boldsymbol{A}^{-1} = \begin{bmatrix} 5/7 & -2/7 \\ -4/7 & 3/7 \end{bmatrix}.$$

用 (8.12) 计算. 取 $\boldsymbol{v}_0 = [1, 1]^{\mathrm{T}}$, 其计算结果见表 8.2.

表 8.2

k	1	2	3	4	5	6	7	8
$\boldsymbol{u}_k$	0.429	0.810	0.966	0.995	0.999	0.9999	1.00	1.00
	−0.143	−0.714	−0.950	−0.993	−0.998	−0.9998	−1.00	−1.00
$\max(\boldsymbol{u}_k)$	0.429	0.810	0.966	0.995	0.999	0.9999	1.00	1.00
$\boldsymbol{v}_k$	1.000	1.000	1.000	1.000	1.000	1.0000	1.00	1.00
	−0.333	−0.882	−0.983	−0.997	−0.999	−0.9999	−1.00	−1.00

由表 8.2 可知, $\boldsymbol{v}_7$ 与 $\boldsymbol{v}_8$ 已完全相同, 故所求的最小特征值为 $\lambda_2=\max(\boldsymbol{u}_8)=1.00$, 对应的特征向量为 $[1.00,-1.00]^{\mathrm{T}}$.

8.2.4 Rayleigh 商加速

一般来说, 前面的 m_k 的收敛速度不太令人满意, 除前面介绍的 Aitken 加速外, 还有另外一种加速方法——Rayleigh 商加速.

设 $\boldsymbol{A}$ 是 n 阶实对称方阵, $\widetilde{\boldsymbol{x}}$ 是 $\boldsymbol{A}$ 的一个近似特征向量. 那么借助 $\widetilde{\boldsymbol{x}}$ 和 $\boldsymbol{A}$ 就可以求出 $\boldsymbol{A}$ 的一个很好的近似特征值, 其基本想法就是求实数 μ 使得

$$||\boldsymbol{A}\widetilde{\boldsymbol{x}}-\mu\widetilde{\boldsymbol{x}}||_2=\min.$$

该最小二乘问题的解为

$$\mu=\frac{\widetilde{\boldsymbol{x}}^{\mathrm{T}}\boldsymbol{A}\widetilde{\boldsymbol{x}}}{\widetilde{\boldsymbol{x}}^{\mathrm{T}}\widetilde{\boldsymbol{x}}},$$

此处的 μ 称为 $\widetilde{\boldsymbol{x}}$ 的 **Rayleigh 商**.

假设 $\boldsymbol{A}$ 的特征值满足 $|\lambda_1|>|\lambda_2|\geqslant|\lambda_3|\geqslant\cdots\geqslant|\lambda_n|$, 则可以用幂法求 λ_1, 但是

$$|m_k-\lambda_1|=O\left(\left|\frac{\lambda_2}{\lambda_1}\right|^k\right).$$

假设迭代法的初始迭代向量为

$$\boldsymbol{v}_0=k_1\boldsymbol{x}_1+k_2\boldsymbol{x}_2+\cdots+k_n\boldsymbol{x}_n,$$

其中 $\boldsymbol{x}_1,\boldsymbol{x}_2,\cdots,\boldsymbol{x}_n$ 为正交规范的特征向量. 不难验证, 对应向量 $\boldsymbol{v}_k$ 的 Rayleigh 商为

$$\begin{aligned}R(\boldsymbol{v}_k)&=\frac{(\boldsymbol{v}_k)^{\mathrm{T}}\boldsymbol{A}\boldsymbol{v}_k}{(\boldsymbol{v}_k)^{\mathrm{T}}\boldsymbol{v}_k}=\frac{(\boldsymbol{v}_0)^{\mathrm{T}}\boldsymbol{A}^{2k+1}\boldsymbol{v}_0}{(\boldsymbol{v}_0)^{\mathrm{T}}\boldsymbol{A}^{2k}\boldsymbol{v}_0}\\&=\frac{\sum\limits_{j=1}^{n}k_j^2\lambda_j^{2k+1}}{\sum\limits_{j=1}^{n}k_j^2\lambda_j^{2k}}=\lambda_1\left[1+O\left(\left|\frac{\lambda_2}{\lambda_1}\right|^{2k}\right)\right].\end{aligned}$$

由此看出 $R(\boldsymbol{v}_k)$ 收敛于 λ_1, 而且它明显比 $\{m_k\}$ 收敛更快. 这样计算 $\boldsymbol{v}_k$ 后, 再计算 $R(\boldsymbol{v}_k)$ 作为 λ_1 的近似值的方法, 称为**对称矩阵幂法的 Rayleigh 商加速方法**.

将 Rayleigh 商和带位移的反幂法相结合就得到如下的 **Rayleigh 商迭代**.

算法 8.3 Rayleigh 商迭代

输入: 矩阵 $\boldsymbol{A}$, 非零初始化向量 $\boldsymbol{v}_0$.

输出: 向量 $\boldsymbol{v}_k$, 数 m_k.

For $k=1,2,\cdots$ **do**

$$\sigma_k=\frac{(\boldsymbol{v}_{k-1})^{\mathrm{T}}\boldsymbol{A}\boldsymbol{v}_{k-1}}{(\boldsymbol{v}_{k-1})^{\mathrm{T}}\boldsymbol{v}_{k-1}},$$

解方程组 $(\boldsymbol{A}-\sigma_k\boldsymbol{E})\boldsymbol{y}_k=\boldsymbol{v}_{k-1}$ 得 $\boldsymbol{y}_k$,

$$\boldsymbol{v}_k=\frac{\boldsymbol{y}_k}{\|\boldsymbol{y}_k\|_2}.$$

EndFor

注 8.5 $\boldsymbol{x}^{\mathrm{T}}\boldsymbol{A}\boldsymbol{x}/(\boldsymbol{x}^{\mathrm{T}}\boldsymbol{x})$ 被称为 Rayleigh 商是为了纪念瑞利 (John William Strutt (Lord Rayleigh), 1842—1919, 英国物理学家). 他是一位研究波理论的科学家, 因发现氩气而获得诺贝尔奖.

例 8.4 用 Rayleigh 商加速方法求下列对称矩阵

$$\boldsymbol{A}=\begin{bmatrix}2&-1&0\\-1&2&-1\\0&-1&2\end{bmatrix}$$

的特征值, 其精确特征值是 $\lambda_1=2+\sqrt{2}=3.4142135624$, $\lambda_2=2-\sqrt{2}=0.5857864376$, $\lambda_3=2$.

解 取 $\boldsymbol{v}_0=\dfrac{1}{\sqrt{3}}[1,1,1]^{\mathrm{T}}$, 计算结果见表 8.3.

表 8.3

k	1	2	3
σ_k	0.6667	0.5859	0.5858
$\boldsymbol{y}_k$	−6.0622	6.9301e+3	−1.0697e+13
	−8.6603	9.8006e+3	−1.5128e+13
	−6.0622	6.9301e+3	−1.0697e+13
$\boldsymbol{v}_k$	−0.4975	0.5000	−0.5000
	−0.7107	0.7071	−0.7071
	−0.4975	0.5000	−0.5000

取 $\boldsymbol{v}_0=\dfrac{1}{\sqrt{29}}[0,2,-5]^{\mathrm{T}}$, 计算结果见表 8.4.

取 $\boldsymbol{v}_0=\dfrac{1}{\sqrt{54}}[-5,2,5]^{\mathrm{T}}$, 计算结果得 $\sigma_1=2$.

表 8.4

k	1	2	3	4	5	6	7
σ_k	2.6897	2.7338	2.7959	2.9637	3.2832	3.4127	3.4142
	−1.1268	0.1139	−1.1885	−0.5037	−3.8027	−3.3233e+2	−2.9322e+8
$\boldsymbol{y}_k$	0.7771	0.7293	0.8656	1.2937	5.1414	4.7001e+2	4.1467e+8
	0.2195	−1.2096	−0.0151	−1.3318	−3.4672	−3.3237e+2	−2.9322e+8
	−0.8128	0.0804	−0.8083	−0.2618	−0.5228	−0.5000	−0.5000
$\boldsymbol{v}_k$	0.5606	0.5147	0.5887	0.6725	0.7068	0.7071	0.7071
	0.1583	−0.8536	−0.0102	−0.6923	−0.4766	−0.5000	−0.5000

注 8.6 从前面的例子可以看出, 在用 Rayleigh 商迭代时, 当 σ_k 就是或者很接近特征值时, 线性方程组 $(\boldsymbol{A}-\sigma_k\boldsymbol{E})\boldsymbol{y}_k=\boldsymbol{v}_{k-1}$ 是奇异的或者接近奇异的. 因此在实际编写程序时, 应当在解线性方程之前增加一个判断是否奇异的语句.

8.3 QR 方法

前面的幂法或者反幂法, 是求矩阵按模最大的特征值或者按模最小的特征值. 本节介绍的 QR 方法是求矩阵全部特征值的一种有效方法, 该方法的基本思想是利用矩阵的 QR 分解. 矩阵 $\boldsymbol{A}\in\mathbb{R}^{n\times n}$ 的 QR 分解就是利用 Householder 变换将矩阵 $\boldsymbol{A}$ 分解成正交矩阵 $\boldsymbol{Q}$ 与上三角矩阵 $\boldsymbol{R}$ 的乘积, 即 $\boldsymbol{A}=\boldsymbol{QR}$. 下面首先介绍 Householder 变换, 然后再介绍 QR 方法.

8.3.1 Householder 变换

定义 8.3 设非零向量 $\boldsymbol{v}\in\mathbb{R}^n$, $\boldsymbol{E}$ 为单位阵, 称矩阵

$$\boldsymbol{H}=\boldsymbol{E}-2\frac{\boldsymbol{v}\boldsymbol{v}^{\mathrm{T}}}{\boldsymbol{v}^{\mathrm{T}}\boldsymbol{v}} \tag{8.14}$$

为**初等反射阵**, 又称为 **Householder 变换**.

定理 8.6 由定义 8.3 定义的矩阵 $\boldsymbol{H}$ 是对称正交矩阵. 对任何 $\boldsymbol{x}\in\mathbb{R}^n$, 由线性变换 $\boldsymbol{y}=\boldsymbol{Hx}$ 得到的 $\boldsymbol{y}$ 的欧氏长度满足 $||\boldsymbol{x}||_2=||\boldsymbol{y}||_2$.

利用线性代数知识可以很容易地完成该定理的证明. 反之, 有如下定理.

定理 8.7 设 $\boldsymbol{x},\boldsymbol{y}\in\mathbb{R}^n$, $\boldsymbol{x}\neq\boldsymbol{y}$. 若 $||\boldsymbol{x}||_2=||\boldsymbol{y}||_2$, 则一定存在由单位向量确定的初等反射阵 $\boldsymbol{H}$, 使得 $\boldsymbol{y}=\boldsymbol{Hx}$.

证明 设 $\boldsymbol{v}=\dfrac{\boldsymbol{x}-\boldsymbol{y}}{||\boldsymbol{x}-\boldsymbol{y}||_2}$, 显然 $||\boldsymbol{v}||_2=1$. 构造初等反射阵

$$\boldsymbol{H}=\boldsymbol{E}-2\boldsymbol{v}\boldsymbol{v}^{\mathrm{T}},$$

$$\boldsymbol{Hx} = (\boldsymbol{E} - 2\boldsymbol{v}\boldsymbol{v}^{\mathrm{T}})\boldsymbol{x} = \left[\boldsymbol{E} - 2\frac{(\boldsymbol{x}-\boldsymbol{y})(\boldsymbol{x}-\boldsymbol{y})^{\mathrm{T}}}{||\boldsymbol{x}-\boldsymbol{y}||_2^2}\right]\boldsymbol{x} = \boldsymbol{x} - \frac{2(\boldsymbol{x}-\boldsymbol{y})(\boldsymbol{x}^{\mathrm{T}}\boldsymbol{x} - \boldsymbol{y}^{\mathrm{T}}\boldsymbol{x})}{||\boldsymbol{x}-\boldsymbol{y}||_2^2}.$$

又因为 $||\boldsymbol{x}||_2 = ||\boldsymbol{y}||_2$, 即 $\boldsymbol{x}^{\mathrm{T}}\boldsymbol{x} = \boldsymbol{y}^{\mathrm{T}}\boldsymbol{y}$, 所以

$$\begin{aligned}
||\boldsymbol{x}-\boldsymbol{y}||_2^2 &= (\boldsymbol{x}-\boldsymbol{y})^{\mathrm{T}}(\boldsymbol{x}-\boldsymbol{y}) = (\boldsymbol{x}^{\mathrm{T}} - \boldsymbol{y}^{\mathrm{T}})(\boldsymbol{x}-\boldsymbol{y}) \\
&= \boldsymbol{x}^{\mathrm{T}}\boldsymbol{x} - \boldsymbol{x}^{\mathrm{T}}\boldsymbol{y} - \boldsymbol{y}^{\mathrm{T}}\boldsymbol{x} + \boldsymbol{y}^{\mathrm{T}}\boldsymbol{y} \\
&= \boldsymbol{x}^{\mathrm{T}}\boldsymbol{x} - \boldsymbol{x}^{\mathrm{T}}\boldsymbol{y} - \boldsymbol{x}^{\mathrm{T}}\boldsymbol{y} + \boldsymbol{x}^{\mathrm{T}}\boldsymbol{x} \\
&= 2(\boldsymbol{x}^{\mathrm{T}}\boldsymbol{x} - \boldsymbol{y}^{\mathrm{T}}\boldsymbol{x}),
\end{aligned}$$

于是 $\boldsymbol{Hx} = \boldsymbol{x} - (\boldsymbol{x}-\boldsymbol{y}) = \boldsymbol{y}$. □

根据此定理, 我们可以考虑: 给定向量 $\boldsymbol{a}$, 设法选取 $\boldsymbol{v}$, 由此得到 $\boldsymbol{H}$ 使得

$$\boldsymbol{Ha} = \begin{bmatrix}\alpha\\0\\\vdots\\0\end{bmatrix} = \alpha\begin{bmatrix}1\\0\\\vdots\\0\end{bmatrix} = \alpha\mathbf{e}_1.$$

根据 Householder 变换的定义, 将上式代入 (8.14) 式可得

$$\boldsymbol{v} = \boldsymbol{a} - \alpha\boldsymbol{e}_1,$$

其中 $\alpha = \pm||\boldsymbol{a}||_2$. 通常未考虑稳定性, 若 $\boldsymbol{a}$ 的第一个元素为正, α 就取负数, 反之亦然.

注 8.7 豪斯霍尔德 (Alston scott Householder, 1904—1993, 美国数学家) 在 1948 年成为田纳西州橡树岭国家实验室主任之前从事数学生物学研究. 他在 20 世纪 50 年代 Householder 变换建立起来的时候, 开始从事线性系统数值求解方面的工作 (Burden and Faires, 2010).

例 8.5 考虑三维向量

$$\boldsymbol{a} = \begin{bmatrix}2\\1\\2\end{bmatrix},$$

试构造 Householder 变换 $\boldsymbol{H}$, 使得 $\boldsymbol{Ha} = \alpha\boldsymbol{e}_1$.

解 由前

$$\boldsymbol{v} = \boldsymbol{a} - \alpha\boldsymbol{e}_1 = \begin{bmatrix}2\\1\\2\end{bmatrix} - \alpha\begin{bmatrix}1\\0\\0\end{bmatrix} = \begin{bmatrix}2\\1\\2\end{bmatrix} - \begin{bmatrix}\alpha\\0\\0\end{bmatrix},$$

其中 $\alpha = \pm\|\boldsymbol{a}\|_2 = \pm 3$. 为避免计算上的不稳定性, 由于 $\boldsymbol{a}$ 的第一个元素为正, 故取 α 的符号为负, 这样得到

$$\boldsymbol{v} = \begin{bmatrix} 2 \\ 1 \\ 2 \end{bmatrix} - \begin{bmatrix} -3 \\ 0 \\ 0 \end{bmatrix} = \begin{bmatrix} 5 \\ 1 \\ 2 \end{bmatrix}.$$

从而可以得到

$$\boldsymbol{H} = \boldsymbol{E} - 2\frac{\boldsymbol{v}\boldsymbol{v}^{\mathrm{T}}}{\boldsymbol{v}^{\mathrm{T}}\boldsymbol{v}} = \begin{bmatrix} -2/3 & -1/3 & -2/3 \\ -1/3 & 14/15 & -2/15 \\ -2/3 & -2/15 & 11/15 \end{bmatrix}.$$

验算得 $\boldsymbol{H}\boldsymbol{a} = [-3.0000,\ 0.0000,\ 0.0000]^{\mathrm{T}} = -3\boldsymbol{e}_1$.

8.3.2 QR 分解

定义 8.4 对于 n 阶矩阵 $\boldsymbol{A}$, 如果存在 n 阶上三角矩阵 $\boldsymbol{R}$ 和 n 阶正交矩阵 $\boldsymbol{Q}$, 使得 $\boldsymbol{A} = \boldsymbol{Q}\boldsymbol{R}$, 则称之为 $\boldsymbol{A}$ 的**正交三角分解** (或 **QR 分解**).

定义 8.5 对矩阵 $\boldsymbol{A}_{m\times n}(m > n)$, 若有 $n \times n$ 上三角矩阵 $\boldsymbol{R}$ 和 m 阶正交矩阵 $\boldsymbol{Q}$, 使得

$$\boldsymbol{A} = \boldsymbol{Q}\begin{bmatrix} \boldsymbol{R} \\ \boldsymbol{O} \end{bmatrix},$$

则称之为 $\boldsymbol{A}$ 的**正交三角分解** (或 **QR 分解**).

定理 8.8 对任意矩阵 $\boldsymbol{A} \in \mathbb{R}^{n\times n}$, 都存在正交矩阵 $\boldsymbol{P}$ 使得 $\boldsymbol{P}\boldsymbol{A} = \boldsymbol{R}$, 其中 $\boldsymbol{R}$ 为上三角矩阵.

QR 分解的思想: 给定矩阵 $\boldsymbol{A}_{m\times n}$, 利用 $\boldsymbol{A}$ 的列向量构造一系列 Householder 变换 $\boldsymbol{H}_1, \boldsymbol{H}_2, \cdots, \boldsymbol{H}_n$, 使得

$$\boldsymbol{H}_n \cdots \boldsymbol{H}_2\boldsymbol{H}_1\boldsymbol{A} = \boldsymbol{R} \quad (\text{上三角矩阵}).$$

从而就有

$$\boldsymbol{A} = \boldsymbol{Q}\boldsymbol{R}, \ \text{其中} \quad \boldsymbol{Q} = (\boldsymbol{H}_n \cdots \boldsymbol{H}_2\boldsymbol{H}_1)^{-1} = \boldsymbol{H}_1\boldsymbol{H}_2 \cdots \boldsymbol{H}_n \ \text{为正交矩阵}.$$

这便得到了矩阵的 **QR 分解**. 设 $\boldsymbol{u} \in \mathbb{R}^n$, 易得

$$\boldsymbol{H}\boldsymbol{u} = \left(\boldsymbol{E} - 2\frac{\boldsymbol{v}\boldsymbol{v}^{\mathrm{T}}}{\boldsymbol{v}^{\mathrm{T}}\boldsymbol{v}}\right)\boldsymbol{u} = \boldsymbol{u} - 2\frac{\boldsymbol{v}^{\mathrm{T}}\boldsymbol{u}}{\boldsymbol{v}^{\mathrm{T}}\boldsymbol{v}}\boldsymbol{v}.$$

据此, 可得到如下的 QR 分解算法.

算法 8.4　QR 分解

输入: 矩阵 $\boldsymbol{A}=[\boldsymbol{a}_1,\boldsymbol{a}_2,\cdots,\boldsymbol{a}_n]$, $\boldsymbol{Q}=\boldsymbol{E}$.

输出: 矩阵 $\boldsymbol{A}=\boldsymbol{R}$, $\boldsymbol{Q}$.

For $k=1,2,\cdots,\min(m-1,n)$ **do**

　$\alpha_k=-\text{sign}(a_{kk})\sqrt{a_{kk}^2+\cdots+a_{mk}^2}$,

　$\boldsymbol{v}_k=[0,\cdots,0,a_{kk},\cdots,a_{mk}]^{\mathrm{T}}-\alpha_k\boldsymbol{e}_k$,

　$\beta_k=\boldsymbol{v}_k^{\mathrm{T}}\boldsymbol{v}_k$, $\boldsymbol{Q}=\boldsymbol{Q}\left(\boldsymbol{E}-2\dfrac{\boldsymbol{v}_k\boldsymbol{v}_k^{\mathrm{T}}}{\boldsymbol{v}_k^{\mathrm{T}}\boldsymbol{v}_k}\right)$.

　If $\beta_k=0$ **then**

　　返回 k 的循环开始处, 进行下一步循环.

　EndIf

　For $j=k,\cdots,n$ **do**

　　$\gamma_j=\boldsymbol{v}_k^T\boldsymbol{a}_j$,

　　$\boldsymbol{a}_j=\boldsymbol{a}_j-(2\gamma_j/\beta_k)\boldsymbol{v}_k$.

　EndFor

EndFor

例 8.6　已知矩阵 $\boldsymbol{A}$

$$\boldsymbol{A}=\begin{bmatrix}1 & -1 & 1\\ 1 & -0.5 & 0.25\\ 1 & 0.0 & 0.0\\ 1 & 0.5 & 0.25\\ 1 & 1 & 1\end{bmatrix},$$

求 $\boldsymbol{A}$ 的 QR 分解.

解　将 $\boldsymbol{A}$ 的第一列视为 Householder 变换中的向量 $\boldsymbol{a}$, 则

$$\boldsymbol{v}_1=\begin{bmatrix}1\\1\\1\\1\\1\end{bmatrix}-\begin{bmatrix}-2.2361\\0\\0\\0\\0\end{bmatrix}=\begin{bmatrix}3.2361\\1\\1\\1\\1\end{bmatrix}.$$

由此可以得到 $\boldsymbol{H}_1$, 经计算得

$$
\boldsymbol{H}_1\boldsymbol{A} = \begin{bmatrix} -2.2361 & 0.0000 & -1.1180 \\ 0 & -0.1910 & -0.4045 \\ 0 & 0.3090 & -0.6545 \\ 0 & 0.8090 & -0.4045 \\ 0 & 1.3090 & 0.3455 \end{bmatrix},
$$

将 $\boldsymbol{H}_1\boldsymbol{A}$ 的第二列视为 Householder 变换中的向量 $\boldsymbol{a}$, 则

$$
\boldsymbol{v}_2 = \begin{bmatrix} 0 \\ -0.191 \\ 0.3090 \\ 0.8090 \\ 1.3090 \end{bmatrix} - \begin{bmatrix} 0 \\ 1.5811 \\ 0 \\ 0 \\ 0 \end{bmatrix} = \begin{bmatrix} 0 \\ -1.7721 \\ 0.3090 \\ 0.8090 \\ 1.3090 \end{bmatrix}.
$$

由此可以得到 $\boldsymbol{H}_2$, 经计算得

$$
\boldsymbol{H}_2\boldsymbol{H}_1\boldsymbol{A} = \begin{bmatrix} -2.2361 & 0 & -1.1180 \\ 0 & 1.5811 & 0 \\ 0 & 0 & -0.7250 \\ 0 & 0 & -0.5892 \\ 0 & 0 & 0.0467 \end{bmatrix},
$$

类似地, 有

$$
\boldsymbol{v}_3 = \begin{bmatrix} 0 \\ 0 \\ -0.7250 \\ -0.5892 \\ 0.0467 \end{bmatrix} - \begin{bmatrix} 0 \\ 0 \\ 0.9354 \\ 0 \\ 0 \end{bmatrix} = \begin{bmatrix} 0 \\ 0 \\ -1.6604 \\ -0.5892 \\ 0.0467 \end{bmatrix}.
$$

由此可以得到 $\boldsymbol{H}_3$, 经计算得

$$
\boldsymbol{H}_3\boldsymbol{H}_2\boldsymbol{H}_1\boldsymbol{A} = \begin{bmatrix} -2.2361 & 0 & -1.1180 \\ 0 & 1.5811 & 0 \\ 0 & 0 & 0.9354 \\ 0 & 0 & 0 \\ 0 & 0 & 0 \end{bmatrix} = \boldsymbol{R}.
$$

由此可得正交矩阵 $\boldsymbol{Q}=(\boldsymbol{H}_3\boldsymbol{H}_2\boldsymbol{H}_1)^{-1}$, 即

$$\boldsymbol{Q}=(\boldsymbol{H}_3\boldsymbol{H}_2\boldsymbol{H}_1)^{-1}=\begin{bmatrix}-0.4472 & -0.6325 & 0.5345 & -0.0258 & -0.3371\\ -0.4472 & -0.3162 & -0.2673 & 0.2809 & 0.7414\\ -0.4472 & -0.0000 & -0.5345 & -0.6882 & -0.2017\\ -0.4472 & 0.3162 & -0.2673 & 0.6367 & -0.4725\\ -0.4472 & 0.6325 & 0.5345 & -0.2036 & 0.2698\end{bmatrix}.$$

8.3.3 QR 方法

由前面的 QR 分解定理可知, 实矩阵 $\boldsymbol{A}$ 可以写成 $\boldsymbol{A}=\boldsymbol{QR}$, 其中 $\boldsymbol{Q}$ 为正交矩阵, $\boldsymbol{R}$ 为上三角形矩阵. 如果令 $\boldsymbol{B}=\boldsymbol{RQ}$, 则有 $\boldsymbol{B}=\boldsymbol{Q}^{\mathrm{T}}\boldsymbol{AQ}$, $\boldsymbol{B}$ 与 $\boldsymbol{A}$ 有相同的特征值. 对 $\boldsymbol{B}$ 继续作 QR 分解, 可得到如下的算法: 对 $k=1,2,\cdots$ 作如下迭代

$$\begin{cases}\text{令}\boldsymbol{A}_1=\boldsymbol{A},\\ \boldsymbol{A}_k=\boldsymbol{Q}_k\boldsymbol{R}_k\ (\boldsymbol{A}_k\text{的 QR 分解}),\\ \boldsymbol{A}_{k+1}=\boldsymbol{R}_k\boldsymbol{Q}_k.\end{cases}\tag{8.15}$$

关于 QR 方法, 有如下结论.

定理 8.9 设 $\boldsymbol{A}$ 为 n 阶实矩阵, 且 $\{\boldsymbol{A}_k\}$ 是由 QR 方法产生的序列, 其中, $\boldsymbol{A}_k=(a_{ij}(k))$. 若: (1) $\boldsymbol{A}$ 的特征值满足 $|\lambda_1|>|\lambda_2|>\cdots>|\lambda_n|>0$; (2) $\boldsymbol{A}=\boldsymbol{P}^{-1}\boldsymbol{DP}$, 其中 $\boldsymbol{D}=\mathrm{diag}(\lambda_1,\lambda_2,\cdots,\lambda_n)$, 且 $\boldsymbol{P}$ 有三角分解 $\boldsymbol{P}=\boldsymbol{LU}$ ($\boldsymbol{L}$ 为单位下三角矩阵, $\boldsymbol{U}$ 为上三角矩阵). 则 $\{\boldsymbol{A}_k\}$ 收敛到一个以 $\boldsymbol{A}$ 的特征值 λ_i $(i=1,2,\cdots,n)$ 为主对角线的上三角矩阵.

事实上, 如果矩阵 $\boldsymbol{A}$ 是实对称矩阵, 且满足定理 8.9 的条件, 则由 QR 方法产生的矩阵序列 $\{\boldsymbol{A}_k\}$ 收敛到对角矩阵 $\boldsymbol{D}=\mathrm{diag}(\lambda_1,\lambda_2,\cdots,\lambda_n)$.

例 8.7 设矩阵

$$\boldsymbol{A}=\begin{bmatrix}2 & 1 & 1\\ 1 & 2 & 1\\ 1 & 1 & 2\end{bmatrix},$$

用 QR 方法求 $\boldsymbol{A}$ 的全部特征值.

解 对 $\boldsymbol{A}$ 进行 QR 分解 $\boldsymbol{A}=\boldsymbol{Q}_1\boldsymbol{R}_1$, 并计算 $\boldsymbol{A}_2=\boldsymbol{R}_1\boldsymbol{Q}_1$, 此时

$$\boldsymbol{Q}_1=\begin{bmatrix}-0.8165 & 0.4924 & -0.3015\\ -0.4082 & -0.8616 & -0.3015\\ -0.4082 & -0.1231 & 0.9045\end{bmatrix},\quad \boldsymbol{R}_1=\begin{bmatrix}-2.4495 & -2.0412 & -2.0412\\ 0 & -1.3540 & -0.6155\\ 0 & 0 & 1.2060\end{bmatrix},$$

$$A_2 = \begin{bmatrix} 3.6667 & 0.8040 & -0.4924 \\ 0.8040 & 1.2424 & -0.1485 \\ -0.4924 & -0.1485 & 1.0909 \end{bmatrix}.$$

对 A_2 进行 QR 分解 $A_2 = Q_2R_2$, 并计算 $A_3 = R_2Q_2$, 此时

$$Q_2 = \begin{bmatrix} -0.9685 & 0.2155 & 0.1249 \\ -0.2124 & -0.9765 & 0.0377 \\ 0.1301 & 0.0099 & 0.9915 \end{bmatrix}, \quad R_2 = \begin{bmatrix} -3.7859 & -1.0619 & 0.6503 \\ 0 & -1.0414 & 0.0497 \\ 0 & 0 & 1.0145 \end{bmatrix},$$

$$A_3 = \begin{bmatrix} 3.9767 & 0.2276 & 0.1319 \\ 0.2276 & 1.0174 & 0.0101 \\ 0.1319 & 0.0101 & 1.0058 \end{bmatrix}.$$

如此继续下去, 得到以下计算结果

$$A_4 = \begin{bmatrix} 3.9985 & 0.0574 & -0.0331 \\ 0.0574 & 1.0011 & -0.0006 \\ -0.0331 & -0.0006 & 1.0004 \end{bmatrix}, \quad A_5 = \begin{bmatrix} 3.9999 & 0.0144 & 0.0083 \\ 0.0144 & 1.0001 & 0.0000 \\ 0.0083 & 0.0000 & 1.0000 \end{bmatrix},$$

$$A_6 = \begin{bmatrix} 4.0000 & 0.0036 & -0.0021 \\ 0.0036 & 1.0000 & -0.0000 \\ -0.0021 & -0.0000 & 1.0000 \end{bmatrix}, \quad A_7 = \begin{bmatrix} 4.0000 & 0.0009 & 0.0005 \\ 0.0009 & 1.0000 & 0.0000 \\ 0.0005 & 0.0000 & 1.0000 \end{bmatrix},$$

$$A_8 = \begin{bmatrix} 4.0000 & 0.0002 & -0.0001 \\ 0.0002 & 1.0000 & -0.0000 \\ -0.0001 & -0.0000 & 1.0000 \end{bmatrix}, \quad A_9 = \begin{bmatrix} 4.0000 & 0.0001 & 0.0000 \\ 0.0001 & 1.0000 & 0.0000 \\ 0.0000 & 0.0000 & 1.0000 \end{bmatrix},$$

$$A_{10} = \begin{bmatrix} 4.0000 & 0.0000 & -0.0000 \\ 0.0000 & 1.0000 & -0.0000 \\ -0.0000 & -0.0000 & 1.0000 \end{bmatrix}, \quad A_{11} = \begin{bmatrix} 4.0000 & 0.0000 & 0.0000 \\ 0.0000 & 1.0000 & 0.0000 \\ 0.0000 & 0.0000 & 1.0000 \end{bmatrix}.$$

由计算结果看出 A_{10}, A_{11} 已经趋于稳定, 由 A_{11} 看出其近似特征值为 $4, 1, 1$, 事实上这就是矩阵 A 的特征值.

求矩阵特征值的 QR 方法内容丰富, 这里只是作了一个简单介绍, 更加深入的结论可参见文献 (李庆扬等, 2000) 等. 这里举了一个不满足前面定理的数值例子, 由此例子说明, 前面的定理只是收敛的充分条件.

8.4　实对称矩阵特征值的 Jacobi 方法

在线性代数或高等代数中，我们知道对任意 n 阶实对称矩阵 $\boldsymbol{A}$, 必存在 n 阶正交矩阵 $\boldsymbol{Q}$, 使得

$$\boldsymbol{Q}^{-1}\boldsymbol{A}\boldsymbol{Q}=\boldsymbol{Q}^{\mathrm{T}}\boldsymbol{A}\boldsymbol{Q}=\operatorname{diag}(\lambda_1,\lambda_2,\cdots,\lambda_n).$$

即: 实对称矩阵 $\boldsymbol{A}$ 正交相似于对角矩阵 $\operatorname{diag}(\lambda_1,\lambda_2,\cdots,\lambda_n)$. $\lambda_1,\lambda_2,\cdots,\lambda_n$ 就是矩阵 $\boldsymbol{A}$ 的特征值, $\boldsymbol{Q}$ 的第 j 列就对应于 λ_j 的特征向量.

Jacobi 方法的实质和关键就是找一个正交矩阵 $\boldsymbol{Q}$, 将 $\boldsymbol{A}$ 化为对角矩阵.

8.4.1　Givens 变换

定义 8.6　设有 n 阶矩阵

$$\boldsymbol{G}(i,j,\theta)=\begin{bmatrix}1 & & & & & & & \\ & \ddots & & & & & & \\ & & \cos\theta & \cdots & \cdots & \cdots & \sin\theta & \\ & & \vdots & 1 & & & \vdots & \\ & & \vdots & & \ddots & & \vdots & \\ & & \vdots & & & 1 & \vdots & \\ & & -\sin\theta & \cdots & \cdots & \cdots & \cos\theta & \\ & & & & & & & \ddots & \\ & & & & & & & & 1\end{bmatrix},$$

θ 为待定参数, 称 $\boldsymbol{G}(i,j,\theta)$ 为**旋转矩阵**, 或 **Givens 矩阵**, 简记为 $\boldsymbol{G}_{ij}$. 对 n 阶实对称矩阵进行的变换

$$\boldsymbol{G}_{ij}\boldsymbol{A}\boldsymbol{G}_{ij}^{\mathrm{T}}$$

称为 **Givens 旋转变换**.

下面介绍 Givens 矩阵的性质.

(1) Givens 矩阵是在 n 阶单位矩阵的基础上变化而来的, 与单位矩阵相比, 只有四个位置的数与单位阵不同, 它们是 $r_{ii}=\cos\theta, r_{jj}=\cos\theta, r_{ij}=\sin\theta, r_{ji}=-\sin\theta$. 当 $n=2$ 时, Givens 矩阵 $\boldsymbol{G}$ 就是平面旋转变换, 对平面向量 $\boldsymbol{\alpha}$, $\boldsymbol{\beta}$, 设有 $\boldsymbol{\beta}=\boldsymbol{G}\boldsymbol{\alpha}$, 就是将平面向量 $\boldsymbol{\alpha}$ 以原点为中心逆时针旋转 θ 角得到向量 $\boldsymbol{\beta}$.

(2) Givens 矩阵是正交矩阵, 变换 $\boldsymbol{G}_{ij}\boldsymbol{A}(\boldsymbol{G}_{ij})^{\mathrm{T}}$ 是正交相似变换, 我们常称 $\boldsymbol{G}_{ij}\boldsymbol{A}(\boldsymbol{G}_{ij})^{\mathrm{T}}$ 变换为 Givens 旋转变换.

Jacobi 方法就是通过一系列 Givens 旋转变换, 把 $\boldsymbol{A}$ 化为对角矩阵, 从而求得特征值及相应特征向量的方法, 因此 Jacobi 方法也称为**平面旋转法**.

注 8.8 Givens 旋转变换之所以被如此称呼是因为吉文斯 (James Wallace Givens, 1910—1993, 美国数学家和计算机学家) 于 20 世纪 50 年代在阿贡国家实验室 (Argonne National Laboratories) 使用过这些旋转 (Burden and Faires, 2010).

8.4.2 Jacobi 方法

n 阶实对称矩阵 $\boldsymbol{A}$, 记

$$\boldsymbol{A}_1 = (a_{ij}^{(1)}) = \boldsymbol{G}_{ij}\boldsymbol{A}\boldsymbol{G}_{ij}^{\mathrm{T}}.$$

因为

$$\boldsymbol{A}_1^{\mathrm{T}} = ((a_{ij}^{(1)}) = \boldsymbol{G}_{ij}\boldsymbol{A}\boldsymbol{G}_{ij}^{\mathrm{T}})^{\mathrm{T}} = \boldsymbol{G}_{ij}\boldsymbol{A}\boldsymbol{G}_{ij}^{\mathrm{T}} = \boldsymbol{A}_1,$$

所以 $\boldsymbol{A}_1$ 仍是对称矩阵, 通过直接计算可得

$$\begin{cases} a_{ii}^{(1)} = a_{ii}\cos^2\theta + a_{jj}\sin^2\theta + 2a_{ij}\cos\theta\sin\theta, \\ a_{jj}^{(1)} = a_{ii}\cos^2\theta + a_{jj}\sin^2\theta - 2a_{ij}\cos\theta\sin\theta, \\ a_{il}^{(1)} = a_{li}^{(1)} = a_{il}\cos\theta + a_{jl}\sin\theta, \quad l \neq i, j, \\ a_{jl}^{(1)} = a_{lj}^{(1)} = -a_{il}\sin\theta + a_{jl}\cos\theta, \quad l \neq i, j, \\ a_{lm}^{(1)} = a_{ml}^{(1)} = a_{ml}, \quad m, l \neq i, j, \\ a_{ij}^{(1)} = a_{ji}^{(1)} = \dfrac{1}{2}(a_{jj} - a_{ii})\sin 2\theta + a_{ij}(\cos^2\theta - \sin^2\theta). \end{cases}$$

若 $a_{ij} \neq 0$, 取 θ 满足 $\dfrac{1}{2}(a_{jj} - a_{ii})\sin 2\theta + a_{ij}(\cos^2\theta - \sin^2\theta) = 0$, 即

$$\cot 2\theta = \frac{a_{ii} - a_{jj}}{2a_{ij}} = \frac{1 - \tan^2\theta}{2\tan\theta}, \quad -\frac{\pi}{4} < \theta \leqslant \frac{\pi}{4},$$

可使得 $a_{ij}^{(1)} = a_{ji}^{(1)} = 0$. 也就是说, 用 $\boldsymbol{G}_{ij}$ 对实对称矩阵 $\boldsymbol{A}$ 进行旋转变换, 可将 $\boldsymbol{A}$ 的两个非对角元素 a_{ij} 和 a_{ji} 化为 0.

Jacobi 方法的一般过程是: 选取 $\boldsymbol{A}$ 的一对绝对值最大的非零非主对角线的元素 a_{ij} 和 a_{ji}, 用 Givens 矩阵 $\boldsymbol{G}_{ij}$ 对 $\boldsymbol{A}$ 作 Givens 旋转变换得矩阵 $\boldsymbol{A}_1$, $\boldsymbol{A}_1$

中 $a_{ij}^{(1)} = a_{ji}^{(1)} = 0$, 即 $\boldsymbol{A}_1$ 中第 i 行、第 j 列和第 j 行、第 i 列位置的元素为 0.

再选取 $\boldsymbol{A}_1$ 中的一对绝对值最大的非零非主对角线的元素所对应的 Givens 矩阵 $\boldsymbol{G}_{ij}$, 对 $\boldsymbol{A}_1$ 作 Givens 旋转变换得矩阵 $\boldsymbol{A}_2$, 在 $\boldsymbol{A}_2$ 中的对应位置元素为 0.

如此继续下去, 可产生一个矩阵序列: $\boldsymbol{A}_0 = \boldsymbol{A}, \boldsymbol{A}_1, \boldsymbol{A}_2, \cdots, \boldsymbol{A}_k, \cdots$.

注 8.9 虽然 $\boldsymbol{A}$ 至多只有 $n(n-1)/2$ 对非零非主对角线元素, 但是不能期望通过 $n(n-1)/2$ 次变换将 $\boldsymbol{A}$ 对角化. 因为每次变换可将一对非零非主对角线元素化为零, 但是下一次变换时, 它们又可能由零变为非零. 不过可以证明, 如此产生的矩阵序列 $\boldsymbol{A}_0, \boldsymbol{A}_1, \boldsymbol{A}_2, \cdots, \boldsymbol{A}_k, \cdots$ 将趋向于对角矩阵, 即矩阵序列 $\{\boldsymbol{A}_k\}$ 收敛于一个对角矩阵.

Jacobi 方法的步骤如下.

(1) 记 $\boldsymbol{A}_0 = \boldsymbol{A}$, 在矩阵 $\boldsymbol{A}$ 中找出按模最大的非主对角线元素 a_{ij}, 取相应的 Givens 矩阵 $\boldsymbol{G}_{ij}$, 记为 $\boldsymbol{G}_1 = \boldsymbol{G}_{ij}$.

(2) 当 $a_{ii} \neq a_{jj}$ 时, 由条件 $(a_{jj} - a_{ii})\sin 2\theta + 2a_{ij}(\cos^2\theta - \sin^2\theta) = 0$ 得出 $\cos\theta, \sin\theta$ 的值,

$$\begin{cases} d = \dfrac{a_{ii} - a_{jj}}{2a_{ij}}, \\ t = \tan\theta = \dfrac{\operatorname{sgn}(d)}{|d| + \sqrt{1+d^2}}, \\ \cos\theta = (1+t^2)^{-1/2}, \quad \sin\theta = t\cos\theta. \end{cases}$$

若 $a_{ii} = a_{jj}$ 时, $\cos\theta = \cos(\pi/4), \sin\theta = \sin(\pi/4)$.

(3) 计算 $\boldsymbol{A}_1 = \boldsymbol{G}_{ij}\boldsymbol{A}\boldsymbol{G}_{ij}^{\mathrm{T}}$.

(4) 以 $\boldsymbol{A}_1$ 代替 $\boldsymbol{A}_0$, 重复步骤 (1)—(3), 求出 $\boldsymbol{A}_2 = \boldsymbol{G}_2\boldsymbol{A}\boldsymbol{G}_2^{\mathrm{T}}$. 以此类推, 得到

$$\boldsymbol{A}_k = \boldsymbol{G}_k\boldsymbol{A}_{k-1}\boldsymbol{G}_k^{\mathrm{T}}, \quad k = 1, 2, 3, \cdots,$$

令 $\boldsymbol{Q}_0 = \boldsymbol{E}$, 记 $\boldsymbol{Q}_k = \boldsymbol{Q}_{k-1}\boldsymbol{G}_k^{\mathrm{T}}$, 则 $\boldsymbol{Q}_k$ 是正交矩阵, 且

$$\boldsymbol{A}_k = \boldsymbol{Q}_k^{\mathrm{T}}\boldsymbol{A}\boldsymbol{Q}_k, \quad k = 1, 2, 3, \cdots.$$

若经过 N 步旋转变换, $\boldsymbol{A}_N$ 的所有非主对角线元素都小于允许误差 ε 时停止计算. 此时 $\boldsymbol{A}_N$ 的主对角线元素就是 $\boldsymbol{A}$ 的特征值的近似值, $\boldsymbol{Q}_N$ 的列元素就是 $\boldsymbol{A}$ 的相应于上述特征值的全部特征向量.

定理 8.10 设 $\boldsymbol{A}$ 为 n 阶实对称矩阵, 则由 Jacobi 方法产生的矩阵序列 $\{\boldsymbol{A}_k\}$ 收敛于一个以 $\boldsymbol{A}$ 的特征值为对角元素的对角矩阵 $\boldsymbol{D}$, $\boldsymbol{Q}_k$ 收敛于 $\boldsymbol{Q}$, 并且 $\boldsymbol{Q}^{\mathrm{T}}\boldsymbol{A}\boldsymbol{Q} = \boldsymbol{D}$.

例 8.8 用 Jacobi 方法求下列对称矩阵

$$A=\begin{bmatrix}1 & -2 & 0\\ -2 & -1 & 1\\ 0 & 1 & 3\end{bmatrix}$$

的特征值及特征向量, 要求 A_k 的所有非主对角线元素的绝对值小于 0.1 (其精确特征值是 $\lambda_1=2,\ \lambda_2=-2.37228132,\ \lambda_3=3.37228132$).

解 $A_0=A$ 的非主对角非零绝对值最大的元素为 $a_{12}^{(0)}=-2$, 因 $a_{11}^{(0)}=1$, $a_{22}^{(0)}=-1$, 所以有

$$d=-0.5,\quad t=\tan\theta=-0.628034,\quad \cos\theta=0.850651,\quad \sin\theta=-0.525731.$$

于是

$$G_{12}=\begin{bmatrix}\cos\theta & \sin\theta & 0\\ -\sin\theta & \cos\theta & 0\\ 0 & 0 & 1\end{bmatrix}=\begin{bmatrix}0.850651 & -0.525731 & 0\\ 0.525731 & 0.850651 & 0\\ 0 & 0 & 1\end{bmatrix}\triangleq G_1,$$

$$G_1A_0G_1^{\mathrm{T}}=\begin{bmatrix}2.236068 & 0 & -0.525731\\ 0 & -2.236068 & 0.850651\\ -0.525731 & 0.8506510 & 3\end{bmatrix}\triangleq A_1=(a_{ij}^{(1)}),$$

$$Q_1=Q_0G_1^{\mathrm{T}}=EG_1^{\mathrm{T}}=\begin{bmatrix}0.850651 & 0.525731 & 0\\ -0.525731 & 0.850651 & 0\\ 0 & 0 & 1\end{bmatrix},$$

此时有 $A_1=Q_1^{\mathrm{T}}AQ_1$.

在 A_1 中, 非主对角非零绝对值最大的元素为 $a_{23}^{(1)}=0.850651$, 因 $a_{22}^{(1)}=-2.236068$, $a_{33}^{(1)}=3$, 所以有

$$d=-3.077683,\quad t=\tan\theta=-0.158384,\quad \cos\theta=0.987688,\quad \sin\theta=-0.156434.$$

于是

$$G_{23}=\begin{bmatrix}1 & 0 & 0\\ 0 & \cos\theta & \sin\theta\\ 0 & -\sin\theta & \cos\theta\end{bmatrix}=\begin{bmatrix}1 & 0 & 0\\ 0 & 0.987688 & -0.156434\\ 0 & 0.156434 & 0.987688\end{bmatrix}\triangleq G_2,$$

$$G_2A_1G_2^{\mathrm{T}} = \begin{bmatrix} 2.236068 & 0.082241 & -0.519258 \\ 0.082241 & -2.370798 & 0 \\ -0.519258 & 0 & 3.134730 \end{bmatrix} \triangleq A_2 = (a_{ij}^{(2)}),$$

$$Q_2 = Q_1G_2^{\mathrm{T}} = \begin{bmatrix} 0.850651 & 0.519258 & 0.082242 \\ -0.525731 & 0.840178 & 0.133071 \\ 0 & -0.156434 & 0.987688 \end{bmatrix},$$

此时有 $A_2 = Q_2^{\mathrm{T}}AQ_2$.

在 A_2 中, 非主对角非零绝对值最大的元素为 $a_{13}^{(2)} = -0.519258$, 因 $a_{11}^{(2)} = 2.236068$, $a_{33}^{(2)} = 3.134730$, 所以有

$$d = 0.865333, \quad t = \tan\theta = 0.457089, \quad \cos\theta = 0.909493, \quad \sin\theta = 0.415720.$$

于是

$$G_{13} = \begin{bmatrix} \cos\theta & 0 & \sin\theta \\ 0 & 1 & 0 \\ -\sin\theta & 0 & \cos\theta \end{bmatrix} = \begin{bmatrix} 0.909493 & 0 & 0.415720 \\ 0 & 1 & 0 \\ -0.415720 & 0 & 0.909493 \end{bmatrix} \triangleq G_3,$$

$$G_3A_2G_3^{\mathrm{T}} = \begin{bmatrix} 1.998721 & 0.074799 & 0 \\ 0.074799 & -2.370788 & -0.034190 \\ 0 & -0.034190 & 3.372078 \end{bmatrix} \triangleq A_3 = (a_{ij}^{(3)}),$$

$$Q_3 = Q_2G_3^{\mathrm{T}} = \begin{bmatrix} 0.807851 & 0.519258 & -0.278834 \\ -0.422828 & 0.840178 & 0.339584 \\ 0.410602 & -0.156434 & 0.898295 \end{bmatrix},$$

此时有 $A_3 = Q_3^{\mathrm{T}}AQ_3$.

因 A_3 的非主对角线元素的绝对值小于 0.1, 所以迭代停止. 由此知

$$\lambda_1 \approx 1.998721, \quad \lambda_2 \approx -2.370788, \quad \lambda_3 \approx 3.37208.$$

相应的近似特征向量为

$$\begin{aligned} x_1 &= [2, -1, 1]^{\mathrm{T}} \approx k_1[0.807851, -0.422828, 0.410602]^{\mathrm{T}}, \\ x_2 &= [-3.186140\cdots, -5.372281\cdots, 1]^{\mathrm{T}} \approx k_2[0.519258, 0.840178, -0.156434]^{\mathrm{T}}, \\ x_3 &= [-0.313859\cdots, 0.372281\cdots, 1]^{\mathrm{T}} \approx k_3[-0.278834, 0.339584, 0.898295]^{\mathrm{T}}. \end{aligned}$$

8.5 练 习 题

练习 8.1 用幂法计算

$$A = \begin{bmatrix} 1 & 1 & \frac{1}{2} \\ 1 & 1 & \frac{1}{4} \\ \frac{1}{2} & \frac{1}{4} & \frac{1}{5} \end{bmatrix}$$

的绝对值最大的特征值及对应的特征向量 ($\varepsilon = 10^{-4}$).

练习 8.2 利用反幂法计算

$$A = \begin{bmatrix} 1 & 1 & \frac{1}{2} \\ 1 & 1 & \frac{1}{4} \\ \frac{1}{2} & \frac{1}{4} & \frac{1}{5} \end{bmatrix}$$

的最接近于 6 的特征值及对应的特征向量 ($\varepsilon = 10^{-4}$).

练习 8.3 用乘幂法近似求解矩阵 A 的主特征值, 同时用 Aitken 加速法近似求解矩阵的特征值, 以加速收敛,

$$A = \begin{bmatrix} -4 & 14 & 0 \\ -5 & 13 & 0 \\ -1 & 0 & 2 \end{bmatrix}.$$

练习 8.4 利用 Rayleigh 商迭代算法计算对称矩阵

$$A = \begin{bmatrix} 2 & 1 & 1 \\ 1 & 2 & 1 \\ 1 & 1 & 2 \end{bmatrix}$$

的特征值和特征向量.

练习 8.5 利用 Jacobi 方法计算以下矩阵

$$A = \begin{bmatrix} 4 & 0 & 0 \\ 0 & 3 & 1 \\ 0 & 1 & 3 \end{bmatrix}, \quad B = \begin{bmatrix} 1 & 1 & 0.5 \\ 1 & 1 & 0.25 \\ 0.5 & 0.25 & 2 \end{bmatrix}$$

的特征值和特征向量.

练习 8.6 利用 Jacobi 方法计算以下矩阵

$$A = \begin{bmatrix} 4 & 1 & & & \\ 1 & 4 & 1 & & \\ & \ddots & \ddots & \ddots & \\ & & 1 & 4 & 1 \\ & & & 1 & 4 \end{bmatrix}$$

的特征值和特征向量.

练习 8.7 应用乘幂法求解下列矩阵的前三次迭代.

$$(1)\ \begin{bmatrix} 2 & 1 & 1 \\ 1 & 2 & 1 \\ 1 & 1 & 2 \end{bmatrix}, \boldsymbol{x}^{(0)} = [1, -1, 2]^{\mathrm{T}}; \quad (2)\ \begin{bmatrix} 1 & 1 & 1 \\ 1 & 1 & 0 \\ 1 & 0 & 1 \end{bmatrix}, \boldsymbol{x}^{(0)} = [-1, 0, 1]^{\mathrm{T}}.$$

练习 8.8 利用 Householder 方法将下列矩阵转化成三对角形式.

$$(1)\ \begin{bmatrix} 12 & 10 & 4 \\ 10 & 8 & -5 \\ 4 & -5 & 3 \end{bmatrix}; \quad (2)\ \begin{bmatrix} 2 & -1 & -1 \\ -1 & 2 & -1 \\ -1 & -1 & 2 \end{bmatrix}; \quad (3)\ \begin{bmatrix} 1 & 1 & 1 \\ 1 & 1 & 0 \\ 1 & 0 & 1 \end{bmatrix}.$$

练习 8.9 应用 QR 方法求解下列矩阵的特征值与特征向量.

$$(1)\ \begin{bmatrix} 2 & -1 & 0 \\ -1 & -1 & -2 \\ 0 & -2 & 3 \end{bmatrix}; \quad (2)\ \begin{bmatrix} 3 & 1 & 0 \\ 1 & 4 & 2 \\ 0 & 2 & 3 \end{bmatrix}.$$

阶梯练习题

练习 8.10 利用 Gershgorin 圆盘定理证明矩阵

$$A = \begin{bmatrix} 9 & 1 & -2 & 1 \\ 0 & 8 & 1 & 1 \\ -1 & 0 & 4 & 0 \\ 1 & 0 & 0 & 1 \end{bmatrix}$$

至少有两个实特征根.

练习 8.11 利用 Gershgorin 圆盘定理估计以下矩阵

$$A = \begin{bmatrix} 4 & 1 & 1 \\ 0 & 2 & 1 \\ -2 & 0 & 9 \end{bmatrix}, \quad B = \begin{bmatrix} 3 & 2 & 1 \\ 2 & 3 & 0 \\ 1 & 0 & 3 \end{bmatrix}$$

的特征值和谱半径.

练习 8.12 利用 Gershgorin 圆盘定理证明, 如果 λ 是矩阵 $\boldsymbol{B}$ 的最小特征值, 那么成立 $|\lambda-6|=\rho(\boldsymbol{B}-6\boldsymbol{E})$, 其中

$$\boldsymbol{B}=\begin{bmatrix}3 & -1 & -1 & 1\\ -1 & 3 & -1 & -1\\ -1 & -1 & 3 & -1\\ 1 & -1 & -1 & 3\end{bmatrix}.$$

练习 8.13 利用 Gershgorin 圆盘定理证明严格对角占优矩阵一定是非奇异矩阵.

8.6 实 验 题

实验题 8.1 已知矩阵

$$\boldsymbol{A}=\begin{bmatrix}2 & 1 & 0\\ 1 & 3 & 1\\ 0 & 1 & 4\end{bmatrix},$$

编写 MATLAB 程序, 分别完成:

(1) 用幂法计算 $\boldsymbol{A}$ 的主特征值和对应的特征向量, 当特征值有 5 位小数时迭代终止;

(2) 用反幂法求接近于位移量 $p=1.2679$ 的特征值 (精确特征值为 $\lambda_3=3-\sqrt{3}$) 及其特征向量.

实验题 8.2 已知矩阵

$$\boldsymbol{A}=\begin{bmatrix}2 & -1 & & & \\ -1 & 2 & -1 & & \\ & \ddots & \ddots & \ddots & \\ & & -1 & 2 & -1\\ & & & -1 & 2\end{bmatrix},$$

选择阶数 $n=10,100$, 编写 Jacobi 方法的 MATLAB 程序求出它的全部特征值和特征向量.

实验题 8.3 给定高次多项式方程, 编写 QR 算法的 MATLAB 程序求出高次方程的全部根.

(1) $f(x)=4x^4-x^2+x-3=0$;

(2) $f(x)=x^3+3x^2-2x-5=0$;

(3) $f(x)=x^{41}+x^3+1=0$.

第 9 章 随机模拟方法

现实世界 (比如生物、化学、等粒子物理、金融衍生产品的定价、风险管理的量化等) 中的很多科学问题都需要随机建模, 这些数学模型存在不确定性, 这些不确定性可能来自问题中的参数、实验测量值和几何区域的复杂性等. 这些随机模型的具体应用, 很大程度上离不开数值模拟, 在这些数值方法中, 有一类基于“随机数”的数值方法, 这类数值方法通常称为随机模拟方法.

随机模拟方法也称为 Monte Carlo (蒙特卡罗) 方法, 是一种基于“随机数”的计算方法. 这一方法源于美国在第二次世界大战中研制原子弹的“曼哈顿计划”. 该计划的主持人之一, 数学家 von Neumann 用驰名世界的赌城摩纳哥的城市 Monte Carlo 来命名这种方法, 为它蒙上了一层神秘色彩. Monte Carlo 方法的基本思想很早以前就被人们所发现和利用. 早在 17 世纪, 人们就知道用事件发生的“频率”来决定事件的“概率”. 20 世纪 40 年代电子计算机的出现, 特别是近年来高速电子计算机的出现, 使得用 Monte Carlo 方法在计算机上大量、快速地模拟不确定问题等的试验越来越受到关注.

本章接下来主要介绍均匀分布随机数、一般分布随机数的生成, 以及随机模拟方法在定积分的计算中的应用. 在此过程中分析 Monte Carlo 方法的收敛速度.

注 9.1 *冯 · 诺伊曼 (John von Neumann, 1903—1957, 美籍匈牙利数学家、计算机科学家、物理学家) 是 20 世纪最重要的数学家之一, 1946 年发明了电子计算机. 他对人类的最大贡献是对计算机科学、计算机技术和数值分析的开拓性工作. 鉴于冯 · 诺伊曼在发明计算机中所起到的关键性作用, 他被西方人誉为“计算机之父”. 在经济学方面, 他也有突破性成就, 被誉为“博弈论之父”.*

引例 1 期权定价

一个简单的 Brown 运动满足随机微分方程

$$\begin{cases} \mathrm{d}S(t) = rS(t)\mathrm{d}t + \sigma S(t)\mathrm{d}W, \quad 0 < t < 1, \\ S(0) = 1, \end{cases} \tag{9.1}$$

其中 W 为一个标准的 Brown 运动, r, σ 为已知常数, 在此假设为 $r = 0.05, \sigma = 0.2$. 期权定价由支付函数确定, 在全球有几种不同的期权定价方式, 不同的期权价格主要由支付函数确定, 以下列出三种期权定价的支付函数.

欧式期权的支付函数: $P = \mathrm{e}^{-r}\max(0, S(1) - 1)$.

亚式期权的支付函数: $P = \mathrm{e}^{-r}\max(0, \bar{S}-1)$, 其中 $\bar{S} = \int_0^1 S(t)\mathrm{d}t$.

回望期权的支付函数: $P = \mathrm{e}^{-r}\big(S(1) - \min\limits_{0<t<1} S(t)\big)$.

不管是哪种期权, 都需要求解 $S(t)$, 在 0 与 1 之间等距插入 $N-1$ 个点 $t_i = ik, k = 1/N$, 用 Euler 法离散方程得

$$\hat{S}_{i+1} = \hat{S}_i + r\hat{S}_i k + \sigma\hat{S}_i \Delta W_i, \tag{9.2}$$

其中 $\Delta W_i = W(t_i) - W(t_{i-1})$ 为服从期望为 0, 方差为 k 的正态分布的随机数. 这样, 离散求解问题(9.1), 有了离散格式 (9.2) 之后, 关键在于如何在计算机上生成随机数 ΔW_i.

9.1 随机数的产生

在计算机上实现 Monte Carlo 方法的首要任务就是如何高效地产生服从指定分布规律的随机数. 在数值计算中, 通常要求数值实验有可重复性, 因而在计算机中实现所谓的伪随机数, 通常采用确定算法产生貌似 "随机" 的数列, 而其性态能通过相应的统计检验, 从而能作为真正随机数的一种替代. 以下我们先介绍服从 [0,1] 区间均匀分布 (记为 $U(0,1)$) 伪随机数的产生, 再介绍满足其他分布规律伪随机数的产生, 可见相关参考文献 (Gentle, 1998).

9.1.1 $U(0,1)$ 伪随机数的产生

在计算机上利用数学方法产生随机数的第一个随机数发生器是 20 世纪 40 年代由 von Neumann 提出的 "平方取中法". 此法开始取一个 $2s$ 位的整数, 称为种子, 将其平方, 得 $4s$ 位整数 (不足 $4s$ 位时高位补 0); 然后取此 $4s$ 位的中间 $2s$ 位作为下一个种子数, 并对此数规范化 (即化成小于 1 的 $2s$ 位的实数值), 即为第一个 $(0,1)$ 上的随机数; 以此类推, 便可得到一系列随机数. 该计算过程可以表示为

$$X_{i+1} = \left[\frac{X_i^2}{10^s}\right] \bmod(10^{2s}), \quad x_{i+1} = \frac{X_{i+1}}{10^{2s}}, \tag{9.3}$$

式中 X_i 是 $2s$ 位的十进制数, $\left[\frac{X_i^2}{10^s}\right]$ 表示将 X_i^2 除以 10^s 后取整, $\mathrm{mod}(10^{2s})$ 表示以 10^{2s} 为模取余, 这里的 x_i 为 $[0,1]$ 上的数.

例 9.1 取 $s = 2$, $x_0 = 1234$, 用平方取中法计算一些 $[0,1]$ 上的随机数 $x_1, x_2, \cdots$.

解 计算过程及结果见表 9.1.

表 9.1

X_i^2	X_{i+1}	x_{i+1}
$X_0^2 = 01522756$	$X_1 = 5227$	$x_1 = 0.5227$
$X_1^2 = 27321529$	$X_2 = 3215$	$x_2 = 0.3215$
$X_2^2 = 10336225$	$X_3 = 3362$	$x_3 = 0.3362$
$X_3^2 = 11303044$	$X_4 = 3030$	$x_4 = 0.3030$
$X_4^2 = 09180900$	$X_5 = 1809$	$x_5 = 0.1809$
$X_5^2 = 03272481$	$X_6 = 2724$	$x_6 = 0.2724$
$\vdots$	$\vdots$	$\vdots$

平方取中法的优点是计算简单, 在历史上曾享誉一时, 但它有许多缺点: 首先很难说明取什么样的种子值 (x_0) 可保证有足够长的周期; 其次容易退化为一个常数, 甚至退化为零, 因为一旦有一个数为零, 以后的数都将为零.

在 "平方取中法" 之后, 又出现了 "乘积取中法"、位移法、线性同余法、组合同余法、反馈位移寄存器方法等, 目前比较流行的也是多数统计学家认为较好的随机数发生器为后三种, 此处仅对线性同余法作介绍, 其余的两种可看参见文献 (Gentle, 1998).

1. 线性同余法

线性同余法 (linear congruence algorithm), 它们取如下的形式:

$$X_{n+1} = (aX_n + b)\text{mod}(M), \tag{9.4}$$

这里 a, b, M 是事先取定的自然数. $x_{n+1} = X_{n+1}/M$ 为 $[0,1]$ 区间的数.

定义 9.1　对初值 X_0, 同余法 $X_{n+1} = (aX_n + b)\text{mod}(M)$ 产生的数列 $\{X_n\}(n = 1, 2, \cdots)$, 其重复数之间的最短长度 (循环长度) 称为此初值下的**周期**, 记为 T. 若 $T = M$, 则称为**满周期**.

衡量伪随机数发生器好坏除分布的均匀性、独立性、可重复性之外, 还有一个重要指标为周期, 周期越大越好, 对于线性同余法有如下定理.

定理 9.1　对于线性同余法, 如果 a, b, M 同时满足

(1) b 与 M 互素;

(2) $a - 1$ 是 M 的任一素因子的倍数;

(3) 如果 M 被 4 整除, 则 $a - 1$ 被 4 整除.

则此伪随机数发生器为满周期.

满足该定理的一个自然的选择为 $M = 2^k$, $a = 4c + 1$, b 为奇数.

例 9.2　Lewis, Goodman 和 Miler 三位学者在 1969 年取 $a = 7^5 = 16807, b = 0$, $M = 2^{31} - 1 = 2147483647$. 用这些数据生成随机数, 它的周期为 $2^{31} - 2 =$

2147483646.

解 取 $X_0 = 135$, 按照公式 (9.4) 计算, 其结果如表 9.2.

表 9.2

X_i	x_i	X_{i+1}	x_{i+1}
$X_1 = 2268945$	$x_1 = 0.0011$	$X_2 = 1626936616$	$x_2 = 0.7576$
$X_3 = 14427861$	$x_3 = 0.0067$	$X_4 = 1970891363$	$x_4 = 0.9178$
$X_5 = 1983366613$	$x_5 = 0.9236$	$X_6 = 1201495957$	$x_6 = 0.5595$
$X_7 = 753816558$	$x_7 = 0.3510$	$X_8 = 1388856653$	$x_8 = 0.6467$
$X_9 = 1514007728$	$x_9 = 0.7050$	$X_{10} = 394151193$	$x_{10} = 0.1835$
$\vdots$	$\vdots$	$\vdots$	$\vdots$

这种取法的生成器, 它的周期可达 2.1×10^9. 这个生成器通过了当时的所有理论测试, 被称为最小标准生成器, 其他生成器如果要被接受, 至少要能达到这一生成器的质量.

2. 两个有名的生成器

(1) Wichman-Hill 生成器, 取如下的形式

$$
\begin{aligned}
X_{n+1} &= (aX_n)\mathrm{mod}(M_1),\\
Y_{n+1} &= (bY_n)\mathrm{mod}(M_2),\\
Z_{n+1} &= (cZ_n)\mathrm{mod}(M_3),
\end{aligned}
$$

这里 $a = 171, b = 172, c = 170$, $M_1 = 30269$, $M_2 = 30307$, $M_3 = 30323$, 区间 $[0,1]$ 的随机数 x_{n+1} 由下述公式生成

$$
x_{n+1} = \left(\frac{X_{n+1}}{M_1} + \frac{Y_{n+1}}{M_2} + \frac{Z_{n+1}}{M_3}\right)\mathrm{mod}(1). \tag{9.5}
$$

这个生成器的周期约为 7^{12}, 这个周期比较大, 但是对于大尺度的 Monte Carlo 方法来说, 这个周期还是不够大. 下面介绍另一个 L'Ecuyer 的生成器.

(2) L'Ecuyer 的多重同余生成器, 取如下的形式

$$
\begin{aligned}
X_{n+1} &= (a_1X_{n-1} - b_1X_{n-2})\mathrm{mod}(M_1),\\
Y_{n+1} &= (a_2Y_n - b_2Y_{n-2})\mathrm{mod}(M_2),
\end{aligned}
$$

这里 $a_1 = 1403580$, $b_1 = 810728$, $a_2 = 527612$, $b_2 = 1370589$, $M_1 = 2^{32} - 209$, $M_2 = 2^{32} - 22853$, 区间 $[0,1]$ 的随机数 x_{n+1} 由下述公式生成

$$x_{n+1}=\begin{cases}\dfrac{X_{n+1}-Y_{n+1}+M_1}{M_1+1}, & X_{n+1}\leqslant Y_{n+1},\\ \dfrac{X_{n+1}-Y_{n+1}}{M_1+1}, & X_{n+1}>Y_{n+1}.\end{cases} \tag{9.6}$$

注 9.2　这个生成器的周期约为 3×10^{57}, 它是 MATLAB 中采用的生成器.

9.1.2　一般分布随机变量的生成

得到均匀分布随机数后, 产生非均匀随机数有许多不同的方法, 这里仅介绍几种有效的常用方法.

1. 逆变换法

定理 9.2　设随机变量 Y 的分布函数为 $F(y)$, 即 $P(Y\leqslant y)=F(y)$. 如果随机变量 X 服从 $[0,1]$ 区间上的均匀分布, 则 $F^{-1}(X)$ 满足随机变量 Y 所服从的分布.

证明　因为 $P(F^{-1}(X)\leqslant y)=P(X\leqslant F(y))=F(y)$, 所以定理结论成立. □

上述定理表明, 如果我们有了服从 $U(0,1)$ 的随机变量 X_i, $i=1,2,\cdots$, 则 $Y_i=F^{-1}(X_i)$ 就是服从分布为 F 的随机变量.

例 9.3　试利用均匀分布随机变量 $X_i\sim U(0,1)$, $i=1,2,\cdots$ 生成服从参数为 λ 的指数分布随机变量 Y_i, $i=1,2,\cdots$.

解　因指数分布的分布函数为

$$F(y)=P(Y\leqslant y)=\int_0^y p(t)\mathrm{d}t=1-\mathrm{e}^{-\lambda y},$$

从而

$$F^{-1}(y)=-\frac{1}{\lambda}\ln(1-x),\quad x\in(0,1).$$

由逆变换法, 指数分布的随机变量可由公式

$$Y_i=-\frac{1}{\lambda}\ln(1-X_i),\quad i=1,2,\cdots$$

产生, 这里 $X_i\sim U(0,1)$.

2. Box-Muller 方法

若需生成正态分布随机数, 由于其分布函数的逆不易求解, 因此利用逆变换法的这种方法不可行. 1958 年, Box 和 Muller 提出了一种变换抽样法: 设相互独立的随机数 $X_1,X_2\sim U(0,1)$, 利用

$$\begin{cases} Y_1 = \sqrt{-2\ln X_1}\cos(2\pi X_2), \\ Y_2 = \sqrt{-2\ln X_1}\sin(2\pi X_2) \end{cases} \tag{9.7}$$

可得两个独立的服从标准正态分布 $N(0,1)$ 的随机数 Y_1, Y_2.

若生成服从分布 $N(\mu,\sigma^2)$ 的随机数 Z, 注意到 $\dfrac{Z-\mu}{\sigma} \sim N(0,1)$, 因此只需要利用标准正态分布随机变量 $Y \sim N(0,1)$, 作变换 $Z = \sigma Y + \mu$ 便得到服从分布 $N(\mu,\sigma^2)$ 的随机变量 Z.

例 9.4 利用均匀分布生成服从分布 $N(2, 0.0004)$ 的 10 个伪随机数.

解 利用 L'Ecuyer 的多重同余生成器, 生成相互独立的 20 个数, 组成 10 对数, 见表 9.3.

表 9.3

X_1	0.6557	0.8491	0.6787	0.7431	0.6555
X_2	0.0357	0.9340	0.7577	0.3922	0.1712
X_1	0.7060	0.2769	0.0971	0.6948	0.9502
X_2	0.0318	0.0462	0.8235	0.3171	0.0344

利用公式 $Y_1 = \sqrt{-2\ln X_1}\cos(2\pi X_2)$ 计算得到数据, 见表 9.4.

表 9.4

Y_1	0.8957	0.5234	0.0428	−0.6005	0.4368
Y_1	0.8177	1.5355	0.9617	−0.3492	0.3121

3. 舍选法

一般分布随机变量的产生多是用所谓的**舍选法**. 假设我们能够生成密度函数为 $g(x)$ 的随机数, 我们的目标是要生成密度函数为 $f(x)$ 的随机数, 假定对一切 x, 存在一个常数 C 使得函数 $\dfrac{f(x)}{g(x)} \leqslant C$, 则我们可以按照下面的方法生成随机数:

(1) 生成具有密度函数 $g(y)$ 的随机数 Y;

(2) 生成 $[0,1]$ 区间上均匀分布随机数 U;

(3) 如果 $U \leqslant \dfrac{f(Y)}{Cg(Y)}$, 令 $X = U$, 否则返回 (1).

定理 9.3 由舍选法生成的随机变量 X 具有密度函数 $f(x)$.

此定理的证明可见文献 (高惠璇, 1995). 舍选法最初是由 von Neumann 在 $g(x)$ 为均匀分布的情况下提出来的.

例 9.5 用舍选法生成具有密度函数 $f(x)=20x(1-x)^3,\ 0<x<1$ 的随机数.

解 由于所求随机变量在 $(0,1)$ 上取值, 不妨取 $g(x)=1, 0<x<1$. 确定 C 使得 $f(x)/g(x)=20x(1-x)^3\leqslant C$, 对其求导并取零可得

$$\frac{\mathrm{d}}{\mathrm{d}x}\left(\frac{f(x)}{g(x)}\right)=20[(1-x)^3-3x(1-x)^2]=0.$$

由此可得极大值点 $x=\dfrac{1}{4}$, 那么

$$\frac{f(x)}{g(x)}\leqslant 20\left(\frac{1}{4}\right)\left(1-\frac{1}{4}\right)^3=\frac{135}{64}=C.$$

于是有

$$\frac{f(x)}{Cg(x)}=\frac{256}{27}x(1-x)^3.$$

进而实现满足要求的一个随机数 X 的计算步骤可为: ① 生成随机数 U_1 和 U_2, ② 如果 $U_2\leqslant\dfrac{256}{27}U_1(1-U_1)^3$, 停止迭代, 令 $X=U_1$, 否则返回①.

9.2 定积分的随机模拟方法

9.2.1 随机投点法

基本思想: 考虑平面上的一个边长为 1 的正方形及其内部的一个形状不规则的“图形”, 如何求出这个“图形”的面积 S 呢? Monte Carlo 方法是这样一种“随机化”的方法——向该正方形“随机地”投掷 N 个点, 其中有 M 个点落于“图形”内, 则该“图形”的面积

$$S\approx\frac{M}{N}.$$

定积分的几何意义是曲边梯形的面积. 因此定积分的近似值就可以采用上述思想来求. 显然, 只要被积函数 $y=f(x)$ 满足 $0\leqslant f(x)\leqslant 1, 0\leqslant x\leqslant 1$, 就可以采用上述办法来计算定积分 (投点: 用 $[0,1]$ 均分分布随机变量发生器生成二维的随机数来实现投点)

$$\int_0^1 f(x)\mathrm{d}x\approx\frac{k}{n},$$

其中的 n 为向 $[0,1]\times[0,1]$ 上随机投点 (x_i,y_i) 的总数, k 是满足 $y_i\leqslant f(x_i)$ 的总数.

例 9.6 用随机投点法计算

$$\int_0^1 \sin(x)\mathrm{d}x$$

的近似值.

解 用 MATLAB 软件的随机数生成指令 rand 生成 30 对数据 (在 $[0,1]\times[0,1]$ 上随机投 30 个点), 一次的投点结果如图 9.1所示, 并在图中作出 $y=\sin x$ 的图像. 由图中的投点结果可以估计

$$\int_0^1 \sin(x)\mathrm{d}x \approx \frac{17}{30}.$$

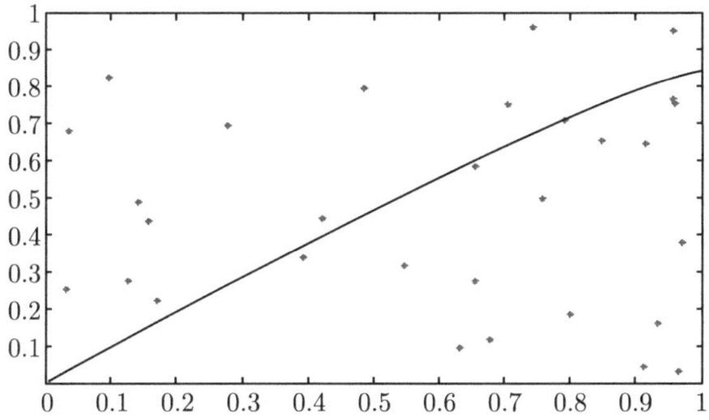

图 9.1 随机投点

对于任意区间 $[a,b]$ 上的定积分

$$\int_a^b f(x)\mathrm{d}x, \quad 0\leqslant f(x)\leqslant 1,$$

只需要作变量代换 $x=a+(b-a)t$, 就有

$$\int_a^b f(x)\mathrm{d}x=(b-a)\int_0^1 f(a+(b-a)t)\mathrm{d}t,$$

仍然能用随机投点法.

若函数连续, 但是不满足条件 $0\leqslant f(x)\leqslant 1$, 可设 $f(x)$ 在 $[a,b]$ 区间上的最大值为 M, 最小值为 m, 则可以构造辅助函数

$$F(x)=\frac{f(x)-m}{M-m},$$

该辅助函数满足 $0 \leqslant F(x) \leqslant 1$, 那么可以对 $F(x)$ 在 $[a,b]$ 区间积分利用随机投点法, 然后利用函数的积分关系

$$\frac{k}{n} \approx \int_a^b F(t)\mathrm{d}t = \int_a^b \frac{f(t)-m}{M-m}\mathrm{d}t = \frac{1}{M-m}\int_a^b f(t)\mathrm{d}t - \frac{m(b-a)}{M-m},$$

可以得到 $\int_a^b f(t)\mathrm{d}t$ 的近似值为

$$\left(\frac{k}{n} + \frac{m(b-a)}{M-m}\right)(M-m) = \frac{(M-m)k}{n} + m(b-a).$$

9.2.2 均值估计法

函数 $y=f(x)$ 在区间 $[a,b]$ 上的平均值为

$$\frac{1}{b-a}\int_a^b f(x)\mathrm{d}x.$$

从而, $f(x)$ 在 $[0,1]$ 上的平均值为

$$\int_0^1 f(x)\mathrm{d}x.$$

产生 n 个 $[0,1]$ 上独立服从均匀分布的随机数 x_i $(i=1,2,\cdots,n)$, 计算 $f(x_i)$, 当 n 充分大时, 其平均值

$$\overline{f} = \frac{1}{n}\sum_{i=1}^{n} f(x_i)$$

可以作为 $f(x)$ 在 $[0,1]$ 上的平均值的近似. 因此, 可以用平均值 $\overline{f}$ 作为定积分的近似值, 即

$$\int_0^1 f(x)\mathrm{d}x \approx \frac{1}{n}\sum_{i=1}^{n} f(x_i).$$

这便是**均值估计法**.

上述方法实际上就是 Monte Carlo 方法. 它把定积分 $I(f) = \int_0^1 f(t)\mathrm{d}t$ 看作某个随机变量的函数的数学期望: $I(f) = E(f(X))$, 这里 X 是服从 $[0,1]$ 区间上均匀分布的随机变量. 根据概率论中的大数定律, 我们可以构造如下的近似计算方法

$$I(f) \approx \frac{1}{N}\sum_{i=1}^{N} f(X_i) \triangleq I_N(f), \tag{9.8}$$

这里 X_i $(i=1,2,\cdots,N)$ 为独立同分布服从区间 $[0,1]$ 上均匀分布的随机变量. 显然 $I_N(f)$ 仍然是一个随机变量, 并且它依概率收敛到 $I(f)$:

$$E(I_N(f))=E\left(\frac{1}{N}\sum_{i=1}^{N}f(X_i)\right)=\frac{1}{N}\sum_{i=1}^{N}E\left(f(X_i)\right)=\frac{1}{N}\sum_{i=1}^{N}\int_0^1 f(t)\mathrm{d}t=I(f).$$

此时误差估计 $e_N=|I_N(f)-I(f)|$ 仍旧是随机变量, 我们估计其均方误差,

$$\begin{aligned}E(e_N)=E\left(I_N(f)-I(f)\right)^2&=E\left(\frac{1}{N}\sum_{i=1}^{N}(f(X_i)-I(f))\right)^2\\&=\frac{1}{N^2}\sum_{i,j=1}^{N}E[f(X_i)-I(f)][f(X_j)-I(f)]\\&=\frac{1}{N}E[f(X_i)-I(f)]^2=\frac{1}{N}\mathrm{Var}(f),\end{aligned}$$

这里 $\mathrm{Var}(f)$ 为随机变量 $f(X)$ 的方差. 由 Schwarz 不等式有

$$E|e_N|\leqslant\sqrt{E|e_N|^2}\leqslant\sqrt{\frac{\mathrm{Var}(f)}{N}}. \tag{9.9}$$

如果 $f(X)$ 有有限方差, 则 Monte Carlo 方法 (均值估计法) 的收敛速度为 $O(N^{-1/2})$. 为提高收敛速度, 可以采用多水平 Monte Carlo 方法或者拟 Monte Carlo 方法等.

虽然随机投点法和均值估计法都是 n 越大, 近似程度越好, 但是与随机投点法相比, 均值估计法对被积函数 $f(x)$ 没有限制, 并且只需对随机数 x_i 计算 $f(x_i)$, 不需要产生随机数 y_i, 也不需要作 $y_i\leqslant f(x_i)$ 的比较, 显然大为方便.

注 9.3 Schwarz 不等式也常称为 Cauchy-Schwarz 不等式, 这种不等式有多种形式, 因此有许多贡献者. 柯西描述了向量形式的不等式, 于 1821 年发表在《代数分析课程》一书中, 这是第一本严格缜密的微积分书. 积分形式的不等式出现在布尼亚科夫斯基 (Viktor Yakovlevich Bunyakovsky, 1804—1889, 原俄国数学家) 1859 年的著作中. 施瓦茨 (Hermann Amandus Schwarz, 1843—1921, 德国数学家) 在 1885 年用到了一个双重积分的不等式 (Burden and Faires, 2010).

例 9.7 用均值估计法计算

$$\int_0^1 \sin(x)\mathrm{d}x$$

的近似值.

解 一次随机生成的 x_i 为 0.5828, 0.4235, 0.5155, 0.3340, 0.4329, 0.2259, 0.5798, 0.7604, 0.5298, 0.6405. 计算得到相应的 $f(x_i)=\sin(x_i)$ 为 0.5504, 0.4110, 0.4930, 0.3278, 0.4195, 0.2240, 0.5479, 0.6892, 0.5054, 0.5976, 这些数 $\sin(x_i)$ 的平均值为 0.4766. 因此

$$\int_0^1 \sin(x)\mathrm{d}x \approx 0.4766.$$

均值估计法的优点不仅在于计算简单, 尤其是它可以方便地推广到多重积分的近似计算, 而不少多重积分近似计算的方法是非常困难的, 也可能是难以理解的. 例如可以用均值估计法计算如下的二重积分

$$\iint_\Omega f(x,y)\mathrm{d}x\mathrm{d}y, \quad \Omega=\{(x,y)|0\leqslant x\leqslant 1,\ 0\leqslant g_1(x)\leqslant y\leqslant g_2(x)\leqslant 1\}.$$

设 $x_i, y_i\ (i=1,2,\cdots,n)$ 是相互独立的 n 个随机数, 判断每个点 (x_i,y_i) 是否落在 Ω 内, 将落在 Ω 内的 m 个点记为 $(x_k,y_k), k=1,2,\cdots,m$, 则

$$\iint_\Omega f(x,y)\mathrm{d}x\mathrm{d}y \approx \frac{1}{n}\sum_{k=1}^{m} f(x_k,y_k).$$

注意: 上式是对 m 个落在 Ω 内的点的函数值求和, 分母却是 n.

当积分区域 Ω 不属于 $0\leqslant x\leqslant 1,\ 0\leqslant y\leqslant 1$ 时, 如同前面, 需先作变换.

9.3 练 习 题

练习 9.1 试用逆变换法生成满足如下密度函数的随机数

(1) $p(x)=\dfrac{3x^2}{2}, -1\leqslant x\leqslant 1$; (2) $p(x)=\dfrac{1}{\pi(1+x^2)}, -\infty<x<\infty$.

练习 9.2 试用舍选法生成满足如下密度函数的随机数

$$p(x)=\frac{3x^2}{2}, \quad -1\leqslant x\leqslant 1.$$

练习 9.3 利用随机投点法和均值估计法计算积分 $\displaystyle\int_0^1 \sin^2(1/x)\mathrm{d}x$ 的近似值.

练习 9.4 计算二重积分 $\displaystyle\iint_\Omega \mathrm{e}^{-x^2-y^2}\mathrm{d}x\mathrm{d}y$, 其中 $\Omega=[-1,1]\times[-1,1]$.

9.4 实 验 题

实验题 9.1 利用 L'Ecuyer 多重同余生成器生成区间 $[5,8]$ 上的均匀分布随机数 100 个, 并对结果作出条形统计图.

实验题 9.2 利用均匀分布生成服从分布 $N(5,0.0001)$ 的随机数 100 个, 并对结果作出条形统计图.

实验题 9.2 用随机投点法计算 n 维单位球的体积 $n=2,3,4,5,\cdots$.

参 考 文 献

白峰杉. 2010. 数值计算引论[M]. 2 版. 北京: 高等教育出版社.

杜石然. 1956. "九章算术" 中关於 "方程" 解法的成就[J]. 数学通报, (11): 11-14.

高惠璇. 1995. 统计计算 [M]. 北京: 北京大学出版社.

韩旭里. 2011. 数值分析[M]. 北京: 高等教育出版社.

黄云清, 舒适, 陈艳萍等. 2009. 数值计算方法[M]. 北京: 科学出版社.

《计算数学》执行编委会. 1993. 祝贺周毓麟教授 70 寿辰 [J]. 计算数学, (1): 1-4.

李庆扬, 关治, 白峰杉. 2000. 数值计算原理[M]. 北京: 清华大学出版社.

李庆扬, 王能超, 易大义. 2018. 数值分析[M]. 5 版. 武汉: 华中科技大学出版社.

刘复生. 1996. 秦九韶及其数学成就[J]. 社会科学研究, (4): 106-111.

宁肯, 汤涛. 冯康传[M]. 2019. 杭州: 浙江教育出版社.

王德人, 杨忠华. 1990. 数值逼近引论[M]. 北京: 高等教育出版社.

吴明静. 2017. 周毓麟采数学之美为吾美[J]. 军工文化, (2): 56-59.

吴文俊. 1987. 秦九韶与《数书九章》[M]. 北京: 北京师范大学出版社.

萧树铁等. 1999. 大学数学: 数学实验[M]. 2 版. 北京: 高等教育出版社.

徐萃薇, 孙绳武. 2015. 计算方法引论[M]. 北京: 高等教育出版社.

徐士良. 2019. 常用算法程序集 (C++ 描述)[M]. 6 版. 北京: 清华大学出版社.

杨一都. 2008. 数值计算方法[M]. 北京: 高等教育出版社.

袁亚湘, 孙文瑜. 1997. 最优化理论与方法[M]. 北京: 科学出版社.

张民选, 罗贤兵. 2013. 数值分析[M]. 南京: 南京大学出版社.

张平文, 李铁军. 2007. 数值分析[M]. 北京: 北京大学出版社.

Burden R L, Faires J D. 2010. Numerical Analysis[M]. 9th ed. Boston: Brooks/Cole Cengage Learning.

Gentle J E. 1998. Random Number Generation and Monte Carlo Methods[M]. New York: Springer.

Golub G H, Van Loan C F. 2013. Matrix Computations[M]. 4th ed. Baltimore: The Johns Hopkins University Press.

Heath M T. 2018. Scientific Computing: An Introductory Survey[M]. 2nd ed. Philadelphia: Society for Industrial and Applied Mathematics.

Huang G B, Zhu Q Y, Siew C K. 2006. Extreme learning machine: Theory and applications[J]. Neurocomputing, 70(1): 489-501.

Kincaid D, Cheney W. 2003. Numerical Analysis: Mathematics of Scientific Computing[M]. 3rd ed. 北京: 机械工业出版社.

Mathews J H, Fink K D. 2002. Numerical Methods Using MATLAB[M]. 3rd ed. Beijing: Publishing House of Electronics Industry.

Saad Y. 2003. Iterative Methods for Sparse Linear Systems[M]. 2nd ed. Philadelphia: Society for Industrial and Applied Mathematics.

Saad Y, Schultz, Martin H. 1986. GMRES: A generalized minimal residual algorithm for solving nonsymmetric linear systems[J]. SIAM Journal on Scientific and Statistical Computing, 7(3):856-869.

Wong C M, Vong C M, Wong P K, et al. 2018. Kernel-based multilayer extreme learning machines for representation learning[J]. IEEE Transactions on Neural Networks & Learning Systems, (29): 757-762.